최초의 생명꼴, 세포

별먼지에서 세포로, 복잡성의 진화와 떠오름

First Life

Discovering the Connections between Stars, Cells, and How Life Began

최초의 생명꼴, 세포

별먼지에서 세포로, 복잡성의 진화와 떠오름

데이비드 디머 지음 | 류운 옮김

뿌리와
이파리

차례

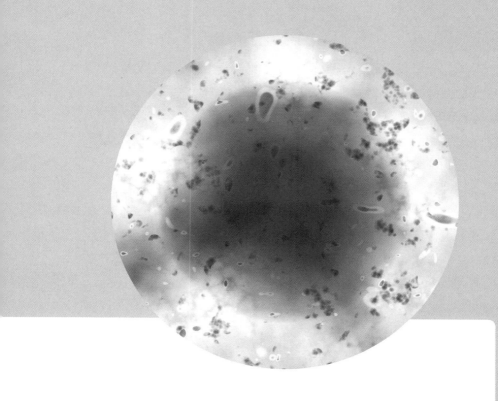

바하 칼리포르니아. 때는 이른 저녁이었다. 들쑥날쑥한 산줄기 너머 서편으로 해가 사라지고, 자그마한 푸에르토 에스콘디도 만灣에는 어둠이 깔렸다. 내 두 아이들은 잠을 청하는 중이었다. 애들 엄마가 텐트 안에서 움직이는 모습이 촛불에 비친 그림자로 눈에 들어왔다. 야외조사에 나서 해종일 시끌시끌 잠수를 하고 사진을 찍고 따분한 채집을 했던 여러 젊은 대학원생들은 잠에 곯아떨어졌다. 만의 잔잔한 바다에서 한 줄기 희미한 빛이 흘러나왔다. 아직 온기가 남은 바닷가를 질러가다 보니, 잔물결이 모래를 찰싹찰싹 핥는 어둔 곳에서 얇은 인광 띠들이 반짝거렸다. 따뜻한 코르테즈 해 속으로 걸어들어간 나는 수중 마스크와 호흡기를 맞춰 쓰고는 천천히 바다로 헤엄을 쳐갔다.

캄캄한 물속을 들여다본 나는 할 말을 잃었다. 빛의 묶음들이 내 마스크 유리에 비쳐 반짝반짝 빛났다. 물속을 가를 때마다 내 팔이 파랗게 빛을 뿌렸다. 빛의 은하들이 손가락 끝에서 빙글빙글 돌면서 떨어져나갔다. 웃음이 터졌다. 헤엄을 멈추고, 드러누운 자세로 바꿔 가만히 떠 있었다. 달 없는 밤이었다. 은하수가 하늘을 채웠다. 우리 은하계의 별빛이 바닷물에 반사되는 모습을 보며, 평소 느껴보지 못했던 '이어져 있다'는 느낌이 나를 훑고 지나갔다. 광자들이 여기까지 수백 광년, 심지어 수천 수만 광년이나 여행해와놓고는 그저 이 만을 채운 생물들이 반짝반짝 내는 작은 빛들과 어우

러질 따름이었다.

이렇게 우주와 하나가 되는 느낌은 사람이 좀처럼 하기 힘든 경험인데, 그날 밤 그 하나됨을 느끼는 특권을 나는 누린 것이었다. 그 뒤 30년에 걸쳐 나는 과학자로서 이 이어짐을 공부할 길을 찾아 왔다. 정말 별과 생명이 이어져 있을까? 물론 점성술사들이야 그렇다고 늘 여겨왔으나, 이들보다는 천문학자들이 더 잘 안다. 적어도 천문학자들은 자기들이 더 잘 안다고 생각했다. 그런데 1996년에 텍사스 주 휴스턴의 존슨 우주센터에서 일하는 과학자들이 깜짝 놀랄 만한 주장을 하면서 새로운 과학 분과가 탄생했다. 그들은 논쟁의 여지가 없이 화성의 지각에서 떨어져나온 덩어리가 확실했던—작은 소행성이 화성 지각을 때리자 탈출속도로 우주공간 속으로 떨어져나갔던—운석에서 미생물 화석들을 발견했던 것이다. 그 뉴스가 터졌을 때 나는 식구들과 함께 아이슬란드에 있었다. 내가 그런 문제들에 관심이 있음을 알았던 아내의 자매들이 뉴스를 듣고 곧바로 내게 전화를 해 신문 일면을 확인해보라고 했다. 나는 서둘러 레이캬비크 시내로 가서 지역신문 한 부를 구했다. 존슨 우주센터와 스탠퍼드 대학교에서 나와 알고 지냈던 사람들이 해낸 기막힌 발견을 얘기하는 빌 클린턴 대통령의 사진이 일면에 실려 있었다. 물론 아이슬란드어 신문이었던지라, 사전을 뒤적이며 내 아내의 모국어를 속성으로 독공한 끝에 마침내 왜 모두들 그리 흥분을 했는지 알아냈다. 우리가 사는 지구 말고 다른 행성에서도 한때 생물이 번성했을지 모를 일이었던 것이다!

이 계시로 인해 지펴진 흥분을 미 항공우주국NASA 행정관들이라고 못 느꼈을 리 없었기에, 우주생물학Astrobiology이라고 부르는 새로운 연구계획에 상당한 자금을 지원하겠다는 발표가 나왔다. 우주생물학이란 얼른 보면 도저히 이어질 것 같지 않던 천문학astronomy과 생물학biology을 하나로 이은 것이다. 말하자면 이 두 낱말에서 한 조각씩 떼어내 하나로 묶어 새 낱말을 만들어낸 것이다. 나아가 더없이 중요한 점은, 가장 뛰어난 과학적 재능을 끌어모을 것이 확실한 경쟁에 연구자금이 제공된다는 것이었다.

　우주생물학의 목표는 두 가지이다. 하나는 우리 지구에서 생명이 어떻게 기원했는지 찾아내는 일이고, 다른 하나는 지구 너머에도 생명이 존재하는지 밝히는 일이다. 오늘날 생명은 하나의 화학적 현상과 다를 바 없기 때문에, 생명이 어떻게 시작되었는가 하는 물음에 끌려들었던 이들은 대부분 나 같은 화학자들이었다. 우리 화학자들은 생명의 기원을 하나의 화학적 과정으로 여긴다. 첫 미생물체가 초기 지구에서 자라나 번식하기 시작했을 때, 우리가 '살아 있다'고 여기는 상태의 대부분에서 중심이 된 것이 바로 성장, 대사, 복제와 연관된 화학반응들이었다. 그러나 그 화학이 어떻게 시작되었을까?

　그 답은 물리, 더 구체적으로 말하면 생물물리biophysics에서 찾을 것이라고 나는 믿는데, 생물물리란 오늘날 우리가 '살아 있는' 상태와 연관시켜서 보는 물리적 과정들로 정의된다. 모종의 물리적 과정들이 특수한 화학반응들이 일어나게끔 허용한 뒤에야 비로소 생명의 화학이 가능해졌다. 물리와 화학이 교차하는 곳에서 생명은 떠오를 수 있다.

떠오름과 생명의 시작

앞 문장에서 나는 '떠오르다'라는 말을 썼는데, 과학자들이 생명의 기원을 생각하는 방식에 점점 크게 힘을 미치고 있는 말이다. 일상어에서 '떠오름 emergence*'은 '비상사태emergency'라는 말에서처럼 무엇이 예기치 않게 일어나는 것을 말한다. 요즘 과학에서는 어느 물리계 또는 화학계가 에너지를 받아 점점 복잡해져가는 과정을 함축하는 말로 '떠오름'을 쓴다. 그런데 '떠

★　보통 '창발'로도 옮기는 말인데, 여기서는 여러 맥락에서 한 말로 두루 쓸 수 있도록, 『최무영 교수의 물리학 강의』를 따라 '떠오름'이라고 옮겼다.

오름'을 이런 의미로 쓰게 될 때에는 신비스럽다고 할 만한 질감이 실리게 된다. 왜냐하면 떠오름은 대개 불시에 나타나는 성질이어서 예측할 수가 없기 때문이다. 떠오름의 반대는 '환원'이다. 환원주의는 계를 더욱 단순한 성분들로 쪼개가며 이해하면 설명 못할 게 없다는 믿음이다. 하지만 어떤 조건에서는 계들이 점점 예측 불가능하게 복잡해지기도 한다는 사실을 환원주의로는 설명해내지 못한다.

떠오름 현상이 진짜 있음은 수학 모형들로 날씨를 예측하려다가 처음 입증되었는데, 날씨란 에너지원(햇빛)과 어마어마한 기체 덩어리(대기)와 물(바다)이 상호작용할 때에 떠오른다. 당시 날씨를 예측할 방정식들을 세웠으나 잠깐 동안만 먹혔을 뿐, 그 잠깐이 지나면 입력값들에서 생긴 지극히 작은 변수들 때문에 점점 크게 교란되다가, 급기야 결과를 예측할 수가 없게 되었다. 진짜 세계와 수학과의 이런 어긋남에서 혼돈이론이라고 하는 깜짝 놀랄 만큼 새로운 생각이 자라났다. 물리적 실재에는 방정식 집합으로 정밀하게 기술할 수 없는 과정들이 다스리는 측면들이 있다고 혼돈이론은 주장했다. 어느 조건에서 에너지가 물질과 상호작용할 때, 우리는 **무엇인가** 일어나리라고는 자신 있게 예측할 수 있지만, 그 일이 어디에서 일어날지, 또는 그 일이 무엇일지 늘 예측할 수 있는 것은 아니다. **무엇인가** 일어난다는 것, 그것이 바로 우리가 떠오름이라는 말로 가리키는 바이다.

이 책의 중심 주제는 물리법칙들이 작용해 어느 화학반응들이 일어날 수 있게 되면서 생명을 가진 계들이 처음 떠올랐다는 것이기에, 물리와 화학의 차이를 분명히 해두어야 한다. 원자와 분자의 전자구조에 변화가 일어나 새로운 성질을 가진 화합물이 생성되는 과정을 화학반응이라고 한다. 화학반응은 분자가 가진 에너지 함량을 바꾸기도 한다. 예를 들어, 성냥을 그으면 성냥머리의 화합물들이 반응하여 화학에너지가 열과 빛으로 방출되고, 그 부산물은 화학에너지 함량이 크게 줄어든 물과 이산화탄소이다. 반면 물리적 과정들은 으레 계의 에너지 함량을 바꾸기는 하지만, 계를 이루는 성분들의 전자구조까지 바꾸지는 않는다. 빨대로 공기를 불어 비눗물에 에너지를 넣으면, 그 에너지가 비누 분자들을 배열해서 잠깐 동안 비눗방울이라는 구조를 만들지만, 비누 분자의 성질에 항구적인 변화를 일으키지는 않는다. 내가 이 책에서 펼치려는 주된 논증 한 가지는, 미세한 비눗방울을 닮은 구조들이 바로 생명이 시작되는 데에 절대적인 필요조건이었고, 생명 기원 과정에서 유전자와 단백질의 조립만큼이나 필수적이었다는 것이다.

생명의 정의

생명의 기원을 다룬 책을 여는 글이라면 적어도 '생명'을 정의하려 해야 마땅하겠지만, 아직까지 생물학자들이 일반적으로 받아들이는 정의는 없는 형편이다. 제아무리 단순한 미생물이라 해도 어마어마하게 복잡하기 때문에, 사전식 정의로는 그만한 복잡성까지 다 아우를 성싶지 않다. 그러나 내 생각에는 앞으로 몇 년이 지나면 실험실에서 인공생명을 만들어냈다고 주장하고 나설 사람이 있을 것 같은데, 그렇게 주장하려면 그 사람은 생명이 무엇인지 흡족하게 정의해내야 할 것이다. 생명이란 복잡한 현상이기 때문에, 함께 모아서 보았을 때에 살아 있는 상태로 볼 수 없는 것은 모두 제외한 최소 성질집합을 진술하는 것이 아마 우리가 할 수 있는 최선일 것이다. 내가 이 집합에 포함시킬 성질들은 다음과 같다.

* 생명은 막으로 둘러쳐진 세포라는 칸 안에서 일어나는 화학반응들(대사)로 합성된 중합체들polymers의 진화하는 계이다.
* 중합체는 단위체monomer라고 하는 하위 단위들로 구성된 대단히 긴 분자이다. 생명의 1차 중합체는 핵산과 단백질이며, 흔히 생중합체biopolymer라고 한다.
* 생중합체는 주변에서 구할 수 있는 에너지로 단위체—아미노산과 뉴클레오티드—끼리 엮어서 합성한다. 생명을 가진 계를 성장시키는 기본 과정이 이런

중합체 합성이다.

* 핵산에는 유전정보를 저장하고 전달하는 독특한 능력이 있다. 효소라는 단백질에는 대사반응속도를 높여주는 촉매 구실을 하는 독특한 능력이 있다.
* 유전 중합체와 촉매 중합체는 순환적인 되먹임계를 이룬다. 말하자면 유전 중합체가 가진 정보는 촉매 중합체의 합성을 지휘하는 데에 쓰이고, 촉매 중합체는 유전 중합체의 합성에 참여한다.
* 성장하는 동안 이 중합체 순환계가 스스로를 생식하여reproduce 세포형 칸이 나뉘게 된다.
* 생식은 완벽하지 않기에 변이가 생기고, 따라서 세포군을 이루는 세포들 사이에 차이가 생긴다.
* 서로 다른 세포들은 주어진 환경에서 성장하고 생존하는 능력도 제각각 다르다. 세포 개체는 양분과 에너지를 두고 벌이는 경쟁 능력에 따라 선택을 당한다. 그 결과 세포군에는 진화할 능력이 생기게 된다.

가설

이렇게 이 책에서 쓸 수 있게 생명을 서술했으니, 초기 지구 같은 불모의 행성 표면에서 그처럼 복잡한 분자계가 어떻게 떠오를 수 있었느냐는 물음을 이제 던져볼 수 있다. 1924년에 마이크로 크기 중합체들의 조립체로 생명이 시작했다는 알렉산드르 오파린의 제안을 비롯하여 생명의 기원에 관해 기존에 나왔던 많은 생각들은 일반적일 뿐 자세하지 못하다. 그 반대쪽 끝에는, 생명은 자기복제하는 RNA 분자로 시작했다든지, 황철석이라고 하는 황화철광석 표면을 얇게 덮은 박막으로 시작했다든지 하는 특수성이 높은 생각들이 있다. 우리는 이런 생각들을 생물 탄생 이전 조건들의 '가당성 있는 본뜨기plausible simulation'라고 하는 실험들로 짜서 실험실에서 시험한다. 그 고전적인 한 예가 바로 스탠리 밀러가 1953년에 보고했던 실험으로서, 전기방전에 노출시킨 기체 혼합물에서 아미노산이 합성되는 놀라운 결과를 얻었다.

이 책에서 나는 여러 생각과 주제를 통합해서 생명의 기원을 새롭게 생각할 방식을 제시하려고 한다. 1차 주제들은 순환, 칸막음, 조합화학이다. 함께 묶어서 보면, 이 주제들은 충분복잡성의 원리principle of sufficient complexity를 길라잡이로 하는 참신한 접근법을 제시한다. 이 원리에서 볼 때, 생명의 기원은 물, 광물 표면, 대기 중 기체 들이 유기화합물 및 에너지원과 상호작용하면서 일어나는 떠오름 현상으로 이해된다. 생명만큼 복잡한 것이 어떻게 시작될 수 있는지 이해하려면, 순환, 칸막음, 조합화학을 수용할 만큼 충분히 복잡한 본뜨기실험을 해야 한다. 이 책의 각 장에서 이 중심 주제들이 가진 측면들을 퍼즐 조각처럼 제시할 것이며, 14장에서는 이 조각들을 다 맞춰 서술적인 각본을 제시할 것이다. 이 각본은 본질적으로 보면 시험 가능한 예측을 담은 과학적 가설이다. 과학은 고비실험critical experiment*으로 판별될 수 있는 대안적 가설들이 있을 때 가장 잘 이루어지기 때문에, 이 대안적인 생각들도 서술하고 평가해볼 것이다. 마지막으로, 필연적으로 과학은 핵심 지식으로 빈틈들을 메워가면서 나아가야만 하기에, 생명의 기원 문제에 매달리는 과학자로서 내가 깨닫게 된 빈틈들을 명시해볼 것이다.

가설을 어떻게 펼칠지 감을 잡을 수 있게, 이 책에서 제시할 이야기의 밑그림을 그려볼까 한다. 첫 생명꼴들을 조립한 것은 유기화합물들이었고, 그 화합물들을 구성하는 원소는 탄소, 수소, 산소, 질소, 인, 황이었다. 이 원소들은 별에서 합성되어, 광활한 먼지구름과 기체구름에서 태양계들이 형성

★ 'experimentum crucis'를 영어로 'crucial experiment'나 'critical experiment'로 옮기는데, 어느 가설이 서로 경쟁하는 다른 가설들이나 공인된 이론들에 대해 우위에 있음을 판가름할 조건을 찾아내는 실험을 일컫는 말이다. 여기서는 가설들의 시비를 가르는 고비가 되는 실험이라는 뜻으로 새겨서 '고비실험'으로 옮겼다.

되던 무렵에 지구 같은 행성들로 전해졌다. 초기 지구에는 바다, 화산 활동을 하는 땅덩어리, 이산화탄소와 질소로 구성된 대기가 있었다. 생명이 기원했을 가당성이 가장 높은 곳은 트인 바다나 마른 땅이 아니었다. 이곳들 대신 액체 상태의 물과 초기 대기와 화산암 같은 광물 표면이 서로 만나는 곳들이 바로 생명이 시작되는 데에 가장 유리했을 조건이었다고 생각할 만한 이유가 있다. 그렇게 액체, 고체, 기체가 맞닿는 곳을 계면界面이라고 부른다. 앞으로 보게 되겠지만, 계면은 어디 다른 데에서는 일어나지 못하는 몇 가지 필수 과정들이 일어날 수 있게 해주기 때문에 특별한 성질을 갖는다. 그 과정들이란 바로 젖고 마르는 순환, 농축과 희석, 칸막음, 조합화학이다.

* 순환: 아마 초기 지구의 국지적 환경은 뜨거운 물이 고여 쉬지 않고 젖고 마르는 순환을 겪는 화산지대의 웅덩이와 닮았을 것이다. 이런 환경을 요동환경 fluctuating environment이라고 한다. 그 웅덩이들에는 여러 곳에서 온—지구 형성기의 마지막 단계에 전해진 외계 물질도 이에 해당된다—묽은 유기화합물들, 그리고 화산 및 대기 반응과 연관된 화학반응들로 만들어진 화합물들이 복잡하게 뒤섞여 있었다. 웅덩이의 요동환경 때문에 그 화합물들은 마르면서 농축되고 다시 젖으면서 희석되는 쉴 새 없는 순환을 겪었다.

* 칸막음: 마르는 동안에 그 묽은 혼합물들이 광물 표면에 매우 얇은 박막을 형성했다. 이는 화학반응이 일어나려면 꼭 있어야 하는 과정이다. 이런 조건에서 화합물들이 서로 반응했을 뿐만 아니라, 반응의 생성물들은 막으로 싸인 마이크로 크기의 칸들 속에 싸담겨졌는데, 이 막은 친양쪽성체amphiphile라고 부르는, 비누 같은 유기화합물들로부터 자기조립되었다. 이런 과정이 일어난 결과, 오늘날의 하와이나 아이슬란드와 비슷했던 초기 지구의 화산 환경에서는 수용액이 젖고 마르는 순환을 겪는 곳이라면 어디에서나 원세포(原細胞, protocell)가 무수히 나타났다.

* 조합화학: 그 원세포들은 각각 칸막음된 분자계를 하나씩 대표했다. 그 분자계

는 서로 성분구성이 달랐으며, 각각의 분자계는 마이크로 크기에서 자연이 하는 일종의 실험이라 할 수 있었다. 원세포들은 대부분 비활성이었지만, 싸담긴 몸피 바깥에서 에너지를 거두고 더 작은 분자들을 포획해서 복잡성을 키우는 쪽으로 끌고 갈 수 있는 혼합물을 어쩌다 담게 된 것들이 더러 있었다. 작은 분자들이 칸 내부로 운반되면, 에너지를 써서 그 분자들을 긴 사슬로 엮었다.

오늘날에는 그 작은 분자를 단위체라고 부르고, 긴 사슬을 중합체라고 한다. 오늘날 단위체의 예로는 아미노산과 뉴클레오티드가 있고, 각각 단백질과 핵산(DNA와 RNA)이라는 중합체를 형성한다. 그 중합체에는 떠오름 성질들이 있어서, 단위체 하나하나로는 상상도 할 수 없는 일들을 해낼 수 있다. 무엇보다도 중요한 것은 이 두 중합체가 촉매 구실을 할 수 있다는 것이다. 그리고 둘 가운데에서 핵산은 자기를 이루는 단위체들을 특수한 순서로 배열하여 유전정보를 나르고 전달할 수 있다.

어마어마하게 많은 원세포 가운데 하나 또는 몇이 성장할 길뿐 아니라, 촉매 기능과 유전정보가 관여하는 어떤 순환을 통합해낼 길까지 찾아냈을 때에 생명은 시작되었다. 이 가설에 따르면, 최초의 생명꼴은 분자가 아니라 세포였다.

생명이 탄생하기 이전 환경에서 이 모든 일이 어떻게 일어날 수 있었을지 찾아내는 것이 바로 생명의 기원에 관심을 가진 과학자들이 하는 일이다. 이어지는 장들에서 나는 우주생물학이라고 부르는 새로운 과학 분과의 시야 안에서 이 연구의 궤적을 추적해갈 것이다. 우주생물학에서는 지구에서 생명이 기원하고 진화한 일을, 별의 탄생과 죽음, 행성의 형성, 광물과 물과 대기 사이의 계면, 탄소화합물들의 물리와 화학이 관여하는 우주적인 과정의 한 부분으로 보고 연구한다. 나는 실험실에서 생명을 합성하는 일의 현재 진척 상황과 아울러, 생명이 우리 태양계의 다른 어딘가에서 시작되었을 가능성에 대해서도 보고할 것이다. 또한 그 일을 해나가는 사람들의 개인적인 경험들도 이야기에 담고자 한다. 으레 과학을 그저 지식체계로만 바라보지만, 연구 활동에 몸담은 이들에게 과학은 그 훨씬 이상의 것이다. 왜냐하면 과학의 과정은 거의 밝혀지지 않은 독특한 인간문화에 뿌리박고 있기 때문이다. 사실 유럽과 미국에서 과학으로 먹고사는 이는 인구 1000명에 한 명꼴에 지나지 않지만, 우주생물학자로 일하는 이는 겨우 100만 명에 한 명꼴이다. 그야말로 억만장자 수만큼이나 몹시 희박한 대기로서, 다 해야 1000명 정도에 지나지 않는다.

　　과학자가 억만장자가 되는 일은 드물다. 그러나 돈과는 다른 종류의 부를 얻을 드넓은 원천을 찾아냈다. 그 부란 바로 발견이라는 보물이다. 물음을 던지고 답을 찾아가는 한없는 즐거움이다. 그 즐거움을 얻기란 조금도 어렵지 않다. 과학의 길을 가는 동안 과학자는 수백 가지 물음을 던지고 수천 가지 가능한 답이나 가설을 시험한다. 좋은 물음을 던지고 시험 가능한 가설을 개발하는 일은 과학자라면 반드시 해야 할 두 가지 필수적인 창의적 활동이다. 우리가 세운 가설들은 대부분 틀린 가설이다. 그러나 이따금 고비실험의 시험대를 견뎌내고 살아남아 우리가 과학이라고 부르는 실재의 지도에 새로운 차원을 더해넣는 답을 발견하기도 한다. 이런 일이 일어나면, 이루 말할 수 없이 뿌듯한 경험이기에, 그 답을 찾아나서는 일에 우리는 기꺼이 평생을 바치는 것이다.

제1장

오스트레일리아에
떨어진 불덩어리

1981년 여름, 알루미늄 호일에 싸인 작고 검은 돌멩이 하나가 내 인생 항로를 바꿔놓았다. 크기가 구슬만 하고 물가에서 그냥 주울 법한 여느 다른 돌과 구분이 안 되는 이 돌은 오스트레일리아 남동부에서 캘리포니아 마운틴뷰의 미 항공우주국 에임스 연구센터까지 먼 길을 여행해온 것이었다. 연구자인 셔우드 창Sherwood Chang이 그 견본을 보여주고는, 시험할 용도로 작은 표본 하나를 내게 주었다. 그런데 사실 그 돌멩이는 그보다 훨씬 먼 곳에서 온 것이었다. 바로 1969년 9월에 오스트레일리아 머치슨의 밤하늘을 밝혔던 운석의 한 조각이었다. 그 운석은 처음에 환한 주황색 불덩어리로 우르릉 뇌성을 울리며 떨어지더니, 몇 분 뒤에는 13제곱킬로미터에 걸쳐 검은 돌비를 뿌렸다. 그 뒤 몇 주 동안 마을 사람들과 과학자들이 100킬로그램이 넘게 운석을 주워모았는데, 크기는 구슬만 한 것부터 벽돌만 한 것까지 다양했다.

구슬만 한 돌이 뭐가 그리 대단하기에 한 사람의 인생을 바꿀 정도였을까? 오스트레일리아부터 1만 1300여 킬로미터를 여행해 캘리포니아까지 오기 전, 이 작은 돌조각은 화성과 목성 사이에 있는 소행성대에서 지구까지 4억 2000만 킬로미터를 여행해온 것이었기 때문이다. 지구에 이르기까지 태양 둘레에서 그 돌이 거쳤을 모든 궤도를 셈에 넣으면 그 거리는 수십억 킬로미터에 달한다. 또한 그 돌은 작은 소행성 하나가 마침 큰 소행성과 부딪쳐서 나온 것이기도 했다. 말하자면 작은 소행성이 큰 소행성의 표면을

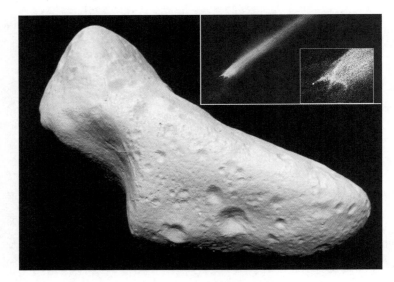

그림 1. 소행성 에로스에는 소행성대에 있는 작은 천체들과 충돌해서 생긴 구덩이들이 무수히 보인다. 충돌 때마다 소행성 표면에서 떨어져나온 파편들이 운석으로 지구까지 도달할 수도 있다. 사진 속 사진들은 두 소행성이 실제 충돌하는 모습을 운 좋게 사진으로 찍은 장면이다. 쏟아지는 파편들을 뚜렷이 볼 수 있다.

때렸을 때 떨어져나온 조각이었던 것이다. 그 충돌은 소행성 표면을 찍은 사진(〈그림 1〉)에서 보이는 것 같은 구덩이를 남겼다.

내 손에 쥔 것은 바로 진짜 저 우주공간에서 온 돌이었던 것이다. 그러나 이 운석에는 여느 석질石質 운석이라면 전형적으로 함유되었을 무기물만 있는 것이 아니었다. 처음에 바위만 했던 천체가 머치슨 상공에서 폭발했을 때, 작은 파편들의 표면은 대기와의 마찰로 백열 상태까지 가열되었다. 처음에 초속 20킬로미터로 낙하하던 파편들이 몇 초 뒤에는 그 마찰로 인해 속도가 떨어졌고, 마침내는 비행기에서 떨어뜨렸을 때에 도달할 만한 속력으로 땅에 떨어졌다. 맨 처음에 찾아냈던 돌멩이들은 그때까지도 뜨거운 표면에서 탄내를 내뿜었는데, 그 독특한 냄새는 내가 나중에 그 운석에서 유기화합물을 추출하면서 알아차리게 될 냄새였다. 이 일에 대해서 강연할 때마다 나는 머치슨 운석 추출물 한 방울을 포도주 잔에 담아 증발시키고는 청중들에게 돌려 냄새를 맡아보게 하고선, 기원전 4,570,000,000년은 참 멋진 해였다는 우스갯소리를 하곤 했다.

운석 때문에 과학자의 인생이 바뀌기도 하는 까닭, 그것은 바로 45억 7000만 살이라는 나이 때문이다. 머치슨 운석은 비교적 희귀한 운석군인 탄소질 콘드라이트carbonaceous chondrite에 속한다. 이 운석들이 풍겼던 냄새는 지구보다도 나이가 많은 유기화합물에서 난 것으로, 이 가운데 일부 화합물은 45억 7000만 년 전에 우리 태양계를 낳았던 성간먼지와 성간기체의 광활한 분자구름에 있었던 것들이다. 대부분의 유기물질—전형적인 머치슨 운석 표본에서는 총 질량의 2퍼센트에 육박한다—은 케로겐kerogen이라고 하는 타르 같은 중합체의 꼴이지만, 그 밖에도 화학자의 실험실을 연상시키는 듯한 화합물이 수백 가지는 더 있다. 이를테면 기름질 탄화수소, 형광성 여러고리형 방향족 탄화수소(PAHs), 유기산, 알코올, 케톤, 요소, 푸린, 단당, 아인산염, 술폰산염이 있고, 목록은 계속 이어진다. 이것들이 다 어디에서 왔을까? 혹 생명의 기원과 무슨 관련이라도 있었을까?

머치슨 운석과 자기조립

탄소질 운석 표본이 손에 들어왔으니, 그동안 꿈꿔왔던 실험을 할 채비가 된 셈이었다. 그로부터 10년 전, 머치슨 사건이 있고 얼마 되지 않은 때였다. 미 항공우주국 에임스 연구센터의 키스 크벤볼덴Keith Kvenvolden과 연구자들이 그 운석 표본을 분석해서, 지구 위 모든 생명을 구성하는 필수 유기화합물 가운데 하나인 아미노산이 있음을 설득력 있게 입증했다. 이 아미노산 가운데에는 지구에서 보는 것 같은 종류만 있는 게 아니라(오염 때문일 수 있었다), 우리가 아는 생물학에선 분명 이질적인 아미노산도 70가지가 넘게 있었다. 이 연구뿐 아니라 뒤이은 많은 연구에서도 단백질의 기본 구성단위인 아미노산이 비생물학적 과정으로 합성될 수 있음을 확실히 해주었다. 이를 놓고 볼 때, 적어도 아미노산만큼은 생명 탄생 이전의 지구에서 구할 수 있었으리라고 생각하는 게 합리적으로 보인다.

나는 초창기에 지질脂質을 연구하면서 상당 기간을 보냈다. 생명체를 이루는 네 가지 주요 분자를 대표하는 것이 바로 단백질, 핵산, 탄수화물과 더불어 이 지질이다. '지질'이란 유기용매에 용해되는 지방, 콜레스테롤, 레시틴ecithin 같은 화합물들을 싸잡아 부르는 말이다. 초기 연구에서 나는 쥐의 간에서 트리글리세리드(지방)를, 알 노른자에서 레시틴 같은 인지질을, 시금치 잎사귀에서 엽록소를 추출했다. 이 추출 절차들에서는 모두 클로로포름과 메탄올을 섞은 유기용매를 써서 지질을 용해시켰다. 나는 머치슨 운석물질로도 똑같이 하고 싶었다. 실험실 공기에 노출되어 표면오염이 있었던 게 확실하기 때문에, 나는 운석 표본을 작은 조각들로 쪼개어 조심조심 내부 표본을 1그램 가량 확보했다. 그런 다음에 깨끗한 절구에 그 표본과 함께 클로로포름과 메탄올 혼합물을 용매로 넣어 공이로 갈았다. 그리고 맑은 용매를 따라내서 무겁게 가라앉은 검은 무기물 가루와 분리했다. 클로로포름 용매는 노란 빛깔이었다. 이는 운석에 있던 유기물질의 일부가 용해되었음을 뜻했다. 그 용액 한 방울을 현미경 받침유리에 떨어뜨려 말린 뒤에 물을 첨가해 400배로 확대해 검사했다. 진기한 광경이 펼쳐졌다. 운석에서 추출된 지질형 분자들이 세포만 한 크기의 막 있는 소낭으로 조립되고 있었는데, 꼭 미세한 비눗방울처럼 생겼다(〈그림 2〉). 이 칸들이 혹 40억 년도 더 전에 지구에 액체 상태의 물이 처음 등장했을 때 있었던 것과 비슷한 것일 수 있을까? 어쩌면, 진짜 어쩌면, 우리가 머치슨 운석을 연구한다면, 첫 세포형 생명의 막질 경계를 이루었던 분자들이 어떤 것들이었는지 알아낼 수 있을지도 모를 일이었다.

그러나 아직 큰 물음이 하나 남았다. 그 물질은 어디에서 왔을까? 아니, 뭐라도 다들 대체 어디에서 비롯된 것일까? 별을 출발점으로 해서, 그 이야기를 해나갈 무대를 세워가겠다. 거기서 모든 게 시작하니까.

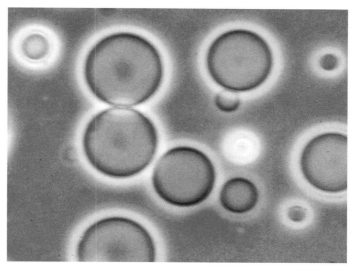

그림 2. 머치슨 운석에서 추출한 지질형 화합물들이 자기조립해서 세포만 한 크기의 소낭을 형성하고 있다.

모든 것은 어디에서 왔는가? 별의 삶과 죽음

40년 전, 바위만 한 운석이 오스트레일리아의 머치슨 상공을 갈랐을 당시, 우리에게는 우주가 언제 시작되었고, 은하계, 별, 행성이 어떻게 생겨났는지에 대해 겨우 몇 가지 사변만 있는 정도였다. 그런데 그로부터 한 생애가 지나기도 전인 지금 우리에게는 역사시대 내내 생각거리가 되었던 기본적인 물음들에 대해 명확한 답들이 있다. 그 답을 처음 암시한 생각은 1946년에 당시 젊고 방자했던 영국의 천문학자 프레드 호일Fred Hoyle이 내놓았다. 1915년에 잉글랜드 요크셔에서 태어난 호일이 내보였던 창의적 천재성은 생각이라는 게 어떻게 해서 과학이라는 방앗간의 곡물이 되는지, 나쁜 생각들은 어떻게 해서 먼지가 되어 사라지고, 희귀한 보석 같은 좋은 생각들은 어떻게 해서 과학적 방아질을 견뎌내고 살아남아 미래의 과학자 세대들에게 시금석이 되어주는지를 보여주는 훌륭한 모범이다. 프레드 호일은 새로운 생각들로 꽉 차 있었고, 그 생각들을 세상에 발표할 만큼 겁도 없었다. 다음은 그 몇 가지 예이다.

* 대영자연사박물관의 시조새(깃털이 있고 새처럼 생긴 작은 공룡)화석은 가짜이다.
* 우주공간의 광활한 분자구름에는 미생물들이 섞여 있는데, 이것들이 지구에 와서 첫 생명꼴이 되었다.
* 독감 유행을 일으키는 바이러스는 지구가 혜성의 꼬리를 통과할 때 지구로 온 것들이다.
* 생명이 존재하기 위해 꼭 있어야 하는 탄소는 모두 별들의 내부에서 합성된 것들이다.
* 우주에는 처음도 끝도 없다. 우주에 처음이 있다는 생각은 말도 안 되며, 그런 생각은 '크게 쾅Big Bang'이라는 우스꽝스러운 이름이나 어울린다.
* 탄소 합성의 필요조건들은 너무 정밀하기 때문에 생명은 우연히는 생겨날 수 없었을 것이다. 틀림없이 어떤 지적 존재가 있어서 그 일이 일어나도록 했을 것이다.

이 생각들 가운데에서 과학 활동의 특징이라 할 실험적 및 이론적 시험을 견뎌내고 살아남은 생각은 하나뿐이다. 우리 몸을 이루는 모든 탄소 원자는 말할 것도 없고 우주 전역을 돌고 도는 탄소는 모두 죽어가는 별들의 극도로 뜨거운(1억 도!) 내부에서 합성되어, 별이 생의 마지막에 이르러 신성이나 초신성 폭발을 할 때 우주공간으로 쏟아져나왔다는 게 현재의 중론이다. 이 과정을 이해하려면 고등학교 때 배웠던 화학을 조금 돌아볼 필요가 있다. 모든 물질은 원자들로 이루어졌고, 모든 원자에는 미세한 핵이 있으며, 핵은 양성자와 중성자라는 기본 입자들로 구성되었고, 그보다 훨씬 가벼운 전자들의 궤도구름이 둘레를 에워싸고 있다(양성자와 중성자의 질량은 전자보다 약 1800배 크다). 그러나 별 속은 온도가 너무 높아 전자들이 제자리를 지킬 수가 없어서, 아주 기본적인 수준에서 보면 우리의 태양 같은 별들을 이루는 것은 알원자핵 기체—대부분 수소와 헬륨의 꼴로 있다—이다. 수소는 가장 가벼운 원소로서, 핵에는 양성자가 하나 있고 중성자는 없다. 헬륨은 버금으로 가벼운 원소로서, 핵에는 양성자와 중성자가 두 개씩 있는데, 초기 수소핵융합반응으로 생성된 원소이며, 이 반응으로 별들이 빛을 낸다. 어떻게든 우주 표본 1그램을 손에 넣어 지구에서 그것으로 풍선을 채울 수 있다면, 풍선은 둥실 떠서 날아가버릴 것이다. 우주에서 가시물질은 대부분 수소와 헬륨이기 때문이다.

호일이 뛰어난 감각으로 깨달았던 점은, 온도가 충분히 높다면 헬륨 원자핵 둘이 융합해 가벼운 금속원소인 베릴륨 원자핵이 되고, 이것이 다시 다른 헬륨 원자핵과 융합하면 탄소가 나온다는 것이었다. 헬륨 원자핵 셋이 결합해 탄소 하나를 만들므로 이 반응을 삼중알파 과정triple alpha process이라고 한다(방사성 원소에서 헬륨 원자핵이 방출될 때에는 알파입자라고도 부른다).

호일이 탄소의 기원에 대해 계시를 얻은 때는 1946년이었으나, 그 이전에 있었던 이론적 모형들은 탄소를 어떤 식으로인가 쓸 수 있을 경우에 탄소-질소-산소(CNO) 순환이라고 하는 과정을 거쳐 질소와 산소가 만들어질 수 있음을 이미 보여준 터였다. 신성이나 초신성으로서 목숨이 다해가는 중에 있는 크고 뜨거운 별들의 일차적인 융합에너지원으로 밝혀진 것이 바로 이 과정이다. CNO 순환을 서술한 논문은 1938년에 카를 폰 바이츠제커Carl von Weizsäcker가, 1939년에 한스 베테Hans Bethe가 따로따로 발표했다. 그러나 두 사람은 탄소가 어떻게 만들어지는지 몰랐고, 우리 앞의 바로 이 큰 빈틈을 몇 년 뒤에 호일이 메웠던 것이다.

1946년에 호일은 그 생각을 발표했으나 수학적 분석을 넣지는 않았다. 그래도 수학적인 면을 내비치기는 했다. 1957년에 호일은 칼테크의 윌리엄 파울러William Fowler, 마가렛 버비지Margaret Burbidge, 제프리 버비지Geoffrey Burbidge와 함께 『현대물리학논평』에 논문을 하나 발표했는데, 이

젠 고전이 된 논문이다. 별 속에서 일어나는 원소들의 핵합성nucleosynthesis
을 뛰어나게 분석한 논문이었기에, 이들 중 누군가에게는 노벨상이 돌아갈
만했다. 정말로 노벨상이 수여되기는 했으나, 호일에게는 아니었다. 과학
의 풍경 속에 감춰진 보물을 찾아내는 일에는 운이 따라야 한다. 그런데 설
사 보물을 발견했다 해도 인정을 받는 일은 훨씬 더 운이 따라주어야 한다.
1983년, 노벨상은 파울러에게 돌아갔다. 파울러가 해낸 수많은 이바지를 생
각하면 확실히 상을 받을 만했고, 별의 진화를 연구했던 수브라마니안 찬드
라세카르Subrahmanyan Chandrasekhar와 공동수상했다. 프레드 호일 경은
기사 작위로 만족해야 했다.

간추려보자. 지금 우리는 생명을 이루는 주요 원소들을 별 속에서 일어
나는 핵반응들―별의 핵합성이라고 부르는 과정―로 모두 설명해낼 수 있
다. 지구 위 모든 생명을 이루는 탄소, 질소, 산소, 황, 인의 원자들은 모두
한때는 우리 태양보다 질량이 큰 별들의 복판에 있었으며, 어떤 수소폭탄보
다도 뜨거운 온도에서 벼려진 것들이다. 그렇다면 수소는 어떨까? 수소는
훨씬 더 놀랍다. 대부분의 수소 원자들은, 시간이 시작되었던 137억 년 전에
어떻게 해서인가 번쩍 생겨났던 우주와 동갑내기들이다. 생명이 있는 유기
체인 우리는 우주와 떼려야 뗄 수가 없는 관계에 있다. 우리는 그저 우주의
원자들을 극히 적은 일부만 얼마 동안 빌려서 생명의 패턴들에 합해 넣을 뿐
이다. 수소와 산소 원자들은 우리 세포 속을 흐르는 물 속에 있고, 탄소, 수
소, 산소, 황, 인은 생명의 재료인 단백질, 지질, 핵산 속에 서로 엮여 있다.
이것들을 생명필수원소biogenic element라고 부르는 까닭이 이 때문이다.

정상상태와 대폭발의 대결

지금 우리는 생명을 이루는 원소들이 만들어지는 방식을 어지간히 이해하
고 있지만, 우주 자체에 대해서는 어떨까? 다른 데에서 수없이 들을 수 있는

이야기이긴 해도, 너무 좋은 이야기라서 도저히 여기서 다시 하지 않을 수가 없다. 말인즉슨 맨 먼저 조지 가모프George Gamow 이야기부터 해야 한다는 뜻이다. 이 사람은 내 기억이 닿는 오래오래 전부터 내 인생을 함께 해왔다. 청소년 시절, 난 이 사람에 대해 달리 아는 바가 하나도 없었으나—그때 나는 그의 이름을 잘못 발음했었다('가모프'라고 해야 하는데 '가마우'라고 했다)—, 그가 우주론을 다룬 글만큼은 실제로 이해할 수 있었다. 보급판으로 나온 책『1, 2, 3 그리고 무한One Two Three… Infinity!』은 너덜너덜한 모습으로 내 서재 책장에 영광스러운 한 자리를 차지하고 있다.

가모프와 호일은 둘 다 정력이 넘치는 인물이었고, 좋든 나쁘든 새로운 생각들로 꽉 찬 이들이었으나, 모든 시대를 통틀어 크나큰 물음 가운데 하나, 곧 우주에 처음이 있었는가? 하는 물음에 대해서만큼은 서로 으르렁거렸다. 두 사람 이전에 가모프(1904~1968)와 나고 죽은 때가 서로 가까웠던 비범한 가톨릭 사제 조르주 르메트르George Lemaître(1894~1966) 대주교가 이미 한 가지 답을 내놓은 터였다. 1931년에 르메트르는 『네이처』에 발표한 논문에서, 우주는 팽창하고 있으며, 따라서 처음에 '태초의 원자primitive atom'에서 시작했어야 했을 거라는 견해를 제시했다. 그냥 생각에 지나지만은 않았고, 탄탄한 수학적 토대에 기초했다. 그로부터 몇 년 뒤, 르메트르를 만난 알베르트 아인슈타인Albert Einstein은 이렇게 말했다. "당신이 한 계산은 정확합니다. 그러나 당신의 물리학은 께름칙합니다."

그로부터 두 해 뒤에 에드윈 허블Edwin Hubble이 먼 은하계에서 온 빛의 파장이 가까운 은하계에서 온 빛보다 길다—'빨강치우침'이라는 현상—는 직접증거를 내놓자 르메트르의 생각이 타당함이 입증되었다. 허블의 관측이 우리 우주에 대해서 계시를 주었으므로, 잠깐 설명을 해서 그 의미를 부각해볼 만할 것이다. 빨강치우침을 이해하는 가장 쉬운 길은 떠는 구조물에서 만들어진 소리와 유비적으로 보는 것이다. 소리는 일정한 진동수로 떨면서 공기 속을 나아간다. 음이 낮을수록 진동수가 낮으며, 진동수는 1초에 떠는 횟수로 측정한다. 이를테면 피아노 건반 가운데의 A음은 1초에 440번 떤다. 빛에도 파동 같은 성질이 있지만, 진동수는 소리보다 1조 배나 높다. 명심할 것은, 빨간빛이 파란빛보다 진동수가 낮다는 것이다.

차가 빵빵거리며 지나갈 때 찻길 가까이에 있어본 적이 있을 것이다. 그때 우리가 듣기에 차가 가까이 다가올수록 경적소리가 높아지고 차가 지나가 멀어질수록 낮아지는데, 이를 도플러 효과라고 한다. 1842년에 처음으로 이 현상을 설명해냈던 크리스티안 도플러Christian Doppler를 기린 이름이다. 이제 그 차가 광속에 가까운 속력으로 우리를 지나친다고 상상해보자. 그리고 경적소리를 듣는 대신 전조등빛을 보고 있다고 해보자. 차가 우리에게 다가올수록 전조등빛이 파랗게 보일 것이고, 우리를 지나쳐 멀어질수록 빨강에 더 가깝게 보일 것이다. 허블이 관측했던 게 이 효과였고, 지금은 빨강치우침이라고 부른다. 은하계들이 우리에게서 멀어지고 있으며, 가장 먼 천체들이 가장 큰 겉보기속도—사실상 광속에 가까운 것도 있다—를 가진다고 볼 때, 이 현상을 가장 가당하게 설명해낸다.

가모프가 좋아했던 생각은 팽창하는 우주였다. 1948년에 그는 제자인 랄프 알퍼Ralph Alpher와 함께 뛰어난 논문을 한 편 발표했는데, 제목은 『화학원소의 기원The Origin of Chemical Elements』이었다. 우주를 이루는 물질의 대부분을 구성하는 원소는 수소와 헬륨이고, 두 원소는 일정한 비율—원자 수를 기준으로 수소는 92퍼센트이고 헬륨은 8퍼센트—로 존재한다는 게 논문의 논점이었다. 가모프는 중요한 예측도 하나 논문에 넣었다. 우주가 번쩍 생겨났을 때에는 틀림없이 대단히 뜨거웠을 것—오늘날 가장 뜨거운 별보다도 더 뜨거웠을 것—이지만, 시간이 흐르고 우주가 팽창하면서, 압축 기체가 팽창하면 식듯이, 우주의 온도도 떨어져야 했을 것이고, 우리가 어찌어찌해서 우주의 소리를 듣게 된다면, 아직까지도 전파가 낮게 웅웅거리는 것 같은 소리로 이 에너지를 '들을' 수 있으리라는 것이었다.

그 논문을 발표하려고 제출할 때에 가모프는 친구이자 동료인 한스 베테의 이름을 공동저자로 집어넣고 싶은 생각을 억누르지 못했다. 그 연구와는 아무 상관도 없었는데 말이다. 가모프는 논문이 실리기 전에 그 농짓이 발각되리라 예상했지만, 알아챈 사람이 아무도 없었다. 논문은 『물리학 논평』에 실렸고, 날짜도 때마침 1948년 4월 1일이었다. 저자 이름은 알퍼, 베테, 가모프 순이었다. 여러분이 가모프의 농담을 못 알아냈다고 해서 낙담하지 말기를. 편집자는 물론 다들 프로 물리학자였던 동료 심사자들도 놓쳤으니까. 그리스 문자의 첫 세 글자는 알파, 베타, 감마인데, 이는 방사성 붕괴로 방출되는 1차 입자들을 가리키는 이름으로도 쓰인다.

호일은 우주에 처음이 있다는 생각에 동의하지 않았다. 1948년에 그는 동료인 헤르만 본디Hermann Bondi, 토머스 골드Thomas Gold와 함께 그 대안이 되는 가설을 하나 발표했으며, 정상상태 이론steady state theory으로 알려지게 되었다. 그들의 추리에 따르면, 어쩌면 우주가 팽창하는 중일 수도 있으나, 르메트르가 말한 태초의 원자에서 시작되었다기보다는, 어느 가설상의 에너지원으로부터 물질이 쉬지 않고 만들어져 팽창으로 잃은 물질을 보충하고, 그렇게 해서 우리가 오늘날 관찰한다 싶은 것 같은 정상상태를 유지한다는 것이다. 호일은 가모프의 생각을 비웃었다. 호일은 어느 라디오 쇼에서 그 생각을 농담 삼아 '크게 쾅Big Bang'이라고 불렀는데, 그것이 그대로 그 이론을 부르는 이름으로 굳어졌다.

이렇게 호일과 가모프의 생각이 서로 맞서는 모습은 과학이 최선의 상태에 있는 모습을 보여주는 한 예이다. 말하자면 서로 대안이 되면서 시험해볼 만한 가설이 두 가지 주어진 것이다. 힘 있는 과학철학자인 칼 포퍼Karl Popper는 제아무리 창의적인 생각일지라도 "반증 가능한 것"이 아니라면, 또는 실험이나 관찰로 시험될 수 있는 것이 아니라면, 과학으로 분류될 수 없다는 생각을 내놓았다. 1962년에 토머스 쿤Thomas Kuhn은 『과학혁명의 구조The Structure of Scientific Revolutions』라는 저서에서, 증거가 축적되면서 패러다임—중론—이 무너지고, 그 대안이 되는 패러다임이 일어나 그

자리를 차지하는 흥미진진한 경우들이 드물기는 해도 있다고 말했다. 그렇다면 여기서 목표는 서로 대안이 되는 가설들 가운데에서 하나를 고를 수 있게 해줄 고비실험—대개는 예측하는 형식이다—을 찾아내는 것이다. 이따금 우연한 관찰로 고비실험을 찾아내기도 하는데, 이를 세렌디포의 행운serendipity이라고 한다. 세렌디포(스리랑카의 옛 이름)의 세 왕자들이 그때그때 우연히 찾아낸 것들로 장차 닥칠 궁지를 잘 빠져나갔다는 설화에서 온 말이다. 우주의 경우를 놓고 보면, 생각지도 않게 답을 만났던 이들은 벨연구소의 두 과학자였고, 그 발견의 진가를 알아본 이는 프린스턴 대학교의 한 물리학자였다.

1948년 가모프의 논문에서 예측은 이미 이루어진 터였다. 또한 러시아에서 연구했던 야코프 젤도비치Yakov Zel'dovich도 가모프와는 별개로 이예측을 제시했으나 별다른 주목을 못 받다가, 프린스턴 대학교의 로버트 디키Robert Dicke가 비슷한 생각을 내놓으면서 주목을 받았다. 1964년에는 프린스턴 대학교의 다른 두 교수인 데이비드 윌킨슨David Wilkinson과 피터 롤Peter Roll이 우주가 폭발로 탄생했다면 있어야 할 것으로 예측되었던 우주배경복사를 찾으려고 특별히 설계한 안테나와 증폭기를 구축하기 시작했다. 무슨 말이냐면, 만일 우주가 크게 쾅 폭발했다는 생각이 옳다면, 우주의 에너지 수준이 절대영도보다 겨우 몇 도 높은 정도까지 식었으리라 예상되며, 전파 스펙트럼의 마이크로파대에 들어가는 특수한 전파 진동수로서 그 온도를 감지할 수 있다는 뜻이었다. 참 놀라운 우연의 일치인데, 마침 벨연구소의 아르노 펜지어스Arno Penzias와 로버트 윌슨Robert Wilson이 원래 인공위성이 되쏜 전파를 수신해 증폭시키는 용도로 쓰던 것으로서 앞의 두 사람이 쓰던 것과 비슷한 기구를 시험하고 있었다. 작동은 되었는데 이상한 문제가 하나 있었다. 전파를 모으는 뿔피리 모양의 기다란 금속 안테나를 하늘 어느 쪽을 겨냥하든 관계없이 어디에서나 절대영도보다 겨우 몇 도 높은 정도에 해당하는 마이크로파 복사가 잡혔던 것이다. 말도 안 되는 일이었다! 펜지어스와 윌슨은 다양한 곳에서 나온 일정량의 잡음을 보리라 예상했었다. 그래서 평범한 전파와 길 잃은 레이더 펄스는 무시하도록 기구를 조절해둔 터였다. 수신기는 액체 헬륨으로 냉각시켰고, 여러 해 동안 금속 안테나에 쌓여왔던 비둘기 똥까지도 말끔히 치웠다. 그러다가 디키와 동료들이 쓰고 있다는 (아직은 발표되지 않은 상태였다) 논문 소식을 때마침 들었다. 알맞은 감지기라면 우주 마이크로파 배경cosmic microwave background(줄여서 CMB)을 들을 수 있음을 분명히 밝힌 논문이라는 것이었다. 펜지어스와 윌슨은 저도 모르게 바로 그런 기구를 구축한 것이었다. 두 사람은 자기네가 얻은 결과가 얼마나 중요한지 퍼뜩 깨달았다. 펜지어스는 디키에게 전화를 해 자기 연구소로 초대했다. 디키는 프린스턴에서 크로퍼드힐의 벨연구소까지 60여 킬로미터를 차를 몰고 와서 말 그대로 CMB를 들었다. 웅웅거리는 정전기 같은 소리를 헤드폰으로 들었던 것이다.

다 맞아떨어졌다. 1965년에 두 연구진은 『우주물리학지』에 공동논문들을 발표했는데, 과학적 관용을 보여주는 멋진 예였다. 첫 번째 논문의 저자는 디키, 피블스, 롤, 윌킨슨이었고, 그 예측의 이론적 배경을 개괄했으며, 두 번째 논문에서는 펜지어스와 윌슨이 CMB를 검출한 이야기를 서술했다. 그 공로로 펜지어스와 윌슨은 1978년 노벨상을 수상했다.

예측된 CMB를 실제로 측정하게 되면서 호일의 정상상태 가설은 논박되었고, 가모프의 대폭발 가설이 공인 이론이 되었다. 틀림없이 가모프는 자기 쪽으로 기운 판세를 즐겼겠지만, 불과 3년을 더 살았을 뿐이었다. 가모프는 콜로라도 대학교 교수로 만년을 보내다가 1968년에 간질환으로 세상을 떴다. 볼더의 교정에 세워진 가모프탑은 가모프가 그곳에서 보냈던 시절을 기념한 것이다. 그러나 프레드 호일 경처럼 가모프도 노벨상을 받지는 못했다. 끈이론('만물이론')과 라디오 쇼 〈탐험〉에 이바지한 공로로 가장 잘 알려진 이론물리학자 미치오 카쿠Michio Kaku는 가모프가 흔쾌히 아이들 책—청소년 시절에 나를 사로잡았던 것 같은 책—을 썼던 것이 해마다 노벨상 수상자를 선정하는 스웨덴위원회의 위원들에게 영향을 주었을 것 같다는 얘기를 한 적이 있었다. 카쿠는 이렇게 적었다. "가모프와 동료들이 우주배경복사가 있어야 한다는 생각을 내놓았을 때, 사람들은 그를 진지하게 여기지 못했다. 지금은 20세기 물리학의 가장 위대한 발견 가운데 하나임을 알고 있는데 말이다."

호일, 위크라마싱, 그리고 범종

호일은 35년을 더 살았다. 일찍이 거두었던 탄소 핵합성이라는 개가에는 조금도 필적하지 못했지만, 확실히 애는 썼다. 동료인 찬드라 위크라마싱 Chandra Wickramasinghe—지금은 웨일스의 카디프 대학교에 재직하고 있다—과 함께, 지구에서 생명이 어떻게 시작될 수 있었을지 궁리한 것들을 담은 일련의 책과 논문을 썼다. 오늘날 가장 널리 받아들여지는 가설은, 어쩌다가 올바로 섞인 유기화합물 혼합이 에너지를 받아 성장하고 생식할 수 있게 된 우연한 사건으로 생명이 시작되었다는 것이다. 최초기의 생명은 고도로 진화한 오늘날의 생명과 닮지는 않았을 것이며, 대신 생명의 필수 성질들을 가진 일종의 비계飛階 같은 단계였을 공산이 크고, 그 뒤에 더 효율적인 생체계가 진화하면서 그 비계가 버려졌을 것이라고 본다.

　호일과 위크라마싱은 이런 시각에 찬동하지 않았다. 대신 1903년에 스웨덴의 대화학자 스반테 아레니우스Svante Arrhenius가 옹호했던 옛 생각을 하나 다듬었다. 범종(凡種, panspermia)이라고 하는 이 생각에 따르면, 우주 어디에나 생명은 존재하며, 성간먼지로 은하계 여기저기를 떠돌던 꽁꽁 언 외계의 세균이나 포자가 때마침 40억 년 전에 이곳에 떨어지고는 살 만한 곳임을 알게 되면서 지구에서 생명이 시작되었다고 한다. 호일은 여기에서 한 걸음 더 나아가, 이런 일이 지금도 일어나고 있으며, 1918년의 독감 범유행 같은 역병들은 사실 혜성의 꼬리에 묻어온 외계 유기체 때문에 일어나는 것이라고 주장했다.

　1986년에 오스트레일리아 캔버라 인근의 티드빈빌라 전파천문대에서 위크라마싱을 만난 적이 있었다. 그때 나는 호일과 당신은 정말 성간공간이 세균에 감염되어 있다고 생각하느냐고 물었다. 그걸 상당히 확신한다고 말하면서, 그는 성간먼지의 적외선 스펙트럼이 탈수시켜 얼린 세균의 적외선 스펙트럼과 가까이 일치함을 언급했다. 나는 그 말을 듣고, 나와 함께 일하는 미 항공우주국 에임스 연구센터의 천문학자 루이스 앨러맨돌라Louis Allamandola가 그 적외선 스펙트럼을 여러고리형 방향족 탄화수소polycyclic aromatic hydrocarbon(PAH)라는 평범한 화합물로 재현해낼 수 있음을 입증했다는 얘기를 했다. 내게는 은하계가 세균으로 가득 차 있다는 것보다는 이게 훨씬 더 가당한 설명으로 보였다. 위크라마싱은 곧바로 이렇게 응수했다. "세균이 아님을 증명하는 건 당신 몫입니다."

　나는 가당성논증plausibility argument, 또는 오컴의 면도날과 증거의 무게에 아랑곳하지 않는 이들이 동료들 가운데에 더러 있음을 보았다. 일반적으로 보면 과학자는 투자자와 닮았지만, 그들이 투자하는 건 돈이 아니라 시간이며, 이 시간은 과학자가 활동적인 연구를 하는 기간으로서 얼추 40년이 한계이다. 과학자들은 자기 시간을 투자할 방법을 결정하려고 끊임없이 가부를 판정한다. 과학자들은 그 투자가 이윤을 내길 바라지만, 이윤이란 게 꼭 금전적인 면을 뜻하지는 않는다(이는 드문 일이다). 그보다는 뜻 깊은 새로운 지식을 밝혀내는 데에 있다. 다른 이들이라면 가당성이 없다고 즉시 내쳐버릴 만한 별난 설명들을 찾느라 평생을 바치는 과학자들도 얼마 있다. 그런 독불장군과는 상대하지 않으려는 동료들도 있지만, 나는 그런 이들의 생각을 귀담아듣고 대응하는 것을 즐긴다. 대개 그런 생각들은 가당성 없음을 넘어서 틀린 것으로 밝혀지기 일쑤이다. 그러나 거친 생각이기는 해도 아름답고 근사하게 올바로 맞힌 것도 가끔 있다. 조지 가모프가 했던 생각이 바로 그러했다. 나중에 이 책에서 나는 피터 미첼Peter Mitchell 얘기를 들려줄 텐데, 이 사람 또한 가당성이 없는 생각으로 오늘날 모든 생명에 있는 ATP에서 대사에너지가 어떻게 포획되는지 가르쳐주었던 독불장군이다.

별, 먼지, 태양계

우리 우주가 시작된 뒤로 이어진 사건들에 대해 현재 합의된 시간표는 과학의 역사에서 절대적인 계시를 대표하는데, 이 시간표는 전파천문학에서 얻은 데이터와, 지구를 도는 허블우주망원경이 가시우주의 끝자락에 있는 은하계들로부터 온 빛—120억 살이 넘는 빛—을 잡아 찍은 영상들을 섞어서 보았을 때에만 만들어낼 수 있었다. 우주론자들은 이 데이터를 사용해 잘 정립된 물리법칙들을 적용해서 대폭발이 일어난 뒤 첫 초, 첫 분, 첫 시간, 첫 날, 그리고 뒤이은 백 수십억 년 동안 일어났던 사건들을 내적으로 일관된 각본으로 그려낼 수 있다. 가장 최근에 있었던 깜짝 놀랄 발견은 우주가 대부분 '암흑물질'과 '암흑에너지'로 이루어져 있고, 평범한 물질은 겨우 전체 질량의 아주 조금—한 평가치에 따르면 겨우 4퍼센트—만 차지하는 것으로 보인다는 점이었다. 나아가 우주의 팽창은 예상과는 달리 느려지는 게 아니라 빨라지고 있다. 우리가 사는 우주에 대해서, 다시 말해 평범한 어느 별 둘레를 도는 작디작은 어느 행성에서 법칙들을 써서 생명이 시작되게 하고, 그 생명을 진화시켜 우주만물이 어디에서 왔는지 궁금해할 수 있는 인간을 낳게 한 더없이 놀라운 우주에 대해서 우린 아직 알아야 할 게 많다.

이 우주 모형에서 생명의 기원과 분포에 관련된 것이 무엇일까? 한 가지 깨달아야 할 것은 처음 4억 년 동안에는 별이 하나도 없었다는 점이다. 별이 존재하기 위해 필요한 수소핵융합반응은 수소가 중력에 의해 붕괴해서 별 같은 조밀한 구조를 이룰 수 있을 만큼 우주가 충분히 식은 뒤에야 시작될 수 있었다. 대폭발로 수소의 분포가 고르지 않았기 때문에, 처음 만들어진 별들은 수십 억 개씩 무리를 지어서 광대한 은하계들을 이루었다. 우리 은

하계는 은하수(젖길, Milky Way)라고 하는데, '은하계'를 뜻하는 'galaxy'라는 말은 사실 '젖'을 뜻하는 그리스어와 라틴어에서 유래했다. 우리 은하수를 위에서 내려다볼 수 있다면, 수천억 개의 별들뿐 아니라 소용돌이팔들에 두루두루 있는 어두운 먼지구름들도 눈에 들어올 것이다.

그 먼지는 어디에서 왔을까? 별과 은하계가 처음 등장했을 때, 그러니까 130억 년 전께에는 먼지는 없었고 대폭발 때 만들어진 수소와 헬륨뿐이었다. 수소와 헬륨보다 무거운 원소들은 첫 세대 별들을 이루고 있던 뜨거운 핵기체 속에 아직 묻혀 있었기 때문에 행성도 태양계도 없었다. 그 원소들이 어떻게 빠져나왔을까? 이 물음에 대한 답은 현대 천문학의 또 다른 계시에서 나온다. 사람의 일생에서 보면 별은 불변하는 듯 보이지만, 아득한 우주의 시간잣대로 보면, 별들은 수백 수천만 년이나 수십억 년 동안 타다가, 신성 또는 초신성이라고 하는 으리으리한 폭발로 생을 마감한다. 첫 세대 별들 속에서 생성된 무거운 원소들이 이런 방법으로 우주공간으로 빠져나와, 마침내 새로운 별과 태양계를 만들 재료가 되었다.

1054년에 중국의 천문가들이 새 별의 출현을 기록했는데, 초신성을 처음 관측한 사례 가운데 하나이다. 너무 밝아서 대낮에도 빛났던 그 별은 몇 주 뒤에 사라졌다. 그러나 그로부터 700년 뒤, 샤를 메시에Charles Messier 가 밤하늘에서 이상한 것을 발견했다. 엄격하게 별이라고 정의할 만한 것도 아니었고, 움직이는 혜성도 아니었다. 정지 상태의 빛 얼룩이었다. 메시에는 원시적인 망원경으로 자기가 본 것 가운데에서 별도 아니고 혜성도 아닌 것을 모두 목록으로 작성하면서 평생을 보냈다. 희미하게 얼룩진 이 천체는 목록에서 첫 번째로 서술되었기에 M1이라고 부른다. 그 목록은 1774년 프랑스에서 간행되었다. 그리고 100년 뒤에는 M1이 희미한 빛 얼룩만이 아님을 볼 수 있을 정도까지 망원경이 발전했다. 초창기에 M1을 그린 것을 보면 그 구조가 게 모양이었다. 그래서 M1은 게성운으로 알려지게 되었다.

지구 둘레를 도는 허블우주망원경(가시광선), 스피처우주망원경(적외선),

찬드라우주망원경(X선)으로 찍은 최근의 영상들은 이 놀라운 천체를 다채로운 빛깔로 보여준다(이 책 끝에 실린 '참고자료와 주석'의 제1장 부분에 게성운의 영상을 볼 수 있는 곳을 적었다). 게성운의 복판에 작은 별 하나가 보이는데, 원래 우리 태양보다 질량이 열 배 정도 더 컸던 별이 폭발하고 남은 것이다. 지금 그 별은 극도로 밀도가 높은 작은 도시만 한 중성자공으로, 1초에 30번 회전하며 저주파의 '지글지글' 소리를 발산하는데, 전파망원경으로 잡아낼 수 있다. 별이 회전하면서 전파를 맥박 치듯 발산하기 때문에, 그런 별을 펄서pulsar라고 부른다. 펄서들은 매끄러운 구체가 아니다. 펄서에는 주변 공간으로 전파에너지를 내보내는 구역이 있으며, 전등이 빙글빙글 돌면서 빛줄기를 쏘는 등대와 참 많이 닮았다. 말 그대로 지구에서 온 것이 아닌 별들의 소리를 좀 듣고 싶으면, 인터넷에서 'pulsar sounds'로 검색해보길 바란다.

게성운이 붉은빛을 띠는 까닭은 복판의 별빛이 먼지 입자들을 비추기 때문이다. 나중에 이 별먼지가 쌓여서 은하계의 광활한 구름이 될 것이고, 새로운 별들과 태양계들을 낳을 것이다. 게성운을 비롯해서 다른 별들이 폭발하고 남은 재로 별과 태양계가 만들어지는 것이다. 그 크기를 감잡아보도록 하자. 게성운은 6500광년 떨어져 있고, 지름은 12광년이다. 명왕성 궤도까지 해서 우리 전체 태양계의 지름은 겨우 10광시에 지나지 않기에, 우리 태양계 1만 개를 잇대어 늘어놓아야 게성운의 지름에 맞춤할 것이다.

초신성폭발은 드물게 일어난다. 우리 은하계에는 4천억 개의 별이 있는데, 초신성폭발은 평균 50년에 한 번 꼴로 일어난다. 우리 태양보다 크고 매우 뜨겁고 수소연료를 빠르게 태우는 별에서 초신성폭발이 일어난다. 이와는 달리 보통별은 수명이 수십억 년으로, 초신성으로 생을 마감하는 별보다 수천 배나 오래 산다. 우주의 나이가 137억 살이라는 게 중론인데, 이 말은 곧 우리가 지금 보는 별들이란 50억에서 100억 년의 수명을 다해가는 한 세대 내지 두 세대의 보통별이라는 뜻이다. 우리 태양 같은 별들이 융합로의 연료가 되는 수소를 다 써버리면, 어마어마하게 부풀어 온도가 낮은 적색거성이 되고, 그다음에는 붕괴해서 백색왜성이 된다. 우리 태양의 나이는 중년이다. 아마 50억 년은 더 살 것이다. 그러나 적색거성 국면에 들어서면 화성 궤도까지 팽창해서, 결국 우리 태양계의 네 내행성들은 숯덩이가 되고 말 것이다.

별먼지, 그리고 태양계의 기원

적색거성이 붕괴되면, 남은 질량의 절반 이상이 성간매질 속을 나아가며 중심별에서 천천히 팽창해가는 아름다운 구조를 종종 만들어내는데, 이를 행성상 성운planetary nebula이라고 부른다. 관측천문학자들이란 상상력을 발휘할 기회를 좀처럼 가지지 못하는 고로, 누구라도 사진건판이나 (요즘엔) 컴퓨터 모니터에 그런 영상이 나타나는 모습을 첫 번째로 본 사람은 그것의 생김새로 말하곤 하는데, 별 로르샤흐 시험 같기도 하다. 개미성운, 에스키모성운, 고양이눈성운 따위가 그 예이다.

　허블헤리티지 웹사이트("참고자료와 주석"을 보라)에서 이 기막힌 영상들을 볼 수 있다. 1990년 4월 24일에 지구 상공으로 발사했던 허블우주망원경 Hubble Space Telescope(HST)이 아니었으면 볼 수 없었을 것들이다. 우리는 우리 은하계와 우주의 진짜 아름다움을 눈으로 본 첫 세대 인류이다. 허블을 발사하는 데에 들어간 비용은 25억 달러로, 미국 납세자 한 명이 한 해에 2달러를 낸 액수에 해당하며, 이는 내가 아침에 에스프레소 커피 한 잔을 마시는 값 정도이다. 이 소소한 투자의 대가로 우리는 우리가 사는 우주의 기원과 진화에 대한 지식을 대폭 늘렸다. 우리 은하계에 있는 분자구름의 구조도 볼 수 있고, 새 별과 태양계가 형성 중인 모습도 엿볼 수 있다. 거의 우주의 가장자리까지 볼 수 있으며, HST가 우주공간 깊숙이 들여다본 어느 영상 하나에는 먼 은하계가 1000여 개까지 담겨 있다.

초신성과 행성상 성운이 생명의 기원과 무슨 관련이 있을까? 답은 바로 폭발 국면에서 사출된 물질 구성과 시간에 따른 그 구성의 변화에 있다. 기본 구성은 별로 색다르지 않다. 그 물질이 무엇이든 원래의 별 속에 있던 것이고, 우주공간 속으로 팽창하면서 식었을 뿐이다. 여기에는 수소, 헬륨, 질소, 산소, 황 같은 기체상의 원소 혼합물, 물과 이산화탄소 같은 단순 화합물, 모래를 이루는 것과 똑같은 재료인 규소로 이루어진 먼지 입자, 철과 니켈 같은 금속이 들어 있다. 이게 귀에 설게 들리지 않는다면, 그건 이것들이 바로 지구—그리고 지구에 사는 모든 것—를 이루는 것이기 때문일 터이다. 수백 수천만 년이 흐르면서 그 먼지가 천천히 모여 지름이 광년 단위인 어마어마한 덩어리가 되고, 이 덩어리에서 새 별과 새 태양계가 탄생하는 것이다.

그런 성간구름의 하나가 장미성운이다. 허블헤리티지 웹사이트에서 이 성운의 장관을 볼 수 있다. 갓 태어난 어린 별들의 무리가 내는 빛을 받은 배경 위로 어둔 먼지구름의 윤곽이 뚜렷하다. 그 별들이 내는 빛의 압력이 주변을 두른 먼지를 불어내는 탓에, 별 무리 둘레의 공간이 말끔하다. 그 결과 장미 모양 한가운데에 구멍이 뚫린 것 같다. 장미성운의 지름은 약 50광년으로, 우리 태양계와 가장 가까운 별인 알파켄타우루스까지 거리의 열 배에 달한다. 장미성운이 유난히 아름답기는 하지만, 우리 은하계 곳곳, 별의 재로 이루어진 성운구름이 쌓이는 곳이라면 어디에서든 이렇게 새 별과 태양계들이 만들어진다.

50억 년 전, 장미성운을 닮은 구름에서 우리 태양계가 떠올랐다. 그 과정을 이해하는 것이 우리 이야기에서 중요하다. 그래야 행성의 형성을 이해하고, 지구가 어떻게 지금 같은 모습으로 있게 되었는지 알게 된다. 그 단계들을 시간순으로 정리해보자.

1. 죽어가는 별들에서 사출된 먼지와 기체로 이루어진 구름들이 모여서 장미성

운 같은 광막한 덩어리를 이룬다.

2. 구름 속에서 교란이 일어나면 (또는 이따금 가까운 초신성에서 온 충격파 때문에) 국지적으로 밀도가 높아져서 마침내 중력이 바통을 이어받아 조밀한 먼지 및 기체 덩어리가 만들어지는데, 이를 원시별원반proplyd*이라고 한다.

3. 먼지와 기체가 중력을 받아 안쪽으로 붕괴하면서 원시별원반 내부의 잔류회전이 빨라진다. 피겨스케이팅 선수가 팔을 몸 쪽으로 접었을 때 더 빠르게 도는 것과 마찬가지이다.

4. 먼지 및 기체구름이 빙글빙글 돌면서 성운원반nebular disk이라는 것이 형성되고, 이 원반 복판의 밀도는 훨씬 높다.

5. 밀도 높은 복판으로 물질이 점점 빠르게 빨려가고, 열이 발생되면서 온도가 올라가기 시작한다. 이 원시별protostar은 붉은빛을 내기 시작한다.

6. 복판의 온도가 1000만 도까지 올라가고, 수소핵융합이 시작된다. 이렇게 해서 원시별이 진짜 별이 되었다.

7. 그러나 성운원반에 있는 물질 모두가 새 별로 빨려가지 않는 경우도 있다. 이때엔 물질의 일부가 남아 원시행성원반protoplanetary disk이라는 것을 형성할 수 있다. 이 물질에도 나름의 교란이 일어나고 국지적으로 밀도가 높은 곳들이 회전한다. 그리고 별보다 작은 규모의 중력붕괴를 겪는다. 그 결과 일련의 행성들이 생겨나 별 둘레를 돌고, 저마다 잔류회전을 한다.

8. 우리 태양계의 경우, 태양이 완전한 새 별로서의 위상에 도달한 뒤로 처음 몇 백만 년 동안, 태양빛과 태양풍이 원반의 남은 먼지와 기체에 압력을 가하기 시작했다. 그 물질은 천천히 바깥으로 쓸려갔고, 지구를 포함해 암석질 행성을 넷 남겼다. 그러나 화성 궤도를 넘어서는 그 압력이 미치는 효과가 미미해져서

★ '원시행성계원반protoplanetary disk'의 줄임말이라고 하는데, 여기서는 서로 구분해서 쓰고 있는 듯하다. 따라서 여기서는 'proplyd'를 '원시별원반'으로, 'protoplanetary disk'를 '원시행성원반'으로 옮겨본다.

목성, 토성, 천왕성, 해왕성이라고 부르는 행성들이 시간을 두고 나머지 물질을 모아, 우리가 오늘날 보는 것 같은 거대 기체행성들이 되었다.

비록 한 번 사는 동안 우리가 이 과정을 처음부터 끝까지 볼 리 만무하겠지만, 이런 이야기가 크게 설득력이 있는 근거는 우리가 이제 허블우주망원경의 도움으로 가까운 이웃 은하계들에서도 다양한 진화 단계에 있는 태양계들—먼지와 기체로 이루어진 어둔 분자구름부터 해서 새 별, 심지어 새 별 둘레에서 행성이 형성 중임을 암시하는 먼지원반까지—을 관측할 수 있기 때문이다. 이 증거 말고도, 현대 전산기법의 힘을 빌려 컴퓨터로 본뜬 행성 형성 모형들을 만들어낼 수도 있다. 이런 본뜨기실험들simulations*에서는 별을 중심으로 도는 원반 속에 수천 수만 개의 작은 입자들을 삽입하고, 뉴턴의 물리법칙들에 따라 그 입자들에게 어떤 일이 벌어지는지 컴퓨터 프로그램으로 추적한다. 무슨 말이냐면, 입자 하나하나에는 일정한 질량이 있어서 가까운 입자들에게 중력을 가하고, 천천히 도는 원반 속에서 따라 움직이면서 속력까지 있기 때문에, 가상 시간으로 수백 수천만 년이 흐르는 동안 원반 속에서 일어나는 상호작용들을 따라가볼 수 있다는 말이다.

이런 본뜨기실험 하나를 보자. 작은 입자뭉치들이 서로 모여 더 큰 덩어리들로 합쳐지는 모습이 보인다. 끝에 가서는 이 덩어리들이 미행성들plan-etesimals로 자라는데, 지름이 수 킬로미터인 것에서 수백 킬로미터인 것까지 크기가 다양하다. 목성의 중력이 방해를 한 탓에, 화성과 목성 사이의 소행성들은 이 시점에서 부착성장을 그치고, 따라서 행성 형성과정에서 남은 찌꺼기로 간주한다. 미행성만 한 크기의 것들이 나타나면 본격적으로 행성 형성이 시작될 수 있다. 엄청나게 많은 미행성들이 저마다 제멋대로 궤도를

★ '모의실험'이라고도 하고, 우리말 물리용어에서는 '시늉(내기)'로 풀고 있다. 여기서는 여러 문맥을 고려해 '본뜨기(실험)'으로 옮겨보고자 한다.

돌기 때문에 자주 충돌이 일어나고, 충돌이 있을 때마다 부딪힌 것끼리 합쳐져 몸집은 더 커지고, 깨진 작은 파편들이 우주공간으로 쏟아진다. 가상 시간으로 몇 백만 년 만에 일차적인 부착성장은 완료되고, 크기가 여러 가지인 행성들이 복판의 별 둘레를 돌게 된다. 처음에 있었던 미행성들의 대부분은 행성들이 쓸어가버렸고, 남은 먼지는 갓 태어난 별이 방출하는 빛과, 원자 수준의 입자들로 이루어진 별바람에 의해 태양계 외곽으로 밀려난다(이 본뜨기실험에 대한 더 자세한 정보는 "참고자료와 주석"을 참고하라).

충돌하는 세계들: 지구-달 계

우리 태양계가 이런 식으로 기원했다는 게 과학자들의 중론이다. 하지만 생명의 기원과 관련하여 반드시 고려해야 할 마지막 사건이 하나 있다. 우리 행성, 곧 지구에서만 일어났던 특별한 경우였음이 밝혀진 사건이다. 우리 태양계에 있는 모든 행성 가운데에 지구에만 액체 상태의 물로 이루어진 바다가 있고, 지구의 크기에 비해 몹시 큰 달이 하나 있다. 바다는 어디서 왔을까? 달은 어디서 왔을까? 소행성 크기의 거대한 천체들과의 충돌로 생긴 구덩이들로 달이 뒤덮인 까닭이 무엇일까? 달, 그리고 달이 일으키는 바다의 미세기가 생명이 시작되는 데에 필수적이었을까?

현재의 공인된 모형을 낳은 논리의 사슬을 따라가려면, 먼저 다른 대안적인 생각들의 밑그림을 그려보고, 각각 왜 문제가 있는지 보여야 한다.

1. 달은 따로 작은 행성으로 발달했다가, 지구의 중력마당에 붙들렸다는 생각. 하지만 뉴턴의 중력법칙과 운동법칙에 따르면 운동하는 두 천체가 이런 식으로 짝을 이루기는 수학적으로 불가능하다.
2. 달은 원심력으로 떨어져나간 지구의 한 조각일 뿐이라는 생각. 이것 역시 물리적으로 불가능하다. 그만한 힘을 내기에는 지구의 자전 속력이 너무 느리기

때문이다.

3. 다른 행성들을 만들어냈던 것과 똑같은 먼지원반에서 지구와 달이 서로 짝꿍으로 굳어졌다는 생각. 여기서 문제는 지구에는 철-니켈 금속핵이 있지만, 알려진 중력을 기초로 달의 밀도를 계산하면 철 핵을 가지기에는 달이 너무 가볍다는 것이다. 지구와 달이 같은 물질에서 형성되었다면 둘 다 금속 핵을 가져야 할 것이다.

4. 크기가 화성만 한 행성(그리스 신화에 나오는 한 여신의 이름을 따서 테이아Theia라고 부르기도 한다)의 궤도가 원시지구의 궤도와 교차하게 되었다. 두 행성이 격렬하게 충돌했고, 테이아에 있던 광물과 금속들이 지구의 것과 합쳐지게 되어 현재의 질량을 갖게 되었다. 그 충돌에너지로 지구의 지각이 녹아 전체 질량의 작은 일부가 궤도로 날아갔고, 기화 상태의 암석 고리를 이루었다가, 중력에 의한 부착성장으로 달이 굳어졌다는 생각.

많은 논쟁과 입씨름을 거친 뒤, 네 번째 설명이 지금의 중론이 되었다. 물리법칙들을 이용해 그 과정을 본뜬 컴퓨터 모형을 고안하면, 본떠진 지구-달 계의 형성을 모니터로 볼 수 있다. 여기서 결정적인 것은 달의 광물 구성을 이 모형이 예측한다는 점이다. 아폴로 탐사선들이 달 탐사를 하고 가져온 월석들의 광물질 함량을 실험실에서 시험한 결과, 행성끼리의 충돌로 만들어졌다고 볼 때에 예측되었던 구성과 일치했다.

생명의 기원에 이게 무슨 의미가 있을까? 여기서 요점은, 그 충돌로 발생한 에너지 때문에 지구의 지각이 용융 상태의 용암으로 변했을 테고, 이 지글지글 타는 온도를 견뎌낼 수 있는 유기화합물은 없다는 것이다. 수증기를 비롯한 초기 대기의 대부분은 우주공간으로 날아가버렸을 것이다. 이는 어떤 식으로인가 대기갈음이 있어야 했음을 뜻한다. 나아가 생명이 시작되는 데에 필요한 유기화합물도 모두 갈음되어야 했을 것이다. 그러나 물과 유기물이 다시 어디서 나왔을까? 쓸 만한 유기물질에는 어떤 것이 있었을까?

다른 장들에서 이 물음들을 다룰 생각이지만, 짧게 답을 해본다면, 지구 내부를 구성하는 광물질에는 처음에 지구가 부착성장을 하는 과정에서 남은 물과 이산화탄소가 여전히 많이 들어 있었으며, 화산 활동에 의한 기체 방출로 이것들이 끊임없이 지표면으로 올라왔다는 것이다. 이보다는 적지만, 혜성들과의 충돌로 지구에 전해진 물도 있었다—전체 바닷물의 10분의 1 정도 되었으리라고 지금은 추정한다. 혜성은 얼음과 먼지가 뭉친 거대한 집합체로서, 60~80퍼센트가 물이다. 유기물질이 나온 두 가지 일차적인 원천은 줄기차게 떨어지며 유기물질을 전했던 혜성과 운석과 먼지, 그리고 다양한 지구화학 반응들에 의한 유기화합물 합성이다.

점 잇기

오늘날의 천문학과 우주론에서 떠오르는 계시들 덕분에, 생명에 대한 우리의 이해는 더는 생물권이라고 부르는 지구의 얇은 지각층에만 국한되지 않게 되었다. 그 대신 우리에게는 우주생물학이라는 새로운 분야가 포괄해내는 훨씬 너른 이야기가 있다. 예를 들어보자. 지금 우리는 생명에 꼭 필요한 1차 원소들이 별 속에서 일어나는 핵합성으로 쉬지 않고 만들어짐을 안다. 별이 생을 다해갈 때, 말하자면 핵융합반응을 떠받치는 수소가 고갈되어갈 때, 별은 처음에는 팽창해 적색거성이 되었다가, 붕괴해서 백색왜성이 된다. 붕괴하면서 별들은 질량의 상당 부분을 성간공간으로 폭발적으로 사출하며, 성간공간에서 그 원자들이 뭉쳐 미세한 규산염 광물 먼지 입자들이 되고, 그 입자들의 거죽은 얼음, 이산화탄소, 유기화합물의 혼합물로 덮여 있다. 그 먼지가 쌓여서 지름이 광년 단위인 조밀한 분자구름이 된다. 이 구름들이 중력붕괴를 겪으면서 새 별들이 형성되고, 일부 별들에는 먼지로 이루어진 성운원반이 있어, 거기에서 새 행성들이 빚어진다. 미행성이라고 부르는, 크기가 킬로미터 단위인 덩어리들끼리 충돌해서 행성이 만들어진다. 이따금 훨씬 큰 충돌이 일어나서 우리 지구–달 계 같은 것이 만들어지기도 한다. 그 충돌에너지가 지구의 표면을 녹이고, 초기 대기의 상당 부분을 걷어 내버렸으며, 지구 속에 있던 물과 이산화탄소가 화산 활동으로 빠져나와 새로운 대기로 갈음되었다. 녹은 상태의 지표면은 우주공간으로 열을 복사하면서 급속히 식었고, 수증기가 응축되어 바다가 되었다.

줄기차게 떨어지는 운석과 그 성분들은, 생명이 기원하는 데에 있어야 하는 원소들이 초기 대기와 바다에 있었으며, 더욱 복잡한 유기화합물의 합성을 끌고 갈 만한 막대한 양의 에너지도 있었다는 결론을 힘 있게 뒷받침한다. 2장에서는 초기 지구의 환경을 서술하면서 다음 물음을 던질 것이다. 어디서 생명이 시작될 수 있었을까?

제2장

어디에서 생명이
시작되었을까?

우리의 데이터는 지구가 그 진화 단계에서 일찌감치 43억 5000만 년 전부터 지각 형성, 침식, 퇴적물의 재순환 패턴을 시작했다는 최근의 이론들을 뒷받침한다. 이는 대부분의 연구자들이 어린 지구의 모습으로 그려내는 뜨겁고 모진 환경과는 대조되는 모습이며, 생명이 매우 일찍부터 발판을 마련했다고 볼 가능성을 열어준다.

—브루스 왓슨, 2005

운전사는 부릉부릉거리는 러시아군 수송차 엔진을 껐다. 우리가 선 곳은 빙하 녹은 물이 흐르는 실개천이 회층灰層을 깊이 깎아낸 협곡의 가장자리였다. 꼭대기는 아직 구름 속에 숨어 있었고, 그곳을 향해 뻗은 희미한 길을 따라 우리는 협곡을 오르기 시작했다. 집채만 한 표석들이 뒹구는 사이사이를 채운 눈과 얼음을 저벅저벅 밟으며 길잡이인 블라디미르 코파니첸코가 우리를 이끌고 거죽이 진흙으로 덮인 비탈을 올랐다. 늦여름인데도 찬바람이 휘파람 소리를 내며 불어갔으나 우리는 열이 올라 땀을 뻘뻘 흘렸고, 자주 걸음을 멈추고 숨을 돌리면서 우리를 둘러싼 기막힌 풍광을 눈에 담았다. 비탈 아래를 뒤돌아보면 재와 용암류鎔巖流가 구릉과 골짜기를 이룬 모습이 눈에 들어왔고, 까마득한 저 아래 보호구역에는 키 작은 관목 쪽숲들이 여기저기 흩어져 있었다. 캄차카의 들쑥날쑥한 화산 지형이 지평선을 그렸다. 머리 위로는 폭발로 깨진 무트노브스키 산Mutnovski 정상이 어렴풋이 보였다. 불과 몇 년 전에 폭발한 활화산이었다.

　　두 시간 동안 600여 미터를 더 올라가서 분화구 가장자리를 유심히 둘러보았다. 우리 발밑에 혼돈이 널따랗게 펼쳐져 있음을 실감하기 어려웠다. 어두운 잿빛 용암과 하얀 눈, 달 풍경 같은 이곳에서 살아 있는 것이라고는 우리 팀의 과학자 여섯 명뿐이었다. 분화구의 다른 편은 작은 빙하가 덮고 있었다. 증기구름이 파란 하늘로 뭉게뭉게 피어올랐고 저 안쪽 깊은 곳에서는 아득히 우르릉거리는 소리가 들려왔다.

흙, 공기, 불, 물! 혼자 생각했다. 이곳 머나먼 러시아 동부에 모여 있는 이 고대의 원소들을, 우리 행성의 역사가 처음 시작된 때부터 줄곧 남아 있던 열에너지가 휘젓는다. 빙하만 **빼면**, 이곳은 마치 그 시절이 남긴 곳 같다. 생명이 시작되기 전인 40억 년 전, 지구 전체의 모습이 어땠을지 보여주는 본보기이다.

내가 캄차카에 온 목적은 두 가지였다. 첫 번째는 러시아어 학술지들에 실렸던 두루뭉술한 보고서들에서 영감을 받은 것이었다. 캄차카의 화산들에 있는 부글부글 끓는 온천과 증기에서 아미노산을 비롯한 유기화합물들이 발견되었다는 내용이었다. 생명이 기원하려면 유기화합물이 나올 원천이 있어야 했다는 데에는 다들 생각이 같지만, 그 일차적인 원천이 무엇이었는지 실제로 아는 이는 아무도 없다. 그 화합물의 대부분이 초기 지구의 화산 지역에서 일어난 지구화학적 합성으로 만들어졌다고 보는 게 그 한 가지 가능성이었다. 예를 들어 일산화탄소와 수소 기체 혼합물에 열과 압력을 가하면, 세포막으로 조립되는 화합물들과 닮은 탄화수소 유도체들이 나올 수 있음을 본뜨기실험들이 보여주었다. 오늘날의 화산에서도 이와 비슷한 반응들이 일어남을 탐지해낼 수 있다면, 진정 돌파구가 되어줄 것이었다. 그래서 나는 화산 진흙 표본을 수집해서 갖고 와 분석해볼 생각이었다(〈그림 3〉).

두 번째 목적은 따지고 보면 만일의 경우를 대비한 것이었다. 그때 우리는 미 항공우주국 우주생물학 연구소에서 받은 약간의 지원금—미국 시민들이 낸 세금이다—을 여행 경비로 쓰고 있었다. 캄차카까지 힘든 걸음을 했는데 유기화합물을 하나도 못 찾아낸다면? 당혹스러운 일일 터였다. 이런 이유로 나는 40억 년 전에 생명의 기원에 시동을 걸었으리라고 생각했던 것과 비슷한 유기화합물 혼합물—네 가지 아미노산, 한 가지 지방산, 네 가지 핵산 염기, 인산염, 글리세롤—을 챙겨갔다. 조건만 맞추면, 실험실에서 이 화합물들을 반응시켜 생명의 분자구조와 기능에 관계하는 복잡한 화합물들을 다양하게 만들어낼 수 있음을 우리는 알고 있었다. 나는 이 기초 화

그림 3. 러시아 캄차카의 활화산인 무트노브스키 산 분화구의 한 분기공에서 표본을 수집하는 글쓴이. 저런 화산 환경이 초기 지구 환경과 비슷한 좋은 본보기가 되어준다. 이런 환경에서는 광물질, 물, 대기 중 기체가 계면에서 서로 만난다. 그런 계면에서 얻을 수 있는 에너지가 화학반응들을 이끌어서 더 복잡한 유기분자들을 만들 수 있다. ⓒ 토니 호프만

합물들을 화산 웅덩이에 넣어서, 실험실의 무균 환경을 넘어 자연환경에서는 무슨 일이 일어나는지 보자는 생각을 내놓았다. 동료들은 대부분 이런 실험을 어리석다고 여긴다. 좀체 조건들을 통제할 수가 없기 때문이다. 그러나 나는 이런 실험을 일종의 '사실 확인'이라고 여긴다. 우리는 실험실의 통제된 조건 아래에서 갖가지 흥미로운 반응들이 일어나도록 한 뒤, 이와 비슷한 반응들이 생명 탄생 이전의 지구에서도 틀림없이 일어났으리라는 결론으로 뜀뛰기할 수 있다. 그러나 우리가 실험실에서 본떠내려 하는 자연환경에서 실제로 그 반응들을 재현해볼 때에만 명확해질 무언가를 우리가 놓치고 있다면 어쩔 것인가?

생명이 시작된 장소

여기서는 그 실험결과들을 여뤄두고 나중 장에서 밝힐 생각이지만, 위의 언급은 과학자들이 생명의 기원을 어떤 식으로 생각하는지를 그려준다. 우리는 오늘날의 지질地質을 길잡이 삼아서 초기 지구에 있었을 법한 모든 장소를 고려한다. 그리고 그 조건들을 실험실에서 본떠보고는 무슨 일이 벌어지는지 지켜본다. 현역 과학자가 일생에서 연구에 쓸 시간은 40년 정도밖에 안 되기 때문에, 우리 대부분은 가당성이 있다고 생각되는 장소를 하나 골라, 그 가정을 이용해 실험을 설계한다. 그러나 밖엣사람이 보면, 가당성이 있는 그 장소라는 게 어디일지 전문가들 사이에 아무런 의견의 일치도 없음을 알고 깜짝 놀랄 것이다. 이따금 큰 운석충돌이 있을 때나 녹는 광활한 얼음장부터 해서, 찰스 다윈이 처음 제안했던 '따뜻한 작은 못', 그리고 깊은 바다의 열수구, 심지어 지구 지각 깊숙이 있는 뜨거운 일종의 광물뻘에 이르기까지 거론되지 않는 곳이 없을 정도이니 말이다. 이렇게 중구난방이어도, 과학자들의 생각이 일치하는 몇 가지는 있다.

이렇게 일치하는 생각은 특별한 용어를 써서 말하는데, '구속인자constraint'라고 한다. 그냥 손사래를 치며 아무 곳이나 가능하다고 말하지 않고, 우리는 가당성이 높다고 보는 환경 조건의 범위에 대해 생각의 일치를 보고, 그 범위 안에서 연구하도록 구속하는 것이다. 우리가 실험실에서 본떠내려 하는 것이 바로 그 조건들이고, 그 조건마다 특징적인 물리법칙과 화학법칙이 있다. 실험으로 조건들을 더욱 구속해서, 생명과 연관된 기능을 하나 이상 가진 분자조립체를 만들어내는 특수한 장소가 어디인지 찾아내는 게 목표이다. 나는 세포형 생명이 기원하는 데에 없어서는 안 되는 막질 경계구조로 자기조립하는 유기화합물을 탐구하기로 선택했다. 이는 큰 상금이 걸린 복권을 사는 것과 비슷하다. 우리는 하나라도 큰 상금에 당첨되길 기대하며 물리와 화학의 번호들을 갖가지로 조합한 것 중에서 이것저것 고른다. 여기서 큰 상금이란, 생명에 있는 한 가지나 몇 가지 성질만을 가지는 데서 그치지 않고, 실제로 생명을 가진 분자계를 만들어내는 것이다. 지구에서 실제로 생명이 시작된 지 40억 년이 지난 뒤인 지금, 생명의 두 번째 기원을 찾아낸―아마 실험실 환경에서 찾아내게 될 것이다―사람이라면 누구나 이 복권의 당첨자가 될 것이다.

조건에 구속을 가하는 한 가지 길은 맨 먼저 생명이 시작될 수 없는 곳이 어디일지 생각의 일치를 보는 것이다. 그러면 생명의 기원에 가당한 장소들은 고려에 넣고 가당치 못한 환경은 고려에서 뺄 토대를 얻게 된다. 따지고 보면, 생명은 수십 억 년 동안 진화해오면서 사실상 가능한 생태자리 어디에나 자리 잡고 살아가고 있으며, 그 생태자리는 저마다 몇 가지 성질을 가지고 있다. 그런데 생물권의 가장자리, 그것을 넘어가면 생명이 존재할 수 없는 그 가장자리는 어디어디일까?

쉬운 곳부터 시작하자. 바로 적열 상태의 뜨거운 화산용암이다. 지난날에 나는 식구들을 데리고 하와이 섬의 킬라우에아 산비탈을 따라 진짜로 흘러내려가는 용암을 보러간 적이 있었다. '돌처럼 단단한' 돌멩이와 바위야 익히 보는 것이지만, 킬라우에아에서 본 것은 주황빛을 띤 뜨거운 녹은 암석이 2차선 도로를 가로질러 느릿느릿 흐르다가 벼랑 아래 태평양으로 쏟아져 자욱한 증기를 뿜어올리는 모습이었다. 당시 다섯 살이었던 딸애 아스타는 당연히 그게 진짜 돌인지 몹시 미심쩍어 했으며, 그 용암류에 가까이 가려들지 않았다. 15미터나 떨어졌는데도 용암이 피우는 황 냄새가 맡아졌고, 용암이 복사한 오븐 속 같은 열기가 느껴졌다. 우리 행성의 대부분은 이 용암과 비슷하며, 훨씬 뜨겁기까지 하다. 철-니켈 핵 속에서 분해되는 방사성 원소들과 45억 7000만 년 전에 지구를 빚어냈던 격렬한 충격과 충돌로 발생하고 남은 잔열 때문에, 아직까지도 지구의 대부분은 녹아 있는 상태이다. 우리가 살고 있는 데는 얇은 암석질 지각 위인데, 열을 쉬지 않고 지구 밖 공간으로 복사하기 때문에 꽁꽁 얼어 있는 것뿐이다.

왜 뜨거운 용암에서는 생명이 생길 수 없을까? 유기물질을 서로 붙들어주는 화학결합은 섭씨 몇 백 도 이상으로 온도가 오르면 깨지기 시작한다. 그런데 용암은 섭씨 1000도가 넘는다. 이런 화학적 사실은 화학적 안정성을 이루는 상한선보다 한참 낮은 온도인 물의 끓는점 정도까지의 범위로 생명을 구속한다.

다른 쪽 극단을 보자. 고체 얼음 속에서 생명이 존재할 수 있을까? 생명은 얼음 온도에서 꽁꽁 언 채로 살아남을 수는 있으나, 성장을 하거나 생명주기를 거치면서 세대를 이어갈 수는 없다는 게 그 답이다. 이유는 간단하다. 생명이 성장하려면 양분이 있어야 하기 때문이다. 무슨 말이냐면, 양분은 액체 매질을 통해서 확산해야만 세포에 다가가서 세포막 경계를 넘어 운반될 수 있다는 뜻이다. 생명에 꼭 필요한 생화학적 대사반응들을 뒷받침하려면 용해된 양분이 세포 안에서도 확산해야만 한다. 그런데 얼음에서는 양분의 자유확산이 일어날 수 없으니, 성장도 대사도 일어나지 못한다. 그래서 세균세포나 정자 표본을 섭씨 −196도의 액체 질소 속에 두어도 그 꽁꽁 언 냉동 상태를 견뎌낼 수는 있지만, 냉동이 풀려서 액체 상태의 물을 얻을 수 있기 전까지는 일상적인 생명 기능들은 아무것도 일어날 수 없다.

오늘날 생명의 한계들을 생각하면, 생명의 기원이 가능했을 온도를 섭씨 100도 정도의 범위—물이 액체 상태로 있을 수 있는 범위와 얼추 맞는다—로 구속할 수 있다. 오늘날 있는 극한환경 가운데에서 미생물이 실제로 존재하는 곳들을 탐사해서 이 구속인자를 시험해볼 수 있다. 그런 한 곳이 바로 남극 메마른 골짜기의 사막 같은 환경이다. 이 골짜기들은 건조하면서도 춥다. 스스로를 우주생물학자라고 불렀을 만한 첫 과학자 가운데 하나인 임레 프리드만Imre Friedmann은 1980년대에 그 메마른 골짜기들을 탐사하면서 숨은암석균cryptoendolith("돌 속에 숨어 있다"는 뜻의 그리스어로 알맞게 조합한 신조어이다)이라는 미생물 꼴이 사암 표면 아래의 얇은 다공층에 터 잡고 목숨을 부지하며 살아갈 수 있음을 발견했다. 이 유기체들에는 지의류, 조류, 세균류에 속하는 것들이 있고, 모두 광합성을 한다. 그래서 이 마이크로 크기의 생명은 푸른 엽록소층으로 모습을 드러낸다. 그러나 해마다 남극의 여름철에 기온이 가끔씩 어는점 위로 올라가서 며칠 동안이라도 액체 상태의 물이 조금 나타나는 곳에만 이런 군체들이 존재한다. 이런 서식권을 벗어나면, 건조한 혹한의 남극 사막들에선 생동하는 생명을 조금도 찾아볼 수 없다.

다시 반대쪽 극단으로 가보자. 앨빈 잠수정을 타고 바닷속으로 들어가, 1980년에 발견되었던 열수구를 둘러보면, 그 극단의 환경을 볼 수 있다. 워싱턴 대학교의 존 버로스John Baross 연구진은 생명이 생존할 수 있는 가장 높은 온도를 찾아낼 목적으로 열수구를 탐사했다. 깊은 바다, 대륙을 떠받치는 구조판에 균열이 생긴 곳에 열수구가 있다. 바닷물이 순환하면서 아래의 뜨거운 암석 속으로 들어가 몇 가지 광물질을 용해시킨다. 섭씨 300도까지 가열되고 황화 광물을 함유한 지극히 뜨거운 물이 금간 암석을 스미며 올라와 차가운 바닷물과 만나면서 우뚝한 기둥들이 형성된다. 물이 어떻게 이렇게까지 뜨거워질 수 있을까? 물이 섭씨 100도에서 끓는다는 건 다 아는 사실이잖은가. 사실 어떤 방법을 써서인가 이 섭씨 300도의 바닷물을 순간적으로 수면으로 가져가면 폭발하듯 증발해버릴 테지만, 깊은 바다는 워낙 수압이 높아서 물이 끓는 일이 일어나지 못한다. 그 대신 찬물에서는 광물질이 훨씬 덜 용해되기 때문에, 광물질이 석출되어 굴뚝 같은 것이 만들어지고, 이곳을 통해 뜨거운 물이 쉬지 않고 흐르게 된다. 이따금 건물 15층 높이까지 굴뚝이 자라기도 하는데, 그 크기와 생김새 때문에 이름이 '고질라'로 불리는 것도 있다.

열수구 굴뚝은 섭씨 4도의 바깥쪽 바닷물부터 섭씨 300도의 안쪽 바닷물까지 온도 범위가 너르기 때문에, 생명의 한계가 될 극한의 조건들을 찾을 이상적인 장소이다. 존 버로스와 학생들은 그 광물 기둥 하나를 끊어서 실험실로 운반해 세균이 있는지 현미경으로 찾았는데, 그 다공성 구조물 어디에서나 세균이 발견되었다. 그보다 먼저 했던 조사들에서 그들은 굴뚝 안의 온도를 측정하여, 섭씨 121도나 되는 고온에서도 세균이 성장할 수 있음을 확정할 수 있었다. 이것이 지금까지의 최고 기록이지만, 존은 기록이 훨씬 높아지리라고 믿는다.

1983년에 발표한 공동논문에서 존과 대학원생 새라 호프만Sara Hoff-man은 열수구 환경이 처음 생명이 시작된 장소였을 것 같다는 생각을 내놓았다. 상당한 주목을 끌었던 이 생각은 진지하게 고려해볼 만한 것이다. 열수 조건 아래에서는 생명의 기원과 관련된 여러 가지 흥미로운 화학반응이 일어날 수 있기 때문이다.

간추려보자. 지구상 미생물은 섭씨 0도보다 몇 도 낮은 온도―소금물이 액체 상태로 있을 수 있는 온도―부터 열수구 환경의 섭씨 121도까지의 범위에서 생존하고 번식할 수 있다. 단 한 가지 절대적인 필요조건은 바로 액체 상태의 물이 있어야 한다는 것이다. 지구의 어떤 장소에서 생명이 시작되었을지 우리가 생각할 때 어떤 식으로 구속인자를 사용하는지 보여주는 한 예가 바로 이 온도 범위이다. 열수구에 서식하는 미생물체들이 호극성 생물extremophile임도 사실이다. 이런 조건들을 헤치며 살아갈 수 있는 특수한 생명꼴들이 얼마 있기는 해도, 생물 일반은 그런 곳에서 번성하지 않는다. 가장 풍요롭고 복잡한 생명꼴들은 이 극과 극의 환경이 아니라 그 사이의 조건에서 가장 잘 살아간다. 생명이 극한의 조건들에서 생존할 수 있다고 해도, 아마 생명이 기원한 환경은 그보다는 온화해야 했을 것이다.

생명의 기원을 살필 때 따질 규모들

이젠 생명이 기원한 장소를 다른 관점에서도 살펴볼 수 있다. 규모는 반드시 헤아려야 할 것으로서, 일반적으로 지구적, 국지적, 마이크로, 나노, 이렇게 네 가지가 있다. 하나하나 차례로 얘기해보자.

지구적 규모

'지구적으로 생각한다'고 하면 지구 자체의 일반적 성질들, 곧 일차적으로 지구의 대기권大氣圈, 수권水圈, 암권巖圈을 생각한다는 것이다. 이를테면 우리는 대기권 하층의 평균 온도를 상당히 정확하게 안다. 세계 곳곳에 기상 관측소가 수천 곳 있어서 이른 1900년대부터 국지적 기온을 기록해왔기 때문이다. 시간에 따른 국지적 기온을 평균하면—각 계절과 연관된 최고, 최저 기온까지 넣어서—오늘날의 평균 지구기온은 섭씨 14도이다. 나아가 지난 100년 사이에 평균 기온은 섭씨 ~0.8도 올랐는데, 지구 온난화라고 일컬어지는 기온 상승이다. 또한 과거 지질기록을 살펴서 지구가 훨씬 추울 때도 있었고(아마 지구가 얼음으로 뒤덮였던 7억 년 전의 '눈덩이 지구Snowball Earth'까지도 이에 해당할 것이다) 훨씬 더울 때도 있었음(이를테면 3억 년 전의 석탄기는 식물이 뒷날 어마어마한 양의 석탄광상으로 탈바꿈하게 될 생물량을 생산했던 때였다)을 유추해낼 수도 있다.

수권을 이루는 것은 지표면에 있는 액체 상태의 모든 물—대부분은 바다에 있다—이다. 바닷물은 약한 염기성으로, pH는 대개 8.2이고, 1리터에 소금이 30그램 정도 들어 있다. 이 소금은 주로 염화나트륨—식염—의 꼴이지만, 칼슘염과 마그네슘염도 꽤 된다. 요즘 와서 바다의 pH에 크게 관심이 쏠리는 까닭은, 조금만 산성이 되어도 산호며 연체동물 같은 바다생물들이 산호초와 조가비의 재료인 탄산칼슘을 생성하는 능력에 현저하게 영향을 주기 때문이다. 사람들이 화석연료를 태워 나온 이산화탄소는 산성화의 주범 중 하나이다. 왜냐하면 이산화탄소가 물에 용해될 때 탄산이 생성되기 때문이다. 생명의 기원에 액체 물이 꼭 있어야 했다고 우리는 확신하기 때문에, 우리 각본에서는 pH 또한 중요한 인자가 되어야 한다. 나중에 pH 규모를 더 자세히 논의할 생각이지만, 순수한 물의 pH(중성 pH)는 7이고, 7보다 낮으면 산성, 높으면 염기성—알칼리성이라고도 한다—이라는 것 정도는 쉽게 외워둘 수 있을 것이다. 자연에서 대부분의 바닷물과 민물은 중성

pH 범위에 들지만, 화산 환경에서는 배터리 산성액의 pH에 가까울 만큼 강산성을 띨 수도 있다.

암권이 대표하는 것은 지구의 지각을 이루는 광물 성분들이다. 오늘날의 암권을 구성하는 세 가지 광물형은 고등학교 과학 시간에 모두 배운 것들로, 화강암과 현무암처럼 화산 활동으로 만들어진 화성암, 점판암과 대리암처럼 고온·고압을 받아 성질이 변한 변성암, 석회암과 사암처럼 보통 해저의 퇴적물로 만들어지는 퇴적암이다.

이 밖에 생물권 개념도 포함시켜야 한다. 이는 지구상 생명의 모든 서식지를 이르는 말로, 그 범위는 해수면 위 8킬로미터의 산꼭대기부터 해수면 아래 8킬로미터 정도 깊이의 해저까지 걸쳐 있다.

초기 지구의 기온은 얼마였을까? 바다의 pH는 얼마였을까? 그때도 바닷물이 짰을까? 당시 암권은 어떤 모습이었을까? 우리가 확실하게 대답할 수 있는 물음은 하나도 없다. 지각에서는 세월이 흐르면서 지질과정이 일어나는 탓에 40억 년 전에 있던 것들은 거의 모두 사라지고 말았기 때문이다. 그러나 이웃한 행성들과 위성들을 관찰하면 많은 것을 알아낼 수 있다. 예를 들어보자. 지구의 달 표면에 난 구덩이들은 나이가 약 40억 살이며, 당시 달이 엄청난 충돌 세례를 받았다면, 지구도 그랬을 것이다. 그 형성기를 명왕누대Hadean Eon라고 부르는데, 그리스어 '하데스Hades'에서 온 말이다. 10년 전까지만 해도, 44억~38억 년 전(명왕누대)의 지구는 지옥 같은 곳이었다는 게 중론이었다. 그러나 다음 장에서 서술할 최근의 발견들은 생각보다 훨씬 일찍부터 바다가 있었음을 암시한다.

대기권 대기권을 살필 때에도, 생명이 시작되었을 때의 지구적 규모의 환경에 대한 우리 지식에 몇 가지 구속을 가할 수 있다. 초기 대기의 기체 구성을 알아낼 한 가지 실마리는 우리가 점점 깊이 이해해가고 있는 태양계의 역사에 있다. 예를 들어보자. 우주탐사선을 보내 금성 둘레의 궤도를 돌게 하고 착륙까지 시켜보았으며, 탐사선은 열 때문에 기기가 파손되기 전까지 몇 분 동안 지구로 데이터를 보냈다. 이 자매 행성은 태양에 너무 가까운 탓에 안락한 곳이 아니다. 그 데이터를 통해 우리가 발견한 것은 금성의 대기가 대부분 이산화탄소라는 사실이었다. 현재 금성의 이산화탄소량은 지구의 대기압보다 90배 정도 높은 압력을 만들어낸다. (자동차 타이어 속 기압이 약 3지구대기압임을 감안하면 금성의 대기압이 얼마나 높은지 감을 잡을 수 있을 것이다.) 그리고 금성은 너무 뜨거워서(섭씨 460도로, 납이 녹아버리는 온도이다) 액체 상태의 물은 없다.

40억 년 전의 지구에도 이산화탄소 대기가 있었을까? 그랬다면, 그게 다 어디로 갔을까? 금성과는 달리, 지구에는 언제나 바다가 있었기 때문에 이산화탄소가 용해되어 탄산칼슘—석회암, 조가비, 산호초를 이루는 바로 그 광물이다—으로 퇴적될 수 있었다. 이는 초기 지구의 대기 중 이산화탄소가 결국에는 암석이 되었고, 그 결과 남은 질소가 대기의 대부분을 채우게 되었으며, 오늘날까지도 그 상황이 이어졌음을 뜻한다. 기체 질소는 질소 원자 두 개가 묶여 분자 하나를 이루며(N_2로 줄여 표기한다), 대단히 안정적이다. 그래서 사실상의 다른 모든 원소들처럼 결합되어 광물이 되지는 않고 그대로 기체로 남았다.

지구 지각의 알려진 탄산염 광물을 모두 합하면 65지구대기압에 상당하는데, 금성의 대기압에 가깝다. 그러나 이만한 양이 동시에 다 대기에 있었던 적은 한 번도 없었다. 수백 수천만 년에 걸쳐 이산화탄소가 화산 기체로 천천히 방출되어왔기 때문이다. 생명이 시작되었을 당시의 대기는 대부분이 질소와 이산화탄소였고, 일산화탄소, 메탄, 수소, 황화수소, 그리고 아마 국지적 환경에서 화학반응으로 약간씩 생성되었을 산소가 미량 있었다.

수권 지금처럼 과거에도 수권의 대부분은 바닷물이었다. 3장에서 서술하겠지만, 지구 역사에서 깜짝 놀랄 만큼 일찍부터, 말하자면 아마 40억 년도 더 전부터 바다가 있었다는 증거가 지르콘 광물 연구에서 나왔다. 오늘날처럼 그때의 바닷물에도 소금이 용해되어 있었다. 이 시점에서 농도와 관련된 기초화학을 약간 돌아볼 필요가 있다. 용해되는 것은 뭐든 용질이라고 하고, 그 결과물은 용액이다. 화학자들이 농도를 표현하는 표준 방법은 몰농도이다. 잔디밭에다 굴을 파는 작은 동물이 쳐들어오는 것 같은 소리로 들리겠지만,* 사실은 '분자'를 뜻하는 'molecule'과 똑같은 말에서 파생된 것이다. 1몰은 6×10^{23}개의 분자에 상당하는 측정단위이다. 달걀을 한 다스 사면 달걀 12개를 산 것이지만, 달걀 1몰을 샀다고 하면 달걀을 약 6×10^{23}개 샀다는 소리이며, 이 정도의 질량이라면 달에 맞먹는다. (물 세 술, 정확히 말하면 물 18그램에 있는 분자 수와 같다고 생각해보면 기가 찰 것이다.)

농도는 용액 1리터에 용해된 용질의 몰수로 정의하며, 그 좋은 예로 바닷물의 소금 농도를 들 수 있다. 소금 1몰의 질량은 58그램이니까, 용액 1리터에 소금 58그램을 용해시키면 농도는 1.0몰라(M)가 될 것이다. 편의상 밀리몰라(mM) 단위를 쓸 때도 있고, 0.001M=1.0mM이다. 지나치게 묽은 용액에는 마이크로몰라(μM), 나노몰라(nM), 심지어 피코몰라(pM) 단위까지 써야 하는데, 뒤에 오는 농도 단위 각각은 앞에 오는 농도 단위의 1000분의 1이다.

다시 바닷물을 살펴보자. 오늘날 바닷물의 소금 농도는 약 0.5몰라(500마이크로몰라)이다. 최초의 바다에도 소금이 녹아 있었을까? 소금광산이라고들 하는 엄청난 지질층에 있는 것으로 알려진 모든 소금을 합산해볼 수 있다. 소금광산의 소금은 초기의 바다가 증발하면서 침전된 것으로, 오늘날 사해死海에서 일어나는 일과 비슷하다. 그 소금을 몽땅 바다에 다시 용해시킬 수 있다면, 바닷물이 거의 두 배는 더 짜질 것이다. 그래서 최초의 바다에도

★　'molarity'의 'mole'이 '두더지'를 뜻하는 'mole'과 동음이의어임을 지적한 것이다.

염화나트륨이 녹아 있었던 것으로 보인다. 그때에도 칼슘 이온과 마그네슘 이온이 용해되어 있었을 것이기에(오늘날 바닷물에선 그 농도가 각각 10마이크로몰라와 53마이크로몰라이다), 그때의 바닷물은 '센물'이라고 할 만했을 것이다. 이런 점이 생명 시작의 화학과 물리에 대한 우리의 몇 가지 생각에 영향을 주었고, 이는 나중에 논의할 것이다.

마지막으로, 초기 바다에 용해된 철은 지금보다 훨씬 많았을 것이다. 철은 용해되지 못한다고 흔히들 생각하지만, 철이 금속 꼴일 때에만 해당되는 말이다. 철은 이온이라고 부르는 용해 가능한 꼴로도 존재할 수 있으며, 다른 모든 금속—특히 나트륨, 칼륨, 마그네슘, 칼슘—도 마찬가지이다. 철 같은 금속을 화학적으로 처리해서 철 원자로부터 음전자들을 걷어내면, 그렇게 나온 이온들은 양전하를 하나 이상 갖게 되고, 물에 매우 쉽게 용해된다. 철은 양전하를 둘 또는 셋을 가질 수 있는데, 각각 줄여서 Fe^{2+}와 Fe^{3+}로 표시한다. ('Fe'는 '철'을 뜻하는 라틴어 *ferrum*에서 왔다.) Fe^{2+}의 꼴은 용해될 수 있지만, 산소와 만나면 Fe^{3+}로 산화해 산화철, 다시 말해서 녹으로 변한다. 철광석이라고 부르는 광물은 그냥 Fe^{3+}로서, 약 20억 년 전에 광합성 능력을 가졌던 세균이 마침내 상당량의 산소를 지구 대기권에 추가하기 시작하면서 바다에서 산화철로 침전된 것이다. 모든 철광석을 다시 바다에 넣어 용해시킬 수 있다면, 소금광산으로 했던 것과 똑같은 계산을 했을 때, 바닷물의 철 농도는 밀리몰라 범위로 올라갈 것이다. 오늘날 철의 대부분은 산화철로 침전되었던 것이고, 나머지는 필수미량원소로 철이 있어야 하는 바다의 모든 생명이 게걸게걸 섭취한다. 그 결과 지금 바닷물의 철 농도는 31피코몰라이며, 이는 초기 바다에 함유되었던 철 농도의 1억분의 1이다.

바닷물에는 수소 이온, 곧 양성자들도 있다. 용액의 산성도나 알칼리도를 측정할 때 이 수소 이온을 이용한다. 보통 pH로 표시하며, 수소이온농도의 역로그로 정의된다. 밝혀진 바에 따르면, 실제로 순수한 물이 모두 H_2O 분자인 것은 아니고, 극히 적은 일부는 언제나 양이온 H^+와 음이온 OH^-로 분리되어 있다. 수소이온농도는 10^{-7}몰라이고, 여기서 –7은 로그이다. –7의 역은 7이니까, 순수한 물의 pH는 7이며, 중성 pH라고 한다. 탄산음료는 pH 가 3이고, 위산은 pH가 1이다—물보다 H^+의 농도가 100만 배 큰 값이다. 이 척도의 다른 쪽 끝을 보면, 막힌 배수구를 뚫을 때 넣는 세제 용액의 pH 는 14 정도로, 강알칼리성이다.

바닷물의 pH는 어떨까? pH 8.2로 약간 알칼리성이지만, 아마도 생명이 시작했을 무렵에는 산성 쪽을 띠어서, 해양 상층의 pH는 5에서 6 사이였을 것이다. 이 pH 범위가 몹시 중요한 것으로 밝혀졌다. 예를 들어 pH 범위가 약간 산성 쪽으로 기울면, 생물들은 방해석(탄산칼슘)과 인회석(인산칼슘) 같은 생체광물질을 침전시켜 조가비, 뼈, 이빨 같은 단단한 구조를 만들어내지 못한다. 35억 년 전부터 10억 년 전까지 생물권이 오로지 단세포 세균으로만 이루어졌던 까닭 가운데 하나가 이 때문이었을 수도 있다. 약 5억 4000만 년 전, 우리가 캄브리아기 대방산大放散이라고 부르는 시점에 무언가 상황이 바 뀌어 다세포 생물들이 급증했다. 화석기록에서 캄브리아기는 탄산칼슘으로 지지구조와 껍데기를 만들어낼 수 있었던 산호류와 연체동물 같은 다세포 생물들이 대단히 많았던 시기로 나타난다.

여기서 짚어야 할 한 가지 중요한 점은, 오늘날의 세포는 모두 상당량의 에너지를 소비해서 내부 환경을 조절하고, 대개는 몇 가지 이온들의 농도를 바닷물보다 훨씬 낮게 유지시킨다는 것이다. 생명이 짜디짠 해양 환경에서 시작했다면, 이런 조절능력이 어떻게 생기게 되었을까? 생명의 기원에 이 온들의 농도가 중요하기나 했을까? 사실 이온들의 농도는 오늘날의 생체세 포living cell에서 가장 중요한 과정들에 큰 영향을 미친다. 예를 들어, 세포 내 pH와 칼슘 이온의 균형이 조금만 깨져도 치명적일 수 있다. 세포막 안팎 의 나트륨과 칼륨 농도가 불균형하면 세포가 부풀어 터져버릴 수 있다. 세 포들이 이 이온들의 농도를 조절하느라 그처럼 에너지를 많이 소비하는 까 닭이 바로 이 때문이다. 7장에서 자기조립 과정을 살펴볼 때, 몇 가지 이온들의 있고 없음이 얼마나 파괴적일 수 있는지 서술할 생각이다. 그 파괴적인 정도는 생명이 해양 환경에서 시작했다는 통상적인 가정을 재고해야 할 만큼 대단하다.

암권 거의 40억 년 전, 생명이 시작했을 무렵의 암권은 오늘날의 세계에 비해 상대적으로 틀림없이 단순했을 것이다. 대륙이 등장할 만한 시간이 흐르지 않은 터였기에, 바다 위로 솟은 땅덩어리들은 대부분 오늘날의 하와이나 아이슬란드처럼 화산땅이었다. 이는 곧 암권을 이루는 일차적인 광물 성분들이 현무암질 용암과 화산재였다는 뜻이다. 여기서 한 가지 중요한 점은, 화산 땅덩어리가 등장하면서 민물이 있을 수 있게 되었다는 것이다. 바다에서 증발한 수분은 비가 되어 화산섬들에 내렸다. 오늘날의 하와이에서처럼 말이다. 산비탈을 타고 흘러내리는 물줄기들이 비구름 속이나 화산암 표면에 있었을 유기화합물들도 함께 운반했을 것이다. 이 용질들이 민물 못에 쌓여, 생명 과정을 시작하는 데에 필요했던 화학반응들이 더 멀리 진행될 수 있도록 쓰였을 것이다.

국지적 규모

물리적 및 화학적 성질들을 살필 때에 지구적 규모들을 일정한 한계 범위로 구속할 수는 있지만, 국지적 규모들은 선택 범위가 훨씬 다양하다. 오늘날의 지구를 보자. 평균 기온은 섭씨 14도이지만, 국지적 기온 변이를 따지면 섭씨 1000도가 넘는 용융 상태의 화산 용암부터 섭씨 −60도인 북극의 얼음까지 그 범위가 너르다. 이보다 훨씬 극단적인 예는 번개가 칠 때 가열되는 공기의 온도로서, 에너지 함량이 너무 높기 때문에, 평범한 조건에서는 일어나지 못할 수많은 흥미로운 화학반응들이 일어날 수 있다. 4장에서 유기화합물을 얻을 원천들을 논의할 때 이 반응들을 서술할 생각이다.

오늘날 바다의 pH는 약한 염기성이다. 그러나 국지적 환경들을 따지면,

강한 산성 환경(pH 1)부터 강한 알칼리성 환경(pH 11)까지 두루 있다. 소금 함량도 민물 호수부터 염전—소금 농도가 너무 높아 소금결정이 침전된다—까지 다양하다.

생명의 기원 연구에서 이것이 뜻하는 바는, 지구적 규모의 성질들에 구속을 가할 수 있다 할지라도, 지구적 규모와는 달리 국지적 규모에서는 상상력을 쓸 수 있다는 것이며, 확실히 이제까지 그렇게 해왔다. 생명이 기원했을 만한 곳으로 제시된 국지적 환경으로는 깊은 바다의 열수구부터 해서 물이 증발하는 못, 운석 충돌로 녹은 빙하에 이르기까지 두루 걸쳐 있다. 각 장소마다 옹호자가 있기에, 생명이 기원했을 만한 가장 가당성 있는 국지적 환경이 어디냐를 두고 아직까지 아무런 합의도 없는 형편이다. 나중 장들에서 논의하겠지만, 내가 생명 탄생 이전 환경으로 가당성이 있다고 여기고 탐사하는 장소는 캄차카의 무트노브스키 산 같은 수많은 활화산 인근에서 볼 수 있는 환경이다. 그런 장소 가운데 내가 사는 곳에서 조금 더 가까운 곳은 캘리포니아 주 래슨 국립공원의 래슨 산이다. 이곳에는 온천, 뽀글거리는 진흙수렁, 범패스헬Bumpass Hell이라고 부르는 작은 간헐천들—지각 틈새로 떨어져 끓는 물에 다리를 심하게 데었던 초창기 탐험가인 범패스 씨의 이름을 땄다—이 있다. 내 생각으로는, 캄차카와 범패스헬처럼 지열을 뿜는 장소들을 보면 초기 지구의 국지적 환경이 어땠을지 생각하는 데에 길잡이가 되어줄 수 있을 것 같다. 이런 이유로 나는 그런 장소들을 찾아다니며, 우리가 실험실에서 수행하는 본뜨기실험들이 복잡한 자연환경에서도 실제로 작동하는지 시험하고 있는 것이다.

마이크로 규모

우리는 첫 생명이 마이크로 크기였음도 반드시 고려해야 한다. 이 마이크로 규모의 관점에서 가능한 장소들을 더 잘 이해하지 않고서는 생명의 기원을 이해하지 못할 것이다. 예를 들어, 우리가 용암 한 덩어리, 또는 열수구에서 채취한 굴뚝물질 표본을 눈으로만 보면 꼭 단단한 암석처럼 보일 것이다. 그러나 그 물질을 아주 얇게 긴 조각들로 썰어서 현미경으로 검사하면, 구멍이 아주 많이 뚫려 있는 모습, 세균만 한 크기부터 맨눈에 보이는 작은 구멍까지 온갖 크기의 갱도와 굴로 가득 찬 모습을 보게 된다. 미 항공우주국의 연구자 마이클 러셀Michael Russell은 초기 생명의 반응들이 한정된 공간 속에서 일어나도록 가두었던 막과 똑같은 구실을 그 광물 칸들이 했을 것이라는 생각을 내놓았다. 마이크로 크기의 다공성 광물의 다른 예로는 점토를 비롯해 다양한 퇴적성 광상들이 있는데, 고인 물과 조간대로 화산재가 떨어지는 곳이라면 어디에나 있었으리라고 기대할 만한 것들이다.

나노 규모

세포형 생명은 마이크로 크기이다. 생체세포의 크기를 따져보면, 지름이 몇 마이크로미터인 세균부터 수백 마이크로미터인 아메바까지 있다. 그러나 생명을 이루는 실제 분자 성분들의 크기는 나노미터(nm) 대이다. 생명 과정에 관여하는 것 가운데 가장 작은 분자인 물은 지름이 0.2나노미터이다. 포도당의 지름은 약 1나노미터, 핏속의 헤모글로빈 같은 단백질은 4나노미터이다. 생명이 시작되려면 나노미터 규모에서 일어나는 과정들도 반드시 있어야 했다. 아마 계면들로 흡수되고 계면들에 의해 조직된 얇은 유기물 박막들이 가장 중요했을 것이다. 계면은 고체와 액체의 사잇면, 또는 액체와 기체의 사잇면으로 정의된다. 나중에 살펴보겠지만, 황철석이라고 하는 황화철의 나노 크기 계면에서 대사와 관련된 화학반응들이 처음 일어나면서 생명이 시작되었다고 보는 가설이 있다. 유기화합물들이 점토 광물 표면에 들러붙어 질서정연한 배열을 이뤄 원시적인 형태의 유전정보를 담게 되었다고 보는 가설도 있다. 지질 분자들에 의해 형성된 나노 크기의 구조들이 어떻게 해서 이런 식으로 질서를 추가할 수 있고, RNA와 DNA 같은 핵산과 닮은 긴 분자들을 합성해낼 수 있는지 이 책의 나중 부분에서 서술할 것이다.

변화하는 초기 지구 환경

생명이 기원한 장소를 이해하는 데에서 마지막으로 두 가지를 짚어보겠다. 흔히들 이런 논제를 논의할 때엔 생명이 기원했을 만한 장소를 스냅사진처럼 정지된 것으로 보곤 하는데, 실제로는 지구 역사의 첫 10억 년 동안 지구적 조건들은 극적으로 변화했다. 그리고 이 변화들은 생명이 시작되었던 국지적 장소들의 물리적 및 화학적 조건들에 영향을 주었다. 이 가운데 어떤 변화에는 막대한 양의 에너지가 환경으로 풀려나는 일이 수반되기도 했기에, 그 에너지를 쓸 때면 언제나, 평형상태에 가까운 환경에서는 못 일어나는 화학반응들을 그 에너지가 끌고 갈 수 있다는 점을 반드시 고려해야 한다. 에너지 유입으로 일어나는 화학반응 가운데에는 생물에게 필요한 복잡한 화합물들을 파괴할 수 있는 반응도 있다. 이를테면, 하와이의 킬라우에아 산비탈을 타고 흘러내리는 적열 상태의 용암류가 식물을 덮치면, 생명을 이루는 중합체들을 서로 이어주는 화학결합이 열에너지 때문에 끊어져 기체 상태로 분산된 결과, 화학적으로 복잡했던 것이 단순해지게 되는 것이다. 다른 방향을 보자. 건조 상태의 아미노산 혼합물을 위보다 덜 심한 온도—이를테면 섭씨 90도—로 가열하면, 시간이 흐르면서 아미노산들이 수분을 잃고 서로 이어져 단백질을 닮은 긴 중합체가 된다. 이런 반응을 축합condensation이라고 하고, 전반적인 축합과정은 합성으로 분류된다. 왜냐하면 새 화학결합이 형성되기 때문이다. 이 경우를 보면, 열에너지와 건조 조건이 단순한 아미노산 혼합물에서 복잡성이 떠오르게 한 것이다. 가장 중요한 점은, 오늘날의 지구처럼 초기 지구에서도 합성반응과 분해반응이 동시에 일어났다는 것이다. 생명의 기원을 이해하려면, 분해반응을 당해 단위체로 되돌아가기 전에 생성물이 축적될 수 있을 만큼 합성속도가 빨라야 함을 염두에 두고, 화학반응들을 힘차게 오르막 방향으로, 다시 말해서 복잡성을 이루도록 끌고 갈 수 있는 조건들이 무엇인지 찾아내야 한다.

이젠 지구가 처음 생긴 때부터 생명이 기원하기 전까지 5억 년 동안 일어났을 지구적 규모의 변화가 어떤 것들이었는지 윤곽을 잡아볼 수 있다. 달 형성 사건을 포함하여 지구가 부착성장하는 과정에서 엄청난 양의 열에너지가 발생했다. 대기 중 수분이 응결되어 비가 될 수 있을 만큼 지표면이 충분히 식었을 때가 언제였을까? 오스트레일리아, 위스콘신 대학교, 뉴욕 렌셀러 공과대학의 연구자들이 그 놀라운 답을 찾아냈다. 그들은 지르콘의 성분비를 연구했다. 다이아몬드 같은 이 광물은 워낙에 튼튼해서 처음 만들어진 뒤로 수십 억 년이 지나도 안정된 상태이다. 나아가 지르콘의 화학적 성분비는 일종의 온도계 구실도 한다. 예를 들어, 지르콘은 지르코늄, 규소, 산소로 구성되어 있지만($ZiSiO_2$), 티타늄(Ti)도 여러 정도로 함유할 수 있다. 렌셀러 공과대학에서 일하는 브루스 왓슨Bruce Watson은 그 티타늄 함량이 지르콘이 형성될 당시의 온도와 직접 관련이 있음을 알아냈다. 최근까지도 명왕누대의 지구 표면이 기본적으로는 녹은 암석의 바다였다고들 생각했다. 그런데 명왕누대에 결정이 된 지르콘들의 티타늄 함량에 들어맞는 온도는 섭씨 688도였다. 이는 섭씨 2000도의 용암 같은 곳에서 형성된 지르콘이라기보다는 수화된 지르콘 구조의 특징이었다.

그 결론이 옳다고 가정하고, 약 44억 년 전에 달 형성 사건이 있고 나서 금방 액체 상태의 물을 쓸 수 있었다고 해보자. 생명이 곧바로 튀어나왔을까? 그랬을 수도 있었다는 게 그 답이지만, 생명이 나오기까지는 넘어야 할 큰 장애물이 몇 있었다. 이 장애물들은 우리가 후기대폭격이라고 부르는 사건과 관련되는데, 다음 장에서 서술하겠다.

얼음에서 기원?

뜨거운 곳에서 생명이 기원했다는 생각에 대안이 되는 생각이 하나 있다. 샌디에이고 캘리포니아 대학교에서 스탠리 밀러Stanley Miller와 협동연구를 하는 제프리 베이다Jeffrey Bada는 생명에 필요한 아미노산 같은 가용성 화합물들이 수용액 속에 있을 때 수명이 유한하다는 사실을 고려했다. 나아가 일상의 경험으로 예상할 수 있다시피 분해시간은 온도와 강한 관련을 가진다. 추정에 따르면, 1000만 년마다 바닷물 전체가 고온의 열수구를 통과한다고 볼 수 있으며, 그 열수구의 고온(섭씨 300도 이상)으로 인해 아미노산이 작은 조각들로 쪼개지기 때문에, 생명이 기원하는 데에는 별 쓸모가 없었을 것이다. 하지만 어느 온도에서 아미노산이 꽁꽁 얼어붙는다면, 수천 수만 년에서 수백 수천만 년으로 재야 할 만큼 훨씬 오랫동안 상태를 그대로 유지할 것이다. 핵산을 이루는 단위체인 뉴클레오티드도 마찬가지이다. 탄화수소는 세월을 훨씬 더 잘 견딘다. 바로 그런 까닭에, 3억 년 전에 무성했던 식물의 유해들이 퇴적되어 묻힌 뒤, 지표 아래 수천 미터에서 퇴적성 광물 형성과 연관된 고온과 고압으로 처리되어 침전되었던 석유 등의 화석연료들을 지금까지도 찾아낼 수 있는 것이다.

그런데 뜨거웠던 초기 지구에 어떻게 얼음이 있을 수 있었을까? 지구가 처음에는 뜨거웠다가 식으면서 빠르게 해양이 형성되었다고 보는 게 중론이지만, 생명이 기원했을 당시 지구기온이 비교적 따뜻했다고 보는 건 아직 가정에 지나지 않는다. 생명이 기원했을 당시, 태양이 오늘날 방출하는 에너지의 70퍼센트만을 방출했다고 보는 것 또한 중론이다. 이를 일컬어 '어둑한 초기 태양의 역설dim early sun paradox'이라고 한다. 역설이라고 하는 까닭은, 그때 해양이 꽁꽁 얼어 있어야 했음을 어렵지 않게 계산해낼 수 있기 때문이다! 이 딜레마를 풀려고, 천문학자이자 저술가인 칼 세이건은 초기 대기에 풍부했던 이산화탄소가 온실기체 구실을 하여 지구를 충분히 따뜻하게 유지시켜서 해양이 얼지 않게 했으리라는 생각을 내놓았다. 그러나 이는 아직도 추측에 불과하다. 사실 캄브리아기 대방산이 시작되기 직전인 7억 5000만~6억 년 전의 지구는 '눈덩이 지구'라고 하는 시기를 거치는 중이었을 수 있다. 이 시기는 얼음장이 열대 위도까지 사방을 다 덮었던 때를 말한다. '눈덩이 지구' 시기가 있었다는 증거는 광범위한 빙하작용이 있었음을 보여주는 지질광상들이 모든 대륙에 있다는 것이다. 지질기록을 기초로 한 컴퓨터 본뜨기실험들을 보면, 이 시기 동안 광범위한 녹고 풀림이 네 차례는 일어났었음을 암시한다.

그래서 만일 최근인 6억 년 전까지도 지구적 규모의 얼음장이 있었다면, 태양이 지구 표면에 전달하는 열에너지가 지금보다 퍽 적었던 40억 년 전이라고 그러지 못할 까닭이 무엇이겠는가? 이렇게 생각하는 게 합당하다. 그러나 그게 생명의 기원과 무슨 상관이 있을까? 한편 제프리 베이다와 스탠리 밀러는 1994년에 발표한 논문에서, 초기 지구가 사방이 얼어붙을 만큼 추웠다면, 열에너지 때문에 유기화합물이 분해되는 일은 없었으리라고 논했다. 이것 못지않게 중요한 점은, 유기용질을 함유한 바닷물이 언다고 해서 그냥 고체 얼음덩어리로 변하지는 않는다는 것이다. 그 대신 얼음 결정이 자라면서 용질 화합물들이 결정구조 밖으로 밀려나고, 결정을 두르는 얇은 층에 농축된다. 그 층들은 물의 어는점보다 한참 아래 온도에서도 유체流體 상태로 있을 수 있다. 얼음은 유기화합물을 보존할 수 있을 뿐 아니라, 용질이 농축되기 때문에, 묽은 용액에서는 일어나지 못하는 화학적 합성반응들을 촉진시킬 수도 있다.

점 잇기

오늘날 지구의 대기를 구성하는 것은 대략 질소가 78퍼센트, 산소가 21퍼센트, 아르곤이 1퍼센트이다. 그러나 40억 년 전에는 자유산소가 있었더라도 조금뿐이었다. 그때는 이산화탄소가 훨씬 많았으나, 해양에 용해되어 탄산칼슘 광물로 침전되면서 대기 중 수준은 천천히 떨어졌다. 바닷물은 짰고, 오늘날보다 철이 많이 용해되어 있었다. 화산 땅덩어리들이 해수면 위로 솟았다. 지구의 평균 기온은 섭씨 60~80도였다.

국지적 규모에서 보면 조건의 범위가 더 넓어질 수 있을 것이다. 비로 응결되어 내린 물을 해수면 위로 솟은 땅덩어리들이 모았을 것이고, 그래서 민물 내, 못, 심지어 호수까지 생겼을 것이다. 이 민물이 항상 그대로 있지는 않았을 것이다. 마르고 젖는 순환을 겪었을 것이며, 특히 지열을 뿜는 화산 지역 근방에서는 더 그랬을 것이다. 이 밖에 흔한 국지적 규모들로는 광범위한 해양 열수구 지역들, 오늘날 하와이의 검은 모래 해변과 닮은 조간대가 있었을 것이다. 어느 고도와 위도에서는 얼음까지 쌓였을 수 있었겠지만, 어느 만큼이었는지는 확실치 않다.

마이크로 크기의 규모에서 볼 때 두드러지는 것은 용암과 화산재 형태의 다공성 광물이었을 것이다. 이보다는 덜 흔했을 테지만 열수구와 관련된 광물인 황화철도 있다. 얇은 모래층이나 점토층도 있어서 대기에 노출되었을 것이다. 용암, 모래, 재의 구멍과 표면은 마이크로 크기의 시험관 구실을 할 수 있었을 것이다. 말하자면 그냥 트인 물에서는 일어나지 못할 다양한 화학반응들이 거기서 일어날 수 있었을 것이다. 두 번째로 중요한 마이크로 규모의 조건은, 당시 존재했던 유기화합물 가운데에는 물에 비교적 용해되기 힘든 것들이 얼마 있었으리라는 것이다. 탄화수소 사슬을 가진 유질 화학물질들이 이에 해당되는데, 이것들이 기름방울을 닮은 공 모양 구조들을 형성했을 것이다.

나노 크기 환경 가운데 가장 중요한 것은 유기화합물이 고도로 농축된 박막일 것이다. 이 유기화합물들은 광물-물 계면과 공기-물 계면에 두께가 몇 나노미터인 얇은 박막의 꼴로 있었을 것이다. 이 박막들 가운데에는 증발로 만들어진 것도 있었고, 분자가 광물 표면에 들러붙는 흡착adsorption 이라는 과정으로 만들어진 것도 있었을 것이다. 어느 쪽이든, 묽은 용액에서는 일어나지 못했을 화학반응들이 그 박막에서는 일어날 수 있었을 것이다. 이 밖에 비누 같은 분자들은 나노 크기의 미셀micelle, 또는 세포막을 닮은 마이크로 크기의 칸으로 자기조립할 수 있었을 것이다.

요점은, 생명이 기원했던 곳의 지구적 및 국지적 환경이 무엇이었는지 확신하지 못한다는 것이다. 그저 우리가 할 수 있는 일은 가당성 있는 다양한 생명 탄생 이전 조건들을 실험실에서 본떠보고, 틀림없이 생명의 기원으로 이어졌을 자기조립 과정들에 가장 도움이 되었던 조건이 무엇이었을지 찾아보는 일뿐이다. 또한 화산부터 빙하까지, 그와 같은 조건을 갖춘 오늘날의 장소들을 조사하면서 실험실에서 펼쳤던 생각들을 시험해볼 수도 있다. 문제―심지어 생명의 시작 같은 복잡하기 짝이 없는 문제까지도―를 이해하려고 꾸준히 한눈팔지 않고 노력하다 보면, 관련인자들에 대해 점점 더 완전한 지식에 다가가게 되고, 마침내 흡족한 설명을 내놓는 모습들을 과학의 역사는 보여준다. 지구에서 생명이 어떻게 시작했는지 우리는 결코 정확히는 알지 못할 것이다. 그러나 조건이 알맞은 행성 표면에서 생명이 어떻게 시작될 수 있는지는 알게 될 것이다. 바른 조건들이 한데 모였을 때 생명이 떠오르는 모습을 우리는 지켜보게 될 것이기 때문이다. 이 책의 나머지에서는 바로 이 목표를 향해 나아가는 모습을 서술할 것이다.

제3장

언제 생명이
시작되었을까?

그리하여 비록 선캄브리아 시대의 생명의 역사를 기록하고 해독하려는 일에 구속이 심하긴 하지만, 우리는 한 걸음 더 떼어 이해에 다가갈 수 있다. 바로 어림짐작을 할 수 있는 것이다. 이것은 얼른 들리는 것만큼 조잡하고 흐리멍덩한 훈련이 아니다. 참으로 좋은 짐작은 지식을 더욱 늘릴 수 있는 새로운 물음들을 묻게끔 할 수 있기 때문이다.

—윌리엄 쇼프, 1991

생명의 기원에 대해 우리가 아는 상당 부분은 어림짐작들에 기초했으나, 근거 있이 확실한 것도 얼마 있다. 예를 들어보자. 태양계의 나이는 45억 7000만 살이고, 지구는 약 45억 3000만 살이라고 나는 꽤 자신 있게 말할 수 있다. 말하기야 쉽지만, 그게 확실함을 어찌 알 수 있을까? 그리고 왜 지구와 태양계는 동갑이 아닐까? 이 수치들에 우리가 상당한 확신을 가지게 된 것은, 물리학자들이 지난 세기에 방사능을 발견하여, 방사성 원소들이 시간에 따라 어떻게 다른 원소들로 바뀔 수 있는지 이해해나갔던 덕분이다. 지금 우리는 이 앎을 당연시하고 있지만, 자연방사능을 정밀한 시간 측정방법으로 활용하는 법을 찾아냈던 것은 겨우 지난 50년 동안의 일이었다.

40억 년이라는 기간은 좀처럼 헤아림이 안 되는 시간이다. 하지만 1초에 1000년이 흐른다고 상상해보면, 이만한 시간이 진정 무슨 의미를 지닐지 감을 잡아볼 수 있다. 이만한 속도로 보면, 역사시대는 전부 5초 만에 휙 지나가고 말 것이다. 프랑스에서 선사시대 동굴벽화가 그려진 때는 30초 전으로, 호모 사피엔스*Homo sapiens*와 호모 네안데르탈렌시스*Homo neander-thalensis*가 아직 영역을 다투던 때였다(네안데르탈인이 졌다). 광범위한 빙하작용(빙하기)은 100초에 한 번 꼴로 일어났고, 그 사이의 따뜻한 간빙기는 30초씩 지속된다. (마지막 빙하기는 11초 전에 끝났다. 그러니 간빙기의 온기를 즐길 수 있을 때 즐기기를.) 아프리카에서 최초의 인류가 나타난 때는 약 3분 전(20만 년 전)이고, 최초의 인류형 영장류 조상이 등장한 때는 약 한 시간 전(400만 년 전)이다. 그러다가 시간을 훌쩍 건너뛰어, 작은 소행성이 지구를 크게 때려 공룡을 몰살시켰던 때는 18시간 전이다(6500만 년 전). 공룡은 2억 년 전에 처음 등장했고, 우리의 가속시간 틀에서 보았을 때 37시간 동안 생물권을 지배했다. 인류와 인류의 조상들이 지금까지 세상에 모습을 보인 기간이 3분인 것과 비교해보라! 그러나 소행성이 지구를 크게 때린 뒤에 설치류 비슷한 작은 포유류가 행운을 시험할 기회를 잡았고, 그 기회를 살린 결과 인류가 나온 것이다.

그다음 시간 간격을 말할 때에는 초, 분, 시간 대신 날을 써야 한다. 약 7일 앞으로 가면 캄브리아기에 이르게 된다. 바로 5억 4300만 년 전으로, 식별 가능한 화석을 남길 만큼 충분히 큰 해양생물들이 나타난 때였다. 그다음에는 가장 큰 시간 범위를 살피게 된다. 바로 선캄브리아 시대로서, 생명이 기원한 시점까지 거슬러 올라가는 기간이다. 우리의 가속시간 틀에서 보면, 생명은 43일 전에 처음 나왔다. 바로 38억 년 전에 해당하는 때이다.

적어도 나로서는 생명이 기원한 때부터 오늘날의 생물권까지 흐른 어마어마한 시간을 이런 식으로 감잡을 수 있다. 곧, 생명이 시작해서 진화하여 생물권의 모든 생태자리를 다 채울 때까지 43일이 흘렀고, 그 끄트머리에 겨우 5초에 불과한 인류 역사가 덧대어진 모습인 것이다. 단세포 생명이 큰 다세포 생물로 진화하기까지 왜 그리 오래 걸렸을까(30억 년)? 그리고 그 긴 시간이 흐른 뒤인 약 5억 년 전에 다세포 식물과 동물이 진화의 시간잣대로 볼 때 어찌 그리 빨리 나타날 수 있었을까? 여러 이유가 있지만, 산소를 쓸 수 있었다는 게 아마 한 가지 주요 인자였을 것이다. 빛과 저에너지 화학반응들만이 유일한 에너지원이었을 때에 세균은 줄곧 단세포 상태였다. 그런데 생명이 기원하고 얼마 안 되어 남세균cyanobacteria이 광합성을 해서 산소를 생산하기 시작했고, 조금씩 조금씩 산소가 대기에 축적되었다. 약 20억 년 전, 산소가 어느 수준에 이르렀을 때, 고에너지 산화성 대사를 에너지원으로 쓰는 법을 익힌 세균들이 나타났다. 빛에너지를 쓰는 세포들과 산소를 쓰는 세포들의 이런 근본적인 갈라짐이 바로 진화의 전환점을 표시했으며, 마침내 식물과 동물로 이어졌던 것이다.

지질시간의 잣대

과학자들이 시간잣대를 생각할 때에는 1초를 1000년으로 잡는다는 식으로 생각하지 않는다. 대신 특수한 시간 간격마다 이름을 붙인다. 이 이름들을 외워두면, 여러분이 사는 곳의 지도만큼이나 친숙해질 것이다. 그 이름들은 지질기록상의 어느 특수한 지점을 가리키는 것도 있고, 생물기록상의 어느 특수한 지점을 가리키는 것도 있다. 이 책의 목적을 감안하면, 생명의 기원 및 초기 진화와 연관되면 되기 때문에, 기억해두어야 할 이름은 몇 개뿐이다. 가장 긴 시간 간격들로는 명왕Hadean, 시생Archaean, 원생Proterozoic 이라는 이름이 붙은 누대Eon이다. 2장에서는 40억 년도 더 전—명왕누대—부터 액체 상태의 물이 바다의 형태로 있었다는 증거를 태곳적의 지르콘 광물에서 얻은 이야기를 서술했다. 약 38억 년 전—시생누대—에는 생명의 첫 희미한 자취가 나타난다. 35억 살 된 태고의 암석들에서 세균 생명체의 미화석微化石이 발견되었다는 보고가 있어 왔으나, 어느 정도 논란이 일기도 했다. 비생물학적으로도 그 구조들을 설명할 수 있다는 의견이 나왔기 때문이다. 25억 년 전에 시작되는 원생누대에 이르면 틀림이 없는 세균 미화석들이 풍부해진다.

45억 년을 측정하는 방법

처음 물음으로 돌아가보자. 수십억 살 나이를 어떻게 측정할 수 있을까? 가장 중요한 한 가지 방법은 납과 우라늄 사이의 기막힌 관계에 의존하고 있다. 이 두 금속원소에 대해선 재미있는 역사가 있다. 금속 우라늄과 행성 천왕성Uranus은 둘 다 그리스 신화에서 하늘을 다스렸던 신 우라누스Uranus 의 이름을 땄다. 우라누스는 사투르누스의 아비이고 유피테르의 할아비였 는데, 이 둘이 다른 주요 두 행성의 이름—토성Saturn과 목성Jupiter—으로 아주 적절하게 선택되었다. 천왕성은 1781년에 윌리엄 허셜William Her-schel이 발견했고, 8년 뒤에 하인리히 클랍로트Heinrich Klaproth가 원소 우 라늄을 단리해서, 새로 발견되었던 이 행성을 기념하여 이름을 붙였다. 우 라늄을 줄여 쓴 기호인 U는 당연하게 보인다. 그런데 무슨 영문으로 납의 기 호는 Pb일까? 금속 납이 발견된 때는 수천 년 전이며, '납'을 뜻하는 'lead' 는 초기 형태의 영어에서 왔다. 납을 라틴어로 *plumbum*이라고 하는데, 'plumber'(배관공)라는 말과 납의 약어 Pb가 여기서 파생되었다. (납은 연한 금속이기 때문에 쉽게 모양을 만들고 주형을 뜰 수 있다. 그래서 로마시대에는 배관 에 쓸 파이프를 만들 때 납을 썼다.)

이야기는 이걸로 끝이 아니다. 과학에서 큰 진전을 이룬 것들이 종종 우 연한 관찰로 세상에 드러남을 보여주는 이야기가 더 있다. 1896년에 프랑스 의 과학자 앙투안 앙리 베크렐Antoine Henri Becquerel은 어떤 금속들은 왜 인광—밝은 빛에 노출된 뒤에 어둠 속에서도 빛을 내는 것—을 내는지 까닭 을 알아내려 애쓰고 있었다. 그는 당시 최근에 발견되었던 X선과 무슨 관련 이 있지 않을까 생각했다. X선은 불투명한 물질을 뚫고 지나가 필름에 상이 찍히게 할 수 있었다. 그래서 베크렐은 사진건판들을 검은 종이로 싸고는 그 위에 서로 다른 인광 물질들을 놓고 여러 날 동안 두었다. 나중에 건판들을 현상해보니 하나만 빼고 아무것도 찍혀 있지 않았다. 그 하나가 바로 우라늄 이 함유된 물질에 노출시킨 건판이었는데, 베크렐은 검은 종이를 뚫고 지나 가 우라늄 광석이 놓여 있던 자리에 얼룩진 상을 찍히게 한 것이 미지의 에 너지임을 알아내고 깜짝 놀랐다.

단 한 번의 과학적 관찰이 어떻게 인류 역사의 행로를 더 좋은 쪽으로 도 더 나쁜 쪽으로도 바꿀 수 있는지 보여주는 예가 바로 이것이다. 물질을 뚫고 가는 그 에너지는 다른 과학자들의 관심을 끌었고, 이들 가운데 에는 물리학에 매료되었던 폴란드의 젊은 여성 마리 스클로도프스카Marie Sklodowska가 있었다. 당시 폴란드에서는 여성이 고등학위를 얻는 게 불가 능했으므로, 마리는 프랑스 파리의 소르본 대학교에 들어갔다. 베크렐의 연 구결과를 들은 마리는 그 효과를 내는 수수께끼의 성분을 단리해내기로 결 심했다. 마리가 공부를 하는 동안, 마리의 교수 가운데 한 사람인 피에르 퀴 리Pierre Curie는 마리의 깊은 지성과 다정한 성품을 눈여겨보았다. 마리 또 한 과학에 대한 피에르의 열정에 깊은 인상을 받았다. 오늘날 하는 말로 두 사람은 영혼의 짝이었다. 마리를 몇 번 만나지도 않았는데, 피에르는 청혼 의 편지를 썼다.

그래도 우리 둘이 함께 우리의 꿈에 매혹된 채로 살아간다는 건, 제가 감히 믿을 수 없을 만큼 아름다운 일일 겁니다. 조국을 향한 당신의 꿈, 인류를 향한 우리의 꿈, 과학을 향한 우리의 꿈 말입니다. 이 모든 꿈 가운데 저는 오로지 마지막 꿈 만이 정당하다고 믿습니다. 제 말은 다른 뜻이 아닙니다. 우리에게는 사회질서 를 바꿀 힘이 없습니다. 설사 그런 힘이 있다 한들, 무엇을 어찌해야 할지 알지 못합니다. (…) 이와는 달리 과학의 눈으로 보면, 우리는 무언가를 이루고자 해 볼 수 있습니다. 과학은 다른 것들보다 더 손에 잡히고 눈에 잡히는 영토입니다. 그 영토가 아무리 작다고 해도, 우리가 진정으로 가진 재산입니다.

이렇게 해서 마리 스클로도프스카는 마리 퀴리가 되었고, 젊은 부부가 함께 방사성 원소인 폴로늄과 라듐을 단리해나갔다. 사실 이 원소들의 독 특한 성질들을 서술하려고 '방사능radioactivity'이란 말을 만든 사람이 마리 였다. 그 발견의 공로로 1903년에 퀴리 부부는 노벨상을 수상한 첫 부부팀 이 되었다.

퀴리 부부는 많은 양의 역청우라늄광에서 미량의 폴로늄과 라듐을 단리해냈다. 그러나 역청우라늄광의 주요 방사성 성분은 바로 우라늄이다. 지금은 역청우라늄광으로부터 추출 방법을 써서 많은 양의 우라늄을 얻는데, 발전용 핵반응로에서 쓰는 것 말고도 쓰임새가 많다. 예를 들어보자. 내 실험실 선반에는 우라늄아세트산염uranium acetate이라는 노란 가루로 채운 작은 유리병이 하나 있는데, 전자현미경으로 검사할 수 있게 생체물질에 색을 입히는 데에 쓴다. 우라늄아세트산염의 주성분은 우라늄 동위원소인 ^{238}U로서, 사실상 지구의 광물 지각 어디에나 있다. 그러나 내가 뚜껑을 열고 가루 위에 방사선계수기를 갖다대면 스피커에서 소리가 나면서 그 가루가 약하게나마 방사성임을 알려줄 것이다. 우라늄은 자연적으로 생기는 원소 가운데 가장 무거운 금속으로, 핵에는 양성자가 92개 있고, 핵 둘레 궤도에는 그만큼의 전자들이 있다. 학술적으로 줄여 쓴 기호는 $^{238}_{92}U$이다. 92는 원자번호(핵 속의 양성자 수 92개)이고, 238은 원자량(양성자 92개 + 중성자 146개)이다. 천연 우라늄의 99.3퍼센트는 ^{238}U이고, 약 0.7퍼센트는 ^{235}U(중성자 143개)이다.

원소들이 저마다 가진 주된 성질들은 원자번호와 연관되지만, 우라늄과 마찬가지로 대부분의 원소들도 중성자 수에 따라 원자량이 달라질 수 있다. 원자량은 각 원소의 동위원소를 정의하며, 흔히 그 동위원소 가운데 하나는 방사성이다. 예를 들어보자. 물(H_2O) 속에는 천연 수소 동위원소가 두 가지 있다. 첫 번째는 평범한 수소로서, 핵 속에 양성자가 하나 있고 중성자는 없다. 두 번째는 중수소deuterium라고 부르는 것으로, 핵 속에 양성자와 중성자가 하나씩 있다. 삼중수소tritium라고 부르는 방사성 수소 동위원소도 있는데, 핵 속에 중성자가 두 개 있다. 그러나 이것은 핵반응로에서 인공적으로 만들어진다. 다른 예로 탄소를 보자. 가장 흔한 탄소 동위원소는 ^{12}C이고, 그다음이 ^{13}C로 ^{12}C보다 중성자가 하나 더 있다. 방사성 탄소 동위원소도 있는데, 중성자가 두 개 더 있는 ^{14}C로서, 탄소를 함유한 유기물질의 나이를 측정하는 데에 쓸 수 있다.

우라늄은 깜짝 놀랄 만큼 지구 지각에 풍부한—주석, 수은, 비소만큼 풍부하다—원소이다. ^{235}U를 한군데에 충분히 많이 모으면(약 7킬로그램으로 테니스공만 한 크기) 연쇄반응이 일어나서, 아인슈타인의 유명한 방정식 E=mc^{2}에 따라 저장된 에너지 가운데 일부가 풀려난다는 건 이제 상식이다. 통제된 조건 아래에서 그 에너지를 풀어내면 핵반응로에 쓸 만한 열을 얻을 수 있지만, 몇 밀리초 만에 에너지가 풀려나면, 원자폭탄이 되어 엄청난 폭발을 일으킨다.

동위원소 ^{238}U은 연쇄반응을 당하지 못한다. 그러나 매우 느리고 일정한 속도로 여전히 방사성 붕괴를 겪는다. 순수한 ^{238}U 금속 표본을 어떻게 해서인가 44억 7000만 년 뒤에 분석할 수 있다면, 정확히 ^{238}U의 절반은 납 동위원소(^{206}Pb)로 변해 있을 것이다. ^{235}U는 ^{238}U보다 6배나 빠르게 방사성 붕괴를 겪기 때문에, 순수한 ^{235}U 표본의 절반이 또 다른 납 동위원소(^{207}Pb)로 변하기까지 7억 400만 년밖에 걸리지 않을 것이다. 이 시간 간격을 반감기라고 하며, 태양계와 지구의 나이를 확정하는 가장 중요한 방법 가운데 한 가지이다.

우라늄-납 시계

어떻게 우라늄과 납 성분비를 재서 아득한 나이를 측정할까? 실제 기법은 질량분석법이라는 방법이 들어가기 때문에 좀 복잡하다. 이 방법을 쓰면 표본에 있는 모든 우라늄 동위원소와 납 동위원소를 분리할 수 있으며, 그 결과를 방정식에 집어넣고 풀면 표본의 나이를 구할 수 있다. 그러나 간단하게 말해보자. 오래전에 생겼던 어느 광물 안에 순수한 ^{238}U이 함유되어 있음을 알고, 광물 속의 납 함량이 우라늄 함량과 같다고 측정했다면, 그 광물의 나이가 44억 7000만 살이라는 결론을 내릴 수 있다. 소량의 납은 어디에나 있으므로, 순수한 우라늄만 함유한 것으로 출발해야 한다. 앞서 40억 년도 더 전에 해양이 존재했음을 규정하게 해주었던 지르콘이라는 광물은 결정구조 속에 우라늄 원자는 통합시킬 수 있으나 납 원자는 그러지 못함이 발견되었다. 이것이 뜻하는 바는, 연대를 알고자 하는 혼합물에서 지르콘을 단리해낸다면, 그 지르콘이 형성될 당시에는 우라늄만 있었고, 납 원자는 ^{238}U과 ^{235}U가 방사성 붕괴한 결과물일 것이라고 가정할 수 있다는 것이다.

이 강력한 기법으로 분석해야 할 표본이 무엇일까? 왜 지구에서 가장 오래된 암석을 찾으려 하지 않는가? 행성으로 태어났을 때부터, 새로운 대륙성 지각이 밑에 있는 맨틀에서 떠올라 상대적으로 유체성인 아래의 암석 위를 떠다니면서 지구는 줄곧 광범위한 지질 변화를 겪었다. 오늘날의 대륙들이 보이는 지세는 비교적 최근의 것이다. 불과 2억 년 전, 공룡이 세상을 지배했을 때의 대륙 지도를 볼 수 있다면, 아마 대부분의 땅덩어리들이 판게아 Pangaea라고 부르는 단일 초대륙을 이루고 있었을 것이다. 계속 세월이 흐르면서 판게아는 일련의 판들로 분리되었고, 이것들이 오늘날의 대륙들을 떠받치고 있다. 또한 우리는 바다 바닥에 난 일련의 균열을 통해 마그마가 위로 솟아오르면서 새로운 해저가 형성되고, 그 해저는 대륙 가장자리에서 섭입에 의해 다시 밑으로 내려앉는다는 것을 알고 있다. 2장에서 서술했던 열수구가 만들어지는 곳이 바로 그 균열들이고, 대륙 가장자리를 따라 일어나는 섭입과정으로 인해 용융 상태의 마그마가 지표면까지 올라와 화산이 만들어지기도 한다. 남북아메리카 해안을 따라가다가 알래스카를 지나, 아래로 캄차카, 일본, 인도네시아를 거치며 뻗은 '불의 고리Ring of Fire'는 섭입에 의한 화산 활동을 보여주는 가장 유명한 예이다.

판구조 뒤집힘tectonic turnover이 일어난 결과, 처음에 지구에 있었던 지각의 대부분은 40억 년이 흐르면서 사라졌다. 지질학자들에겐 다행스럽게도 그린란드, 캐나다 북부, 남아프리카 일부 지역, 오스트레일리아 서부에 그때의 지각이 미미하게나마 남아 있다. 2003년에 위스콘신 대학교의 지질학자 존 밸리John Valley는 제자들과 함께 오스트레일리아로 가서, 일찍이 우라늄-납 측정법을 써서 이미 34억 살로 규정되었던 암석군에서 표본을 채취했다. 그런 지층들이 으레 그렇듯이, 그 암석들도 침식작용에 의해 서로 섞여 두꺼운 층을 이루었던 광물 성분들이 뭉쳐서 만들어진 것이었다. 존의 연구진은 많은 양의 표본물질을 실험실로 가져가서 알이 굵은 가루로 고생고생하며 빻았다. 그런 다음 현미경으로 보며 물질을 분류해가다가, 핀 머리만 한 크기의 얼마 없는 지르콘을 골라냈다.

다음 단계에서는 이온 마이크로탐침이라는 기구로 지르콘을 하나하나 검사했다. 이 장치는 세슘 같은 고에너지 이온 광선을 광물 표면에 쏘아서 광물을 이루는 원자들을 진공 속으로 떼어낸다. 이 과정을 거치면서 원자들은 전하를 하나씩 얻는데, 이를 2차 이온secondary ion이라고 부른다. 처음에는 표본에 있던 모든 원자들이 뒤섞여 있다. 여기에는 미량의 우라늄과 납뿐만 아니라, 원자량이 16, 17, 18인 산소 동위원소들도 있다. 그 이온들을 강력한 전압으로 붙잡아서 원통으로 내려보내 자기마당을 통과시키면 원자 질량에 따라 이온들이 분리된다. 우라늄과 납 같은 무거운 원자들은 자기마당의 영향을 조금밖에 안 받지만, 우라늄 동위원소들(^{238}U과 ^{235}U)이 납 동위원소들(^{206}Pb과 ^{207}Pb)보다 무겁기 때문에 이 네 동위원소들도 모두 분리되어 판독기에서 네 개의 뾰족선으로 나타난다. 이것들보다 훨씬 가벼운 산소 동위원소들은 자기마당의 영향을 더 크게 받지만, 이것들도 각각 따로 세 뾰족선들을 만들어낸다. 우라늄과 납이 그리는 뾰족선의 상대높이는 지르콘의 나이를 계산할 때 쓰이며, 산소 뾰족선들은 지르콘이 형성될 당시의 온도를 유추하는 데에 쓰인다.

계산결과가 컴퓨터 모니터에 처음 떴을 때, 존 밸리와 제자들은 깜짝 놀랐다. 지르콘의 나이가 44억 살이었던 것이다. 지금까지 발견된 것 가운데 가장 나이 많은 광물, 거의 지구만큼이나 나이를 먹은 광물이었던 것이다. 더군다나 산소 동위원소의 성분비는 그 지르콘이 화산 온도에서 형성된 게 아니라 그보다 훨씬 낮은 온도, 곧 물이 존재한다고 볼 만한 조건의 온도에서 형성되었음을 가리켰다.

운석, 그리고 태양계의 나이

나는 실험실에다 열둘쯤 되는 운석 표본들을 유리용기에 담아 밀봉해서 보관하고 있다. 내 쪽의 과학을 하는 이들은 운석 이름들을 많이 외우고 있다—머치슨Murchison, 머레이Murray, 아옌데Allende, 오르괴유Orgueil, 이부나Ivuna, 타기시호Tagish Lake. 이것들은 탄소질 콘드라이트인 탓에 이름이 널리 알려졌다. 마이크로 크기의 규산염 광물 입자들과 함께 유기 탄소화합물들이 섞여 있고, 이 운석들의 검은 광물 바탕질 곳곳에 콘드룰chondrule이라는 하얀 자갈들이 흩어져 있어서 탄소질 콘드라이트라는 이름으로 불린다. 이것들은 태양이 처음 열과 빛을 내기 시작했을 때 만들어진 것들이다. 그 열이 먼지 입자 뭉치들을 녹여 콘드룰로 융합한 것이다.

혜성과 더불어, 초기 태양계에 있었던 가장 원시적인 성분들의 표본이 바로 탄소질 콘드라이트이다. 내가 소장한 다른 운석들은 마개가 주둥이에 꽉 끼는 작은 스테인리스용기에 담아 보호하고 있는데, 남극에서 발견된 운석 조각들로, 역시 탄소질 콘드라이트들이다. 그 외에 특별한 용기가 하나 있다. 실험실을 찾은 이들에게 나는 그 용기를 흔들어 내용물이 달그락거리는 소리를 들려주곤 한다. "들으셨어요?" 이렇게 묻고는 말한다. "화성의 한 조각이랍니다." 정말이다. 1906년에 이집트에 떨어진 나클라Nahkla 운석의 1그램짜리 표본으로, 그 운석을 조심스럽게 등분해서 연구자들이 연구할 수 있게 했었다. 화성에서 온 것으로 알려진 운석은 몇 개 안 되는데, 처음 세 개가 발견된 장소의 첫 글자들을 따서 SNC 운석이라고 부른다(S는 인도의 셰르가티Sherghati, N은 이집트의 나클라, C는 프랑스의 샤시니Chassigny를 가리킨다). 그 운석들이 평범하지 않은 까닭은 광물 성분비가 대부분의 운석이 오는 곳인 소행성보다는 행성 표면의 성분비라고 예상할 만한 것이기 때문이다. SNC 운석들이 화성에서 왔다는 가장 설득력 있는 증거는, 운석들에 여전히 기체가 함유되어 있다는 것, 그리고 그 기체를 분석한 결과 화성 대기의 기체 성분비와 가까이 일치한다는 것이다.

육상 암석에서 발견된 가장 나이 많은 지르콘들은 44억 년 전에 형성되었다는 증거를 담고 있다. 그런데 우리는 지구의 실제 나이가 45억 3000만 살이며, 태양계는 45억 7000만 년 전에 성운원반으로부터 조립되었다고 말했다. 이 수치들은 어떻게 얻었을까? 태양계가 처음의 부착성장 과정을 거친 뒤에 남은 찌꺼기들이 소행성들이라고 가정하고 태양계의 나이를 규정한다. 1장에서 서술했듯이, 운석들은 소행성들의 일부분으로, 소행성들 사이에서 끊임없이 일어나는 충돌로 인해 소행성 표면으로부터 우주공간 속으로 떨어져나간 파편들이다. 그 조각들 가운데 극히 일부분은 태양 둘레를 도는 지구의 공전궤도와 교차하기도 한다. 우리가 밤에 보는 유성들, 곧 '별똥별들'은 모래 알갱이만 한 크기의 입자들이 만들어내는 것으로, 혜성들이 태양계 안쪽을 통과하면서 흘린 먼지 입자들이 대부분이다. '유성(별똥별)'을 뜻하는 'meteor'라는 말은 공중에서 일어나는 현상을 묘사하는 그리스어에서 왔다. 그래서 'meteorology'는 날씨를 연구하는 기상학이고, 'meteor'는 그저 하늘에서 일어나는 무엇이다. 별똥별은 흔하다. 해마다 일정한 시기에 사자자리 유성우와 페르세우스자리 유성우 같은 별똥비로 쏟아져내리기도 한다. 이보다 드물기는 하지만, 골프공만 한 것부터 작은 바위만 한 것까지 다양한 크기의 물질 덩어리가 대기권에 진입해 불덩어리가 되어 몇 초 만에 대기권에서 타버리는 일도 있다. 그 불덩어리를 견디고 땅에까지 떨어진 파편들을 일러 운석meteorite이라고 한다.

한 세기에 한 번 정도씩 이보다 훨씬 큰 천체가 대기권에 진입해서 핵무기 폭발에 맞먹는 에너지를 풀어내기도 한다. 그런 사건이 1908년에 시베리아의 퉁구스카 상공에서 일어났다. 운석구가 없기 때문에, 퉁구스카 폭발은 머치슨 운석과 비슷하게 비교적 잘 부서지는 커다란 물질 덩어리가 대기권에 진입해서 땅에 닿기 전에 폭발한 것이었다. 퉁구스카 상공에서 일어난 폭발로 엄청난 충격파가 생겼다. 음파에너지 너울이 아래의 지면을 휩쓸어 2700제곱킬로미터의 숲을 평지로 만들어버렸다. 다음은 1926년에 그 외진 지역을 찾아간 첫 과학자 가운데 한 사람이 기록한 것으로, 충돌 지역에서 남쪽으로 60킬로미터쯤 떨어진 곳에 사는 한 목격자를 인터뷰한 것이다.

아침 먹을 때였죠. 바나바라 교역소에 있는 집 옆에서 저는 북쪽을 향해 앉아 있었습니다. 그런데 갑자기 정북쪽, 온코울 퉁구스카로路 위로 하늘이 둘로 쪼개지더니 숲 위로 높고 넓게 불이 나타났어요. 하늘이 점점 크게 쪼개지더니 북쪽 전부가 불에 뒤덮였지요. 그 순간 전 너무 뜨거워서 견딜 수가 없었어요. 마치 윗옷에 불이 붙은 것 같았어요. 불이 나타난 북쪽에서부터 강렬한 열기가 다가왔어요. 윗옷을 찢어서 던져버리고 싶었는데, 그때 하늘이 캄캄하게 닫히더군요. 크게 쿵 하는 소리가 들리더니, 제 몸이 몇 미터 밖으로 내동댕이쳐졌습니다. 잠시 의식을 잃었죠. 그때 아내가 달려나와 저를 집으로 끌고 들어갔어요. 그다음에는 엄청난 소리가 들려왔죠. 바위들이 굴러 떨어지거나 대포를 쾅쾅 쏘는 것 같았어요. 땅도 흔들렸고요. 바닥에 엎드려서는 머리를 감싸고 아래로 푹 눌렀죠. 바위가 머리를 때릴까 봐 무서웠거든요. 하늘이 열리자, 대포가 쏜 듯한 뜨거운 바람이 집들 사이사이를 질주했습니다. 그러고는 길이라도 낸 것처럼 땅바닥에 자국을 남겼죠. 작물도 얼마 망쳐놓았고요. 나중에 보니 유리창이 많이 깨졌더군요. 헛간에 가보니 쇠자물쇠 일부도 부러져 있고요.

약 10만 년에 한 번 꼴로 이보다 훨씬 큰 것이 몇 초 만에 지구 대기권에 고랑을 내고, 달 지형에서 보는 것과 비슷하게 아가리를 쩍 벌린 구덩이를 팔 만큼 에너지를 쏟아낸다. 가장 최근의 것은 약 5만 년 전에 애리조나 사막을 강타했다. 1초에 13킬로미터의 속도로 떨어져서는 지름이 1킬로미터가 넘고 깊이가 150미터인 구덩이를 파냈다. 그 폭발에너지는 1945년 7월에 뉴멕시코 주 알라모고도 인근의 트리니티 작전구역에서 시험했던 원자폭탄의 폭발력보다 150배 컸던 것으로 추정되었다. 애리조나에서 그 구덩이가 처음 발견되었을 때, 그 이상한 지세를 만든 것이 무엇인지 아무도 몰랐다. 그래서 가까이 있는 작은 협곡의 이름을 따서 '악마의 협곡 구덩이Canyon Diablo Crater'라고 불렸고, 무슨 화산 분출 때문에 생긴 거라고들 믿었다. 그러나 1903년에 대니얼 배린저Daniel Barringer라는 광산기술자가 그 구덩이 주변에 흩어져 있던 철 파편들을 모조리 살펴본 뒤, 운석 충돌 때문에 생긴 구덩이라고 제대로 결론을 내렸다. 그 기술자의 좋은 짐작을 기념해서 지금은 그곳을 배린저 운석구Barringer Crater라고 부른다. 인접한 플래그스태프로 가는 길을 타고 그 옆을 가다 보면, 사설 관광명소로 가는 도로 이름이 운석구Meteor Crater임을 보게 될 것이다.

이른 1950년대, 캘리포니아 공과대학의 지구화학자 클레어 패터슨Clair Patterson은 배린저 운석구에 있는 철과 납 광물의 특정 성분비로 운석의 나이를 놀랍도록 정확하게 산정할 수 있음을 깨달았다. 나이는 우라늄-납 동위원소들로 측정했고, 1956년에 패터슨은 논문을 발표해 그 파편들의 나이가 45억 5000만 살임을 자신 있게 보여주었다. 그때 이후로 다른 수백 개 운석의 나이도 산정되었는데, 범위는 45억 3000만 살에서 45억 8000만 살이었다. 이 범위는 실험적 오차 때문에 나온 것이 아니고, 운석들의 어미천체들이 초기 태양계의 역사에서 저마다 약간씩 다른 때에 형성되었을 것임을 반영한다. 간추려보자. 지구에서 가장 오래된 암석은 지르콘이며, 우라늄-납 방법으로 측정한 나이는 45억 3000만 살이다. 배린저 운석의 나이가 태양계의 나이—지구보다 약간 많은 45억 7000만 살—에 대한 합리적인 추정치를 나타낸다는 게 현재 과학계의 중론이다. 이 수치들을 손에 넣으면서, 생명 기원의 연대를 추정해볼 만한 맥락을 지니게 된다. 그런데 그보다 먼저 명왕누대에 있었던 대충돌들이 생명이 시작될 수 있었을 실제 시간에 어떤 영향을 주었을 것인지 서술할 필요가 있다.

생명, 그리고 후기대폭격

1970년대에 아폴로 우주비행사들이 월석 몇 킬로그램을 갖고 돌아오자, 지질학자들은 실제 달 표본들을 연구할 수 있게 돼서 기뻤다. 그들은 사실상 그 암석들 모두 화성암—용융 상태의 마그마 온도에서 형성되었음을 뜻했다—으로 분류할 수 있음을 알아냈으나, 소행성만 한 천체들과의 대충돌로 생긴 달 지각 파편이 분명한 것도 얼마 있음을 알아냈다. 쌍안경만 있으면 누구나 이런 충돌로 달에 생긴 거대한 구덩이들을 아직도 볼 수 있다. 그러나 의문점이 곧 생겼다. 그 암석들의 연대를 측정해보니 예상했던 대로 최대 45억 년 전 것들이었다. 그런데 나이가 40억 살 정도인 것으로 밝혀진 암석들이 많았는데, 이는 예상치 못한 결과였다. 그 기간에 무언가 태양계를 교란시켜 지름이 수백 킬로미터까지 이르는 것들 수백 수천만 개를 태양 쪽으로 날려보냈고, 그 와중에 내행성들과 충돌한 것 같았다. 화성, 금성, 수성, 우리 달에서 보는 구덩이 가운데에는 그런 폭격 때문에 생긴 뒤로 세세토록 지워지지 않은 것들도 있다.

지구도 폭격을 피할 수는 없었다. 다른 내행성이나 달만큼 많은 구덩이가 지표면에 없는 까닭은 침식작용, 판구조운동, 지질학적 처리과정이 한데 어우러져서 지구의 표면을 거의 완벽하게 바꿔놓은 때문일 따름이다. 그럼에도 불구하고 41억 년 전부터 38억 년 전 사이에 혜성을 비롯해 소행성만 한 천체들의 폭격이 또 한 차례 지구에 퍼부어졌다는 게 현재의 중론이다. 이 시기를 일컬어 후기대폭격Late Heavy Bombardment(흔히 줄여서 LHB라고 한다)이라고 한다. 달의 구덩이 기록을 토대로 외삽한 결과, 공룡을 죽였던 소행성만 한 크기의 충돌체들이 LHB 동안에 100년 정도마다 한 번씩 초기 지구를 때렸던 것으로 추정되었다. 같은 시기, 지름이 1000킬로미터 정도나 되는 구덩이를 남길 만큼 큰 충돌이 40여 차례 있었는데, 이는 달에 있는 가장 큰 구덩이의 크기이다. 해양 크기만 한 구덩이를 만들 정도의 에너지를 쏟아냈던 충돌체도 얼마 있었을 것이다. 당시 있었을 모든 바다를 기화시켰고, 지표면을 소독해버렸을 것이다. 칼테크의 케빈 매허Kevin Maher와 데이비드 스티븐슨David Stevenson이 처음으로 이 점을 지적하고 '충돌로 꺾인 생명의 기원impact frustration of the origin of life'이라는 어구를 지었다. 다시 말해서 생명이 여러 차례 기원했을 수 있지만, 마지막 큰 충돌 사건이 있고 난 뒤에라야 겨우 살아남아서 오늘날의 생명까지 이어지는 기나긴 진화의 여정을 시작할 수 있게 되었을 것이라는 말이다.

이 각본이 옳다면, 생명의 첫 증거가 LHB가 끝난 때쯤인 38억 년 전보다 오래되지는 않으리라고 예측할 수 있을 것이다. 그러나 그로부터 30억 년 뒤인 캄브리아기 생명폭발에 이르기 전까지는 암석에서 명백한 화석이 나타나지 않았다. 그만큼 오래전에 생명이 존재했다는 어떤 증거가 있을 수 있을까? 이 물음이 우리를 생물표지와 생물자취 개념으로 이끄는데, 화성을 비롯해 생명이 서식 가능한 행성들에 생명이 있을지 탐색하는 데에서도 중심이 되는 개념이다.

화석, 생물자취, 생물표지

사람들은 대부분 화석이라는 생물자취biosignature에 대해서만큼은 잘 알 것이다. 화석이란 초기 동식물의 단단한 껍질과 뼈들이 퇴적암에 남긴 인상이나 광물로 변한 구조이다. 5억 년 전 캄브리아기 암석에서 그런 화석을 찾아볼 수 있지만, 그보다 오랜 선캄브리아 시대의 암석에선 갑자기 화석이 사라져버린다. 그러나 화석 말고, 기체 크로마토그래프와 질량분석기라는 기구를 쓸 수 있게 되어서야 시야에 잡혔던 또 다른 생물자취가 있다. 산 생물은 목숨을 부지하는 데에 필요한 화학반응들을 거치면서 그 화학적 흔적을 남긴다. 석탄과 석유를 화석연료라고 부를 만한 까닭이 있다. 3억 년 전 석탄기에는 기후가 몹시 따뜻했고, 그때 세상의 늪투성이 열대 밀림에는 엄청난 양의 식물이 번성했다. 이 식물들이 이탄 형태의 깊은 침전층을 이루었고,

세월이 흐르면서 광물 퇴적층에 덮이게 되었다. 열과 압력이 차츰차츰 이 탄의 성질을 바꾸었고, 마침내 에너지가 풍부한 단단한 물질이 만들어졌다. 바로 이것을 석탄이라고 부른다. 석유의 역사는 석탄과는 다르고 덜 명확하다. 우리가 땅속에서 퍼내는 기름은 원래 지난날에 풍부했던 해양 미생물들의 유해가 해저에 떨어져 퇴적되어 만들어진 것이다. 다른 모든 생명과 다를 바 없이 식물성 플랑크톤 세포들도 지방이라고 하는 미세방울 속에 에너지를 저장했고, 세포와 함께 이 방울들도 침전되어 퇴적층을 이루었다. 이번에도 열과 압력을 받아, 그 유기지방이 '터져' 수소와 결합하여 기다란 탄화수소 사슬들을 만들었는데, 이것을 석유라고 한다. 오늘날 우리가 쓰는 휘발유 1갤런(약 3.8리터)이 나오려면 대략 식물성 플랑크톤 100톤이 화석연료로 변해야 했음을 안다면, 석유광상의 규모가 어느 정도인지 감을 잡을 것이다.

이 모두를 설명하는 까닭은 석유의 근원이 생물적이라는 가장 설득력 있는 증거가 바로 살아 있는 생물에 의해서만 합성될 수 있는 탄화수소들이 석유 속에 들어 있다는 것임을 짚어주기 위해서이다. 이 탄화수소는 테르펜terpene, 호판hopane, 스테란sterane이라고 하는 것들로서, 한때 세포막의 일부였던 분자들이 남긴 질긴 찌꺼기들이다.

최초기 생명의 마이크로 크기 화석들을 실제로 발견할 수도 있을 것임을 깨닫기 시작한 1960년대의 고생물학자들은 시생누대 지구의 흔적을 찾아 나섰다. 그런 곳이라면 최초기의 생물자취를 보존할 수 있을 것이었다. 오스트레일리아 서부, 남아프리카, 그린란드, 캐나다에는 지표면의 암석 대부분을 변성시켰던 광범위한 판구조작용을 운 좋게 피한 암석층이 더러 있다. 고생물학자들보다 앞서 그런 지역들을 여럿 찾아냈던 지질학자들은 이곳들을 이색적인 이름을 붙여 불렀는데, 지금은 적어도 생명 기원 연구자들에게만큼은 유명해진 이름들이다—이수아Isua(그린란드), 건플린트Gunflint(캐나다), 피그트리Fig Tree(남아프리카), 스피츠베르겐Spitzbergen(노르웨이 연안의 섬), 필바라Pilbara, 와라우나Warrawoona, 노스폴North Pole(오스트레일리아 서부). 나이가 가장 많은 캐나다와 그린란드의 암석들은 38억~40억 살이다. 그러나 속성작용diagenesis(지질이 열과 압력에 의해 처리되는 과정)을 몹시 심하게 당했기 때문에 보존된 화석을 찾길 바랄 수 없다. 하지만 35억 살인 오스트레일리아의 암석들에는 화석 스트로마톨라이트stromatolite가 있는 것으로 보인다. 스트로마톨라이트란 층진 광물구조로서, 오늘날에는 매트mat라는 군집을 이루며 자라는 세균이 만든 것으로 알고 있다. 가장 오랜 미화석들을 발견할 가망성이 몹시 큰 곳이 바로 이 오스트레일리아의 암석들로 보였다. 무엇보다도 스탠리 오라미크Stanley Awramik, 엘소 바구훈Elso Barghoorn, 앤드루 놀Andrew Knoll이 캐나다의 22억 살짜리 건플린트 처트chert에서 뚜렷한 미화석 증거를 이미 발견한 터였기 때문이다.

하버드 대학교의 엘소 바구훈은 선캄브리아 시대 미화석 연구의 개척자였다. 일찍이 1966년에 바구훈과 제자인 윌리엄 쇼프William Schopf는 『사이언스』에 논문을 한 편 발표해서, 31억 년 전의 것으로 연대 측정된 남아프리카의 검은 처트에서 두 사람이 발견했던 겉보기 미화석들을 유기 생물표지들을 써서 조사한 결과를 담았다. 두 사람은 이 처트에서 프리스탄pristane과 피탄phytane도 발견했는데, 둘이 관찰했던 마이크로 크기의 막대 모양들이 무기물 구조가 아니라 초창기 세균의 유해라는 주장을 뒷받침하는 것이었다. 더 최근의 연구를 보면, MIT의 로저 서몬스Roger Summons와 워싱턴 대학교의 로저 뷰익Roger Buick이 오스트레일리아의 27억 살짜리 암석들에서 추출해낸 화석과 유기화합물 흔적들을 광범위하게 조사했다. 2002년에 발표한 논문에서 서몬스와 뷰익은 그 암석들에서 호판과 스테란을 검출해낼 수 있었다고 보고했으며, 이는 남세균이라고 하는 광합성을 하는 미생물들이 20억 년도 더 전에 산소를 만들어내고 있었음을 암시하는 것이었다. 이 두 화합물 가운데에서 스테란의 존재가 더 놀랍다. 스테란은 핵을 가진 진핵세포에만 있는 콜레스테롤이 분해되면서 나온 생성물로서, 대부분의 과학자들이 예상할 만한 시기보다 훨씬 일찍 진핵생물이 출현했을 수도 있음을 뜻하겠기 때문이다.

35억 년 전 것인 미화석들?

남아프리카와 오스트레일리아 암석들에서 나온 초기 연구결과들은 생명의 가장 오랜 증거를 두고 큰 논란이 벌어질 무대를 마련했다. 1960년대 중반, 하버드 대학원생이었던 윌리엄 쇼프는 엘소 바구훈과 함께 연구하고 있었다. 학위를 마친 뒤에 쇼프는 로스앤젤레스 캘리포니아 대학교(UCLA)의 지질학과 교수진에 합류했고, 이번 장의 중심물음―지구상에 아득한 옛날부터 생명이 있었음을 확정할 증거를 찾아낼 수 있을 것인가?―과 씨름하기 시작했다. 샌타바버라 캘리포니아 대학교(UCSB) 교수진에 새로 들어왔던 스탠리 오라미크도 바구훈의 접근법에서 영감을 얻어 같은 물음을 묻기 시작했다. 오라미크가 함께 연구한 사람들로는 바구훈뿐 아니라, UCSB의 프레스턴 클라우드Preston Cloud, 하버드 대학교의 앤드루 놀, 오스트레일리아의 말콤 월터Malcolm Walter도 있었다. 1983년, 1차 저자는 오라미크, 공동저자는 쇼프와 월터인 논문 하나가 『선캄브리아 시대 연구』에 실렸다. 오스트레일리아 서부의 처트에서 나타난 미화석이라고 볼 만한 것에 대해서 보고한 논문이었다. 4년 뒤, 쇼프와 보니 패커Bonnie Packer가 공동으로 써서 『사이언스』에 발표한 한 논문이 마침내 모두의 이목을 사로잡았다. 『사이언스』 독자층이 『선캄브리아 시대 연구』보다 더 두터운 탓이기도 했지만, 적어도 35억 년 전에 지구에 세균 생명이 있었다는 시각에 중지를 모을 만큼 그 연구결과가 분명하게 보였기 때문이기도 했다.

〈그림 4〉에 미화석 모습의 사진을 몇 장 실었다. 그 뒤로 쇼프는 1993년에 발표한 논문에서 꽤 대담한 주장을 몇 가지 펼쳤다. 이를테면 그 사진들에서 서로 다른 세균 11종류를 판별할 수 있다는 주장, 이 가운데에는 광합성을 해서 산소를 만드는 남세균도 얼마 있다는 주장이었다. 쇼프는 그 화

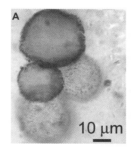

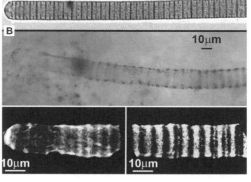

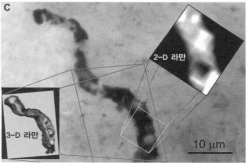

그림 4.

고대 세균의 미화석들. A의 왼쪽은 카자흐스탄의 7억 7500만 살짜리 암석층에서 발견된 미생물 화석의 현미경 사진이고, 오른쪽은 그 화석을 공초점 레이저 주사현미경Confocal Laser Scanning Microscopy(CLSM)으로 촬영한 3차원 영상이다.

B의 위쪽은 현생 남세균 종이고, 가운데는 A와 같은 암석층에서 발견된 고대 남세균의 광학현미경 사진이다. 아래쪽은 같은 시료의 CLSM 영상이다. 화석에 남아 있는 유기물질 때문에 대비가 생겼는데, 생체물질이 나이를 먹으면서 생성하는 중합체 케로겐의 특징인 라만방출Raman emission이라고 부르는 특별한 빛을 이 유기물질이 발산한다.

C는 오스트레일리아의 35억 살짜리 암석에서 발견한 필라멘트 모양 구조로서, A와 B에서 보인 것들보다 나이가 네 곱절이나 많다. 과연 진짜 화석이 된 세균일까? 아마 그럴 것이다. 생체물질에서 나오는 케로겐의 특징인 라만 스펙트럼 때문이다. 2-D 라만 영상은 세포형 생명과 부합하는 내부 칸들을 보여준다. ⓒ 윌리엄 쇼프

석들이 진짜라고 확신했을 뿐 아니라, 실제 남세균 종들로 서술할 만큼 정보도 충분하다고 확신했다. 최초기 생명 같은 중요하기 그지없는 문제를 놓고 그런 주장을 펼치면 곧바로 비판의 목소리가 꼬여들게 마련이다. 쇼프의 주장에 대해 로저 뷰익은 경고성 글을 발표하기도 했다. 쇼프의 해석은 대

부분 무시되었다가 거의 10년이나 지난 뒤에 마침내 인정을 받았고, 지금까지 알려진 최초기 생명의 실제 화석을 대표하는 것으로 그 사진들은 교과서에 실리게 되었다.

그랬던 터라 2002년에 마틴 브레이저Martin Braiser를 책임저자로 해서 옥스퍼드 대학교에서 나온 논문 한 편이 『네이처』에 실리자 해당 분야에 있던 모든 이들이 큰 충격에 빠졌다. 저자들은 쇼프의 오스트레일리아 미화석 해석에 의심을 던졌다. 그 해석 대신에 그들은 덜 극적인 해석을 제시했다. 말하자면 화석처럼 보이는 그것들은 열수구에서 비생물적인 탄소화합물들이 덩어리지면서 생성된 가공물에 지나지 않는다는 것이었다.

대담하게 위험을 무릅쓰는 인물들 사이에선 이따금 그런 극적인 의견 충돌이 부상하기도 한다. 대담함 빼면 시체인 쇼프는 이것들이 지금까지 알려진 진짜 최초기 생명의 미화석이라고 단언할 만한 증거가 충분하다고 단단히 확신했다. 브레이저와 동료들 또한 나름대로 대담한 이들이었고, 그들의 판단에는 쇼프가 내세운 증거가 불충분했다. 나아가 그들은 귀무가설歸無假說이라고 하는 것을 제시하고는 지지했다. 귀무가설은 가능한 설명 가운데 가장 가능성이 있는 (그리고 대개는 가장 재미없는) 설명을 나타내는데, 이 경우에는 미화석이라고 추정한 그것들이 생물이 만들어낸 게 아니라, 머치슨 운석에 있는 것 같은 유기물질이 지구화학적으로 처리된 결과라고 설명하는 것이다. 이 귀무가설이 논박되기 전까지는, 마이크로 크기의 그 어둔 구조들이 유기물 부스러기 이상의 것이라는 결론으로 뜀뛰기하면 경솔하다고 그들은 논했다.

그런 공적인 장에서 자신의 연구결과가 도전을 받는 것만큼 기운이 번쩍 나게 하는 것은 없는 법이다. 그 도전에 응하기 위해 쇼프는 굉장한 현미경 장치를 하나 조립했다. 그걸 쓰면 미화석의 3차원 영상뿐 아니라, 그 어둔 물질이 그저 무기물 흑연에 불과한지 아니면 생체물질에서 만들어졌다고 볼 만한 중합체인 케로겐인지 분간하게 해주는 라만 스펙트럼이라는 것까지 얻을 수 있다. 최근에 쇼프의 실험실을 찾아갔을 때, 그 현미경 앞에 앉은 나는 회전하면서 3-D효과를 내는 아름다운 미화석 영상들을 모니터를 통해 보았다. 오스트레일리아의 에이펙스 처트Apex chert보다 훨씬 어린 암석에서 나온 화석 하나를 가지고 시험 삼아 돌려본 것이었다. 그러나 쇼프는 여기서 그치지 않고 더 오래된 표본들에도 이 기법을 응용했다. 그렇게 얻은 라만 스펙트럼은 그 어둔 물질이 생명에서 나온 마이크로 구조라는 생각과 부합했다. 라만 영상들은 검은 미화석 구조의 모양과 일치하고, 스펙트럼 패턴은 흑연의 탄소가 아니라 중합된 유기물질이라고 했을 때 기대할 만한 패턴이다(〈그림 4C〉).

요점은, 에이펙스 처트에서 나온 그 불가해한 구조들이 지구화학적인 가공물인지 아니면 첫 생명의 증거인지 아직은 100퍼센트 확신할 수 없다는 것이다. 다른 과학자들은 양측에서 증거를 더 제시할 때까지 기다리는 배심원들과 같은 입장이다. 그러려면 새로운 접근법, 새로운 표본, 더 많은 연구가 있어야 할 것이다. 배심원의 한 사람인 나를 설득해낼 것은 바로 구조 패턴을 보이는 더 많은 미화석 영상들이 될 것이다. 더 최근인 약 20억 년 전의 미화석들에서는 이 패턴이 더없이 뚜렷하다. 그러나 35억 년 전 것인 고대 화석들은 몹시 드물다. 그래서 고대 암석들을 광범위하게 (그리고 몹시 따분하게) 꾸준히 탐사해야 할 성싶다. 그리고 지질학적 맥락에서도 설득력이 있어야 할 것이다. 무슨 말이냐면, 원시세균 군집들이 터 잡고 살았을 법한 암석과 분명히 종류가 같은 암층에 그 화석들이 있어야 한다는 말이다. 그리고 가당성 있는 비생물적 반응 출발물질로는 그 같은 구조들이 생성되지 못함을 입증하는 일이 아마 가장 중요할 것이다.

38억 년 전의 생명? 안정 동위원소에서 나온 증거

35억 년 전에 생명이 존재했다는 주장은 그보다 훨씬 일찍 생명이 존재했다는 증거를 보일 수 있다면 더욱 설득력을 가질 것이다. 독일 마인츠의 막스플랑크 연구소에서 일하던 만프레트 쉬들로프스키Manfred Schidlowski에게 생각이 하나 떠올랐다. 그는 그린란드의 이수아 암층의 나이가 38억 살임을 알고 있었다. 더군다나 설사 상당히 심한 지질학적 처리과정을 겪었다 해도, 그 암석에는 검출 가능한 유기탄소도 미량 함유되어 있었다. 이 탄소가 생물표지일 수 있을까? 앞에서 서술했던 지르콘의 산소 함량 분석기법과 똑같이 안정 동위원소 분석을 하면 답을 얻을지도 몰랐다. 그 기법이 활용하는 사실은 다음과 같다. 탄소 동위원소에는 두 가지가 있는데, 가장 흔한 것은(~99퍼센트) 원자량이 12인 탄소-12이고, 함께 섞여 있기는 해도 훨씬 드문(~1퍼센트) 동위원소는 탄소-13이다. 광합성을 하는 세균 같은 생물이 이산화탄소를 섭취해 성장에 필요한 탄소원으로 쓸 때, 무거운 것보다는 가벼운 동위원소를 포획하는 경향이 약간 있음도 쉬들로프스키는 알고 있었다. 석회암의 탄산칼슘 같은 비생물적 탄소화합물과 그 차를 비교해볼 수 있을 것이었다. 측정을 수천 번 해본 결과는 생물이 만들어낸 유기물질이 '더 가벼움'을 일관되게 보여주었다. '더 가볍다'는 말은 석회암의 탄소와 비교해서 예상한 값보다 탄소-12가 더 많이 들어 있다는 뜻이다. 편의상 그 차는 천분율로 표시하며(우리가 보통 쓰는 친숙한 백분율이 아니다), 생물량에서 나타나는 전형적인 결과값의 범위는 −20부터 −50까지이다. 쉬들로프스키가 이수아 암석의 탄소에 대해서 그 차를 측정해보니 −27이었다. 생물에 의해 처리된 탄소라고 보았을 때에 기대할 만한 범위에 드는 값이었다. (빼기 부호는 탄산염 광물보다 가벼운 정도를 가리킨다.)

생명이 진짜 그만큼 오래되었을까? 쉬들로프스키의 결과는 그 자체만으로도 중대했지만, 별다른 주목을 받지는 못했다. 왜냐하면 이수아 암석의 실제 나이와 지질학적 역사에 대해 아직 불확실한 면이 있었기 때문이다. 그러다가 1990년대 중반에 UCLA 대학원생이었던 스티븐 모지시스Stephen Mojzsis가 이수아 암석에 새로운 기법을 써보기로 마음먹었다. 그는 존 밸리가 지르콘 연구에 썼던 것과 같은 종류의 이온 마이크로탐침을 사용했다. 모지시스의 추리에 따르면, 만일 그 유기물이 진짜 생명의 산물이라면, 이수아 암석의 광물 바탕질 곳곳에 흩어져 있는 인회석이라고 하는 인산칼슘 광물과 연관된 것일 수도 있었다. 인회석은 오늘날 뼈와 이빨을 이루는 무기물이며, 인산염은 모든 생물이 쓰는 물질이다. 아마 속성작용을 당하면서 인산칼슘으로 변했을 것이고, 미생물에 함유되었던 유기탄소는 흑연 입자가 되어 인회석 바탕질 속에 묻혔을 것이다. 그러자 인회석 광물은 흑연이 속성작용을 당하지 않게 막아주었을 것이다. (유기탄소가 열과 압력을 충분히 받아 다른 원자들—특히 수소와 산소— 을 모두 내쫓아서 생성된 탄소 꼴이 바로 흑연이다.)

모지시스는 마이크로탐침을 써서 이수아에서 채취한 암석의 인회석 광상뿐 아니라, 그린란드 연안의 섬인 아킬리아Akilia에서 채취한 호상철광층 표본의 인회석 광상도 훑었다. 이 즈음 다른 연구자들이 그 암석들의 연대를 훨씬 정밀하게 측정을 해둔 터였다—이수아 암석은 33억 7000만 살이고 아킬리아 암석은 38억 5000만 살이었다. 결과는 놀라웠다. 이수아 암석은 −30, 아킬리아 암석은 −37이었던 것이다! 너무 좋은 값들이어서 정말인가 싶을 정도였다. 왜냐하면 이 수치들은 탄소 원자들이 어떤 대사작용으로 처리되었다고 할 때 예상할 만한 범위에 쏙 들었기 때문이다.

그러나 어쩌랴! 이 결과들 또한 지금 논쟁 중이다. 측정이 바르지 못해서가 아니라, 그 암석들 자체를 해석하는 데에서 논란이 일기 때문이다. 다른 사람들처럼 모지시스도 이수아 암석이 주로 수성水性 환경에서 퇴적된 물질이 나중에 고온·고압을 받아 만들어진 암석이라고 가정했다. 스크립스 해양 연구소의 마크 반 주일렌Mark van Zuilen과 동료들은 2002년 논문에서 그 암석이 퇴적성 암석이 아니라, 이보다 오래된 지각 광물과 뜨거운 물이 반응해서 생성된 것임을 보여주었다. 흑연 형태의 탄소는 생물적 과정의 산물이라기보다는 탄산염이 고온으로 처리되면서 생성된 것일 수 있다. 반 주일렌 연구진은 흑연의 가벼운 탄소가 틀림없이 지구화학 반응으로 생성되었으리라는 결론을 내렸다. "그래서 그 새로운 관찰에 따르면, 고도로 변성된 시생누대 초기의 암석기록에 생명의 옛 흔적이 있음을 뒷받침하는 것으로 기존에 제시되었던 증거를 재평가할 것을 요구한다."

40억 년 전의 세상은 어떤 모습이었을까?

생명이 시작되기 전, 우리가 어떻게 해서인가 40억 년 전 시생누대 초기로 시간여행을 했을 때, 과연 그때의 지구가 어떤 모습일지 묘사해보는 것으로 2장과 3장에서 살펴본 정보를 모두 짜맞춰보도록 하자. 우리는 아마 화산섬의 바위투성이 해안에 서 있음을 깨닫게 될 것이다. 몹시 뜨겁다. 섭씨 70도 정도 된다. 이산화탄소, 질소, 화산 기체들이 뒤섞인 대기는 유독하다. 그래서 우리는 산소공급 장치가 달리고 냉방이 되는 우주복 같은 방호복을 입어야 한다. 멀리 시선을 던지면, 바다에서 솟아오르는 땅덩어리들을 볼 수 있는데, 활화산인 곳도 있다. 발 밑 암석을 이루는 것은 검은 용암이고, 틈새마다 화산재가 채워져 있다. 사방에서 온천이 부글부글 끓는다. 짜디짠 바닷물은 용해된 철 때문에 이상한 초록빛을 띠고 있다. 용암 위에 마른 소금이 하얗게 석출된 모습은 작은 조수 웅덩이가 증발한 곳임을 보여준다. 화산꼭대기 부근에서 내린 비가 흘러내려 해발 몇 미터 지점에 민물 못들이 만들어진다. 산허리를 타고 층층이 떨어져 내리는 실개울들이 이 못들을 쉼 없이 채운다. 그러다가는 열 때문에 말라붙는다. 갑자기 풍경이 몇 초 동안 환해진다. 고개를 돌려보니 눈을 멀게 할 만큼 하얀 빛줄기가 조용히 하늘을 가로지르더니 수평선 바로 위로 추락한다. 앞서보다 훨씬 밝은 섬광이 수평선에 나타난다. 일 분 뒤에 우르릉 우레 같은 소리가 들리더니, 충격파 너울이 뒤따라와 우리를 넘어뜨릴 뻔했다. 지름이 100미터쯤 되는 작은 소행성 하나가 초속 20킬로미터로 대기를 뚫고 와서는 수 킬로미터 밖 바다를 때린 것이다. 그런 충돌이 날마다 수없이 일어나곤 한다. 수평선에서 어둡고 얇은 선이 우리 쪽으로 다가온다. 운석 충돌 때문에 생긴 해일이 우리를 향해 몰려오는 것이다. 하여 얼른 40억 년을 빠르게 앞으로 감아 우리 눈에 더 익은 무대로 되돌아간다.

집에 돌아왔다. 생명 탄생 이전인 시생누대를 몸으로 겪고 나니 한 가지 생각밖에 안 든다. 그런 가망 없는 환경에서 대체 어떻게 생명이 시작될 수 있었을까? 이 물음이 우리를 한 가지 근본적인 물음, 그러나 아직 답을 찾지 못한 물음으로 이끈다. 생명의 기원은 흔히 일어나는 사건일까? 만일 그렇다면, 생명이 여러 차례 기원했을 수도 있지만, 후기대폭격과 연관된 대충돌 사건이 있을 때마다 그 기운은 꺼지고 말았을 것이다. 오늘날 우리가 보는 생명은 마지막 대충돌을 간신히 살아낸 생존자들이거나, 상황이 진정되자마자 다시 출발했던 생명일 것이다.

이것에 대안이 되는 생각은, 생명이 기원하는 일이 지극히 드물다고 보는 것이다. 말하자면 마침 올바른 조건들을 딱 갖춘 초기 지구 같은 서식 가능한 행성 규모에서 5억 년이나 그 이상의 세월이 흘러야 딱 한 번씩 일어나는 일일지도 모른다는 것이다. 우리는 아직 답을 모른다. 이 책은 바로 그 답을 찾아내려는 시도들의 진행상황을 보고하는 글이다. 만일 짐작을 해야 할 처지라면, 나는 답을 찾을 수 있다고 낙관하는 쪽이다. 내 생각에 지금 우리는 실험실에서 합성생명을 만들어낼 수 있는 시점에 와 있다. 그 일을 이뤄낸다면, 생명이 어떻게 시작되었고, 비슷한 과정이 초기 지구에서도 일어났을 가능성이 있는지 훨씬 잘 이해하게 될 것이다.

점 잇기

지르콘에 함유된 산소의 안정 동위원소 구성비는 적어도 44억 년 전에 바다와 땅덩어리가 있었음을 뒷받침한다. 물속에서 복잡한 유기화합물을 만들어내게 될 개시반응들이 그때 시작되었을 수 있다. 탄소의 안정 동위원소에서 나온 증거는 약 38억 년 전에 생물들이 유기탄소를 처리하고 있었음을 암시하지만, 이것을 뒷받침하는 증거는 지금 논쟁 중이며, 아직 해결되지 않았다. 세균 생명의 첫 미화석으로 볼 만한 것들은 오스트레일리아의 35억 살짜리 암석에 있지만, 이 또한 논쟁 중이다. 모두가 인정하는 최초기 미화석은 25억 살짜리 암석에 있는 것들이다. 20억 년도 더 전의 세상에는 세균 생명이 풍부했으며, 스테란이라는 분자 화석들은 그 무렵에 진핵생명이 출현했음을 암시한다. 10억 년도 더 전에는 꼴이 단순한 다세포 생명도 있었다. 단단한 껍데기를 갖춘 생물은 5억 4000만 년 전 캄브리아기의 화석기록에서 풍부하게 나타난다.

다음 장에서는 생명이 기원했을 당시 환경에 있었을 법한 유기화합물들이 무엇일지 살펴볼 것이다. 그런 뒤에 첫 생명꼴들을 향해 뻗은 진화의 도상에서 그런 화합물들이 어떻게 상호작용하여 한층 더 복잡한 구조들을 만들어낼 수 있었는지 볼 것이다. 실험실에서 하는 실험들이 어떤 식으로 초기 지구의 조건들을 본뜨려 하는지 보게 되겠지만, 한 가지 중요한 점은, 그 어떤 본뜨기실험들도 2장과 3장에서 서술한 실제 조건에는 근접하지 못한다는 것이다. 이렇게 볼 만한 타당한 근거가 있으며, 이는 혼란을 막기 위해 실험 조건을 가급적 단순하게 유지해야 한다는 과학실기표준과 관련이 있다. 그런 단순성이 비록 실험 설계에 필수이기는 해도, 생명 기원 연구의 진전에 한계를 줄 수도 있다. 내가 충분복잡성이라고 부르는 또 다른 원리가 있음도 논할 것이다. 이 원리는 실험실에서 생명의 기원을 재현해야 할 경우에 반드시 고려해야 하는 원리이다.

제4장

탄소, 그리고
생명의 밑감들

생명의 기원을 이해할 한 가지 길은 살아 있는 세포를 더욱 단순한 화학적 성분들로, 다시 말해서 탄소 기반의 작은 분자들과 그 분자들이 형성하는 구조들로 환원하는 것이다. 먼저 비교적 단순한 계들을 연구한 다음에 더욱 복잡한 계들로 나아갈 수 있다. 그러다 보면 흥미롭고 새로운 떠오름의 과학이 전도유망한 연구전략을 지시해준다.

— 로버트 헤이즌, 2005

구슬만 한 머치슨 운석 표본을 처음 빨았을 때, 코를 찌르는 이상한 냄새가 절구에서 풍겼다. 매캐하면서도 텁텁하고 시큼한, 시가 꽁초나 진공청소기 먼지주머니 내용물을 떠올리게 하는 냄새였다. 워낙 독특한 냄새였던지라, 이젠 어딜 가든 그 냄새를 못 알아보는 일은 없을 것이다. 그것은 바로 저 바깥 우주공간의 냄새, 거의 50억 년 가까이 된 냄새, 우리 태양계가 태어나고 있을 때 지구로 직접 전해진 유기화합물의 향내였다. 우주적 과정들과 지구 상 생명이 이어져 있음을 이보다 더 확실히 해주는 건 없을 것이다.

탄소화합물은 운석과 혜성에만 있는 게 아니라, 태양계의 산실인 분자구름에도 풍부하게 있다. 우리 은하계 곳곳에 유기화합물이 흩어져 있다는 사실이 생명의 기원에 뭐가 그리 중요한 걸까? 생명이 기원하는 데에 필요한 유기화합물이 왔을 만한 곳은 둘뿐이다. 지구를 빚어낸 분자구름에 유기화합물이 있었다면, 혜성비에 의해, 그리고 달 형성 사건 뒤에 지구로 쏟아진 먼지 입자들에 의해 지구로 전해졌을 것이다. 그게 아니면 지표면에서 일어난 화학반응으로 유기화합물이 합성되었을 것이다. 어느 쪽이 우선이었는지는 아직 모른다. 그러니 두 가능성을 다 검토해보자.

한 가지만큼은 확실히 알고 있다. 생물에 있는 탄소 원자들은 모두 초기 지구가 부착성장을 하는 동안, 태양계 성운의 먼지 입자를 구성했던 물, 질소, 황, 인, 철, 규산염 광물과 더불어 전해진 것들이었다. 부착성장은 몹시 격렬한 고에너지 과정이기에, 처음에는 유기 탄소화합물이라고 생긴 것은 모두 부서져서 기체—대부분 이산화탄소—가 되었다. 그러나 지구가 최종 질량에 이르러 바다와 대기를 가진 뒤로는 유기 탄소화합물이 쉼 없이 지구로 전해졌다. 이것이 바로 우리가 확신하는 사실이다. 사실 이것은 오늘날에도 계속 일어나는 일이다. 다만 40억 년 전에 비해 빈도가 크게 줄었을 뿐이다.

유기화학과 생명

생명을 이루는 유기화합물에 대해 먼저 알아두어야 할 것이 있다. 유기화학이라는 분과가 기틀을 마련한 시기는 1800년대로, 화학자들이 생명과 연관된 화학적 화합물들에 관심을 가져가던 시기였고, 그래서 그 분과의 이름을 생명과 관련 있는 낱말—유기organic—로 짓기로 했다. 그러나 탄소화학에 대한 지식이 늘어가면서, 이런 낱말의 쓰임에 오해의 소지가 있음이 분명해졌다. 탄소를 함유한 화합물이라 해도 생물과는 아무 상관도 없는 것이 많았던 것이다. 그래서 특수하게 생명의 화학만을 다루는 생화학이라는 새로운 분과가 틀을 잡았다. 한편 유기화학자들은 플라스틱, 기름, 염료, 약품, 제초제, 살충제를 비롯해 수많은 화학물질에 쓰이는 탄소화합물 연구에 전념할 수 있게 되었다.

　내가 유기화학을 처음 접한 때는 듀크 대학교 2학년 때였다. 그때의 나는 계산자를 가죽집에 넣어 허리띠에 대롱대롱 매달고 다니던 화학과 학생이었다. (아직도 나는 계산자를 가지고 있는데, 지금은 옛날 방식으로 곱셈과 나눗셈을 할 때 쓰는 주판도 합세했다. 그래도 계산자로 나는 프로그램 가능한 전자계산기를 쓰는 학생들보다 곱셈을 빨리해서 학생들을 놀래줄수 있다.) 유기화학 개론을 가르치신 분은 루시우스 오렐리우스 비걸로Lucius Aurelius Bigelow였다. 당시 비걸로 교수님은 예순 줄이셨고, 머리가 벗겨지고 가두리 머리털이 하얬으며, 돋보기를 쓰셔야 했는데, 그 때문에 밝은 파랑색 눈이 큼직하게 확대되었다. 자기 과목에 열정을 가진 분이셨다. 칠판을 위부터 아래까지 유기반응식으로 꽉 채우는—책을 보지 않고 순전히 기억으로만 강의하셨다—모습을 우리는 일주일에 세 번씩 입을 못 다물고 쳐다볼 뿐이었다. 비걸로 교수님의 강의는 지극히 딱딱했지만, 강의에 딸린 실험은 짜릿했다. 요즘이야 실험실 안전수칙이 최고 수위이지만, 그때만 해도 안전수칙이야 에테르가 가연성이라는 경고 정도에 지나지 않았다. 용매도 배수구에 그냥 버려도 되었다. 지금이라면 상상도 못할 일이다. 가끔 가다 에테르와 리튬알루미늄수소화물 혼합물을 싱크대에 버리는 학생도 있었다. 그러면 리튬 화합물이 배수구의 물과 반응해서 에테르에 불을 붙였고, 인상적인 불덩이가 일어 눈썹이 그을리기도 했다. 우리는 모진 시련을 거치면서 실험실 안전수칙을 터득했다.

실험실에서 우리가 했던 첫 유기합성 연습은 히푸르산이라는 걸 만드는 것이었다. 결과물은 하얀 결정질 침전물이었는데, 냄새가 헛간과 축사를 떠올리게 했다. 말이 특유의 냄새를 내는 것도 히푸르산 때문이다. (하마를 뜻하는 'hippopotamus'도 'hippuric'과 똑같은 그리스어에서 파생되었다.) 그때 배웠던 것은, 생명을 이루는 모든 화학물질이 사실상 유기화합물이며, 대개는 유기화학의 도구들을 써서 합성해낼 수 있다는 것이었다.

생명 게임

이제 생체세포를 이루는 주요 생화학 성분들을 소개하고, 그 성분들이 가진 물리적 및 화학적 성질들 가운데에서 생명의 기원에 대해 뭔가를 말해줄 만한 성질이 무엇이냐고 물을 수 있다. 비록 세포는 믿기지 않을 만큼 복잡하지만, 그것을 이루는 원자성분 목록은 상당히 짧다. 체커 게임을 생각해보자. 게임을 이루는 부분들은 대단히 단순하다. 네모 칸이 64개인 판에다가 검은 말과 흰 말들뿐이다. 게다가 판에서 말들을 움직이는 방식을 정하는 규칙들도 이해하기 쉽다. 하지만 실제 게임 중에 벌어지는 상황들은 대단히 복잡해서, 2007년에 와서야, 그것도 가장 성능 좋은 컴퓨터를 이용해서야 체커 게임을 완전히 분석하게 되었다. (두 경기자가 수를 완벽하게 두면, 게임은 항상 비기는 것으로 밝혀졌다.)

체커에서처럼 생물에서도 특수한 규칙들이 몇 가지 기본 말들을 다스리는 방식으로부터 어마어마한 복잡성이 생겨난다. 체커에서는 말이 두 가지 색깔이지만, 생명이 기초로 하는 말들은 여섯 가지 생명필수원소이며, 줄여서 CHONPS라고 표시한다. 발음이 되기는 해도 썩 매끄럽지가 않지만, 기억하는 데에는 도움이 된다. 게다가 생명을 이루는 단백질과 핵산에서의 원자들의 (원자량 기준의) 존재비 순서에도 얼추 들어맞는다. 탄소(C), 인(P), 황(S)은 상온에서 고체이고, 수소(H), 산소(O), 질소(N)는 기체이다. 생체세포 내의 수분과 유기물질의 99퍼센트 이상을 이루는 것이 이 원소들이다. 생명 과정과 관련된 화학적 규칙 가운데 하나는, 이 여섯 가지 생명필수원소들이 결합해서 네 종류의 기초 분자들을 만들고, 이 분자들이 조립되어 세포를 이루는 구조들을 만든다는 것이다. CHONPS를 생명필수원소라고 부르는 까닭이 이 때문이다. 말하자면 이 원소들이 조립되어 단순한 분자들이 만들어질 수 있고, 이 분자들이 서로 연결되어 단백질 가닥과 핵산 가닥을 형성할 수 있기 때문이다. H와 C에서 출발해서 그 네 가지 기초 분자들을 구축해보도록 하자. 각 단계마다 하나 이상의 생명필수원소를 추가해가면서, 여섯 가지 원소들의 조합으로부터 화학적 복잡성이 어떻게 떠오를 수 있는지 보여줄 것이다.

수소와 탄소

생명에 관여하는 유기화합물들의 물리적 성질에는 큰 분수령이 하나 있다. 단백질과 핵산 같은 친숙한 대부분의 화합물들은 대개 물에 용해될 수 있다. 그런데 세균이나 시금치 잎사귀, 또는 굴을 알코올에 넣고 갈면 생명에 필수적인 두 번째 화합물 군을 찾아낼 수 있다. 이때에는 단백질과 핵산이 불용성 침전물이 되는 반면, 지질이라고 부르는 지방질 물질이 알코올에 용해된다. 지질을 정의하는 사실이 바로 유기용매에 용해될 수 있다는 것이다. 에너지를 저장하는 데에 쓰이는 지방, 세포막을 형성하는 콜레스테롤과 인지질, 심지어 비타민 A, D, E도 지질에 속한다. 지질이 유기용매에 용해되는 까닭은 수소와 탄소로 이루어진—그래서 '탄화수소'라고 한다—기다란 사슬이 함유되어 있기 때문이다. 탄화수소들은 무척 단순하기 때문에 분자를 이루는 원자들의 알파벳 글자들로 대신 나타낼 수 있다. 예를 들어 휘발유의 주요 탄화수소 가운데 하나인 옥탄의 식은 $H_3C-CH_2-CH_2-CH_2-CH_2-CH_2-CH_2-CH_3$, 또는 화학자들이 흔히 쓰는 대로 줄여 쓰면 C_8H_{18}이다. 사슬에 탄소가 여덟 개 있기 때문에 이름을 옥탄이라고 한다. 이런 계열의 탄화수소로는 사슬에 탄소가 다섯 개인 펜탄, 여섯 개인 헥산, 일곱 개인 헵탄, 아홉 개인 노난, 열 개인 데칸 등이 있다.

탄화수소에서 탄소 원자들을 이어주는 화학결합은 대부분 단일결합이고, 줄여서 C-C라고 하는데, 전자쌍을 공유하는 결합으로, 반드시 이해해야 할 중요한 점이다. 왜냐하면 생명의 기원과 화학이 관련되는 방식에서 근본이 되기 때문이다.

화학구조와 화학반응에는 원자의 가장 바깥껍질에 있는 전자들이 관여하고, 여기서 화학법칙들이 생겨난다. 생명의 특징인 대사, 성장, 생식 과정들은 가장 밑바닥에서 보면 전자와 관련된 과정들이다.

생명이 어떤 방식으로 작동하고, 생명이 어떻게 시작되었는지 더 깊이 파고들수록 이를 명심해야 한다. 우리는 자주 전자 이야기를 할 것이다. 원자들을 연결해 분자로 만드는 것이 전자들이기 때문이다. 모든 화학반응은 그 반응에 참여하는 분자들의 전자구조상의 변화를 수반한다. 전자들이 주어진 원자나 분자에 영원히 묶여 있는 게 아니라, 화학반응이 일어나는 동안 이리저리 뜀뛰기를 한다는 것도 이해해두어야 한다. 이를테면 에너지를 포획하고 생물이 그 에너지를 쓰도록 해주는 화학반응들에서는 분자에서 분자로 전자들이 수송된다. 녹색식물이 광합성작용을 할 때 맨 처음 일어나는 일은 초록색의 엽록소 분자가 빨강 빛에너지를 흡수해서 자신의 전자구조를 바닥상태라고 하는 상태에서 여분의 에너지를 가진 들뜬상태로 도약시키는 것이다. 그 결과 엽록소 분자에서 전자 하나가 튕겨나간다. 그리고 복잡한 반응들을 차례차례 거치다가 이산화탄소에서 여정을 끝내고, 그 이산화탄소는 궁극적으로 탄수화물과 지방으로 통합되고, 탄수화물과 지방은 식물이 에너지로 쓰며, 우리를 비롯한 동물들이 이 식물을 먹는다. 이 책을 읽고 있는 지금, 여러분 몸속의 세포 하나하나 안에는 미토콘드리아라고 부르는 미세한 세포기관 수백 개가 지방과 탄수화물의 대사 생성물들로부터 전자들을 낚아채서 산소로 전달하고 있다. 그 결과 미토콘드리아의 막 안팎에 걸친 전압은 약 0.2볼트가 되는데, 모든 생명의 궁극적인 에너지원인 ATP를 합성할 때 쓰이는 에너지가 바로 이 전압이다. 첫 생명꼴들이 어떻게 에너지를 써서 성장에 필요한 합성반응들을 끌고 가는지 살펴볼 6장에서 이 과정을 더 자세히 논의할 것이다.

탄화수소들은 생명 분자들에 공통된 기본적인 화학결합 법칙들을 소개할 좋은 방도가 되어준다. 앞에서 지적했다시피, 두 원자들이 전자쌍을 공유할 때 화학결합이 이뤄진다. 가장 단순한 화학반응은 양성자와 전자가 각각 하나씩인 수소 원자들끼리 만날 때 일어난다. 두 원자가 만나면 곧바로 두 전자를 짝지어 화학결합을 형성해 수소 기체가 된다. 그 생성물을 줄여서 표시하는 방법은 여러 가지이다. H:H라고 쓰면 전자쌍을 가리키고, H−H에서 가운데 선은 전자쌍을 표시하는 것으로 이해하며, 또는 간단하게 H_2라고 쓴다. 우리에게 친숙한 다른 기체들도 이렇게 전자쌍을 만든다. 이를테면 대기 중의 산소와 질소는 원자 하나하나로 안 있고, O_2와 N_2로 존재한다. 이 기체들의 결합을 이루는 전자구조는 단순한 전자쌍보다 복잡하지만, 이 시점에서 자세히 알 필요는 없다. 원자끼리 전자쌍을 공유해서 분자를 형성한다는 것만 기억하면 된다.

단일결합만 있는 탄화수소를 포화 탄화수소라고 한다. 다른 탄화수소들은 전자쌍 둘을 써서 이중결합을 형성하는데, 줄여서 C=C로 표시하고, 불포화되었다고 말한다. 탄화수소가 고리를 형성할 때도 있으며, 이때에는 고리형 탄화수소라고 부른다. 그 한 예가 시클로헥산(C_6H_{12})이다. 그러나 탄소가 여섯 개인 고리형 화합물이면서 고리 내에 이중결합이 셋인 것은 벤젠이라고 하며, 방향족 탄화수소이다. 시클로헥산의 향은 강하지 않지만, 벤젠은 확실히 강하다. 나프탈렌 같은 다른 방향족 탄화수소들도 향이 강하다.

고리형 탄화수소에는 고리가 하나만 있는 게 아니라, 둘 이상이 엮일 수도 있다. 그래서 당연히 이런 화합물에는 여러고리형 화합물이라는 이름이 붙어 있다. 그 화합물이 벤젠처럼 이중결합을 가졌다면 여러고리형 방향족 탄화수소(PAH)이고, 밝혀진 바에 따르면 우주에서 가장 풍부한 유기화합물이다. 연기, 뜨거운 타르, 트럭 엔진에서 나오는 디젤 증기, 머치슨 운석의 냄새를 내는 원인이 바로 PAH 화합물과 그 유도체들이다.

성간공간에 흔히 있음에도 불구하고, 생명 과정에 관여하는 PAH 유도체들은 별로 없다. 한 가지 예외가 나프탈렌으로, 예전에는 옷장에 걸어놓은 털옷에 구멍을 뚫어놓는 좀벌레를 물리치는 용도로 쓰였던 물질이다. 나프탈렌은 단순히 두 벤젠고리가 한쪽 모서리를 맞대고 이어져 있으며, 그 유도체인 나프토퀴논naphthoquinone은 미토콘드리아의 전자수송 사슬을 이루는 부분이다. 사실 그 외의 PAH—이를테면 담배연기의 발암성 벤즈피렌 benzpyrene—들은 위험하다.

탄소, 수소, 산소

일차적인 화학결합들을 서술했으니, 이제 생명을 이루는 나머지 주요 분자들을 소개할 수 있다. 먼저 탄화수소 사슬들에 산소를 추가하는 것으로 시작해보자. 생명은 옥탄 같은 순수한 탄화수소를 사용하지는 않고, 한쪽 끝에 이산화탄소를 닮은 화학기基가 있는 기다란 탄화수소 사슬들을 합쳐넣는다. 이렇게 산소가 들어간 화학기가 –COOH이고, 탄소와 산소 원자가 모두 들어 있기에 일명 카르복실기라고도 한다. 한쪽 끝에 –COOH기가 있는 탄화수소 사슬에는 특별한 성질이 두 가지 있다. 가장 중요한 점은, 탄화수소 사슬을 다른 분자들과 엮을 때 쓸 수 있는 화학적 손잡이 같은 것을 카르복실기가 제공한다는 것이다. 이를테면 우리가 지방 또는 식물성 기름이라고 부르는 트리글리세리드triglyceride에는 사슬 세 개가 카르복실기를 통해 글리세롤glycerol과 연결되어 있다. 카르복실기가 가진 두 번째 성질은 카르복실기를 가진 이 분자들에게 특별한 이름을 부여한다. 물에 노출되면, –COOH는 다음의 반응을 하면서 H를 잃을 수 있다.

$$–COOH \rightarrow –COO^- + H^+$$

화학물질이 수소 이온(양성자라고도 한다)을 풀어낼 수 있으면, 언제나 그것을 산acid이라고 지칭한다. 따라서 –COOH는 카르복실산이라고 하고, 카르복실산기를 가진 탄화수소 유도체들은 지방을 이루는 일차적 성분이므로 지방산fatty acid이라고 부른다. pH가 알칼리 범위이면, 지방산은 수소 이온을 잃고 음전하를 띠게 된다. 그러면 그것을 비누라고 부른다. 일상생활에서 쓰는 친숙한 그 화합물 말이다.

생명이 기원할 때 지방산을 닮은 분자들이 아마 결정적인 구실을 했을 것이다. 왜냐하면 생체세포를 이루는 기능성 분자들은 반드시 어떻게든 칸막음된 곳에 간수되어야 하는데, 지방산과 그 유도체들은 특유의 물리적 성질을 가진 탓에 모든 세포를 두르고 있는 막질 용기로 조립될 수 있기 때문이다. 그런 용기가 없이는 세포형 생명이 존재할 수 없을 것이다.

탄소, 수소, 산소는 탄수화물의 기본 성분들이기도 하다. 탄수화물을 뜻하는 'carbohydrate'라는 말은, 보통의 탄수화물에서 수소와 산소가 2:1의 비율로 존재한다는 사실에서 비롯되었다. 대략 물 분자를 구성하는 수소와 산소 비여서, 탄수화물은 말 그대로 '물 같은 탄소'이다. 포도당glucose, 곧 '혈당blood sugar'($C_6H_{12}O_6$)이 그 한 예이며, 중합해서 녹말과 섬유소가 될 수 있다. ('당sugar'이라는 말은 보통 우리가 가게에서 사는 설탕인 자당sucrose을 가리키지만, 생화학에서는 포도당과 과당fructose 같은 단순한 탄수화물에도 '당'이라는 말을 쓴다.) 그 외의 중요한 당으로는 리보오스ribose와 디옥시리보오스deoxyribose가 있으며, 리보핵산(RNA)과 디옥시리보핵산(DNA)이라는 이름이 붙은 까닭도 다 이 당 때문이다. 인산염과 엮여서 사슬을 이루면, 이 당들은 핵산의 중심뼈대가 되는데, 핵산은 바로 오늘날 모든 생명이 쓰는 중앙정보처리 분자이다.

탄수화물은 모든 생명에 있는 에너지원이다. 예를 들어보자. 해당과정解糖過程은 화학에너지를 풀어내는 대사과정인데, 세균부터 사람 몸까지 살아 있는 모든 유기체의 세포 속에 존재한다. 해당과정은 일련의 효소-촉매 반응들로 이루어지며, 이 반응들을 거치면서 탄소가 여섯 개인 포도당이 탄소가 세 개인 작은 분자들로 쪼개진다. (해당과정을 뜻하는 'glycolysis'는 '당을 깨다'는 뜻의 말에서 왔다.) 생명 과정 어디에나 해당과정이 있다는 것은 탄수화물 대사의 뿌리가 오래되었음을, 어쩌면 최초기 생명꼴들에서 진화했을 것임을 암시한다. 하지만 탄수화물의 에너지 함량은 탄화수소 사슬의 절반에 지나지 않는다. 바로 이런 이유로 대부분의 생물은 당 대신 지방의 탄화수소 사슬에다가 에너지를 저장한다.

수소, 탄소, 산소, 질소 (그리고 황 조금)

CHON(S)는 아미노산을 이루는 주 원소들이다. 글리신glycine($C_2H_6O_2N$)과 알라닌alanine($C_3H_9O_2N$)이 그 예로, 스무 가지 생체 아미노산 가운데 두 가지이다. 아미노산이라는 이름은 아민기amine($-NH_2$)과 산기酸基($-COOH$)를 다 갖고 있어서 붙었다. 이 두 화학기들은 모든 생명에서 기본이 되는 기로,

아미노산이 생체계의 주요 중합체인 단백질로 중합될 수 있게 해주기 때문이다. 메티오닌methionine과 시스테인cysteine, 이 두 아미노산에는 황(S)이 들어 있다. 그래서 생명필수원소 가운데에 황이 들어가는 것이다.

아미노산을 이해할 때 가장 중요한 점은 대부분의 세포구조를 이루는 것이 단백질이라는 것이다. 단백질의 기원과 단백질과 핵산의 관계는 생명의 기원에 관한 우리의 이해에서 아주 큰 빈틈이다. 달리 말하면, 먼저 생명이 존재하지도 않은 상황에서 어떻게 아미노산이 결합해 원시적인 단백질형 중합체가 만들어질 수 있었는지 그 과정이 바로 생명의 기원을 알아낼 한 가지 중요한 실마리가 된다는 것이다. 나중 장들에서 이런 일이 일어날 수 있었을 여러 가지 길을 논의해볼 것이다.

수소, 탄소, 산소, 질소, 인

CHONP는 아데노신일인산adenosine monophosphate과 아데노신삼인산 adenosine triphosphate 같은 뉴클레오티드를 이루는 원소들이다. 다섯 가지 뉴클레오티드가 중합해서 세포의 정보처리 분자인 핵산(DNA와 RNA)이 되고, 아데노신삼인산(ATP)은 생명의 주요 에너지화폐 구실을 한다. 말하자면 어느 세포 할 것 없이 근육수축, 대사, 신경활동 같은 에너지 의존적 과정들에 ATP가 화학에너지를 전달한다는 것이다.

생명의 분자구조들에는 나름의 아름다움이 있다. 〈그림 5〉에서는 주요 분자 네 종의 예를 간추려보았다. CHONPS 원자들을 저마다 다른 회색 밝기로 표시해서, 그 생명필수원소들이 어떤 식으로 결합하여 생명 게임에 쓰이는 말들을 만들어내는지 보여주려 했다.

무기이온도 생명에는 꼭 있어야 한다

이번 장에서 다루는 것은 생명의 화학, 그것도 대부분 유기화학이다. 그런

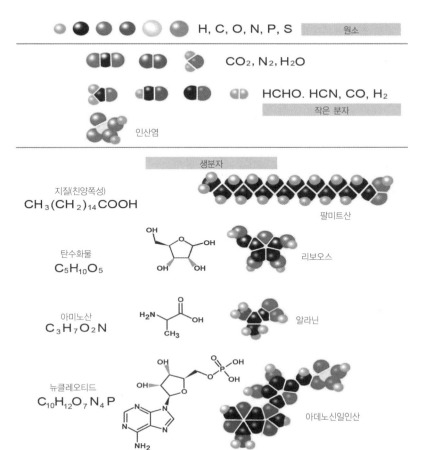

H, C, O, N, P, S

CO_2, N_2, H_2O

$HCHO. HCN, CO, H_2$
작은 분자

인산염

생분자

지질(친양쪽성)
$CH_3(CH_2)_{14}COOH$

팔미트산

탄수화물
$C_5H_{10}O_5$

리보오스

아미노산
$C_3H_7O_2N$

알라닌

뉴클레오티드
$C_{10}H_{12}O_7N_4P$

아데노신일인산

그림 5.
모든 생명꼴들이 사용하는 네 가지 중심 분자 종들을 여섯 가지 생명필수원소들이 구성한다. 맨 윗단의 원소 열에 그린 도식에 따라 회색 밝기를 달리해서 원소들을 표시했다. 가운뎃단에 모아놓은 작은 분자들이 초기 지구 환경에 있었음은 확실하다. 포름알데히드(HCHO)와 시안화수소(HCN) 같은 분자들은 쉽사리 반응해서 아미노산과 핵염기 같은 큰 분자들을 만든다. 아랫단의 분자들은 생명 과정에 관여하는 네 가지 주요 대표 생분자들이다.

데 이제 생체계가 지닌 무기적inorganic 측면을 소개하기 좋은 시점이 되었다. 세포 수준에서 봤을 때, 이 측면은 대부분 용액 속 이온들과 관련되지만, 일부 단백질의 화학구조에 들어가는 철, 구리, 마그네슘, 아연 같은 금속 원자들도 포함된다. 생명에 중요한 용액 내 주요 이온들로는 나트륨, 칼륨, 마그네슘, 칼슘, 수소 이온이 있다. 다들 양전하를 띠어서 양이온cation이라고 한다. 음전하를 띤 이온은 음이온anion이라고 하며, 염소, 탄산염, 인산염, 황산염이 가장 중요하다.

이온의 전하는 생명 과정에서 결정적인 구실을 한다. 그래서 용액 내의 것이 어떻게 전하를 띠게 되는지 이해할 필요가 있다. 수소 이온 말고는 위에 열거한 양이온들은 모두 금속이다. 내 실험실에는 나트륨 금속이 있다. 화학과 학부 강의를 할 때 강의실로 가져가곤 한다. 금속 상태의 나트륨은 대단히 물러서 칼로도 자를 수 있다. 나는 나트륨을 콩알만 한 크기로 잘라낸 뒤에 바닥에 물이 깔린 어항 속으로 떨어뜨린다. 그러면 참으로 신기한 일이 벌어진다. 나트륨 금속이 곧바로 녹으면서 불꽃을 발하며 수면을 쉿쉿 떠다니기 시작한다. 몇 초 뒤에는 퍽 하고 폭발하면서 하얀 연기를 날린다.

이때 일어난 일은 나트륨 금속이 물과 반응해서 나트륨 이온으로 변한 것이다.

$$Na(금속) + H_2O \rightarrow Na^+(나트륨\ 이온) + OH^-(수산화\ 음이온) + H(수소)$$

반응으로 풀려난 에너지가 너무 많아서 나트륨 금속을 녹여버린다. 생성된 H는 곧바로 서로 결합해서 H_2, 곧 수소 기체가 되고, 공기 중에서 발화하면 불꽃과 폭발을 일으킨다.

나트륨 같은 금속들은 반응을 할 때 물에 전자를 줘버릴 수 있고, 음전하를 띤 전자를 잃으면서 양전하를 띤 양이온이 된다. 나트륨 이온과 칼륨 이온이 나르는 양전하는 1이고, 마그네슘 이온과 칼슘 이온은 양전하가 2이다. 바닷물에는 이 금속들 모두가 이온 상태로 존재한다. 지구 형성기의 부착성장 국면 때 지구로 전해진 것들이기 때문이다.

생명에 중요한 음이온들은 비금속 중심 원자가 산소와 반응할 때 생성되므로 약간 더 복잡하다. 생성된 화합물에는 전자가 하나 이상 더 있기 때문에 음전하를 띤다. 탄소가 산화하면 음전하가 1인 중탄산염bicarbonate(HCO_3^-)과 음전하가 2인 탄산염carbonate(CO_3)$^{2-}$이 생성되고, 황이 산화하면 음전하가 2인 황산염(SO_4)$^{2-}$, 인이 산화하면 음전하가 3인 인산염(PO_4)$^{3-}$이 된다. 염소도 산소와 반응할 수 있으나, 대부분은 그냥 음전하가 1인 염화물 음이온(Cl^-)으로서 바다에 존재한다.

반드시 이해해야 할 마지막 이온쌍이 있다. 바로 양이온인 수소 이온과 음이온인 수산화 이온이다. 수소는 가장 작은 원소로 양성자와 전자가 하나씩이다. 수소가 전자를 잃을 때마다 수소 이온이 생성되는데, 원자핵만 남기 때문에 수소 이온을 보통 양성자(H^+)라고 한다. 수산화 음이온은 간단히 OH^-이다.

물은 다음과 같은 반응을 하면서 끊임없이 수소 이온과 수산화 이온으로 해리解離된다.

$$HOH \rightleftarrows H^+ + OH^-$$

중성인 pH 7에서는 항상 물 분자 5억 5000만 개에 하나만이 해리되기 때문에, H^+와 OH^-의 농도는 10^{-7}몰라로 서로 같다. 그러나 산성 pH에서는 양성자들이 산도acidity라고 하는 효과를 일으키고, 중성보다 높은 pH에서는 수산화 이온들이 알칼리도alkalinity를 일으킨다. 이것이 중요한 까닭은 양성자, 수산화 이온, 그 외 흔한 무기이온들이 사실상 생명 과정의 모든 측면에 관여하기 때문이다. 나아가 가장 흔한 양이온과 음이온들은 반응해서 석회암(탄산칼슘, $CaCO_3$), 석고(황산칼슘, $CaSO_4$), 인회석이라고 하는 인산칼슘($CaPO_4$)을 생성하는데, 이 모두가 생명의 기원에서 한 구실들을 했다. 규소는 생체계가 한 번도 붙들어쓰지 않았지만, 규소가 산화한 음이온 화합물인 규산염(SiO_2)은, 초기 지구에서 가장 흔한 땅덩어리를 형성했던 현무암질 용암을 비롯해 모든 규산염 광물을 이루는 주요 음이온 성분이다.

유기탄소는 어디서 왔을까?

과학계의 두 동료인 윌리엄 어빈William Irvine과 루이스 앨러맨돌라는 생명과 관련해서 근본적인데도 아직 잘들 모르는 사실 하나를 내게 알려주었다. 바로 **우리는 유기적인 우주에서 살고 있다**는 것이다. 광막한 먼지구름으로 우리 은하계를 떠도는 탄소의 대부분은 유기화합물로 존재한다. 1장에서 우리는 생명을 이루는 원소들—탄소, 산소, 질소, 인, 황—은, 목숨이 다해가며 초고온 상태가 되어가는 별들에서 만들어져, 그 별이 폭발할 때 성간매질 속으로 흩어진다는 사실을 배웠다. 그러나 원소 자체로는 생물의 구조에서 아무 구실도 하지 못한다. 비록 우리가 탄소에 크게 역점을 두고 있기는 해도, 사실 탄소 자체는 그저 연기 속 검댕, 연필심의 흑연, 또는 결혼반지의 다이아몬드일 뿐이다. 질소, 산소, 수소는 그저 빛깔 없는 기체에 지나지 않는다. 탄소가 수소, 산소, 질소와 결합할 때에라야 생명과 무슨 관련성이라도 갖게 된다.

성간공간을 떠도는 탄소의 상당 부분이 유기탄소임을 알게 해준 것은 적외선천문학과 전파천문학이다. 분자구름 속의 차갑기 그지없는 물질은 마이크로파 대역의 복사를 방출하고, 화합물 내의 화학결합은 저마다 특수한 파장을 만들어낸다. 그 복사를 전파망원경으로 탐지하면, 어떤 결합들이 있는지 해독해서 해당 화합물의 본성을 규정할 수 있다. 30년 전, 생명의 기원에 관한 고든 학회Gordon Conference on the Origin of Life에서 윌리엄 어빈이 강연하는 것을 들었을 때, 처음에 나는 순진하게도 왜 전파천문학자가 초대되었는지 의아해했다. 그러나 그가 슬라이드를 보여주기 시작하자 의문은 풀렸다. 조밀한 분자구름들, 별과 태양계를 길러내는 육아실인 그 구름들에 100종에 가까운 유기화합물이 들어 있다는 뚜렷한 증거를 빌이 제시했던

원자 수	분자
2개	일산화탄소(CO)
3개	물(H_2O), 이산화탄소(CO_2), 황화수소(H_2S), 시안화수소(HCN)
4개	아세틸렌(C_2H_2), 암모니아(NH_3)
5개	메탄(CH_4), 포름산(HCOOH)
6개	메틸아민(CH_3NH_2), 메탄올(CH_3OH)
8개	아세트산(CH_3COOH)
9개	디메틸에테르[$(CH_3)_2O$], 에탄올(CH_3CH_2OH)
10개	글리신(NH_2CH_2COOH)

표 1. 성간 분자구름에서 탐지된 분자들의 예

것이다. (이 가운데 눈에 띄는 화합물들을 〈표 1〉에 실었다.) 시안화수소, 포름알
데히드, 메탄올, 에탄올, 포름산formic acid(라틴어로 '개미'를 뜻하는 *formica*
에서 따온 이름으로, 개미들이 위협을 받았을 때 가성苛性 분무액으로서 포름산을
분비한다), 아세트산(식초의 시디신 성분)처럼 친숙한 유기화합물도 있었다. 다
른 것들은 색다른 화합물들이었다. 이 가운데에는 탄소 아홉 개가 사슬을 이
루고 한쪽 끝에 질소 원자가 하나 달린 것도 있었다. 그런 괴상한 화합물은
지구에서는 존재할 수 없으나, 차가운 우주공간에서는 안정된 상태로 있을
수 있다. 윌리엄의 말을 경청할수록, 전파천문학과 생명의 기원 연구 사이
의 연관성이 분명해졌다. 만일 별, 행성, 태양계가 분자구름에서 태어났다
면, 아마 그 구름에 있던 유기물질의 일부가 40억 년 전 초기 지구에 전해져
서 생명이 첫걸음을 뗄 수 있게 거들었을 것이다.

적외선천문학을 써서도 성간공간의 화학성을 배울 수 있는데, 이는 루이
스 앨러맨돌라의 전공이다. 진공인 우주공간에서 기체 형태로 확산하는 유
기화합물들은 적외선 대역의 빛을 흡수한다. 우리 눈으로는 적외선에너지
를 보지 못하지만, 민감한 기구를 쓰면 그 스펙트럼을 측정해서 화합물에 대
한 정보를 얻을 수 있다. 예를 들어, 어느 유기물질이 1센티미터에 파동 수
가 2900개인 적외선 빛을 흡수한다면, 그 적외선을 흡수한 것이 탄화수소의

C-H결합이라고 상당히 확신할 수 있다. 미 항공우주국 에임스 연구센터의 앨러맨돌라와 동료들은 분자구름의 가장자리를 통과하는 별들의 빛 스펙트럼을 관찰해서, 이상하게도 3.4마이크로미터 파장에서 적외선 흡광도 뾰족선이 나타남을 발견했다. 실험실에서는 앞에서 서술한 바 있는 여러고리형 방향족 탄화수소(PAH)의 기체성 혼합물을 빛이 통과할 때 이런 뾰족선이 나올 수 있었다. PAH의 양이 얼마만큼이어야 3.4마이크로미터 뾰족선이 나올지 계산했더니, 성간공간에 있는 탄소의 대부분을 대표하는 게 PAH라는 깜짝 놀랄 만한 결과가 나왔다.

생명 탄생 이전의 유기화합물들

이제 운석을 더 살펴서 운석의 유기물 함량이 뜻하는 바를 이해할 필요가 있다. 지구로 오는 운석 물질은 대부분 먼지 입자이다. 해마다 지구 대기권으로 떨어지는 먼지 입자는 3만 톤 정도에 이르고, 이보다 큰 모래알만 한 입자들은 페르세우스자리 유성우, 오리온자리 유성우, 사자자리 유성우, 쌍둥이자리 유성우 같은 별똥비의 형태로 볼 수 있다. 이런 유성우 이름들은 별똥별들을 방사상으로 발산시키는 중심처럼 보이는 별자리 이름을 딴 것이지만, 높이 나는 항공기에서 지켜보면 이게 관점에 따른 착시임을 알게 될 것이다. 왜냐하면 실은 그 별똥별들이 대기권을 통과해 똑바로 떨어지기 때문이다. 이 '별똥별들'의 대부분은 수백 년에서 수천 년 전에 혜성들이 흘리고 간 입자들이며, 지구의 궤도와 그 혜성의 궤도가 교차하여 혜성의 꼬리가 남긴 흔적들을 지구가 통과할 때 그 별똥비를 보게 되는 것이다. 이보다는 드물지만, 더 큰 돌과 금속 덩어리들이 대기권에 진입해 불덩어리 유성을 연출하기도 한다. 몇 년에 한 번씩 이 바위만 한 천체들 가운데 하나쯤은 대기권을 통과하는 그 모진 여행을 견뎌내고는 파편들이 운석으로 땅에 떨어지기도 한다. 1장에서 서술한 머치슨 운석이 그 한 예이며, 화성과 목성 사이의 소행성대에서 일어난 충돌로 그런 천체들이 만들어진다는 사실을 지금은 알고 있다.

박물관에 가서 보면 운석에 대한 인상을 얻을 수 있다. 표면을 마치 용접기로 녹인 것 같은 금속 덩어리들이 눈에 들어온다. 이런 것들은 철-니켈 운석으로서, 우리가 하이킹을 하다가 만나곤 하는 다른 암석들과는 판이하게 다르기 때문에 박물관으로 가는 것이다. 그러나 금속질 운석은 비교적 드물다. 대부분의 운석을 구성하는 것은 규산염 광물이며, 해변에서 볼 만한 여느 암석과 생김새가 다를 게 없다. 하늘에서 떨어진 사실상 모든 종류의 운석을 주워서 서로 비교해볼 수 있는 곳이 지구에 한 곳 있다. 남극에 운석이 떨어질 때면, 으레 일정한 빙원에 집중되곤 하는데, 하얀 얼음을 배경으로 검은 물체들을 쉽사리 알아볼 수 있다. 1969년 이후로 미국과 일본의 과학자들이 채집한 표본이 1만 개가 넘는다. 헤아려본 결과, 이 운석 가운데 4퍼센트 정도는 철-니켈이고, 85퍼센트는 콘드라이트라고 하는 석질 운석이다. 콘드라이트 가운데 5퍼센트 정도는 탄소질 운석이다. 〈그림 6〉은 오스트레일리아 남동부의 마을 머치슨 인근에 떨어졌던 운석에서 검출된 주요 유기 탄소화합물을 보여준다. 이 혼합물에 들어 있는 화합물들은 생명 탄생 이전 지구에 어떤 유기물이 있었을지 알아낼 가능성 있는 길잡이가 되어준다. 왜냐하면 3장에서 서술했던 후기대폭격이 있던 동안에 이 화합물들이 지구로 전해졌거나, 머치슨 운석의 모체―지름이 1킬로미터 정도 되는 소행성으로서 함유된 얼음을 녹여 액체 상태의 물을 만들 만큼 한동안 뜨거웠다―에서 진행되었던 것과 똑같은 반응들로 합성되었을 테기 때문이다. 〈그림 6〉에서 보다시피, 유기물질의 90퍼센트 이상은 여러고리형 방향족 화합물들이 다양한 화학결합들로 연결되어 이룬 케로겐형 중합체이다. 'kerogen'이란 말은 '왁스'를 뜻하는 그리스어에서 왔으며, 증류하면 등유kerosene라고도 하는 경질 원유를 생성할 수 있는, 퇴적암 속의 유기물질을 가리킨다. 운석의 케로겐형 중합체는 어떻게 해서인가 더 단순한 화학

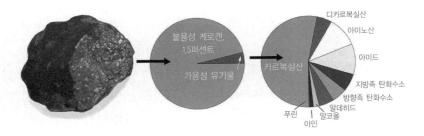

그림 6. 머치슨 운석에 들어 있는 유기화합물. 운석 전체 질량에서 유기 성분이 차지하는 비율은 1.5퍼센트 정도이고, 대부분은 불용성인 케로겐형 물질이다. 나머지 적은 일부를 차지하는 게 물이나 유기용매에 용해되는 수천 가지 화합물이다. 여기에는 70가지가 넘는 아미노산도 있고, 혼합된 카르복실산의 형태로 지방족 물질이 소량 포함되어 있다. 이보다 훨씬 적기는 해도 푸린, 피리미딘, 단순한 탄수화물들도 검출되었다.

적 화합물들로 쪼개지지 않은 이상, 생명 과정에 별 쓸모가 없었을 것이다.

머치슨 운석의 마지막 0.5퍼센트에는 생명과 관련 있는 모든 화합물—물이나 유기용매에 용해되는 것들—이 들어 있다. 여기에는 아미노산도 70가지 이상이 들어 있으며, 이 가운데 여섯 가지는 단백질의 성분인 글리신, 알라닌, 발린, 아스파르트산, 글루탐산, 프롤린이다. 그뿐 아니라 탄소를 둘 가진 아세트산부터 해서 사슬에 탄소 원자를 열두 개 가진 비누형 산들에 이르기까지 온갖 산성 화합물들도 있다. 탄수화물도 몇 가지 있고, 핵산을 이루는 염기의 하나인 아데닌도 소량 있다. 여기서 알아두어야 할 가장 중요한 점은, 만일 그 운석들이 유래했던 원래의 소행성에 이 화합물들이 있었다면, 초기 지구도 이런 화합물들을 만들었으리라고 충분히 생각해볼 수 있다는 것이다.

혜성에도 유기화합물이 있다

혜성은 '더러운 눈덩이'라고 부르기도 하는데, 40퍼센트는 얼음, 20퍼센트는 규산염 광물, 5퍼센트는 CO_2와 CO, 그리고 추정상 20퍼센트는 유기화합물로 이루어졌기 때문이다. 유기물질의 상당 부분은 탄소질 운석의 케로겐과 비숫한 검은 중합체인 것으로 보이지만, 반응성 분자들인 메탄올, 포름알데히드, 메탄, 심지어 소량의 시안화수소까지 있다. 이런 성분비를 뒷받침하는 증거의 일부는 미 항공우주국의 딥임팩트 실험에서 나온 데이터에 기초했다. 2005년에 미 항공우주국은 363킬로그램짜리 금속탐사선을 템펠 1 혜성과 충돌시켰다. 탐사선은 시속 4만 8000킬로미터로 진행하다가 혜성을 때렸다. 그 충돌에너지 때문에 수 톤의 혜성 물질이 주변 공간으로 흩어졌다. 그러자 적외선 분광법infrared spectroscopy이라는 기법을 써서 그 증기구름을 분석했다. 모든 유기화합물은 저마다 특수한 파장의 적외선 빛을 흡수하고, 흡수된 빛의 패턴은 어떤 분자들이 있는지 알려준다.

이 물질이 다 어디서 왔을까? 우리 태양계를 만들어냈던 분자구름—행성 형성 초기 단계들에서 그 먼지 입자들이 뭉쳐서 소행성과 혜성이 된다—에서 합성된 것들이라고 보는 게 최선의 짐작이다. 지구 바닷물의 상당 부분을 전달한 게 혜성임은 확실하다. 비록 유기물 함량의 대부분은 충돌에너지 때문에 파괴되었겠지만, 적은 일부는 충돌을 견뎌냈을 가능성이 있음을 본뜨기실험들이 입증해주었다.

부착성장 후기 단계에 지구 표면에 도달했을 만한 유기탄소의 실제 양이 얼마였을지 헤아려볼 관점을 하나 제시해야겠다. 무지하게 큰 수는 적어봤자 그 자체로는 별 의미가 없을 것이다. 대신 그 수를 쉽게 이해할 만한 것으로 바꿀 한 가지 쉬운 길이 있다. 바로 지구로 전달되었을 많은 양의 유기물질을 지표면 전체에 깔았을 때 그 층의 두께가 얼마일지 계산하는 것이다. 먼저 비교용으로, 오늘날 모든 생명에 있는 유기화합물의 양을 계산해보자. 대부분이 식물의 섬유소 꼴로 있으며, 숲과 초원의 총 섬유소 양을 산정하기는 어렵지 않다. 그 값은 1.8×10^{15}킬로그램에 달한다. 지구의 표면적은 약 5억 1000만 제곱킬로미터이다. 생명을 이루는 그 유기물질을 어떤 방법을 써서인가 모두 지표면 위에—바다까지 포함하여—깔 수 있다고 상상해보자. 그 층의 두께는 겨우 몇 밀리미터에 지나지 않을 것이며, 아마 이 사각형 □의 높이쯤 될 것이다.

다음 단계는 3억 년 전 석탄기에 식물이 생산했고, 지금은 석탄, 석유, 천연가스로 존재하는 유기물질의 양을 계산하는 것이다. 이 값도 아주 잘 알려져 있다. 화석연료라고 부르는 유기 탄소화합물을 꾸준히 면밀하게 추적하고 있기 때문이다. 석탄과 석유를 합치면 약 10^{15}킬로그램이고, 석유모래oil sand와 석유셰일oil shale까지 더해보면, 옛날에 있었던 생명이 남겨놓은 유기물질의 총 매장량은 약 10^{16}킬로그램이다. 이걸 다 지표면에 깐다면 두께가 2센티미터인 층이 생길 것이다.

이제 이 값을, 지구 역사의 첫 10억 년 동안 혜성이 전달했을 유기화합물의 추정량과 비교해보자. 달에 난 구덩이들을 이용해서 혜성이 초기 지구와 충돌했을 빈도를 추정하고, 혜성의 유기물 함량을 알아내서, 천문학자인 크리스토퍼 차이바Christopher Chyba와 칼 세이건은 1억 년 기간에 지구에 전달되었을 유기물질의 양이 10^{18}킬로그램까지 이른다고 추정했다. 이를 지구에 깔면 유기질 층의 두께가 200센티미터가 넘을 만큼이다! 생명이 시작되는 데에 필요한 유기화합물을 충분히 공급하고도 남을 양으로 보이겠지만, 이 모두가 한꺼번에 등장하지는 않았음을 염두에 두어야 한다. 그 대신 해마다 지구에 도달했을 유기질 양은 비누거품 막의 두께에 더 가까웠다. 초기의 화산 땅덩어리 위에 자리잡은 것도 있었을 테고, 그냥 바닷속에 분산되어 수용성 성분들이 녹은 아주 묽은 유기용액을 만들어낸 것도 있었겠지만, 대부분은 이산화탄소로 변해 퇴적성 탄산칼슘—다른 이름으로는 석회암—이 되어 사라졌을 것이다. 사실 알려진 모든 석회암 광물을 합해서 지표면 위에 깔 수 있다면, 두께가 200미터인 층이 나올 것이다. 이만한 양은 처음에 대기권에 있었던 태곳적의 이산화탄소량을 나타낸다. 그러나 지구에는 바다가 있기 때문에 퇴적성 탄산칼슘으로 변할 수 있었고, 생명이 단순한 세균을 뛰어넘어 진화할 기회를 줄 수 있었다. 요점은, 지구가 부착성장을 하는 동안에 유기물질이 어느 정도 전달되었겠으나, 그 가운데 얼마만큼이 사라지지 않고 남아서 생명 기원에 참여했는지는 아직 모른다.

초기 지구에서 유기화합물이 합성될 수 있었음을 보여주는 생명 탄생 이전 환경 본뜨기실험들

생명의 기원에 필요했던 유기화합물 모두가 꼭 혜성과 먼지 입자들에 실려 지구로 전해진 것만은 아니었다. 대기권, 수권, 화산 조건에서 합성된 화합물도 있었다고 상당히 자신할 수 있다. 이렇게 해서 생명 탄생 이전 조건의 본뜨기실험이라는 중요한 문제를 다룰 차례가 되었는데, 위와 같은 주장을 뒷받침하는 것으로 우리가 가진 유일한 증거를 대표하는 것이 바로 그 실험들이다. 본뜨기실험을 할 때 우리는 초기 지구의 국지적 조건들에 대해 몇 가지 가정을 하고, 실험실에서 그 조건들을 재현한 다음, 실험을 돌려 무슨 일이 일어나는지 본다. 그렇게 해서 나온 실험결과들은 생명의 기원과 관련된 가당성 있는 설명들을 내놓거나, 가당성 없는 생각들을 제거한다. 물론 가당성이 있느냐 없느냐는 실험자 편에서 하는 판정이기에, 본뜨기실험 해석이 논란으로 이어질 수도 있다. 사실 생명의 기원에 다가가는 접근법으로서 내가 이 책에서 서술하고 있는 것 또한 논란거리가 될 것이다. 내 동료들 가운데에는 이 접근법이 합당하다고 여길 이도 있겠으나, 자기가 설정한 가정들에는 들어맞지 않기에 거부하는 이도 있을 것이다. 내 생각에는 가능한 모든 각본들을 열린 마음으로 살피고, 우리가 할 수 있는 최선의 판단을 하여 가당성이 있다고 믿는 것을 선택하는 것이 최선의 접근법이다. 우리가 탐험하는 곳은 미개척지이다. 그러나 어느 길을 따라가야 생명의 시작을 이해하게 될지는 아직 아는 사람이 아무도 없다. 실패하든 성공하든 실험 하나하나는 그 미개척지의 지세를 더욱 많이 알게 해줄 것이며, 어느 시점에 이르면, 두려움을 모르는 연구자들 가운데에서 중요한 실마리를 찾아낼 이가 나올 것이다. 생명 탄생 이전 조건을 본뜬 여러 중요한 실험들이 생명의 기원으로 이어졌을 수 있는 가능한 인자들에 관해 이미 우리에게 가르쳐준 바가 있다.

대기권 본뜨기

대기권을 본뜬 첫 실험들 가운데, 생명의 기원 연구를 사변 수준에서 굳건한 실험과학으로 탈바꿈시킨 것이 하나 있었다. 이른 1950년대, 스탠리 밀러라는 이름의 젊은 대학원생이 시카고 대학교에서 박사과정 연구를 시작했고, 지도교수는 해럴드 유리Harold Urey였다. 유리는 일찍이 중수소라는 수소 동위원소를 발견한 공로로 노벨상을 수상한 이였다. 나아가 산화중수소, 곧 '중수'(D₂O)를 처음으로 단리해냈다. 내 실험실에 중수 한 병이 있는데, 실험을 위해 덜어서 무게를 달아야 할 때가 있다. 보통의 H₂O 1세제곱센티미터의 무게는 정확히 1.0그램이다. 그러나 같은 부피의 D₂O는 무게가 1.1그램이다. 중수소 원자핵에는 양성자와 함께 중성자도 있기 때문에, 진짜 중수重水, 곧 무거운 물이다.

밀러와 유리는 지구 원시대기의 화학적 모형을 만들 생각을 했다. 외행성에는 물, 메탄, 암모니아와 더불어 수소 함량이 대단히 높음을 알았던 유리는 행성 형성과정을 완료한 직후의 지구 대기도 이와 비슷했으리라고 추리했다. 이 점을 염두에 두고, 밀러는 커다란 둥근 플라스크에 혼합기체를 채워넣는 방법으로 이 조건들을 실험실에서 본뜨기로 했다. 화학자답게 밀러는 어떤 에너지가 반응을 끌고 가지 않는 한 아무 일도 일어나지 않을 것임을 알았기에, 전기불꽃을 방전시켜 번개를 본뜨기로 했다(〈그림 7〉).

실험결과는 대단했으며, 오늘날까지도 생명의 기원을 연구하는 데에 시금석이 되어주고 있다. 그 실험에 회의적이었던 유리 자신은 수천 가지 화합물로 이루어진 시커먼 곤죽이 생성될 것이라고 예상했다. '수천 가지'라는 점에서는 예상이 맞았지만, 크로마토그래피chromatography를 써서 흡착지 위에다 분리해놓자 여러 화합물들이 독특한 색점으로 나타난 것은 예상 못

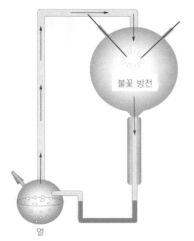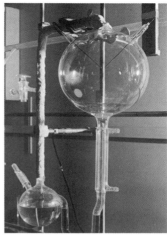

불꽃 방전

열

그림 7. 밀러-유리 실험의 목적은 생명 탄생 이전의 지구에서 복잡한 유기화합물이 합성될 수 있었을 것인지 규명하려는 것이었다. 단순한 기체들을 섞은 혼합기체에 전기방전을 가하고, 그 반응에서 무슨 생성물이라도 나오면 아래쪽 플라스크에 든 끓는 물속에 쌓이도록 했다. 며칠 뒤에 보니 플라스크 벽과 물속에 갈색 물질이 쌓여 있었다. 이 물질을 분석하자, 여러 유기화합물들이 섞여 있으며, 이 가운데에는 아미노산도 여럿 들어 있음이 밝혀졌다. ⓒ US 샌디에이고 스크립스 해양학연구소

한 결과였다. 닌히드린ninhydrin 염료를 뿌리고 열을 가하자 종이 위에 자주색과 파란색 반점들이 여럿 나타났는데, 그 반점들은 바로 단백질을 이루는 기본 단위체인 아미노산들이었던 것이다.

이어서 밀러는 기존에 슈트레커 합성Strecker synthesis이라고 불렀던 반응으로 그 아미노산들이 합성되었다는 생각을 내놓았다. 이 반응은 1850년에 아돌프 슈트레커Adolph Strecker가 발표한 것으로, 시안화수소(HCN)와 포름알데히드(HCHO) 혼합물이 반응해서 나오는 주요 생성물이 아미노산인 글리신임을 발견한 사람이었다. 밀러 실험을 보면, 전기불꽃으로 인해 혼합기체 속의 메탄과 암모니아가 시안화수소를 비롯해 포름알데히드 같은 다양한 알데히드를 형성했다. 그다음에 이것들이 반응해서 글리신과 알라닌 같은 아미노산을 비롯해 〈표 2〉에서 열거한 탄소화합물들을 생성했다. 표에 표시한 백분율 수율收率은 처음에 혼합기체에 있던 메탄의 양을 기초

아미노산	백분율 수율	카르복실산	백분율 수율
글리신	2.1	포름산	3.9
알라닌	1.7	아세트산	0.5
베타–알라닌	0.8	프로피온산	0.6
사르코신	0.3	글리콜산	1.9
아미노부티르산	0.3	젖산	1.8
글루탐산	0.03		
아스파르트산	0.03		

표 2 생명 탄생 이전의 대기권 조건을 본뜬 밀러 실험의 유기생성물

로 했다.

1953년 『사이언스』에 밀러의 논문이 발표되자 큰 파문이 일었다. 생명 탄생 이전의 조건에서 화학법칙에 의해 아미노산이 합성될 수 있음을 보여 주었거니와, 어떻게 생명이 시작되었는지 조금만 더 가면 이해할 수 있을 것처럼 보였기 때문이다. 50년도 더 지난 지금, 앞으로 이 책을 읽어가면서 명확해질 여러 가지 이유 때문에, 우리는 생명이 어떻게 시작되었는지 아직도 알지 못한다. 그러나 생체계에서 쓰는 대부분의 단순한 유기화합물들은 초기 지구에 있었을 것으로 생각할 만한 조건들 아래에서 합성될 수 있는 것들임은 알고 있다.

핵산의 성분들

밀러의 논문이 둑을 무너뜨린 뒤, 생명을 이루는 다른 단위체들이 생명 탄생 이전의 조건 아래에서 어떻게 합성될 수 있었을 것인지 규명하려는 노력이 수없이 이어졌다. 단백질과 더불어 생명을 이루는 주요 중합체인 핵산은 당(RNA의 리보오스, DNA의 디옥시리보오스)과 인산염이 이어진 사슬들로 이루어졌고, 당기糖基에는 푸린염기(아데닌, 구아닌) 아니면 피리미딘염기 (RNA의 시토신과 우라실, DNA의 시토신과 티민)가 부착되어 있다. 푸린과 피리미딘은 이종원자 고리화합물heterocyclic이라고 부른다. 왜냐하면 간단한

고리구조—푸린에는 두 고리, 피리미딘에는 한 고리—에 탄소 원자와 질소 원자가 함께 연결되어 있기 때문이다. 인산염은 일부 광물을 이루는 성분이다. 따라서 생명 탄생 이전 환경에서 인산염을 소량 얻을 수 있었으리라고 가정하는 게 합당하다. 그런데 당과 염기는 어땠을까? 시간을 거슬러 1861년으로 가보면, 알렉산드르 부틀레로프Aleksandr Butlerov가 포름알데히드와 수산화칼슘 혼합물이 반응하면 수백 가지 단순한 탄수화물—탄소가 세 개인 것부터 여섯 개 이상인 것까지—이 생성됨을 보여주었다. 1960년대의 연구자들은 어떻게 탄수화물이 생명 탄생 이전 화합물 국물의 성분이 되었을지 설명할 방도로 부틀레로프의 관찰을 채택했고, 지금은 이것을 포르모스 반응formose reaction이라고 한다. 생성물이 수백 가지라는 사실도 문제이다. 왜냐하면 RNA를 만들 때 필요한 당인 리보오스는 그 혼합물에서 소량을 차지하는 성분에 지나지 않기 때문이다. 하지만 최근에 응용분자진화재단의 스티브 베너Steve Benner는 그 혼합물에 붕산염이 들어가면 리보오스 합성이 극적으로 높아지고, 붕산염 광물(세탁용 세제에 쓰이는 붕사를 여기서 얻는다)이 자연환경에서 상당히 흔함을 발견했다. 생명의 기원 연구에서는 이런 식의 기분 좋은 깜짝선물이 꾸준히 튀어나온다. 마치 저어기 상류 어디쯤에 금맥이 있음을 암시하며 탐광자의 접시에 모습을 드러낸 작은 금부스러기처럼 말이다.

1961년, 또 한 가지 화학의 본뜨기실험이 큰 깜짝선물을 선사했다. 재능 있는 유기화학자로서 최근에 휴스턴 대학교로 자리를 옮긴 존 오로John Oro는 시안화수소의 화학에 관심을 두었다. 왜 시안화수소일까? 이제 이 시안화수소를 통해 마지막 화학결합인 삼중결합—대개 반응성이 매우 높다—을 살피게 되었다. 예를 들어보자. 아세틸렌 기체는 단순하게 수소 원자 둘과 탄소 원자 둘이 삼중결합으로 엮인 것으로, 용접에 쓰이는 아세틸렌 불꽃에서 보듯, 산소와 결합하면 열에너지를 다량으로 풀어낸다. 요점은, 시안화수소도 탄소 원자와 질소 원자의 결합이 삼중결합이기 때문에 반응성이 높다는 것이다. 오로는 암모니아(NH_3)가 있는 알칼리성 조건에서 시안화수소가 다음의 반응을 거쳐 중합함을 알아냈다.

$$5HCN \longrightarrow H_5C_5N_5$$

　여기서 깜짝선물은, $H_5C_5N_5$가 사실은 DNA와 RNA의 네 염기 가운데 하나이자 핵산의 AMP(아데노신일인산)와 대부분의 세포 기능에 필요한 에너지를 공급하는 ATP(아데노신삼인산)로서 모든 생명에 있는 아데닌이라는 것이다. 이번에도 역시 생명을 이루는 1차 성분을 화학의 규칙들이 합성해낸 것이다. 이런 발견들 덕분에 생명의 기원을 이해할 수 있으리라는 기대에 한층 자신감이 실렸다. 화학과 물리 법칙들은 보편적이기 때문에, 그 발견 덕분에 액체 상태의 물, 에너지원, 유기 탄소화합물이 있다면 어느 행성에서라도 생명이 생길 수 있다고 볼 가능성이 더욱 커보였다. 우리 지구의 자매 행성인 화성에 한때 얕은 바다가 있었다는 뚜렷한 증거를 얻고 몹시 흥분했던 이유가 바로 그 때문이다. 옛날에 화성에 생명이 있었다는 증거를 찾을 수 있을지도 모르고, 아니면 여전히 열에너지원과 액체 상태의 물이 있을 수 있는 지표 아래 깊은 곳에서 아직도 생명이 존재한다는 증거를 찾을지도 모를 일이다.

　이 시점에서 나는 신중하게 회의적인 시각을 끼워넣고 싶다. 우리는 당과 핵산의 염기가 사실 이런 식으로 합성되었다거나, 초기 지구 어디에나 이것들이 그득해서 언제든지 반응할 수 있었다는 결론을 꼭 내릴 필요는 없다. 위에서 보인 두 반응 모두 농축된 반응물과 알칼리성 pH 범위가 있어야지만 높은 수율이 나올 수 있으나, 초기 지구에는 대기 중에 약한 산성인 이산화탄소뿐 아니라 역시 산성인 황화합물까지 있었던 탓에, 화산 환경과 연관된 물의 pH는 아마 산성 범위에 들었을 것이다. 그렇다고는 해도 당과 핵염기가 소량 있었으리라고 생각 못할 정도는 아니다. 이를테면 머치슨 운석에서는 미량의 아데닌이 발견되었고(~1ppm, 여기서 ppm은 백만분율로, 운석 1그램당 1마이크로그램에 해당한다), 단당류도 소량 검출되었다. 태양계 탄생 이전의 성운과 탄소질 운석이 유래한 소행성에서 그런 화합물들이 합성되었다는 사실은 어린 지구에서도 비슷한 반응이 일어날 수 있었으리라는 논증에 힘을 실어준다.

지열 본뜨기

존 오로는 생명 기원의 화학을 더 넓게 보고 싶었다. 오로와 제자들은 선구적이지만 종종 간과되는 실험을 하나 했다. 악마의 협곡 운석을 빻은 뜨거운 금속가루 위로 수소와 일산화탄소를 지나가게 해보았다. 피셔-트롭슈형Fischer-Tropsch type(FTT) 합성이라고 하는 또 한 가지 유명한 반응이 실제 운석에 함유된 철-니켈에 의해서 촉매될 수 있음을 입증해서, 초기 지구에서도 그런 반응이 일어났다고 볼 가능성을 높여보려는 게 실험의 목적이었다. FTT 합성에서 CO 기체 분자들은 뜨거운 금속 표면에 일시적으로 들러붙고, 금속 표면은 그 분자들 사이를 충분히 가깝게 해서 수소 기체와 반응할 때 선형 탄화수소 사슬을 이룰 수 있게 한다. 오로가 그 결과로 나온 증기를 분석해보니, 온도와 압력에 따라 알칸, 알코올, 산들이 다양하게 섞여 있었다. 몇 년 뒤, 시카고 대학교의 에드워드 앤더스Edward Anders는 머치슨 운석 추출물을 분석해서 다양한 탄화수소를 찾아냈다. 1983년에 발표되어 논란을 일으켰던 논문에서 앤더스와 동료들은 이 탄화수소들이 머치슨 운석의 모체인 소행성에서 일어났던 FTT 반응의 생성물이라는 생각을 내놓았다.

만일 탄화수소가 그처럼 쉽게 합성될 수 있다면, 아마 초기 지구의 화산 조건에서도 합성되고 있었을 것이다! 탄화수소가 합성될 수 있을 가장 단순한 조건이 무엇일까? 오리건 주립대학교의 번드 시모네이트Bernd Simoneit와 제자들이 던졌던 물음이 그것이었다. 그러나 뜨거운 철 위로 일산화탄소와 수소가 지나가게 하는 대신, 작은 스테인리스강 압력실에 포름산과 옥살산을 넣고 봉한 다음 열을 가했다. 화학의 척도에서 볼 때 포름산과 옥살산은 이산화탄소보다 딱 한 단계 위에 있다. 이산화탄소(CO_2)를 O=C=O로 적는다면, 포름산은 H–COOH이고, 여기서 –COOH는 산성 카르복실기이다. 옥살산은 카르복실기 둘이 연결된 것이다(HOOC–COOH). 앞서 말했다시피 포름산이라는 이름은 '개미'를 뜻하는 라틴어 *formica*에서 왔으며, 개미가 방어제로 쓰는 물질이다. 잡초 무성한 뒤뜰에서 자라는 괭이밥(라틴어 이름은 옥살리스*Oxalis*) 줄기를 씹으면 상큼하게 신 옥살산 맛을 느낄 수 있다. 그런데 '산소'를 뜻하는 'oxygen'도 이와 유래가 비슷하다. 'Oxy–gen'은 산을 생성시키는 무엇을 뜻한다. 산소가 원소 상태의 탄소, 황, 인과 반응하면 CO_2가 나오고, 이것이 반응해서 H_2CO_3(탄산), H_2SO_4(황산), H_3PO_4(인산)을 생성한다. 이 화합물들이 물에 용해되면 산성 용액이 된다.

시모네이트가 썼던 책략은, 옥살산이 오븐 온도까지 가열되면 수소 기체(H_2), 이산화탄소(CO_2), 약간의 일산화탄소(CO)로 쪼개진다는 것이었다. 이것들이 피셔–트롭슈 반응의 출발물질이다. 그리고 여기에 깔린 생각은, 그 기체들이 합성반응을 당할 수 있을 화산의 온도와 압력을 본뜨자는 것이다. 시모네이트와 제자들은 이런 조건들 아래에서 놀랍게도 지방산과 알코올 혼합물이 생성됨을 보여주었다. 그런 실험들을 비롯해서 운석의 유기화합물 분석을 보면, 생명 탄생 이전 환경에서 탄화수소가 비교적 풍부했을 가능성이 대단히 큰 것으로 보인다. 아마 해수면에서 기름띠까지 형성하여 해변까지 쓸려왔을 것이다. 생명에 필요한 유기 탄소화합물 가운데 단연 가장 안정된 것이 탄화수소이다. 이를테면 화석연료라고 부르는 석유는 수억 년 전에 만들어진 것인데도, 원래 생물을 이루었던 단백질, 탄수화물, 핵산이 열과 압력을 받아 분해되고 나서 오래 지난 뒤까지도 그대로 있다. 어떻게 지방산과 알코올 혼합물이 세포만 한 막질 소포로 쉽사리 조립되어 생명의 기원에서 필수적인 칸들이 되었을지는 나중에 서술할 생각이다.

광물 계면 본뜨기

1988년, 비록 『사이언티픽 아메리칸』에 실리기는 했어도, 귄터 베히터쇼이저Günther Wächtershäuser가 발표했던 기막힌 생각 하나가 엄청난 관심을 불러일으켰다. 생명의 기원에 관한 통념들과 맞서는 생각으로서, 광물의 계면과 관련된 새로운 실험적 접근법을 제시한 것이었다. 독일 뮌헨의 특허법 변호사였던 베히터쇼이저는 복잡하면서도 참신하게 생명의 기원에 접근하는 방법을 생각해내서 남들에게 시험해보라고 도전하는 일을 즐겼다. 그에게 큰 영향을 준 철학자는 칼 포퍼로, 반증이 불가능한 설명은 쓸모없다고 지적한 철학자였다. 달리 말하자면, 어떤 생각이나 가설이 있어도 그것이 잘못임을 증명할 고비실험을 생각해낼 수 없다면 발표하지 말라는 말이었다. 이는 어떤 생각이 올바름을 증명하려고 애쓰는 실험적 접근법과는 정반대되는 자세이다.

기본에서 보았을 때, 베히터쇼이저는 생명 탄생 이전에 존재했던 유기화합물들—어디서 왔는지는 상관없이—을 조립해서 생명이 생기지는 않았다는 생각을 내놓아서, 생명의 시작에 관한 개념 전체를 뒤집어버렸다. 대신 그는 황철석—바보의 금이라고도 하며, 황화철로 이루어진 결정질 광물이다—이라는 광물 표면에서 일어난 2차원적인 합성화학으로 생명이 시작되었다고 논했다. 베히터쇼이저의 생각에 따르면, 황철석에는 특별한 성질이 두 가지 있다. 하나는 황철석의 표면이 양전하를 가져야 한다는 것이다. 따라서 탄산염이나 인산염 같은 음전하를 띤 중요한 용질을 흡착하리라고 예상할 수 있다. 또 하나는 황화수소가 용액 속 철과 반응해서 황화철을 만들면, 표면에 속박된 화합물들은 그 반응 덕분에 전자를 받게 되고, 그러면 용액 속에서는 일어나지 못할 일련의 에너지 오르막 화학반응들이 일어나게 된다는 것이다. 베히터쇼이저는 이 반응들이 바로 대사의 시작이고, 세포 속이 아니라 2차원적인 광물 표면에서 일어났다고 보았다. 생명 역사의 이 단계를 그는 '철-황 세계'라고 일컫는다. 베히터쇼이저는 이런 식으로 대사과정이 개시된 뒤에 어떻게 해서인가 반응경로가 막 속에 싸담겨, 이보다 친숙한 세포형 생명꼴들이 나왔다는 생각을 내놓았다.

베히터쇼이저의 이런 지적인 구성개념이 지닌 논리와 참신함은 인상적이었다. 하지만 실험과학자인 나는 정교하게 생각들을 짜 엮은 체제가 아무리 논리적으로 우아하다 할지라도, 단 한 번의 고비실험 실패만으로도 얼마든지 박살날 수 있음을 알고 있다. 따라서 나는 누군가가 베히터쇼이저의 가설이 오류임을 입증해내기를 기다리기로 했다.

이렇게 해서 우리는 다음 본뜨기실험을 살필 차례가 되었다. 베히터쇼이저는 법률가였지 실험과학자가 아니었다. 그래서 자기 생각을 시험해줄 시간과 관심을 가진 이를 찾아야 했다. 뮌헨 공과대학의 유기화학자인 클라우디아 후버Claudia Huber가 바로 그런 동료였다. 둘은 함께, 2장에서 서술했던 심해의 열수구 굴뚝 같은 지열 조건, 다시 말해서 뜨거운 기체들이 황화 광물에 노출되는 조건에서 일어날 만한 종류의 화학반응들을 본뜰 실험을 짰다. 여기에 깔린 생각은, 분산 상태의 황화철과 황화니켈을 탄소원과 함께 가열해서 무슨 흥미로운 일이 일어나는지 안 일어나는지 보자는 것이었다. 그런데 무슨 일이 진짜 일어났다. 서로 통합된 반응들이 길게길게 이어 일어난다는 증거는 없었다. 그게 있었다면 철-황 개념을 뒷받침할 수 있을 최고의 결과가 되었을 것이다. 그 대신 탄소-탄소 단일결합만큼은 만들어졌고, 아세트산과 더불어 황을 함유한 아세트산인 티오에스테르thioester가 합성되었다. 1997년에 『사이언스』에 발표한 후버와 베히터쇼이저의 논문은 결론을 이렇게 쓰고 있다. "그 반응은 생명이 화학합성 독립영양적으로 기원하기 위한 원시적인 개시반응으로 간주할 수 있다."

후버와 베히터쇼이저는 나중에 『사이언스』에 속편 논문을 두 편 발표했는데, 두 논문 모두 아미노산들이 펩티드 결합을 통해 서로 연결될 수 있을 조건을 다루었다. 이번에도 열수 환경을 본뜬 두 사람은 일산화탄소가 있는 상태의 끓는 물에서 황화철과 황화니켈을 생성시켰다. 그 혼합액에 아미노산들도 첨가했더니, 이 조건들이 아미노산들을 화학적으로 활성화시켜 펩티드 결합을 형성하는 데까지 나아감을 발견했다. 2003년 논문에서 후버와 베히터쇼이저는 이렇게 결론을 내렸다. "실험결과는 CO가 주도하고 (Fe, Ni)S에 의존적인 원시대사를 하는 생명의 화학합성 독립영양적 기원 이론을 뒷받침한다."

그렇다면 이 모든 생각들과 결과들을 어떻게 간추려볼 수 있을까? 확실히 베히터쇼이저가 그 분야를 휘저어 다른 연구자들로 하여금 자신들이 한 가정들에 더 비판적이도록 하고 대안적인 설명들에 마음을 열게끔 요구한 일은 마땅히 인정해야 한다. 그리고 그 자신의 충고를 스스로 따를 만큼 용감했기에, 자기 생각을 증명하려고 『사이언스』에 논문을 세 편이나 발표했다. 다른 한편에서 보면, 그 결과들이 결국은 실망스럽다고 할 만한 여지가 있다. 그 결과들은 화학계를 조금 더 복잡하게 만들 수 있는 길을 보여주지만, 그건 다른 많은 본뜨기실험들도 마찬가지이다. 더군다나 황철석 표면에서 일련의 반응들이 차례차례 일어날 수 있음을 가리키는 것도 없다. 그러나 좋은 가설들이 다들 그렇듯이, 달리 해볼 만한 시험들이 있기에, '철─황 세계'가 의미 있는 설명력을 가지는지 아닌지는 다음 몇 년 안에 밝혀질 것이다.

나는 세포형 생명의 기원으로 이어진 화학적 및 물리적 사건들이 일어났을 법한 장소가 2장에서 서술했던 캄차카 현장 같은 화산 환경이라는 데에는 생각이 같다. 그러나 물과 광물 표면 사이의 계면 대신, 나는 온천 가장자리에 널리 분포하는 요동조건들이야말로 실험적 모형을 만들면 더 큰 결실을 볼 것이라고 생각한다. 오직 그런 특정 조건 아래에서만 우리는 농축효과, 조직화 매개자 구실을 할 수 있는 광물 표면, 최초의 원세포를 조립하는 데 필요한 반응들을 끌고 가는 데에 쓰일 만한 자유에너지를 함께 조합해볼 수 있다.

원시대사: 지구화학적 반응들이 대사를 시동시킬 수 있을까?

나는 해럴드 모로위츠Harold Morowitz의 생각을 고든회담에서 처음 들었는데, 생명의 불이라고 할 대사에 인산염이 어떻게 해서 휘말려들었는가 하는 문제와 관련해 그가 제시했던 생각들의 명료함과 설득력을 두고두고 잊지 못할 것이다. 그때 이후로 우리는 같이 논문도 발표하고, 해럴드와 아내 루실이 마우이의 리후에 항에 매놓았던 작은 요트를 타고 그가 사랑하는 하와이 섬들의 근해를 돌아다니기도 했다. 해럴드는 대사와 생체에너지 작용에서 발견되는 화학물질들의 패턴에 대해 궁리하면서 평생을 보냈다. 나중 장에서 나는 대사의 핵심 반응들이 생명 탄생 이전 환경에서 일어날 수 있었을, 화석이 된 화학의 유해와 같은 것으로 볼 수 있음을 서술할 것이다.

해럴드는 버지니아의 조지메이슨 대학교 교수직에 많은 시간을 할애하고 있는데, 워싱턴 D. C.의 포토맥 강 바로 건너편에 있는 워싱턴 카네기협회의 과학자 로버트 헤이즌Robert Hazen과 조지 코디George Cody가 해럴드의 생각에 주목했다. 모든 생명의 대사경로에서 중심이 되는 생화학 화합물은 바로 피루브산pyruvic acid이라고 하는 삼탄소 화합물로서, $CH_3-CO-COOH$ 모양이다. 여러분이 이 책을 읽고 있는 동안, 뇌세포에 전달된 포도당이 피루브산으로 쪼개지고 있으며, 세포마다 다 있는 수천 개의 미토콘드리아 속으로 들어가 산화하여 이산화탄소가 된다. 이 대사과정으로 에너지가 풀려나며, 이 가운데 상당량은 생명의 에너지화폐인 ATP에 붙들린다.

해럴드는 오늘날 피루브산이 중심 역할을 하는 대사란, 효소들로 촉매되는 오늘날의 복잡한 반응망으로 이어진 진화경로의 시발점이 되었을 일련의 기초적인 화학반응들이 마물러진 것이라고 추리했다. 만일 그렇다면, 본뜨기한 생명 탄생 이전 환경에서 피루브산이 나올 만한 곳을 마땅히 찾아야 할 것으로 보인다. 일찍이 이전의 연구자들이 그 환경에 추가해 넣었던 아미노산, 핵산염기, 탄수화물, 지질의 원천을 찾아야 했던 것처럼 말이다. 카네기협회의 조지 코디, 로버트 헤이즌 등의 과학자들은 지열 본뜨기실험으로 그 도전에 응했다. 그들은 열수구에서 볼 수 있는 압력과 온도 조건을 본뜰 생각이었다. 그곳에서는 대기압보다 수백 배 높은 압력에서 일산화탄소가 뜨거운 황화철 광물을 거치며 흘러간다. 카네기협회의 연구진은, 이런 조건에서 일산화탄소는 광물 표면에 흡착되어 반응하여 각양각색의 유기화합물을 생성해냄을 알아냈다. 이 가운데 한 가지가 바로 해럴드 모로위츠가 예견했던 피루브산이었다. 2000년에 『사이언스』에 발표한 논문에서 저자들은 이렇게 결론을 내렸다. "환원된 열수 유체가 황화철을 함유한 지각 사이를 지나가는 곳이라면 현재의 환경이든 고대의 환경이든 어디에서나 그런 화합물들이 자연적으로 합성될 것이라고 예상한다. (…) 이 화합물들이 생명 탄생 이전의 지구에 결정적인 생화학적 기능성을 제공했을 수 있다."

간추려 말하면, 피루브산을 비롯해 수많은 흥미로운 유기화합물들은 본 뜨기한 지열 조건에서 만들어질 수 있다는 것이다. 나중에 로버트 헤이즌과 나는 협력해서 이 화합물 몇 가지가 물과 상호작용할 때 무슨 일이 일어나는지 살폈으며, 그 결과는 자기조립을 논의할 7장에서 서술할 생각이다.

성간 우주화학 본뜨기

윌리엄 어빈과 루이스 앨러맨돌라 같은 천문학자들 덕분에 우리 은하계에 유기탄소가 많이 있음을 알게 되었다. 탄소질 운석에는 복잡한 탄소화합물이 수백 가지, 심지어 수천 가지까지 있음도 알고 있다. 어떻게 이 유기물질이 차가운 진공인 성간공간에서 다 합성될 수 있었으며, 어떻게 운석에까지 이르게 되었을까? 캘리포니아 마운틴뷰의 미 항공우주국 에임스 연구센터에서 수행 중인 연구에서 중심이 되었던 게 바로 이 물음이며, 이것으로 이번 장에서 살필 마지막 본뜨기실험에 이르게 되었다. 루이스 앨러맨돌라에게 영감을 주었던 것은 마요 그린버그Mayo Greenberg의 연구였다. 1960년대에 그린버그는 성간먼지라는 것이 먼 별들을 눈에 담으려고 애쓰던 천문학자들을 좌절시켰던 몽롱한 아지랑이에 불과한 게 전혀 아니라는 확신을 가지게 되었다. 사실 먼지는 한도 끝도 없이 성간공간을 떠도는 서로 외딴 분자들이 아니라, 물, 암모니아, 이산화탄소, 메탄올, 기타 기체 상태의 화합물들이 한군데에 모일 만한 장소가 되어줄 수 있었을 것이다. 나아가 기체들이 일단 먼지 입자 위에 박막을 형성하면, 고에너지 자외선 광자들이 박막에 농축된 화학물질들에 작용을 가할 수 있었을 것이다. 그렇게 해서 활성을 띤 분자들이 서로 반응해서 더 복잡한 분자들을 형성해낼 수 있었을 것이다. 마지막으로 태양계 형성의 초기 단계에 먼지가 모여 태양계 성운이 되면서 탄소화합물들을 실어 나르게 되었고, 복잡한 유기물질들이 운석과 혜성의 성분이 된 연유를 설명해줄 터였다.

그러나 이 가설을 어떻게 시험해볼 수 있을까? 바로 여기서 본뜨기실험이 꼭 필요하게 된다. 루이스 앨러맨돌라는 스콧 샌드퍼드Scott Sandford, 막스 번스타인Max Bernstein을 비롯한 미 항공우주국 에임스 연구센터의 재능 있는 젊은 과학자들과 함께 자외선의 작용을 받는 먼지 알갱이를 본뜨는 실험을 구축했다. 연구진은 마이크로 크기의 먼지 입자를 실제로 쓸 수는 없었다. 대신 루는 매끄러운 금속 표면을 쓰기로 하고, 액체 헬륨을 써서 성간공간의 온도로 냉각시켰다. 그리고 진공실에 넣고, 약간의 수증기, 암모니아, 메탄올을 진공실에 주입한 뒤, 초냉각 상태의 금속 표면에서 응축하여 박막을 형성하도록 했다. 그리고 그 박막이 얼어붙어 있는 금속 표면의 중심을 향해 고강도 UV-레이저를 쏘았다. 그렇게 두고 과학자들은 몇 날, 때로는 몇 주까지 기다렸다. 이는 실제 분자구름에서 걸렸을 수백 만 년의 시간을 사람 생애 가운데 한 순간으로 단축시킨 것이었다. 마지막에는 레이저를 끄고 진공 상태를 풀었다. 그러자 금속 표면은 우주공간의 차디찬 냉기로부터 캘리포니아 마운틴뷰의 비교적 따스한 온기로 서서히 되돌아왔다. 말하자면 한 시간 남짓 만에 섭씨 300도 이상 온도가 오른 것이다.

실험 처음을 보면 진공실 안에는 세 가지 단순한 기체만 있었다. 아무 반응도 안 일어났다면, 그 기체들은 얼음 박막과 더불어 증발해버릴 것이고,

금속 표면은 원래대로 말끔할 것이었다. 그런데 무슨 일이 일어났다. 금속 표면이 반들거리지 않고 누르스름한 박막으로 덮여 있었던 것이다. 마요 그린버그는 일찍이 자기가 했었던 실험에서 그 생성물을 '노란 물질'이라고 불렀는데, 아마 유기화학자가 아닌 천문학자라는 사실을 드러낸 이름일 것이다. 루, 막스, 스콧은 그 노란 물질을 분석해서 온갖 종류의 흥미롭고 복잡한 화합물들을 찾아냈으며, 이보다 최근에 행한 실험에서는 아미노산인 글리신까지도 들어 있었다.

1990년, 루는 그 금속 표면의 생성물을 내게 보여주었다. 현미경으로 보니 미세한 방울들이 보였는데, 일찍이 머치슨 운석에서 추출했던 '노란 물질'방울을 상기시켰다. 나는 루에게 부탁하기를, 검사를 해보되, 금속 표면을 물 대신 유기용매인 클로로포름을 써서 헹궈보라고 했다. 며칠 뒤에 나는 연구용 물질 표본을 조금 얻었다.

루와 동료들은 이미 그 박막에 있는 화합물들을 분석해서 물에 용해되는 수용성 화합물들이 상당히 많이 합성되었음을 입증한 터였다. 막을 연구하는 생물물리학자로서 내가 던진 첫 물음은, 물에 녹지 **않는** 화합물이 하나라도 있었나 없었나 하는 것이었다. 그래서 클로로포름을 용매로 써보라고 했던 것이다. 이를 확인할 가장 쉬운 길은 받침유리에 클로로포름 추출물 약간을 놓고 말린 다음에 약한 알칼리성인 묽은 완충액을 첨가하는 것이었다. 머치슨 운석 추출물로 했던 것과 꼭 같은 방법이었다. 생성물이 수용성이라면 그냥 용해되고 말 것이었다. 그러나 그 물질을 현미경으로 살피니, 깜짝 놀랄 결과를 얻었다. 물에 녹지 않은 생성물이 있을 뿐만 아니라, 머치슨 추출물처럼 자기조립해서 명백한 소포 모양의 칸들을 형성했던 것이다! 이는 UV 광화학이 몇 가지 단순한 기체들로부터 복잡한 생성물을 만들어냈을 뿐만 아니라, 이 가운데 일부는 세포형 경계막을 형성하도록 해주는 탄화수소 유도체들이 가진 성질까지 가졌음을 뜻했다.

나는 그 현미경 사진을 루에게 보였으나, 당시에는 그 관찰에 무슨 의

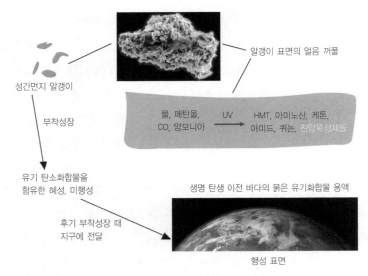

성간먼지 알갱이

부착성장

물, 메탄올, UV HMT, 아미노산, 케톤,
CO, 암모니아 → 아미드, 퀴논, 친양쪽성제들

알갱이 표면의 얼음 꺼풀

유기 탄소화합물을
함유한 혜성, 미행성

생명 탄생 이전 바다의 묽은 유기화합물 용액

후기 부착성장 때
지구에 전달

행성 표면

그림 8. 성간 분자구름에는 규산염 광물로 이루어진 먼지 알갱이들이 들어 있다. 이 알갱이들은 얇은 얼음층으로 덮여 있으며, 메탄올(CH_3OH), 암모니아(NH_3), 일산화탄소 같은 간단한 분자들과 섞여 있다. 이웃한 별들에서 나온 자외선에 얼음이 노출되면, 광화학반응이 일어나 좀 더 복잡한 유기분자들이 합성된다. 태양계 형성의 초기 단계에서 이 먼지 입자들이 뭉쳐서 혜성과 미행성이 되었고, 얼음과 유기물질도 그 일부가 되었다. 그런 다음 지구 같은 행성들의 표면으로 그것들을 전달했다.

미를 둘 만한 맥락이 없었던지라, 그건 그냥 호기심에 지나지 않았다. 그러다가 몇 년 뒤에 미 항공우주국의 지원을 받는 연구과정으로 우주생물학이 무대에 등장하자 맥락이 다음과 같이 분명하게 연결되었다. 생명에는 막이 있어야 한다. 운석에는 막을 형성할 수 있는 화합물들이 들어 있고, 그 화합물들을 지구에 전달했다. 소행성대에 있는 운석의 모체는 먼지로 이루어졌고, 그 먼지에는 분자구름 내에서 UV 광화학에 의해 생성된 유기화합물이 실려 있다. 이렇게 해서 우리는 갑자기 앞뒤가 통하는 이야기를 갖게 되었다.

1998년, 제이슨 드워킨Jason Dworkin은 샌디에이고 캘리포니아 대학교에서 스탠리 밀러를 지도교수로 해서 박사과정을 마쳤다. 그리고 미 항공우주국 에임스로 가서 박사후 연구를 하기로 했다. 참으로 드문 호기였다! 루,

스콧, 막스, 이 천문학자들은 다들 성간 유기물질에 관심을 가졌다. 제이슨은 생명 탄생 이전의 화학에 정통했다. 그리고 나는 내가 연구하는 막의 생물물리학이라는 배경을 거기에 추가했다. 제이슨은 연구진의 대표로서 루와 스콧이 짜맞췄던 본뜨기실험 장치에서 미량의 유기화합물을 생성시켜 분석했고, 나는 현미경으로 자기조립 과정을 관찰할 수 있었다. 그 결과를 논문으로 써서 『국립과학아카데미회보』에 발표했고, 제1저자는 제이슨이었다. 우리가 짚어냈던 중점 한 가지는, 성간공간에 있든 어디에 있든 탄소는 지구상 생명과 관련되는 화합물들을 형성할 수 있다는 것이었다(〈그림 8〉).

점 잇기

생명에 필요한 네 가지 주요 생분자들이 지구 표면에서 CHONPS로부터 합성되었을까? 아니면 후기 부착성장 동안에 온전한 유기화합물로서 전달되었을까? 아연하게도 두 물음에 대한 답 모두 조심스러운 '그렇다'이다. 조심스러운 까닭은 이 두 가지 대안적 각본으로 설명해낼 각각의 상대량을 우리가 아직 모르기 때문이다. 그러나 지금 우리가 알고 있는 바와 이 책의 첫 세 장에서 서술했던 결과들을 꽤 자신 있게 연결할 수는 있다.

우리가 아는 바는 다음과 같다. 별의 핵합성으로 수소와 헬륨보다 무거운 원소들이 모두 생성되고, 생명필수원소들인 CHONPS는 가장 풍부한 축에 든다. 별이 폭발하면서 사출된 뒤에 그 원소들은 규산염 광물로 이루어진 먼지 알갱이들 위에 축적되고, 이 알갱이들은 중력에 의해 운집해서 어마어마한 분자구름이 된다. 태양계가 형성될 때, 유기화합물들을 싣고 있는 먼지 입자들이 뭉쳐서 별과 행성들이 된다. 혜성과 운석에서 유기물질이 발견되는데, 혜성과 운석은 태양계 최초기 역사에서 나온 원시물질 표본이 되어준다.

새로 태어난 태양 주변의 먼지와 기체로 지구가 부착성장을 하는 사이에 생명필수원소들이 모두 지구로 전해졌다. 대부분은 물, 이산화탄소, 질소 같은 단순한 화합물의 꼴이었다. 이보다 복잡한 분자들도 있었으며, 여기에는 생명과 관련 있는 탄화수소와 아미노산 같은 화합물도 있었다. 바다가 등장하자, 물, 대기를 이루는 기체, 화산 광물이 담긴 행성 크기의 플라스크 안에서 이 화합물들이 반응물이 되었다. 그 혼합물은 풍부한 빛, 열에너지, 이보다 적은 양의 전기에너지 등의 다양한 에너지원에 노출되었다. 일부 분자와 광물에서는 화학에너지도 쓸 수 있었다. 에너지 흐름에 늘 노출된 탓에, 그 혼합물은 결코 평형상태에 이르지 못했고, 그 대신 그 에너지들이 새 화합물의 합성과정을 끌고 갔으며, 그 결과 그 혼합물은 더욱더 성분이 복잡해졌다.

그리고 네 단의 화학반응들이 지배하게 된다. 첫 단에서는 원소들이 결합해서 가장 단순한 반응성 화합물이 된다.

수소 + 산소 → 물(H_2O)

탄소 + 수소 → 메탄(CH_4)

탄소 + 산소 → 이산화탄소(CO_2), 일산화탄소(CO)

탄소 + 수소 + 질소 → 시안화수소(HCN)

탄소 + 수소 + 산소 → 포름알데히드($HCHO$)

질소 + 수소 → 암모니아(NH_3)

인 + 산소 → 인산염(PO_4)

황 + 산소 → 황산염(SO_4), 아황산염(SO_3)

황 + 수소 → 황화수소(H_2S)

둘째 단에서는 단순한 반응물들이 결합해서 생명의 단위체를 형성한다.

CO + 수소 → 알칸, 지방산, 지방알코올

HCN → 아데닌

HCHO → 탄수화물

HCN + HCHO → 아미노산

셋째 단에서는 단위체가 가진 물리적 및 화학적 성질들로 인해 칸과 중합체 같은 더욱 복잡한 구조들이 만들어진다.

친양쪽성체 → 막 있는 칸(자기조립)

당 → 다당류(녹말, 섬유소)

아미노산 → 펩티드, 단백질

푸린, 피리미딘 + 리보오스 + 인산염 → 핵산

생명이 시작되기 전 마지막 단계인 넷째 단은 가장 최근의 연구에서 초점이 되고 있다. 다양한 중합체들이 칸 속에 싸담겨 원세포가 만들어질 수 있고, 마침 이 가운데에서 몇이 에너지와 양분을 포획하여, 촉매된 중합작용에 의해 성장과 생식까지 할 수 있는 성질을 가지게 되었다는 것이 우리의 가설이다.

이런 일이 일어날 개연성이 크다면, 올바른 조건이 갖춰졌을 때, 실험실에서 한 주 남짓 만에 생명임을 알아볼 수 있는 원시적인 생명꼴이 자기조립해서 성장을 시작할지도 모른다. 그러나 반면에 이런 일이 일어날 개연성이 작다면, 제아무리 이상적인 조건을 갖추었다 할지라도, 생명이란 어쩌다가 1억 년에 한 번 기원할까 말까이고, 그마저도 실험실의 시험관이 아니라, 바다와 화산과 햇빛이 있는 행성 전체가 있어야 하는지도 모른다. 어느 쪽인지 아직 우리는 정말 알지 못한다. 내가 이 책을 쓰는 이유는 바로 그 답을 찾을 길을 하나 제시하기 위해서이다.

제5장

생명의 손짝가짐

변성된 CI 운석과 CM 운석에서 발견되는 이소발린과 α−디알킬 아미노산의 큰 비대칭은 소행성, 혜성, 그 파편들에 의해 전달된 아미노산들이 생명이 기원하기 전에 지구의 유기물 목록을 왼손잡이 분자들로 치우치게 했을 것임을 암시한다.

—대니얼 글래빈과 제이슨 드워킨, 2009

미 항공우주국 에임스 연구센터에서 박사후 연구를 마친 뒤에 제이슨 드워킨은 메릴랜드의 미 항공우주국 고다드 항공우주센터의 연구진에 합류했고, 생명의 기원에 대한 우리의 이해에 계속해서 중요한 이바지를 하고 있다. 앞의 인용문은 제이슨의 연구진이 최근에 발표한 한 논문에서 발췌한 것으로, 이번 장의 논제를 잘 소개해준다. 앞장에서 나는 어떻게 유기화합물들이 생명필수원소들로부터 합성될 수 있는지, 이 과정을 알아내려고 어떤 식으로 운석을 조사하는지 서술했다. 그러나 이야기는 그것으로 끝이 아니다. 일부 유기분자들은 왼손과 오른손처럼 서로가 서로의 거울상인 두 가지 꼴로 존재하기 때문이다. 이런 성질을 일컬어 손짝가짐chirality*이라고 하는데, 손과 관련된 그리스어에서 온 말이다. 나아가 손짝을 가진chiral 것의 거울상들은 서로 포개지지 못한다. 달리 말하면 오른손에 끼는 장갑이 왼손에는 안 맞는다는 뜻이다. 그런 분자들의 '손짝handedness'을 명확히 하려고 우리는 줄임말로 L과 D를 쓰는데, 왼쪽과 오른쪽을 뜻하는 라틴어 *laevus*

★   보통 '키랄성'이나 '손대칭성', 또는 '손지기'라는 말로 옮기는데, '손대칭성'이라고 옮기면 'chiral symmetry' 개념과 겹치기도 하고, 일반적인 '대칭성'과 관련해서 쓸 때 혼란의 여지가 있으며, '손지기'는 사전적인 뜻이 명확하지가 않아서 선뜻 쓰기가 어려웠다. 하여 고심 끝에 여기서는 '왼손짝'과 '오른손짝'에서 쓰는 '손짝'이라는 말을 빌려서 '손짝가짐'으로 써 보기로 했다. 여기에 맞춰서 형용사형인 'chiral'은 '손짝(을 가진)'으로, 'homochirality'와 'heterochirality'는 각각 '손짝같음'과 '손짝섞임'으로 옮겨보았다.

와 *dexter*에서 따왔다.

　유기화학자들은 그런 화합물을 합성하는 법을 알지만, 생성물은 언제나 오른손잡이 분자와 왼손잡이 분자가 같은 비율로 섞여 있다. 따라서 생체세포들이 사실상 순수한 왼손잡이 아미노산과 오른손잡이 당—이렇게 한손잡이만 있는 성질을 손짝같음homochirality이라고 한다—으로 이루어져 있음이 차차 명백해지자 매우 깜짝 놀랐다. 생명이 손짝같음에 이르게 되었던 과정이 아마 생명의 기원에 다가갈 한 가닥 깊은 실마리이겠으나, 옛말에서 하는 말마따나 우리는 오리무중이다. 손짝같음이 어떻게 생겼는지는 워낙 가닥을 잡을 수 없는 문제인지라, 운석 탓으로 돌리는 것이 주된 생각 가운데 하나이다. 왜냐하면 장머리의 인용에서 제시된 바처럼, 탄소질 운석의 아미노산들이 놀랄 만큼 왼손잡이 쪽으로 치우쳐 있기 때문이다.

　생명이 왜 같은 손짝을 가져야 하는지 쉽게 이해할 길이 하나 있다. 그림 조각이 100개인 그림맞추기 퍼즐이 있다고 해보자. 그런데 여느 그림맞추기 퍼즐과는 다른 점이 있다. 그림 조각들을 2차원 평면이 아니라 선으로 정렬해 풀어내야 한다는 것이다. 퍼즐의 밑그림 가짓수는 스무 가지로 비대칭적이며, 한 조각의 튀어나온 곳을 이웃 조각의 들어간 곳에 끼워서 조각들을 일렬로 늘어놓으면 완벽하게 들어맞는다. 이때 이 조각들은 같은 손짝을 가졌다. 그러나 조각들의 반을 뒤집어 위아래를 바꾸면 조각끼리 서로 들어맞지 않아서 퍼즐을 조립할 수가 없다. 모두 왼손잡이이거나(아미노산) 모두 오른손잡이인(당) 손짝 화합물을 생명이 쓸 수밖에 없는 한 가지 이유가 바로 분자들을 맞춰서 중합체를 만들어야 하기 때문이다. 다른 이유로는, 생명을 이루는 중합체들은 나름의 기능을 수행하기 위해 언제나 특수한 구조로 접히기 때문이다. 만일 D-분자와 L-분자가 무작위로 뒤섞여 중합체를 이룬다면, 중합체는 합성될 때마다 똑같은 구조로 접히지 못할 것이다.

　지금은 스크립스 연구소에 있는 과학자 제럴드 조이스Gerald Joyce는 초창기 연구에서 이 그림맞추기 퍼즐의 유비를 명료하게 그려내는 근사한 실험을 하나 했다. 당시 조이스와 함께 연구했던 사람은 솔크 연구소의 레슬리 오르겔Leslie Orgel로, 주형鑄型 구실을 하는 기다란 RNA 가닥 위에서 RNA의 뉴클레오티드 단위체들이 일렬로 정렬된 뒤에 서로 엮여서 두 번째 가닥을 형성해내는 과정을 입증한 이였다(10장에서 이 반응을 더 자세히 살펴볼 것이다). 조이스와 오르겔은 D-리보오스와 L-리보오스 단위체가 모두 들어간 혼합물을 쓰면 어떻게 될지 궁금했다. 실험을 해보니 결과는 대단히 분명했다. 새 RNA 가닥이 합성되지 못했던 것이다! 분자 그림조각들의 절반이 D에서 L로 뒤집혔기 때문에, 주형 위에 일렬로 맞춰지지 못해서 RNA 화학결합을 형성할 수 없었던 것이다.

손짝가짐의 분자적 기초는 무엇인가?

왜 아미노산이나 당이 손짝을 가질 수 있는지 이해하기는 그리 어렵지 않다. 4장을 읽은 뒤이니, 탄소 원자 하나가 다른 원자 넷과 화학결합을 형성함을 알 것이다. 이를테면 메탄은 CH_4이고, 드라이클리닝에 쓰이는 유기용매 사염화탄소는 CCl_4이다. 메탄의 수소 하나를 카르복실기(-COOH)로 대체한다고 상상해보자. 그 결과는 아세트산(H_3C-COOH)이다. 이 구조를 보기만 해도 대칭적임을, 다시 말해서 손짝을 안 가짐non-chiral을 볼 수 있다. 여기에 아민기를 하나 추가하면 글리신이라는 분자가 되며, 거울상들이 포개질 수 있으므로, 이 분자 또한 손짝을 안 가진다. 마지막으로 메틸기(-CH3)를 하나 추가하면, 손짝가짐이 나타난다. 그 결과로 나온 분자는 아미노산인 알라닌이며, 복판의 탄소에 서로 다른 화학기 넷이 부착되어 있으므로 손짝을 가진다(〈그림 9〉).

평범한 화학반응으로 손짝을 가진 분자들이 합성되면, 그 생성물은 언제나 왼손잡이와 오른손잡이가 같은 비율로 섞여 있다. 그런데 진화의 어느 이른 시점에, 어쩌면 생명이 시작했을 때에, 생체계들이 아미노산은 왼손잡

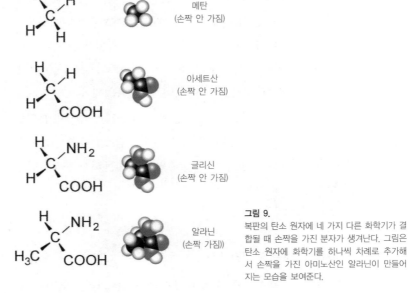

메탄
(손짝 안 가짐)

아세트산
(손짝 안 가짐)

글리신
(손짝 안 가짐)

알라닌
(손짝 가짐))

그림 9.
복판의 탄소 원자에 네 가지 다른 화학기가 결합될 때 손짝을 가진 분자가 생겨난다. 그림은 탄소 원자에 화학기를 하나씩 차례로 추가해서 손짝을 가진 아미노산인 알라닌이 만들어지는 모습을 보여준다.

이만을, 당은 오른손잡이만을 사용하기 시작했다. 이것이 아마 생명이 어떻게 시작되었는지 알려줄 중요한 단서일지 모르지만, 아직까지는 그 실마리를 해독할 길을 아무도 찾아내지 못했다.

빛의 편광과 손짝을 가진 분자들

손짝가짐을 이해하기 위한 다음 단계는, 평범한 빛이라도 파동 같은 성격을 가지기 때문에 생기는 기막힌 성질이 몇 가지 있음을 깨닫는 것이다. 이런 성질들을 발견한 때는 적어도 200년 전으로 거슬러 올라간다. 그때는 아이작 뉴턴Isaac Newton을 비롯해 초창기 과학자들이 아이슬란드에서 발견된 아름답고 깨끗한 수정을 가지고 놀기 시작했던 때였다. 그 수정은 완벽하게 투명했다. 그러나 인쇄면에 놓아두면, 유리처럼 글자가 선명하게 보이는 게 아니라, 획이 두 겹으로 보였다! 그뿐 아니라, 수정 위에 또 수정을 올려놓고 회전시키면 획이 나타났다가 사라졌다가 했다. 이 수정을 빙주석(氷柱石, Iceland spar)이라고들 했는데, 지금은 그 수정들이 방해석, 다시 말해서 탄산칼슘―보통의 석회암과 똑같은 광물이지만, 매우 느린 과정을 거쳐 생성되므로 칼슘과 탄산염이 거의 완벽한 결정 배열로 정렬된다―으로 이루어졌음을 알고 있다.

방해석이 빛에 가하는 효과는 대단히 신비로워서 초창기 과학자들을 매료시켰다. 그 뒤 100년이 흐르면서, 빛에 파동과 같은 성질이 있음이 차츰차츰 분명해졌다. 그때는 모든 공간이 에테르라고 하는 것으로 꽉 차 있다고 생각했는데, 소리라고 하는 진동을 공기가 전송하듯이, 빛 파동을 그 에테르가 전송한다고 생각했다. 그러나 소리와는 달리 빛 파동의 진동에는 세 종류가 있으며, 그 가운데 두 종류가 이번 장과 관련 있다. 줄넘기 한쪽 끝을 기둥에 묶고 다른 쪽 끝을 손에 쥐고 있다고 해보자. 손을 위아래로 흔들거나 좌우로 흔들면 줄을 타고 일련의 수직파동이나 수평파동이 만들어진다. 손을 빙글빙글 돌리면 줄이 나선형 파동으로 움직인다. 이 운동들을 빛 파동에 빗댈 수 있다. 빛 파동에는 평면편광과 원편광이라는 성질이 있다. 이 가운데 가장 친숙한 게 평면편광이다. 빙주석의 방해석 같은 맑은 물질이나 3D로 영화를 볼 때 쓰는 편광유리가 빛과 상호작용하면, 일정한 평면으로 진동하는 빛 파동만 통과된다. 여기서 새겨야 할 요점은 L−알라닌이나 D−포도당처럼, 손짝을 가진 분자쌍 가운데 한쪽만 담긴 용액에 편광된 빛을 통과시키면 편광된 빛의 평면이 몇 도 정도 위치 이동한다는 것이다.

루이 파스퇴르(1822~1895)는 프랑스의 뛰어난 과학자로, 저장된 식품과 음료에서 일어나는 수수께끼 같은 변화들의 원인이 효모나 세균 같은 미생물임을 입증한 인물이다. 예를 들어, 파스퇴르는 우유를 섭씨 56도로 가열하면 이보다 낮은 온도에서는 시큼한 맛을 일으키는 세균을 대부분 죽일 수 있음을 알아냈고, 이 과정을 우리는 지금도 파스퇴르 과정(저온살균, pasteurization)이라고 부른다. 그는 사람과 가축을 괴롭히는 많은 병들의 원인도 미생물임을 깨달았고, 예방접종으로 면역력이 생기게 해서 탄저병과 광견병 같은 병을 막을 수 있음을 처음으로 보여주었다.

1800년대 프랑스 경제에서는 포도주 양조가 대단히 중요했다. 포도주를 숙성시키는 동안, 양조통 안쪽 면이 딱딱한 딱지로 덮이게 된다는 것은 다들 알고 있었다. 그 딱지를 형성한 화합물을 단리하여 정제했더니 타르타르산이라고 하는 미세하고 하얀 결정들이 나왔다. 이 이름은 2000년 전에 그리스인들이 바로 이 딱지를 일컫는 말로 썼던 *tartaron*에서 유래했다. (치위생사들도 이빨에서 '타르타르'(치석)라고 하는 딱딱한 침착물을 제거하지만, 이것은 타르타르산이 아니라, 인산칼슘 결정이 함유된 세균성 박막이 원인이다.) 젊은 화학자로서 파스퇴르가 처음에 했던 한 가지 연구과제는 타르타르산을 결정으로 만들어 연구하는 것이었다. 그 결정을 현미경으로 살피던 파스퇴르는 그때까지 아무도 보지 못했던 것을 보았다. 그 결정의 꼴이 실제로는 두 가지이고, 서로 거울상이었던 것이다! 파스퇴르는 고생고생하며 결정을 작은 두 더미로 분리해서 따로 물에 용해시킨 다음에 편광된 빛을 투과시켰다. 한쪽 더미를 녹인 용액은 빛을 시계방향으로 회전시켰고, 다른 쪽 더미를 녹인 용액은 반시계방향으로 회전시켰다. 그런데 두 용액을 섞으면, 편광된 빛에 아무 효과도 나타나지 않았다. 파스퇴르는 타르타르산의 분자구조에는 고유한 비대칭이 있다고 추론했다. 참으로 놀라운 천재적인 번뜩임이었다. 1854년, 어느 강연에서 파스퇴르는 그 발견을 어떻게 했는지 묘사하면서, 이렇게 말했다. "… 운은 준비된 사람의 편입니다."

거의 예외 없이 생명은 아미노산은 L-꼴, 당은 D-꼴만 사용한다. 그런데 타르타르산에는 라세미산racemic acid이라는 이름이 하나 더 있다. 이 이름은 편광된 빛에 아무 효과도 주지 않는 D-꼴과 L-꼴의 혼합을 가리킨다. 지금은 손짝을 가진 화합물이 같은 비율로 혼합되었으면 다 '라세미'라는 말을 쓰고, 손짝가짐에서 볼 때 순수한 화합물—이를테면 L-아미노산—이 시간이 흐르면서 D-꼴과 L-꼴이 섞인 혼합물로 바뀌는 과정을 라세미화 racemization라고 한다.

손짝같음은 어떻게 생겨났을까?

4장에서 나는 생명에 필수적인 두 가지 분자인 아미노산과 탄수화물을 서술했다. 아미노산은 중합되어 긴 단백질 사슬이 되고, 리보오스와 디옥시리보오스라고 하는 단순한 탄수화물은 인산기와 연결되어 리보핵산(RNA)과 디옥시리보핵산(DNA)의 중심뼈대를 형성한다. 생명의 기원에 이르는 도상에서 의미심장하게도 이 두 분자 종은 손짝가짐 선택을 당했다. 만일 첫 생명꼴들이 RNA 같은 핵산을 이용했다면, 미지의 메커니즘에 의해 D-리보오스와 L-리보오스가 틀림없이 함께 합성되었을 테고, 초기의 핵산이나 그에 상응하는 다른 분자에 합쳐질 때 어떻게 해서인가 D-리보오스가 선택되었을 것이다. 그리고 첫 생명꼴들에 펩티드가 관여했다면, L-아미노산이 선택되었을 것이다. 지금의 생명은 모두 손짝같음을 가지며, L-아미노산과 D-당만을 합성해서 그것들로 단백질과 핵산을 비롯해 생체 기능에 관여하는 다른 중합체들을 구축한다.

접두어 'homo-'는 '같다'는 뜻의 그리스어에서 유래했다. 그래서 손짝같음을 가진 화합물이라고 하면, 손짝 구성이 모두 D이거나 L이다. 생물에서 보이는 손짝같음의 기원은 아마 생명의 기원에 다가갈 깊은 실마리이겠으나, 그 실마리가 무엇을 뜻하는지 우리는 아직 찾아내지 못했다. 과학에서 으레 그렇듯이, 여기서도 서로 경쟁하는 생각들이 여럿 있다. 과학이 어떤 식으로 가설들을 시험해가는지 그려보기 위해서라도 이 생각들을 살펴볼 가치가 있을 것이다. 세 가지 주요 생각들은 다음과 같다.

* 생명의 손짝같음은 동결된 우연이다. 생명이 시작되었을 때, 첫 생체세포들이

어쩌다가 L-아미노산과 D-당들을 합쳐넣었고, 이 선택이 그대로 고착된 것이다. 초기 생명은 D-아미노산과 L-당도 얼마든지 사용했을 수 있었겠지만, 두 쪽을 모두 사용하지는 않았을 것이다.

* 어느 미지의 물리적 과정 때문에, 생명이 시작되기 전 환경에서 L-아미노산이 약간 더 많이 만들어졌다. 이 때문에 균형이 L쪽의 손짝같음으로 기울었다. 그러나 다른 태양계에서라면 생명이 D-아미노산 쪽으로 기울었을 수도 있다.

* 생명의 손짝가짐은 우연이 아니라, 어떤 근본적인 자연의 힘이 생명에 부과한 것이다. 그 힘의 한 가지 가능한 후보는 약력弱力이다. (약력이 가지는 일종의 손짝은 이번 장의 뒤에서 논의할 것이다.) 달리 말하면, 손짝같음은 운의 문제가 아니라, 물리법칙에 의해 결정된 것이라는 뜻이다. 다른 행성에서 생명을 발견한대도, 그 생명 또한 L-아미노산과 D-당을 사용할 것이다.

동결된 우연?

서로 경쟁하는 생각들의 장단점을 판가름할 때 우리가 따르고자 하는 규칙에 '오컴의 면도날'이란 게 있다. 12세기 잉글랜드에 살았던 오컴의 윌리엄 William of Ockham은 프란체스코회의 수도사이자 철학자였다. 프란체스코회 소속으로서 그는 우리가 지금이라면 "적을수록 많다"라고 부를 만한 철학을 믿었던 성 프란체스코를 뒤따랐다. 달리 말해서 가난하다 할 만큼 검소한 삶이 영혼을 살찌운다는 뜻이다. 이런 개념은 '절약의 원리principle of parsimony'라고도 하는데, 기본적으로 말하는 바는 주어진 여러 가능한 설명 가운데에서 사실을 가장 단순하게 설명해내는 것을 고르라는 것이다. 오컴의 시대에는 설명의 절약이란 게 공통된 철학적 믿음이었다. 그러나 오컴이 워낙 여기저기에서 절약에 대해 글을 썼기 때문에 오컴이라는 이름과 함께 써서 '오컴의 면도날'로 부르게 되었다. '오컴'을 영어로 쓸 때 지금은 흔히 'Occam'이라고 적는다. '면도날'을 붙여쓴 것은 그 원리가 불필요한 가정들을 '면도해'준다는 생각에서 비롯된 것이다.

손짝같음에 대한 세 가지 가능한 설명들에 오컴의 면도날을 적용한다면, 어느 설명이 가장 단순할까? 내 동료들은 대부분 생명이 우연히 손짝같음을 가지게 되었다는 생각을 고를 것이다. 그러니 이른바 사고실험을 하나 해서 이 생각을 검토해보도록 하자. 이렇게 상상해보자. 생명은 L-아미노산과 D-아미노산 모두로 이루어진 중합체를 사용할 수 있는 비교적 단순한 계로 시작되었다. 나아가 오늘날에는 생명이 스무 가지 아미노산을 쓰지만, 생명 탄생 이전에는 여섯 가지 남짓만 있었다. 그 아미노산들은 최대 아미노산 10개 길이의 짧은 펩티드를 생성할 수 있는 비생물적인 과정으로 합성되어 중합체가 되었다. 아미노산 10개 길이면 펩티드가 어떤 필수적인 반응의 촉매가 되기에 충분하다고 가정해보자. 대부분의 펩티드는 D-아미노산과 L-아미노산이 섞여 있을 것이지만, 주어진 데카펩티드가 순수하게 L-아미노산이나 D-아미노산으로만 구성되었을 확률은 1024(2^{10})번에 한 번 있다. 그렇게 대단한 확률로 들리지는 않겠지만, 펩티드 1그램에는 D-아미노산이나 L-아미노산으로만 구성된 손짝같음 분자가 약 10^{18}개 있을 것이다. 손짝이 같은 펩티드가 손짝이 섞인heterochiral(D와 L이 섞인) 여느 펩티드보다 어느 필수 반응을 더 효과적으로 촉매할 수 있다면, 원시생명이 진화하는 동안에 그 펩티드가 선택될 것이고, 나머지는 모두 사라질 것이다. 그런 첫 번째 펩티드를 이루는 아미노산이 모두 L이거나 D일 확률은 50:50이었다. 어쩌다가 L이 선수를 쳤고, 그래서 L-아미노산이 동결된 우연이 되었다.

약간 더 많아서 손짝같음이 되었다?

생명 탄생 이전의 아미노산들이 D-꼴과 L-꼴이 거의 같은 비율로 섞여 있었다고 가정한다면, 오컴의 면도날은 '동결된 우연'의 손을 들어준다. 그런데 두 번째 사실, 곧 두 꼴의 비율이 같지 않았다는 사실까지 설명해야 한다면 어떻게 될까? 이렇게 되면 손짝같음을 좀 더 정교하게 설명해내야 한다. 왜냐하면 D나 L이 조금만 더 많아도 많은 쪽으로 균형추가 기울 수 있기 때문이다. 새로운 사실이 있다. 탄소질 운석에 다양한 아미노산이 있음을 우리는 알고 있다. 비생물적 과정으로 손짝을 가진 분자들이 합성될 때마다 D-꼴과 L-꼴이 라세미 상태로 혼합된 결과가 나온다. 그래서 운석의 아미노산도 라세미 상태로 혼합되었다고 예상해볼 수 있다. 그런데 놀랍게도 사실은 그렇지 않다. 이 사실은 1980년대에 처음 보고되었다. 애리조나 대학교의 마이클 엥겔Michael Engel과 바솔로뮤 너지Bartholomew Nagy가 머치슨 운석에서 알라닌 등의 아미노산을 단리해서 D-꼴과 L-꼴을 분리할 수 있는 기법으로 분석했더니, 결과는 분명했다. L-알라닌이 D-알라닌보다 조금 더 많았던 것이다. 엥겔의 분석결과들은 곧바로 믿음을 얻지는 못했다. 생물적으로 만들어진 미량의 L-아미노산으로 오염되었을 소지가 있었기 때문이다. 그러나 몇 년 뒤에 애리조나 주립대학교의 존 크로닌John Cronin과 샌드라 피차렐로Sandra Pizzarello가 머치슨 운석에서 여러 가지 비생물적인 아미노산들을 분석하고는 위와 똑같은 결과를 얻었다. 이번 장은 글래닌과 드워킨이 쓴 2009년 논문에서 따온 인용으로 열었다. 두 사람은 서로 다른 두 탄소질 운석—머치슨과 오르괴유—에 있는 비단백질 아미노산 이소발린이 L-꼴 쪽으로 각각 15퍼센트와 18퍼센트만큼 두드러지게 치우쳐 있음을 측정했다. 지금 대부분의 과학자들은 어떤 알지 못할 이유로 L-아미노산이 조금 더 많이 있으며, 이것이 생물에서의 손짝같음과 무슨 관련이 있을 수도 있다고 인정한다.

자, 이렇게 물을지도 모른다. 그래서 어쨌단 말인가? 이것이 어떻게 해서 L-아미노산과 D-당 쪽으로 균형추를 기울게 한단 말인가? 샌드라 피차렐로는 그 답을 찾으려고 SETI 연구소의 아서 웨버Arthur Weber와 손을 잡았다. 그는 손짝을 가진 단순한 당들이 손짝을 안 가진 전구물질들의 반응으로 합성될 수 있으며, 나아가 예상대로 그 생성물들이 라세미 상태라는 것을 알고 있었다. 그런데 손짝이 같은 아미노산이 있는 상태에서 그 반응이 일어나면 어떻게 될까? 실험을 해본 피차렐로와 웨버는 L-아미노산이 조금 더 많이 있을 뿐인데도, 생성된 당 분자는 D-구성 쪽으로 치우침을 발견했다. 놀라운 결과였다. 어떻게 해서인가 L-아미노산이 반응 성분들과 상호작용해서, 생명이 선택했던 손짝가짐의 방향, 곧 D-당 쪽으로 이끌어갔던 것이다. 어떻게 이런 일이 일어나는지 아직은 괜찮게 설명해내지 못한 형편이지만, 한쪽이 약간만 더 많아도 균형에 영향을 줄 수 있다는 것만큼은 이 관찰이 보여주고 있다.

그런데 어떻게 해서 운석의 아미노산들은 L-꼴이 더 많은 쪽으로 기울게 되었을까? 이것 또한 명확한 설명은 없고 사변뿐이다. 원편광된 빛이 서로 다른 손짝을 가진 분자쌍 가운데 한쪽만 차별해서 상호작용해 파괴할 수 있다는 사실에서 한 가지 가능성이 따라나온다. 이렇게 상상해보자. 탄소질 운석의 아미노산들은 원래 이웃한 별 가까이에 있는 먼지 알갱이들 위에서 라세미 상태의 혼합물로 합성되었다. 별들 가운데에는 편광된 빛을 발하는 것도 있음이 알려졌기 때문에, 그 광자들이 먼지 알갱이들을 가격해서 D-아미노산을 분해하고, 결과적으로 L-꼴이 더 많이 있게 할 것이다. 그 먼지 알갱이들이 소행성에 축적되고, 그 소행성이 충돌해서 운석이 만들어져 나와도, 여전히 L-꼴이 더 많이 있는 상태일 것이다. 그리고 우리는 운석에서 나온 소행성 표면의 표본을 분석해서 그 점을 발견하게 될 것이다.

이런 설명에 여러분이 좀 회의적일 수 있겠는데, 식견 있는 과학자들도 똑같은 의심을 한다. 이 설명에는 여러 가지 가정이 필요할뿐더러, 우주공간에서 실제로 광분해가 일어날 수 있다는 실험적 증거도 별로 없기 때문이다. 탄소질 운석에 함유된 아미노산이 100가지에 가깝다는 것 또한 중요하다. 그게 전부 성간먼지 알갱이 위에서 합성되었을까? 그럴 것 같지 않다. 그러나 과학은 이런 식으로 이루어지는 법이다. 누군가 사실들에 더 잘 부합하는 대안을 제시하기 전까지는, 아무리 가능성이 떨어지는 설명이라도 고려의 대상이 되는 것이다. 운석에 함유된 아미노산의 경우, 아직 우리는 더 나은 설명을 기다리고 있는 형편이다.

손짝같음은 우연한 순화 과정에서 생겨났다

어쩌면 손짝같음은 라세미 상태의 혼합물에서 선택되어 생긴 것이 아니라, 손짝이 같은 생성물을 만들어냈던 과정이 따로 있었는지도 모른다. 이런 일이 일어날 수 있는 길은 여러 갈래인데, 파스퇴르가 처음 했던 관찰에서 벋어나온 길이 그 한 가지이다. 아미노산 같은 라세미 상태의 화합물을 결정으로 만들면, 대개 그 결정에는 손짝을 가진 두 꼴 모두 같은 비율로 들어 있다. 그런데 몇몇 화합물은 파스퇴르의 타르타르산처럼 순수한 L-꼴과 D-꼴로 결정이 된다. 증발 같은 과정에 의해 일부 아미노산들이 충분히 농축되어 결정을 형성했고, 그 결정들이 D-꼴과 L-꼴로 분리되었을 가능성이 있다. 최초의 생명이 때마침 순수한 L-아미노산을 이용해 단백질을 합성하게 되었고, 그래서 라세미 상태의 혼합물로 단백질을 합성하는 문제를 피해갔다.

이 생각을 다른 식으로 풀어보면, 생명 탄생 이전 환경의 어느 물리적 과정에 의해 광물 계면에 흡착되는 방법으로 손짝이 같은 아미노산이 생성되었을 수도 있다. 이를테면 워싱턴 카네기협회의 로버트 헤이즌은 흔한 꼴의 방해석 광물(탄산칼슘, $CaCO_3$)의 결정 표면에서 칼슘과 탄산염의 가능한 배열이 두 가지임을 깨달았다. 그는 그 두 가지 표면들이 L-꼴과 D-꼴의 아스파르트산을 흡착해내는 능력을 시험해본 뒤, L-꼴과 D-꼴이 저마다 한쪽 표면만을 선호해서 결합한다는 것을 알아냈다. 결정화와 마찬가지로, 결정 표면과의 차별적 흡착 때문에 국지적 환경에서는 D-아미노산이나 L-아미노산이 조금 더 많아졌을 수도 있다. 그러나 이보다 큰 규모에서 보면, 이런 기울림의 정도는 으레 영이 되었을 것이다. 왜냐하면 선택의 대상인 그 두 가지 방해석 표면들이 똑같이 풍부하기 때문이다.

도쿄 대학교의 소아이 겐소硤合憲三는 또 한 가지 가능한 메커니즘을 제시하고 튼튼한 실험적 증거로 뒷받침했다. 바탕에 깔린 생각은, 수없이 많은 반응들에서 나오는 생성물은 두 가지 손짝을 가졌지만, 이 반응들 가운데에는 생성물이 자기 자신의 합성을 촉진하는—이를 자가촉매작용auto-catalysis이라고 한다—성질을 갖게 되는 반응이 더러 있다는 것이다. D—꼴과 L—꼴이 완벽하게 같은 비율을 나타내는—특히 반응출발 단계에서—반응은 없다. 언제나 요동이 있어서 손짝을 가진 쌍 가운데 한쪽이 약간 더 많아지는 결과가 나온다. 그런데 그 약간 더 많은 쪽 생성물이 자가촉매작용을 한다면, 그 생성물이 일종의 기하급수적 성장을 하게 되어, 가능한 다른 쪽 손짝을 가진 생성물 수를 웃돌 것이다. 그러면 비대칭적인 자가촉매작용으로 인해 거의 순수하게 L이나 D인 생성물만 나올 수 있다.

소아이와 동료들은 어느 한쪽의 손짝을 가진 생성물로 반응을 기울게 할 수 있는 손짝가짐 광물이 있음도 보여주었다. 결정질 이산화규소인 석영이 바로 그런 광물이다. 석영 결정 속에 이산화규소를 꾸려넣을 수 있는 배열방법은 두 가지이고, 서로가 서로에 대해 거울상이다. 이 각각을 d—석영과 l—석영이라고 한다. (이를 숫석영과 암석영이라고도 부른다. 이 결정들은 보석가게에서 팔며, 음양의 상징으로 끼고 다닐 수 있다.) 보통은 라세미 상태의 혼합물을 생성하는 반응에 d—석영 가루나 l—석영 가루를 첨가하면, 그 미세한 결정들이 씨앗 구실을 해서 반응을 손짝같음 쪽으로 기울게 하여, 한쪽 손짝을 가진 생성물의 수율 범위가 족히 90퍼센트 이상이 되게 할 수 있음을 소아이는 발견했다. 그런 반응들이 가지는 중요성은, 단순히 라세미 상태의 혼합물을 손짝이 같은 것끼리 분리하는 게 아니라, 바로 용액 내에서 손짝이 같은 순수한 생성물을 만들어낸다는 것이다. 어느 쪽 손짝을 가진 생성물이 나올지는 확률이 50 대 50으로 여전히 운의 문제이다. 이제까지 그런 실험은 유기화학에서만 해보았다. 예를 들어, 소아이가 했던 실험들 가운데에는 피리미딘—5—카브알데히드pyrimidine—5—carbaldehyde와 디이소프로필 아연diisopropylzinc 같은 이색적인 화합물들을 반응시켜 손짝을 가진 피리미딜알칸올pyrimidyl alkanol을 생성시키는 것과 관련된 실험이 있다. 생물과 관련된 반응들에서 비대칭적 자가촉매작용이 손짝이 같은 생성물을 만들어낼 수 있음을 입증하는 건 중요하기 때문에, 이는 앞으로 해결해야 할 연구과제이기도 하다.

손짝같음은 결정되었다

'결정되었다'는 말은 단순하게 무엇이 운으로 생긴 것이 아니라, 사실은 물리법칙이 작용해서 일어난 것이어야 함을 뜻한다. 처음 네 장에서 나는 우주에서 일어나는 모든 일을 다스리는 세 가지 일차적인 물리적 힘들이 어떤 식으로 생명의 기원과 밀접하게 관련되어 있는지 서술했다. 첫 번째는 중력이다. 수소를 모아 별이 되게 하고, 빛을 내는 융합반응을 시동시킬 온도까지 열을 가하는 힘이 바로 중력이다. 두 번째는 전자기 상호작용이다. 전파부터 평범한 빛과 감마선에까지 이르는 스펙트럼 전체는 물론, 원자와 분자의 전자들이 상호작용해서 생기는 화학반응 같은, 물질이 가진 가장 친숙한 모든 성질들을 다스리는 힘이 이것이다. 세 번째는 원자핵 속에서 양성자와 중성자를 붙들어두는 강력이다. 그러나 우리가 이 강력의 효과를 직접 경험하는 때는 원자핵이 쪼개지면서 에너지를 방사능으로 풀어낼 때뿐이다. 그런데 우리가 직접적으로는 거의 경험을 하지 못하는 힘이 하나 더 있다. 이 힘은 중성자가 방사성 붕괴를 할 때에 모습을 드러낸다. 우리는 으레 중성자라면 무한정 안정된 것으로 생각하곤 한다. 예를 들어보자. 우리 몸에 있는 탄소 원자들은 양성자와 중성자가 여섯 개씩 있으며, 다행스럽게도 탄소 원자핵 속의 중성자들은 안정적이어서 터지거나 하지 않는다. 그러나 중성자만 따로 있으면 불안정하다. 어떻게 해서인가 탄소 원자들에서 중성자 100개를 뽑아내고 어떻게 되나 지켜보면, 15분 뒤에는 절반이 방사성 붕괴하여 양성자와 우리가 베타입자라고 부르는 고에너지 전자가 된다. 원자핵을 한데 붙들어두는 강력으로는 따로 떼어진 중성자의 불안정성을 설명해내지 못한다. 그래서 중성자들을 (붕괴하기 전까지) 붙들어두는 힘은 강력이 아닌 약력이어야 한다.

약력이 생물과는 상관없는 힘이라고 생각할지도 모르겠으나, 한 가지 이상한 사실이 있다. 다른 세 힘들은 물질과 상호작용하는 방식에서 기본적인 대칭성을 가지는데, 이를 반전성parity이라고 한다. 그런데 약력은 비대칭적이다. 이를 일컬어 반전성 위반parity violation이라고 한다. 약력이 주관하는 방사성 붕괴과정이 일어나면, 생성된 입자들이 손짝을 가지게 된다. 이 효과를 서술할 말로 물리학자들도 '손짝가짐'이란 말을 쓴다. 나아가 이 기본적인 손짝가짐이 분자구조에까지 전해졌을 만한 방도들을 상상해볼 수도 있다.

이를 처음으로 진지하게 생각해본 과학자 가운데 한 사람이 압두스 살람Abdus Salam이었다. 그는 전기약 상호작용electroweak interaction 이론을 확립한 공로로 1979년에 셸던 글래쇼Sheldon Glashow, 스티븐 와인버그 Steven Weinberg와 함께 노벨상을 수상했다. 1993년에 살람은, 충분한 시간이 주어졌을 경우, 라세미 상태의 아미노산 혼합물이 아미노산의 D-거울상 이성질체와 L-거울상 이성질체 사이의 에너지 차로 인해 약 1만 년 뒤에는 저에너지 상태인 L-거울상 이성질체로 바뀌어야 한다고 계산했다. 이보다 훨씬 일찍인 1966년에 가나자와 대학교의 야마가타 유키오는 이런 생각을 내놓았다. "생분자들의 비대칭적인 모양새는, 전자기 상호작용에서 반전성이 살짝 깨지고, 일련의 화학반응들을 거치면서 이 반전성 깨짐이 축적된다고 볼 때에 가장 자연스럽게 설명된다." 다른 과학자들도 생각을 같이했다. 이를테면 런던 대학교의 스티븐 메이슨Stephen Mason과 조지 트랜터George Tranter는 수용액에서 알라닌의 '반전성을 위반하는 에너지 차parity violating energy difference'(PVED)를 계산한 뒤, L-알라닌의 에너지가 D-알라닌보다 1몰당 ~6.5×10-14줄(J)이 낮다고 규정했다. 최근에 이론적으로 계산한 PVED 값은 이보다 훨씬 높아서 1몰당 10-12줄 범위이다. 그러나 이 차는 극히 작은 값이어서 거시적 수준에서 감지될 만한 효과를 내려면 모종의 증폭이 있어야만 할 것이다.

생체계에서 나타나는 손짝같음의 기원을 연구하는 대부분의 과학자들은 설명이라고 보기에는 PVED가 몹시 미심쩍다고 여기는데, 바로 본 것이다. 아미노산의 D-꼴과 L-꼴의 에너지 차를 계산한 값은 너무 작아서, 아직까지 한 번도 측정되지 못했다. 그런데 또 어떻게 보면, 올바른 계산처럼 보인다. 그래서 아직 발견되지 않은 어느 메커니즘이 그 에너지 차를 아주 크게 증폭할 수 있다면, PVED가 L-아미노산 쪽으로 균형추를 기울게 했을 가능성이 있다.

손짝같음의 기원에서 한 가지 문제가 되는 것은 라세미화

생명 탄생 이전의 지구에서 L-아미노산이나 D-당 쪽이 더 많이 생성되었을 만한 가당성 있는 방법을 누군가 찾아냈다고 상상해보자. 그래도 극복해야 할 문제가 하나 있다. 바로 라세미화와 관련된 문제이다. 실험실에 순수한 L-아미노산 용액이 있다고 해보자. D-아미노산이 조금도 검출이 안 되는 완전히 순수한 용액임을 측정했다고 하자. 그런데 1년 뒤에 다시 똑같은 측정을 해보면, 이젠 D-아미노산이 소량 있음을 발견할 것이다. 순수 용액을 끓는점까지 가열하면, D-꼴을 하루 만에 검출할 수도 있다. 그 가열효과를 이해할 한 가지 길이 있다. 동전 100개가 모두 앞면을 위로 한 채 정렬되어 있다고 해보자. 10초마다 동전 하나를 무작위로 골라 튕긴다고 해보자. 그 동전이 앞면으로 착지할지 뒷면으로 착지할지 확률은 50 대 50이며, 여러 시간이 흐르면서 동전들의 앞면과 뒷면 비율이 차츰 같아져가는 모습을 쉽게 볼 수 있다. 그런데 1초에 동전 하나씩 튕긴다면(이는 가열에 빗댄 것이다), 이 일이 더 빨리 일어나서, 불과 몇 분 뒤면 앞면과 뒷면 비율이 얼추 같아질 것이다.

동전 튕기기처럼, 용액 속 아미노산도 일정한 속도로 쉬지 않고 L-꼴과 D-꼴 사이를 전환한다. 이는 순수한 L-아미노산이 천천히 D-꼴을 쌓아가다가 마침내는 D-아미노산과 L-아미노산이 같은 비율로 혼합된 상태에 가까워진다는 뜻이다. 이 과정을 라세미화라고 하는데, 파스퇴르가 연구했던 타르타르산의 D-L 혼합물인 라세미산에서 따온 이름이다. 온도와 아미노산 종에 따라 라세미화 속도는 달라진다. 어느 온도에서는 라세미화가 대단히 천천히 일어나 수천 년에서 수백 수천 만 년까지 걸릴 수 있다. 그러나 끓는 물 온도에서는 족히 하루 정도 만에도 라세미화가 일어날 수 있다.

이제 수백 수천만 년에 걸쳐 일어났을 것으로 생각되는 생명의 기원을 생각해보자. 샌디에이고 캘리포니아 대학교의 제프리 베이다는 라세미화 속도를 광범위하게 조사했다. 그리고 L-아미노산이 대부분을 차지하는 용액을 생성할 수 있는 메커니즘을 발견한다 하더라도, 지질시간의 잣대로 보았을 때에는 손짝같음 상태의 용액이 빠르게 라세미 상태의 혼합물로 붕괴할 것임을 지적했다. 손짝같음이 라세미화를 계속해서 앞지를 만큼 빠른 속도로 생성되는 경우에만 생명은 대사와 중합체 합성을 출발시키는 데에 필요한 L-아미노산과 D-당에 접근하게 될 것이었다. 이 이론은 손짝같음을 가진 화합물을 얻을 곳이 초기 생명에게는 필요 없었다는 생각을 옹호한다. 그 대신 라세미 상태의 혼합물에서 생명이 자기에게 필요한 L-아미노산을 선택하여 일단 첫걸음을 떼고 난 뒤에, 그냥 그 선택 과정이 계속 이어졌다고 본다. 오늘날의 미생물이 이런 과정을 이용한다. 성장배지에서 세균이 라세미 상태의 아미노산을 만나면 D-아미노산은 내버려두고 L-아미노산만 사용하여 쉽게 그 상황에 대처한다.

점 잇기

생명이 어떻게 시작되었는지 이해하려면 손짝가짐과 생명 과정들이 서로 이어져 있음을 고려해야 한다. 오늘날의 모든 생명은 손짝같음을 보이고, L-아미노산과 D-당만을 사용한다. 손짝이 같은 분자들은 그림맞추기 퍼즐에서 그림조각들이 들어맞는 것만큼이나 서로 잘 들어맞아 중합체를 이루기 때문이다. 모든 조각들이 앞면을 위로 하고 있다면, 퍼즐을 조립할 수 있다. 그러나 조각의 절반이 뒤집혀 있다면(다시 말해서 라세미 상태가 되었다면), 퍼즐 조립은 불가능해질 것이다.

평범한 화학반응으로 손짝을 가진 분자들을 합성한다면, 그 생성물은 D-꼴과 L-꼴의 양이 같은 라세미 상태일 것이다. 생명의 기원에서 문제가 되는 것은 D-꼴과 L-꼴의 화학적 성질이 사실상 똑같다는 것이다. 그래서 둘을 분리하기가 아주 어렵다. 생명이 어떻게 손짝같음을 나타내게 되었는지 우리가 아직도 모르는 까닭이 바로 이 때문이다. 한 가지 가능성이라면, 최초기 생명꼴이 라세미 상태의 분자들을 사용했다가, 촉매작용과 복제 같은 기능을 훨씬 능률적으로 수행하는 중합체를 만들어내기 위해 L-아미노산과 D-당을 선택하게 한 어떤 메커니즘을 천천히 진화시켰다는 것이다. 이런 각본에서는, L을 선택하느냐 D를 선택하느냐는 운에 달렸으며, 생명은 얼마든지 D-아미노산과 L-당도 잘 사용할 수 있었을 것이다.

이야기는 이것으로 끝이 아닐 것이다. 탄소질 운석의 유기물 성분과도 이어져 있기 때문이다. 머치슨 운석에 함유된 아미노산들은 어떤 화학적 과정으로 생성되었으리라고 짐작되기에 라세미 상태로 있어야 한다. 그런데 L-꼴이 약간 더 많다. 이는 라세미 상태의 혼합물에서 L-아미노산 함량이 더 높아지게 할 수 있는 비생물적 과정이 존재함을 뜻한다. 그런 기울림이 지구상 생명의 손짝가짐 선택을 결정했을 수 있지만, 오늘날 모든 생명꼴들에서 관찰되는 손짝가짐을 이해한다고 확신할 수 있기까지는 알아내야 할 것이 아직도 아주아주 많이 있다.

제6장

에너지, 그리고 생명의 기원

물리학자들도 사람이라는 무슨 증거를 원한다면, 그 증거는 바로 그네들이 이것저것 다른 단위들을 써서 에너지를 측정하는 멍청이 짓에 있지요.

—리처드 파인만, 1967

리처드 파인만은 참으로 눈부신 지성이었으며, 놀라운 사람이었다. 그가 정립했던 물리이론은 물리학의 아원자 수준에서 일어나는 일을 이해할 때 아직도 길잡이가 되어준다. 그 공로로 1965년에 노벨상을 수상했으나, 리우데자네이루 마르디그라 축제행진에서 즐겁게 봉고드럼을 치기도 한 사람이었다. 파인만의 칼테크 강연은 어떡하면 명쾌하게 가르칠 수 있는지를 보여주는 훌륭한 본보기이다. 앞의 인용은 이 강연에서 뽑은 것이다. 에너지가 끌고 가는 세계에서 우리가 생을 보내고 있음은 사실이지만, 에너지란 말이 진정 무엇을 뜻하는지 정의하기란 물리학자들에게조차 간단한 문제가 아니다. 어느 꼴의 에너지를 실제로 측정하기는 이보다 훨씬 어렵다. 맥주 1파인트(부피), 햄버거 1파운드(무게), 200야드 운전(거리), 심지어 시간 1분까지도 측정하기는 쉽다. 그런데 1줄의 에너지 하면 딱 떠오르는 게 무엇인가? 1전자볼트는? 일상에서 쓰이는 유일한 에너지 단위는 칼로리로, 음식의 에너지 함량을 재는 단위이다. 그러나 1칼로리가 물 1킬로그램을 섭씨 14.5도에서 섭씨 15.5도로 데우는 데에 필요한 열에너지임을 쉽게 떠올릴 사람은 별로 없을 것이다. 그렇기는 해도 에너지의 기본 개념들을 파악해낸다면, 생물권이 실제로 어떤 식으로 작용하는지, 그리고 이 생물권에 속한 생물로서의 우리 자신을 더욱 깊이 이해할 것이다.

　에너지를 직관적으로 이해하기 위한 가장 좋은 길은 초창기 화학자와 물리학자들이 그랬듯이 몸소 경험해서 에너지를 발견하는 것이다. 그래서 이번 장에서 나는 줄곧 일상생활에서 찾아낸 사례들을 예로 들 것이다. 내가 고등학교에서 배운 물리 과목에서는 에너지를 '일을 할 수 있는 능력'으로 정의했는데, 당시 일과 에너지란 게 같은 것을 뜻하는 거나 다름없다는 인상을 받았던 내게는 이런 정의가 동어반복에 가깝게 들렸다. 그러나 일이란 시간에 따른 변화를 잰 것이고, 그 변화를 일으키는 것이 에너지임을 마침내 이해하게 되자, 그 에너지 정의가 좀 더 와닿았다. 무엇이 시간이 흐르며 변화한다면 일을 한 것이고, 에너지가 얼마만큼 소모되었다는 뜻이다. 여기서 자연스럽게 따라나오는 중요한 사실은 에너지란 결코 사라지지 않는다는 것이다. 그 대신 에너지는 이 종류에서 저 종류로 모습을 바꾸고, 그 과정에서 무슨 일이 일어나게 하며, 가장 흔하게는 열의 모습으로 끝나곤 한다.

생명의 기원과 관련해서 에너지에 대해 첫 번째로 이해해야 할 것은, 화학적 화합물 혼합은 화학결합의 전자구조에 저장된 형태로 에너지를 함유할 수 있다는 것이다. 자동차 엔진 실린더 안의 탄화수소(휘발유)와 산소(공기) 혼합물이 그 한 가지 예이다. 전기방전으로 그 혼합물을 점화하면, 산소가 탄화수소와 결합해서 물(H_2O), 이산화탄소(CO_2), 열을 생성한다. 그 열이 기체 혼합물을 팽창시켜서 폭발적인 큰 압력 변화를 만들어 피스톤을 아래로 밀어내는 것이다.

그러나 에너지를 어떤 유기화합물에 추가할 수도 있다. 그러면 그 화합물은 다른 때에는 일어나지 않을 화학반응을 당할 수 있다. 녹색식물의 엽록소 분자들이 빛에너지를 흡수하는 경우를 예로 들어보자. 빛은 엽록소 분자의 전자구조를 변화시켜 빛에너지를 포획할 수 있도록 한다. 그 초과된 에너지는 엽록소 분자에서 전자들이 튕겨나올 때에 풀려나서 복잡한 반응의 사슬을 타고 내려가다가 이산화탄소에서 여정을 마감한다. 그 결과로 이산화탄소는 탄수화물의 꼴로 '고정되고', 이 탄수화물은 사람을 비롯한 생물들에게 에너지원으로 쓰인다.

에너지 때문에 만들어진 변화 가운데에는 단발사건으로 일어나는 것도 있다. 이를테면 번갯불은 전기에너지를 급격하게 쏟아내고, 스탠리 밀러의 실험이 보여주듯 이 에너지는 대기 중에서 화학적 변화를 일으킬 수 있다. 그 밖의 변화들은 에너지 순환으로 만들어진다. 이를테면 미세기는 지구의 자전과 달이 바다에 미치는 중력효과가 상호작용해서 나온 결과이다. 생명의 기능도 대부분 순환 과정으로 일어난다. 생체에너지를 다루는 이번 장에서 맨 먼저 고려할 것은 바로 그런 순환들에서 인산염이 중심 구실을 한다는 놀라운 사실이다.

왜 인산염일까?

인산염은 유기화합물이 아니다. 인 원자 하나에 산소 원자 넷이 붙어 있는 단순한 화합물로서, 줄여서 PO_4라고 쓴다. 지난 반세기가 흐르는 동안, 인산염이 없이는 우리가 아는 생명이란 존재할 수 없을 것임이 명백해졌다. 생물적 기능들을 끌고 가는 대사과정 어디를 봐도 인산염 없는 곳이 없다. 인산염의 화학적 성질 덕분에 효소작용으로 쉽사리 유기화합물과 연결되고, 그러면 그 화합물이 화학적으로 활성을 띠게 되기 때문이다. 달리 말하면 인산염이 분자에 에너지를 추가해준다는 말이다. 그러나 거기서 그치지 않고, 효소들이 분자를 포획할 수 있게 화학적 손잡이 같은 것을 제공해서 그 분자가 대사와 연관된 화학적 변화를 더 당할 수 있게 해준다. 인산염 추가는 따로 '인산화phosphorylation'라는 이름으로 부른다. 다른 무기이온들, 이를테면 황산염이 인산염보다 생명 탄생 이전 지구에선 훨씬 더 풍부했으나, 화학적 활성화 용도로 쓰일 종으로서 선호될 만한 딱 맞는 성질들을 가진 것은 인산염이다.

사실상 모든 대사경로에서 하나 이상의 성분은 반드시 인산화해야지만 과정을 활성화할 수 있다. 가끔 효소 자체도 활성이 되려면 인산화해야 할 때가 있는데, 신호전달 경로와 조절경로에서 대단히 중요한 일이다.

예를 들어보자. 근육세포 속의 막질 저장소—근육세포질그물sarcoplasmic reticulum이라고 한다—에서 칼슘 이온이 풀려나면 근육은 수축하게 되고, 근육이 이완되려면 그 칼슘이 반드시 그 저장소로 펌프질되어 되들어가야 한다. 그 펌프는 칼슘 아데노신삼인산 가수분해효소calcium ATPase라는 효소로, 막 속에 있으며, 칼슘 이온을 다시 저장소로 되돌려줄 때에 ATP에 의해 순환적 인산화를 당한다. 시각의 바탕에 깔린 놀라운 생화학 경로에도 인산염이 관여한다. 빛이 수정체를 통과하여 망막에 상을 맺을 때, 광자 하나하나는 막대세포와 원뿔세포의 막 속에 있는 로돕신rhodopsin이라는 눈 색소에 의해 흡수된다. 로돕신은 트랜스두신transducin이라는 단백질을 활성화시키는데, 로돕신 하나가 촉발시키는 트랜스두신이 100개이기 때문에 신호가 증폭된다. 그다음에 트랜스두신은 포스포디에스테라아제phosphodi-esterase라는 효소를 활성화시키고, 이 효소는 고리형 일인산구아노신cyclic guanosine monophosphate(cGMP)이라는 뉴클레오티드 1000개를 가수분해해서 신호를 더 증폭시킨다. 이야기는 이것으로 끝이 아니지만, 어쨌든 그 최종 결과는 전기신호가 발생해서 뇌의 시각피질로 가고, 시각피질은 들어오는 모든 신호를 취합해서 여러분이 지금 읽고 있는 쪽의 영상을 만들어내는 것이다.

중요하지만 아직 답을 못 찾은 물음이 하나 있다. 처음에 인산염이 어떻게 해서 생명 과정들에 관여하게 되었을까 하는 물음이다. 문제가 되는 것은 지표면에서 인산염이 용액 상태로는 드물게 있다는 것이다. 왜냐하면 대부분 인회석이라는 광물로 있기 때문이다. 인회석은 이빨의 사기질과 뼈를 이루는 것과 똑같은 칼슘과 인산염이 조합된 광물이다. 사람이 살아 있는 동안 이빨이 용해되지 않는다는 사실을 보면, 인회석도 용해도가 무척 낮음이 분명하다. 그렇다면 오늘날 생명에서 일어나는 대사에서 몹시 중요한 구실을 하는 인산염은 어디서 왔을까? 아직까지는 설득력 있는 설명이 없는 형편이다. 나보고 짐작해보라면, 화산 웅덩이와 비슷하게 낮은 pH에 노출된 인회석 광상 가까이에서 생명이 시작되지 않았을까 한다. 이만한 pH는 산성 pH 범위에 들며, 인산칼슘이 용해되어 인산 음이온이 풀려날 수 있다. 용액 속에 자유 인산염이 있었다면, 처음에 인산에스테르의 형태로 유기화합물과 합쳐졌을 것이고, 그런 다음 두 번째 화학반응들이 차례차례 개시되어 인산염이 관여하는 단순한 대사경로로 이어졌을 수 있다.

ATP는 생명의 에너지화폐

이제 세포 속 인산염 순환을 살펴보자. 세포질 속의 인산염은 미토콘드리아 막으로 확산하고, 그 막에서는 에너지를 써서 인산염을 아데노신이인산(ADP)에 부착해 아데노신삼인산(ATP)으로 만든다. 그 에너지는 ATP의 두 번째 인산염과 세 번째 인산염 사이의 화학결합에 저장된다. 그런 다음에 ATP는 세포질 전역으로 확산하고, 그 저장된 에너지가 풀려나서 대사반응들을 활성화시키거나, 막 건너 이온수송을 끌고 가거나, 근육세포를 수축시키는 것 같은 세포 기능을 수행한다. ATP에 저장된 에너지를 다 쓰면, ATP에서 인산염이 풀려나오면서 ATP는 ADP가 되고, ADP와 인산염은 다시 미토콘드리아로 확산해서 그 순환을 되풀이한다.

ATP를 에너지화폐라고 부르는 까닭은, 돈처럼 어느 한군데에 머물지 않고 여기저기로 확산해서 무슨 일이 일어나게 하기 때문이다. 최초기 생명에도 어떤 꼴이든 에너지화폐—아마 ATP 같았을 것이다—가 있어야 했겠기에, 우리는 ATP의 구조와 ATP가 화학에너지를 운반하고 풀어내는 방식을 이해해야 한다. 〈그림 10〉은 ATP 분자를 그리고 있다. 놀랄 만큼 단순하다. 아데닌 하나, 리보오스 하나, 인산기 셋이 서로 화학결합으로 이어져 있을 뿐이다. 4장에서 보았듯이, 생명 탄생 이전 환경 본뜨기실험에서 아데닌은 HCN 분자 다섯 개가 중합해서 생성될 수 있다. 아데닌은 탄소질 운석에 있는 수많은 유기화합물 가운데 하나이기도 하다. 따라서 생명 탄생 이전 환경

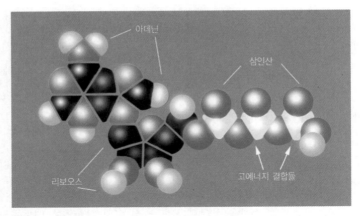

그림 10. 아데노신삼인산(ATP)은 모든 생명이 쓰는 일차적인 에너지화폐이다. ATP를 구성하는 것은 아데닌과 리보오스가 하나씩, 인산기가 셋으로, 마지막 두 인산기는 피로인산염 결합들로 이어져 있다. 이 피로인산염 결합들에 화학에너지가 들어 있으며, 수없이 많은 효소들이 그 에너지를 써서 세포 내 다른 분자들의 구조에 인산염을 추가하는 방법으로 그 분자들을 활성화시킨다.

에 아데닌이 소량 있었다고 볼 수 있다. 당인 리보오스는 포름알데히드끼리 반응할 때 형성되는 탄수화물 가운데 하나이며, 단순한 탄수화물들은 운석에서도 발견된다. 그런데 설사 이것들이 다 있었다 해도, 어떻게 해서 아데닌, 리보오스, 인산염이 합쳐져 ATP가 될 수 있었을까?

이는 미결 문제이다. HCN(시안화수소)과 HCHO(포름알데히드)에서 각각 아데닌과 리보오스가 생성되는 수월한 반응들과는 다르게, ATP는 말할 것도 없고, 심지어 아데노신일인산(AMP), RNA와 DNA의 단위체 뉴클레오티드들까지 이어질 만한 뚜렷한 경로는 없다. 그런데 최초의 생체세포에 필요했던 에너지원이 꼭 ATP가 아니었을 수도 있다. ATP보다 단순한 것이 있을까?

사실은 있다. ATP의 화학에너지는 삼인산 사슬의 마지막 두 인산염을 이어주는 무수결합無水結合에 들어 있다. 두 산성기들이 물 분자 하나를 잃고 공유결합을 이룰 때 무수결합이 합성된다. 물의 화학식은 보통 H_2O라고 쓰지만, 여기서는 수산화기(–OH)를 추적할 요량으로 H–OH라고 쓰겠다. 언제나 무수결합의 에너지 함량은 높으며, 그 결합에 다시 물이 첨가되거나(H–OH에 의한 가수분해), 기 하나가 다른 분자—대개는 유기화합물(R–OH)상의 수산화기(–OH)—로 옮겨가거나 할 때에 그 에너지를 풀어낼 잠재력이 있다.

인산염에는 매우 단순한 반응을 거쳐 끼리끼리 이어져 무수결합을 형성하는 독특한 능력이 있음이 밝혀졌다.

$$인산염 + 인산염 + 열 \rightarrow 피로인산염 + H_2O$$

피로인산염이라는 이름은 '불'을 뜻하는 그리스어 *pyro*에서 왔다. 건조(무수) 조건에서 인산염을 가열하면 쉽게 합성되기 때문이다. 그 반응은 계속 인산기를 추가해서 다인산염polyphosphate이라는 긴 사슬을 합성할 수 있다. 화산 조건의 건열dry heat에 인산염이 노출되면 피로인산염이 생성될 수 있음은 알려져 있다. 흔한 광물인 인회석은 칼슘과 인산염으로 구성되었는데, 비교적 희귀한 울드리자이트wooldridgeite라는 광물에는 피로인산염이 함유되었음이 발견되었다. 나아가 효모와 일부 세균 등의 미생물들은 피로인산염과 다인산염을 써서 에너지를 저장한다. 요점은, 태초의 생명이 썼을 만한 에너지화폐로 ATP만 생각할 필요는 없다는 것이다. 피로인산염은 ATP와 에너지 함량이 비슷하면서도 훨씬 단순한 분자이기에 충분한 대안이 되어준다.

초기 지구에서 쓸 수 있었을 에너지원들은?

음식이나 휘발유에 든 에너지처럼 에너지가 눈에 보이지 않을 때도 있다. 그러나 다른 꼴의 에너지, 이를테면 바람, 미세기, 햇빛은 직접 몸으로 느낄 수 있다. 그뿐 아니라 초기 지구에서 쓸 수 있었던 에너지 가운데에는 번개나 혜성 충돌 같은 단발사건으로 변화를 일으킨 것도 있었으며, 순환되는 형태로 꾸준히 쓸 수 있는 에너지들도 있었다. 기억해야 할 요점은, 에너지란 그것이 물질에 미치는 효과로 정의되며, 시간이 흐르면서 그 효과가 변화를 만들게 된다는 것이다. 초기 지구에서 화학반응들을 끌고 가는 데에 쓸 수 있었을 에너지가 무엇일지 생각할 때에 바로 이런 에너지 정의를 사용할 수 있다. 달리 말하자면, 이런 물음을 생각해보자. 시간이 흐르면서 변화하던 것이 무엇이었는가? 화학의 모든 것은 원자와 분자의 전자구조에서 일어나는 변화로 귀결되기 때문에, 지금 우리가 진짜로 묻고 있는 것은 바로 시간이 흐르면서 유기화합물의 전자구조에 변화를 일으킬 수 있었던 에너지 꼴이 무엇이었느냐는 것이다. 우리가 고려해야 할 에너지원은 몇 가지 안 된다.

* 분자에서 원자들을 묶어주는 전자쌍 결합에 들어 있는 에너지. 이것을 화학에너지라고 한다.
* 한 물질에서 다른 물질로 전자가 건너뛸 때 쓸 수 있는 에너지. 이것을 전기화학 에너지라고 하며, 산화−환원 에너지, 또는 산화−환원 전위라고도 한다.
* 색소 분자의 전자구조가 빛을 흡수할 때 화학적 화합물에 추가되는 광화학에너지.
* 온도가 올라갈 때 화합물에 추가되는 열에너지.
* 막 안팎의 농도 기울기에서 얻을 수 있는 에너지. 이것이 화학삼투 에너지로, 빛에너지와 지구상 나머지 생명 사이의 핵심적인 중간단계 에너지이다.

오늘날의 생물은 이 다섯 가지 에너지원 가운데에서 (열을 뺀) 네 가지를 써서, 목숨을 이어가는 데에 필수적인 다양한 과정들을 끌고 간다. 환경에서 쓸 수 있는 어느 에너지원을 포획한 다음, 상당히 복잡한 효소−촉매 반응들이 일어나 그 에너지를 세포 기능들을 끌고 가는 일에 쓸 수 있도록 먼저 다른 에너지 꼴들로 탈바꿈시키는데, 이 과정을 에너지 변환energy transduction이라고 한다. 이번 장의 나머지 부분에서 나는 이 에너지원들을 하나씩 차례차례 살피면서 현재의 생물들이 그 에너지들을 어떻게 이용하는지 보여줄 생각이다. 그런 다음에 우리는 생명 탄생 이전의 지구에서 에너지원들이 어떻게 하여 복잡성을 계속 증가시키는 쪽으로 유기화합물들을 끌고 가다가 마침내 자기조립된 분자계에서 세포형 생명을 탄생시켰을지 어림짐작을 몇 가지 해볼 수 있을 것이다.

화학에너지

에너지가 어떻게 화학반응을 끌고 가는지 서술할 때 쓰는 기본 개념이 둘 있다. 생명의 기원에 화학에너지가 어떤 식으로 관여하게 되었을지 이해하려면 반드시 이 개념들을 파악해야 한다. 일반적으로 그 두 개념은 **열역학** thermodynamics과 **반응속도론**kinetics으로 분류된다. 열역학은 화학반응 동안 일어나는 에너지 변화를 서술할 때 쓰고, 반응속도론은 주어진 반응이 일어나는 속도를 서술할 때 쓴다.

비록 처음에는 이 용어들이 추상적으로 들리겠지만, 일단 열역학과 반응속도론의 관점에서 생각하는 데에 익숙해지면 화학반응이 훨씬 더 이해하기 쉬워질 것이다. 유비를 쓰면 이 두 개념을 가장 쉽게 이해할 수 있다. 이렇게 상상해보자. 아랫접시에 구슬 열두 개가 있고, 작은 모터로 구슬을 한 번에 하나씩 1미터 위까지 들어올린 다음, 저장소 구실을 하는 윗접시에 부린다고 해보자. 모터는 구슬을 들어올리려고 에너지를 쓰고, 그 에너지는 윗접시에 있는 구슬에 저장된다. 그 구슬이 다시 아래로 내려올 수 있는 길은 두 가지이다. 한 가지 길은 그냥 아랫접시로 떨어지는 것이다. 두 번째 길은 꼬불꼬불 빙글빙글 멀리 돌아가게 하는 것이다. (비행기 탑승을 기다리는 동안 이런 장치로 승객들을 즐겁게 해주는 공항도 있다.) 아랫접시로 떨어지는 구슬은 에너지를 한꺼번에 풀어낸다. 그러나 두 번째 경로를 가는 구슬은 훨씬 느리게 에너지를 풀어내며, 내려오는 도중에 갖가지 재미있는 묘기를 선보일 수 있다. 여기서 요점은, 구슬을 하나하나 들어올리는 데에 쓰인 에너지의 양은 정확히 똑같지만(열역학), 저장된 에너지를 풀어내는 속도는 빠를 수도 느릴 수도 있다는(반응속도론) 것이다.

화학반응 에너지

화학반응을 서술하는 일차적 열역학 개념들은 자유에너지, 반응의 엔탈피와 엔트로피, 평형과 비평형, 활성화에너지이다. 먼저 평형부터 얘기해보자. 아마 대부분 베이킹 소다와 식초로 놀아본 적이 있을 것이다. 둘을 풍선 속에 넣고 섞으면 풍선이 부푸는 모습을 볼 것이다. 이 두 가지 평범한 식품에서 활성 화학물질(반응물)이 되는 것은 베이킹 소다의 중탄산나트륨과 식초의 아세트산이다. 화학자라면 그 반응을 다음과 같은 반응식으로 적을 것이다.

$$NaHCO_3 + CH_3COOH \rightarrow CH_3COONa + H_2CO_3$$

이 식을 달리 말해보면, 아세트산의 산성 수소이온 자리에 중탄산나트륨의 나트륨 이온이 들어가서 아세트산나트륨(CH_3COONa)과 탄산(H_2CO_3)을 만들어낸다. 그다음에 두 번째 반응이 일어나 탄산이 물과 이산화탄소로 쪼개진다.

$$H_2CO_3 \rightarrow H_2O + CO_2$$

반응물들을 섞으면 이산화탄소가 생성되기 때문에 화학반응이 일어날 때 쉭쉭 소리가 많이 난다. 바로 이 이산화탄소 때문에 풍선이 부푸는 것이다. 그러나 1분 정도 지나면 팽창이 느려지다가 마침내 멈춘다. 반응이 이른 바 평형상태에 도달한 것이다. 평형에 대해 이해해야 할 가장 중요한 점은 실제로는 반응이 멈춘 게 아니라는 점이다. 정반응은 일정한 속도로 계속되지만, 이산화탄소가 물과 반응해서 탄산을 생성하는 역반응과 차츰 균형을 이룬다. 두 반응속도가 같아지면, 반응은 평형에 도달한 것이고, 그러면 양방향 화살표를 써서 반응식을 다음과 같이 써야 한다.

$$NaHCO_3 + CH_3COOH \rightleftarrows CH_3COONa + H_2CO_3 \rightleftarrows H_2O + CO_2$$

오늘날 생명의 대사반응은 말할 것도 없고, 생명의 기원으로 이어졌던 반응들에서도 평형과 비평형 개념은 중심이 된다. 이를 간추려보자.

* 모든 화학반응에는 정방향과 역방향이 있으며, 적어도 원리적으로 볼 때 모든 반응은 가역적이다.
* 화학반응은 언제나 비평형상태에서 평형상태로 진행한다.
* 반응이 평형을 향해 진행하면서 일어나는 에너지 함량 변화를 일컬어 그 반응과 관련된 자유에너지라고 한다.

생화학자들은 곧잘 반응의 자유에너지를 몰당 킬로칼로리kilocalories per mole 단위로 서술하지만, 요즘은 점차 이 단위 대신 국제표준단위인 몰당 킬로줄kilojoules per mole로 쓰고 있다. 줄 단위는 1845년에 역학에너지가 열에너지로 바뀔 수 있음을 발견했던 영국의 물리학자 제임스 프레스콧 줄James Prescott Joule을 기린 이름이다. 줄은 일정량의 역학에너지를 써서 물을 저으면, 그만큼의 열에너지로 물이 점점 데워짐을 관찰했다. 1줄의 현대적 정의는, 질량 1킬로그램에 1초 동안 1뉴턴의 힘을 가했을 때 그 질량에 추가된 에너지이다. 이보다 덜 추상적으로 말해보자. 여러분이 국제 우주정거장의 우주비행사라고 상상해보자. 같은 방에 있는 다른 우주비행사에게 1리터 들이 물병을 보내려고 한다. 물병을 1초 동안 밀어서 초속 1미터의 속도로 둥둥 띄워보낸다면, 여러분은 1줄의 에너지를 쓴 것이다.

그다음에 이해할 것은, 반응이 일어나는 동안의 자유에너지 변화를 더 파고들면, 자유에너지에는 엔탈피와 엔트로피라고 하는 두 성분이 있음을 발견하게 된다는 것이다. 게다가 화학반응이 시작되려면, 언제나 활성화에너지라고 하는 특별한 에너지가 있어야 한다. 효소와 촉매가 뭐하는 것들인지 이해하기 위해서는 활성화에너지에 대해 알아두어야 한다. 먼저 자유에너지, 엔탈피, 엔트로피를 살펴보자.

자유에너지는 여느 반응이 일어나는 동안에 생긴 총 에너지 변화량이다. '자유'라고 부르는 까닭은 반응하는 화합물이 가진 총 에너지가 반응 중에 실제로 쓰인 에너지보다 훨씬 많기 때문이다. 그래서 자유에너지라고 하면, 반응이 일어나는 동안 '자유롭게 풀려난' 또는 '소비된' 에너지만을 가리킨다. 반응이 자발적으로 일어나는 경우에 자유에너지 변화량은 음수이다. 반응물이 에너지를 잃거나 반응물에서 에너지가 덜어진다는 것을 상기하면 이를 기억할 수 있다. 에너지를 추가해야만 반응이 일어나는 경우, 다시 말해서 반응을 '오르막' 방향으로 끌고 갈 때의 자유에너지 변화량은 양수이다.

대부분의 자발적 반응은 열을 발산한다. 그래서 초창기 화학자들은 열의 관점에서 반응에너지를 이해하려고 했다. 바로 여기서 '열역학'이란 용어가 나왔다. '엔탈피enthalpy'는 '속열'이라는 뜻을 가진 그리스어에서 왔으며, 대부분의 자발적 반응이 에너지를 열로 풀어내기 때문에 엔탈피 변화량은 쉽게 측정할 수 있다. 이를테면 자동차 엔진 속에서 일어나는 폭발반응이나 여러분의 몸을 따뜻하게 유지해주는 ATP의 가수분해가 그런 경우이다. (달리기를 할 때에 몸이 더 더워지는 까닭이 이 때문이다. 말하자면 다리 근육을 수축시키고 이완시키는 데에 필요한 ATP 가수분해가 별도로 더 일어나기 때문이다.) 하지만 반응물이 다르면, 엔탈피 변화량도 다르다. 예를 들어 지방 1그램과

당 1그램을 태워서 풀려난 열의 양을 비교해보면, 지방이 풀어낸 열이 당보다 두 배 많음을 알게 된다. 이유는 간단하다. 지방은 대부분이 탄화수소로서, 탄소 하나마다 수소 원자 둘이 붙어 있다. 수소와 탄소 사이의 화학결합은 화학에너지의 대부분이 자리한 곳이다. 당은 탄수화물로서 이미 부분적으로 산화한 상태이다. 탄소 하나마다 수소 원자와 수산화기(−OH)가 하나씩 붙어 있어서 화학에너지가 지방보다 덜 들어 있다. 연소반응의 생성물인 H_2O와 CO_2는 화학적 자유에너지를 모두 잃은 것들이다.

엔트로피는 늦은 1800년대에 발견되었다. 화학자들이 오로지 발산된 열의 관점에서만 화학반응의 에너지를 서술하려고 하던 때였다. 그런데 뭔가 맞지 않았다. 풀려난 열에너지가 거의 예상했던 만큼일 (그러나 딱 들어맞지는 않은) 때도 있었으나, 예상치의 근처도 가지 못하는 반응도 있었다. 무엇인가 빠진 게 있었다. 1865년에 독일의 물리학자 루돌프 클라우시우스Rudolf Clausius가 그 무엇을 '안에서 일어난 탈바꿈'이란 뜻의 그리스어에서 따와 '엔트로피entropy'라고 했다. 몇 년 뒤, 예일 대학교의 조사이어 윌러드 깁스 Josiah Willard Gibbs가 자유에너지 개념을 생각해냈다. 이것은 외부 일에 쓸 수 있는 에너지를 뜻하는 말로, 지금은 깁스 자유에너지Gibbs free energy라고 하고, 줄여서 G로 표기한다. 엔탈피는 비교적 파악하기 쉬운 개념이지만, 처음 맞닥뜨렸을 때 엔트로피에는 수수께끼 같은 구석이 있다. 1873년에 깁스는 이렇게 적었다. "엔트로피 관념이 연루된 방법은 어느 것이나, 열역학 제2법칙에 의존하는 엔트로피의 바로 그 존재 자체가 틀림없이 지나치게 억지스러운 듯 보이며, 모호하고 이해하기가 어려워 초보자들에게는 거리낌이 있을 수 있다." 깁스는 엔트로피라고 부르는 그 빠진 에너지가 외부 일을 할 때 쓸 수 있는 것이 아님을 알아차렸다. 왜냐하면 반응물이 생성물로 바뀌면서 엔트로피는 반응 중에 내부적으로 다 소모되기 때문이다. 따라서 다음의 간단한 방정식에 따라, 가용 에너지에서 엔트로피를 빼야 한다.

$$G(\text{깁스 자유에너지}) = H(\text{열 또는 엔탈피}) - TS(\text{절대온도} \times \text{엔트로피})$$

실험실에서는 반응물과 생성물 각각의 총 에너지를 측정할 필요가 없다. 사실 이는 대단히 어려운 일일 것이다. 관심의 대상이 되고, 또 측정하기가 훨씬 쉬운 것은 바로 반응이 일어나는 동안의 에너지 **변화량**이다. 그러므로 위의 방정식을 가장 쓸모 있게 바꿔보면, 그 식에는 차 또는 변화량을 뜻하는 부호 Δ가 더 들어간다.

$$\Delta G = \Delta H - T \Delta S$$

ΔH는 반응 중에 발산된 열에너지의 양으로 쉽게 측정된다. 이를테면 물에서 일어나는 반응이라면 온도 변화로 ΔH를 규정할 수 있을 것이다. S로 줄여 표기한 엔트로피는 직접 측정할 수는 없고, 다른 측정값들에서 계산해내야 한다. 엔트로피를 직관적으로 이해할 한 가지 길은 우리가 흔히 하는 경험, 곧 닫힌계에 물건을 정리해 놓아두면 시간이 흐르면서 무질서해진다는 경험에서 찾을 수 있다. 무질서의 증가는 엔트로피의 증가로 정의된다. 대부분의 화학반응이 일어나는 동안 엔트로피는 증가하고, 엔트로피 변화량이 클수록 $T \Delta S$항도 커진다. 엔탈피 변화는 거의 없이 주로 엔트로피 변화가 끌고 가는 반응도 더러 있다. 생물학에서 그런 과정을 보여주는 중요한 예로는 지질이 이중층 막으로 자기조립하는 것과 단백질이 3차 구조로 접히는 것이 있다.

T는 절대온도로서 단위는 켈빈이다. 이것도 설명이 조금 필요하다. 초창기 화학자들은 온도 측정값을 정의할 만한 것으로 물의 녹는점과 끓는점을 선택하기로 결정했으나, 이 역사적인 사건이 끝없는 혼란을 낳았다. 1848년, 윌리엄 톰슨이라는 아일랜드의 물리학자가 아무것도 더는 그 아래로 내려가 차가워질 수 없는 최저 온도가 있어야 한다는 생각을 발표했다. 그는 이

온도를 절대영도라고 정의했다. 톰슨은 절대온도 1도를 정의하는 단위로 친숙한 섭씨온도—물의 어는점과 끓는점 사이에 100도가 있다—를 임의로 골랐다. 늘그막에 톰슨은 과학과 공학에서의 업적을 인정받아 기사 작위를 받았고, 칭호는 그가 과학자로서 대부분의 세월을 보냈던 스코틀랜드의 글래스고 대학교를 흘러 지나가는 강 이름을 따서 켈빈 경이라고 했다. 이렇게 돌고 돌아서 스코틀랜드의 어느 강 이름이 절대온도 단위로 선택받아 켈빈온도라고 부르고, 줄여서 K로 표기한다.

우리 목적을 염두에 둘 때, 이 설명에서 기억해야 할 것은 이것뿐이다. 곧, 반응이 자발적으로 일어날 수 있을 때에는 마땅히 자유에너지 변화량이 음수인데, 그 까닭은 반응물이 열로서 에너지를 잃기(엔탈피 변화) 때문이며, 생성물의 무질서 정도(엔트로피)가 반응물보다 더 크기 때문이라는 것이다. 이를테면 성냥 긋기를 생각해보자. 반응물은 성냥머리에 있는 화학물질들이고, 모두 한군데에 모여 있다. 그런데 성냥에 불을 붙이면 열이 발산되고(엔탈피 변화), 반응물은 기체들로 바뀌어 주변 공기 속으로 확산되면서 무질서해진다(엔트로피 증가).

열역학에 관해서 마지막으로 짚어볼 것은 열린계와 닫힌계라고 부르는 것과 관련이 있다. 닫힌계란 말 그대로이다. 외부와 차단되어 있는 용기 안에서 무슨 일이 진행되는 것이다. 닫힌계에서 진행되는 반응은 무엇이든 최종적으로는 에너지 변화가 더는 일어나지 못하는 평형에 이른다는 규칙에 예외가 되는 것을 아직까지 하나도 찾아내지 못했다. 자유에너지는 모두 소모되고, 엔트로피는 최대에 이르는 것이다. 이런 우주의 법칙은 생명의 기원을 신비화시킬 요량으로 쓰이기도 했다. 그 논증은 이런 식이다. 곧, 모든 것은 언제나 무질서를 향해 간다고(평형, 최대 엔트로피) 열역학은 말한다. 그렇다면 어떻게 생명이 시작될 수 있었겠는가? 물론 답은 간단하다. 생명은 닫힌계에서 시작하지 않았다. 오늘날의 지구처럼 초기의 지구 또한 열린계였다. 말하자면 지구를 때리는 막대한 양의 태양에너지(와 지구에 저장된 화산에너지)를 써서 복잡성을 계속 증가시키는 쪽으로 화학반응을 끌고 갈 수 있었던 것이다. 아직도 태양에너지는 생물권의 동력원이며, 앞으로 수십 억 년 동안도 쭉 그럴 것이다.

반응속도론과 활성화에너지

화학반응 가운데에는 아주 느린 것도 있고 매우 빠른 것도 있다. 반응이 얼마나 빠르게 일어나는지 서술해줄 방정식들이 있기는 하지만, 우리의 목적상 자세히 파고들 필요는 없다. 이해해야 할 가장 중요한 것은, 어떤 반응들은 에너지 면에서 오르막 방향으로 매우 빠르게 끌려갈 수 있는데, 만일 반대 방향으로 일어나는 내리막 반응이 느리다면, 복잡한 분자들을 만들어 상당 기간 동안 준안정 상태로 유지할 수 있다는 것이다. 이런 조건을 일러 반응속도의 덫kinetic trap이라고 부른다. 어떤 의미로 보면, 이것이 바로 생명의 전부이다. 생명은 열역학적으로 평형상태와 동떨어져 있지만, 그래도 내리막 분해반응들이 느리기 때문에 생명이 있을 수 있다. 달리 말하면, 우리는 샤워할 때 용해되지 않는다. 열역학적인 관점에서는 그것이 자발적으로 일어나는 반응이지만 말이다. 생명의 기원에서 이것이 뜻하는 바는, 중합체를 빠르게 합성해내면서도, 생성된 그 중합체들이 반응속도의 덫에 걸려, 생명의 생화학적 기능들에 참여할 만큼 오래 축적될 수 있게 하는 과정을 찾아내야 한다는 것이다.

그런데 활성화에너지는 어떤가? 가수분해 같은 반응들은 아주 느리게 일어나고 베이킹 소다와 식초 사이의 반응 같은 것들은 빠르게 일어나는 이유가 이 활성화에너지 때문이다. 활성화에너지라는 말에는, 반응이란 결코 순수한 내리막 과정이 아니라는 생각이 깔려 있다. 화학반응을 당하기 위해서는 두 반응물 분자들이 기체나 액체 속에서 확산하면서 충돌해야만 한다. 충돌이 일어나는 동안, 반응물들이 에너지 내리막 방향으로 진행해서 생성물이 되기 이전에 넘어야 할 일종의 에너지 언덕이 있다. 그 에너지 언덕을 활성화에너지라고 하는데, 어떤 반응들에서는 비교적 높지만, 또 어떤 반응들에서는 아주 낮다. 이를 알아차리지는 못해도, 우리는 일상생활에서 활성화에너지를 흔히 경험한다. 예를 들어보자. 부엌성냥에는 화학에너지가 실려 있지만, 단단한 면에 그어서 활성화에너지를 추가하기 전까지는 불활성이다. 그으면 마찰에 의해 열이 생성되고, 그 열이 성냥머리에서 작은 부위의 반응을 충분히 활성화시키면, 연쇄반응에 의해 성냥머리 전체로 반응이 퍼진다.

여기서 요점은, 우리가 반응에 열을 추가할 때, 사실은 혼합물 속 분자들에 운동에너지를 추가한다는 것이다. 달리 말하면, 뜨거운 분자일수록 차가운 분자보다 더 빠르게 운동하기에, 서로 충돌했을 때 활성화에너지 장벽을 넘을 가능성이 더 커진다는 말이다. 이런 사실을 이용해서 유기화학자들은 거의 언제나 반응 혼합물에 열을 가해 반응이 더 빨리 일어나게 한다. 반죽에서 원하는 반응이 일어나도록 빵을 오븐에 넣고 굽는 까닭도 이 때문이다. 활성화에너지를 이해해야 할 두 번째 이유는, 심지어 가열하지 않아도 촉매에 의해 반응속도가 극적으로 높아질 수 있기 때문이다. 왜냐하면 반응물이 넘어야 할 활성화에너지 언덕을 촉매가 낮춰주기 때문이다. 이 개념은 생명은 물론 생명의 기원에도 몹시 중요하다. 그래서 나중에 한 장을 할애해서 촉매만을 살펴볼 생각이다.

열과 활성화에너지

생명 탄생 이전 환경에서 열은 없는 곳이 없이 풍부한 에너지였다. 그랬기 때문에, 생명의 기원을 탐구했던 초창기 연구자들은 아미노산 같은 잠재적 반응물들을 높은 온도에서 건조시키는 방법으로 중합반응을 끌고 가려 했으며, 어느 정도 성과도 거두었다. 건열을 써서 축합반응을 끌고 가는 방법의 장점은 그것이 생명 탄생 이전의 중합체를 합성해낼 한 가지 가당성 있는 방법이라는 것이다. RNA는 1980년대에 레슬리 오르겔이 입증한 것처럼 효소 없이 주형에서 합성될 수도 있고, 아니면 렌셀러 공과대학의 제임스 페리스James Ferris가 연구했듯이 점토 표면에서 합성될 수도 있다. 하지만 이런 생명 탄생 이전 중합 메커니즘 본뜨기실험들에서는 어떤 식으로인가 단위체들이 화학적으로 활성을 띠어야 한다. 대개는 에스테르 결합을 통해 '이탈기leaving group'가 인산염에 부착되도록 해서 활성을 띠게 한다. 무슨 뜻이냐면, 반응물에서 이미 수분을 제거한 상태이기에 중합반응이 에너지 내리막을 향한다는 것이다. 열은 필요 없고, 반응은 수용액에서 일어난다. 화학자의 관점에서 보면 이런 조건들이 이상적이겠지만, 생명 탄생 이전 조건들에서 단위체들을 화학적으로 활성을 띠게 하는 법은 아직 아무도 생각해내지 못했다. 생명이 시작되는 데 필요했던 원시중합체들을 생성하는 데에 흥미로운 대안적 접근법이 건열인 까닭이 바로 이 때문이다.

여기서 지적해야 할 중요한 점은, 열이 참된 화학에너지원은 아니라는 것이다. 아미노산을 물에 넣고 한없이 열을 가한다 해도, 중합체는 하나도 생성되지 않을 것이다. 설사 펩티드 결합이 더러 형성된다 하더라도, 물에 의해 빠르게 가수분해되고 말 것이다. 그런데 아미노산이 건조 상태에 있으면, 중합체 합성이 일어날 수 있다. 그래서 어쩌다 두 반응성 분자들이 서로 만났을 때, 물 분자들이 그 계를 이탈할 수 있다는 사실에서 진짜 에너지원을 찾아야 한다. 열이 하는 일은 반응물에 활성화에너지를 추가해서 반응이 일어날 가능성을 높여주는 것이다. 본질적으로 수분은 증발하고, 그 결과 펩티드 결합이나 에스테르 결합 같은 화학적 연결 상태를 합성하는 쪽으로 반응이 '당겨지는' 것이다.

단순한 가열과 건조가 가지는 문제는, 온도를 올리면 여러 가지 반응들이 복합적으로 일어날 수 있다는 것이다. 그 결과 불특정 화학결합이 수없이 형성되고, 갈색 또는 검정색까지도 띠는 원치 않는 물질—타르tar라고 한다―이 생성될 수 있다. 그러나 다양한 화학결합 변종들이 형성되지 못하게 하고, 그 대신 생명 상태와 관련된 결합들만을 형성하도록 반응물들을 조직할 길을 찾아낼 수 있다면 어떻게 될까? 그러면 건열이 단위체들을 특수한 중합체들이 되도록 끌고 갈 것이다. 나아가 반응의 건조한 단계와 습한 단계가 순환하면서 번갈아든다면, 그 반응은 오르막 방향으로 '펌프질'되어 더욱더 복잡한 생성물들을 반응속도의 덫에 축적할 것이다. 이런 식으로 무작위적 중합체들이 다양하게 생성될 수 있을 것이며, 만일 친양쪽성 분자들까지 존재한다면, 저마다 서로 다른 마이크로 크기의 원세포들이 수없이 생겨날 것이다.

대사에너지

생명 과정과 관련된 합성반응들은 자발적이지 않다. 예를 들어, 단백질이 합성되는 동안 반응물과 생성물의 자유에너지를 합하면, 자유에너지 변화량이 양수임을 발견할 것이다. 무슨 뜻이냐면, 그 반응들을 에너지 오르막 방향으로 진행시키려면 에너지를 반드시 투입해야 한다는 말이다. 어떻게 이런 일이 일어나는지가 이번 장 나머지의 주제이다.

생체계는 대사metabolism라고 하는 단계들을 거치면서 에너지를 차근차근 풀어내는데, 대사란 성장에 필요한 에너지와 작은 분자들을 공급하는 분자계 안에서 서로 이어져 있는 일련의 화학반응들로 정의할 수 있다. 각 단계는 특수한 효소에 의해 촉매된다. 오늘날의 생명은 다양한 영양분에서 화학에너지를 뽑아낼 수 있지만, 여기서는 대사경로의 중심에 자리하는 포도당에 초점을 맞출 것이다. 포도당에 함유된 에너지가 세포 속에서 풀려나는 대사경로에는 해당작용(解糖作用, glycolysis)이라는 걸맞은 이름이 있다. '당을 부수다'는 뜻의 그리스어에서 가져온 이름인데, 해당과정이 하는 일이 바로 그것이다. 포도당은 막에 있는 수송단백질에 실려서 세포 속으로 들어간다. 첫 번째 단계는 헥소키나아제hexokinase라고 하는 효소에 의한 인산화이다. 이 효소는 ATP에서 포도당으로 인산기 하나가 건너가는 일을 촉매한다. 이 일을 활성화라고 하며, 해당작용을 개시하기 위해선 필수적이다. 포도당만 있을 때에는 사실상 불활성이지만, 인산염이 추가되면 일종의 손잡이가 주어지면서 촉매반응이 더 일어날 수 있게 된다. 인산염 추가에 의한 활성화는 해당작용에만 국한되지 않으며, 대사에서 매우 흔한 반응이다.

　이 책은 생화학 교재가 아니기 때문에, 효소작용의 단계들을 자세히 살피지는 않을 것이다. 이해해야 할 중점은, 인산염 추가가 반응을 끌고 가는 방식이다. 중간체를 활성화시킬 때에는 ATP 두 개가 가진 고에너지 인산염이 쓰이지만, 여기서 합성되는 ATP는 네 개이다. 그래서 세포에서는 해당작용이 알짜 에너지원이다. 이 과정을 해당작용이라고 하는 까닭은 과정의 어느 단계에서 육탄당이 삼탄당 두 개로 쪼개지기 때문인데, 둘은 각각 마지막에 피루브산이 된다. 산소를 쓸 수 있다면, 피루브산이 미토콘드리아로 들어가 이산화탄소와 물로 완전히 산화한다. 산화작용에서는 쓸 수 있는 에너지가 훨씬 많으며, 이 에너지는 해당작용 경로에 들어선 포도당 분자 하나당 36개가 합성되는 ATP 분자들 속에 보존된다.

　이 모두는 몹시 복잡한 과정이다! 그래도 오늘날 세포 내에서 해당작용은 가장 단순한 대사계에 속한다. 그렇다면 문제는 이것이다. 이 모두가 어떻게 시작되었는가? 어떻게 해서 대사계가 생겨날 수 있었는지 아직까지 합의된 생각은 없기 때문에, 앞으로 연구해야 할 중요한 문제이다.

전기화학 에너지

한겨울, 우리가 키우는 골든리트리버인 미스티에게 먹이를 주려고 밖으로 나갔다. 이른 아침인지라 꽤 어두울까 싶어 손전등을 가지고 나갔다. 스위치를 누르자 전구에 불이 들어왔다. 이젠 차고에서 개 먹이를 찾을 수 있겠다. 내가 손전등 스위치를 눌렀을 때 무슨 일이 일어난 걸까? 어떻게 해서인가 손전등 전지에 전기가 가득 차 있어서 전구를 밝혔던 걸까? 진실은 바로, 손전등 전지에 가득 든 것은 전기가 아니라 화학물질들이고, 화학반응이 전류를 생성해 전구에 불을 밝힌 것이다. 전지가 여섯 개인 자동차 배터리의 속도 마찬가지이다. 각 전지에 들어 있는 납과 황산 사이에서 화학반응이 일어나 2볼트 정도를 만들어낸다. 전지 여섯 개는 직렬로 연결되어 있기에, 모두 합하면 12볼트이고, 엔진 시동을 걸 만큼 충분한 전류를 흐르게 한다. 사람 몸을 이루는 100조 개의 세포에 들어 있는 미토콘드리아의 속도 마찬가지이다. 미토콘드리아에서 산소와 전자 사이의 화학반응으로 0.2볼트가 만들어지고, 이는 ATP를 합성하기에 충분한 에너지이다. 이 반응들 모두 전기화학 범주로 분류되는데, 초기 지구에서 첫 생명꼴들에게 에너지를 공급했던 것도 과연 그런 반응이었을지 물음을 던질 수 있다.

오늘날 대부분의 생명에서 쓰이는 전기화학 반응에는 식물이 만들어낸 산소가 필요하다. 우리가 숨을 쉬면, 산소를 혈류와 접촉하게 해서 산소가 몸 전체로 전달될 수 있도록 하는데, 이 과정을 호흡이라고 한다. 생화학에서는 미토콘드리아가 산소를 쓰는 과정을 가리킬 때에도 호흡이란 말을 쓴다. 산소가 그처럼 중요한 까닭은, 산소가 전자받개이기 때문이다. 말하자면 수채통 같은 구실을 해서, 당과 지방에서 나온 전자들이 그곳으로 흘러들어가는 것이다. 나이아가라 폭포에 빗대면 이를 이해할 수 있다. 폭포에서 물은 높은 위치에서 낮은 위치로 떨어진다. 그 물을 터빈 겸 발전기를 통과하도록 흘려보내면 낙하하는 물의 에너지를 전기에너지로 바꿀 수 있다. 그런데 이제 이렇게 상상해보자. 강의 낮은 위치를 폭포가 더는 생기지 않을 높이까지 상승시킨다고 해보자. 그러면 발전기는 멈춰서고, 인근에 있는 뉴욕 주의 도시들은 깜깜해질 것이다. 산소가 없으면 사람에게도 똑같은 일이 벌어진다. 전자들이 갈 곳이 없기 때문에, 뇌가 깜깜해지고, 곧이어 몸 전체도 깜깜해진다.

이는 첫 세포형 생명꼴에겐 폭포 맨 위의 전자주개와 맨 밑의 전자받개가 모두 필요했음을 뜻한다. 생명 탄생 이전 환경에서 쓸 수 있었을 잠재적인 전자주개는 여러 가지가 있었을 것이다. 그 가운데에서 아마 가장 유력한 후보는 수소 기체였을 것이며, 황화수소(H_2S)와 메탄도 못지않았을 것이다. 이 모두는 화산 기체 속에 들어 있다. 이 기체들을 전자 공급원으로 쓰는 미생물은 다양한데, 열수구에서 사는 풍부한 세균들이 그 좋은 예이다. 그런데 전자받개로 쓸 만한 것들에는 무엇이 있었을까? 우리가 알기로 초기 대기에는 산소가 없었거나 없다시피 할 만큼 적었기에, 오늘날 대부분의 생명이 사용하는 전기화학 에너지를 그때는 쓸 수 없었다. 그렇다면 산소 대신 전자받개 구실을 해줄 만한 것이 무엇이었을까? 그 실마리는 혐기성 세균들의 대사에서 찾아볼 수 있다. 이 세균들은 오늘날에도 산소가 없는 조건에서 잘 살고 있다. 그런 세균들이 쓰는 것들은 황산염, 질산염, 철, 망간, 일산화탄소이다. 혐기성 세균이 황산염을 전자받개로 쓸 때 나오는 한 가지 생성물이 황화수소로서, 늪과 개펄에서 나는 썩은 달걀 냄새가 바로 이것이다. ('썩은 달걀 냄새'라고 말하는 까닭은 이따금 세균이 달걀에 침투해서 황 함유 아미노산인 시스테인과 메티오닌을 대사할 때 황화수소를 만들기 때문이다.)

광화학

초기 지구에서 다양한 에너지원으로부터 나온 가용 에너지의 양은 오늘날의 지구를 기준으로 해서 대략 산정해볼 수 있다. 쉽게 얻을 수 있는 에너지는 빛이다. 1년에 1제곱미터마다(/m^2/yr) 빛에너지는 62만 4000킬로줄에 달하며, 오늘날 사실상 모든 생명의 에너지원이 되어주는 것이 바로 광합성으로, 자연에 그처럼 풍부한 에너지를 활용하도록 진화한 것이었다. 이보다 훨씬 작은 에너지원에는 방사능, 화산, 전기방전이 있으며, 에너지량은 대략 5~200킬로줄/m^2/yr 사이이다. 첫 생명꼴들에게도 빛이 으뜸 에너지원이었을까? 이 문제를 이해하려면, 광화학에 대해 몇 가지 사실을 알아야 한다.

가장 중요한 사실은 광자를 흡수할 색소가 있어야지만 빛이 유용한 에너지원이 된다는 것이다. 색소 분자가 광자를 흡수하면, 광자들은 그 분자를 묶어주는 결합의 전자구조와 실제로 상호작용을 하여 그 결합에 에너지를 추가해준다. 이런 일이 일어날 때, 우리는 그 분자가 바닥상태에서 들뜬상태가 되었다고 말한다. 그렇게 흡수된 에너지는 여러 방식으로 발산될 수 있는데, 대개는 분자를 평상시보다 더 진동하고 더 회전하게 한다. 달리 말하면 에너지가 열로 바뀌는 것이다. 또는 더 긴 파장의 빛으로 발산될 수도 있는데, 이 현상을 형광이라고 한다. 이를테면 자외선 광자들이 플루오레세인fluorescein이나 로다민rhodamine 같은 색소 분자를 때리면, 흡수된 에너지는 밝은 초록이나 빨간 형광으로 발산된다. 그러나 생명과 관련된 가장 중요한 과정은 그렇게 흡수된 빛에너지로 인해 색소가 더 높은 반응성을 띠게 될 때 일어난다. 활성을 띤 색소 분자가 자기가 가진 전자 하나를 받개분자에게 줄 때 일어나는 반응이 그 한 가지이다. 단순하게 보이는 이 광화학반응이 지구상 대부분의 생명에게 에너지의 기반이 된다. 녹색 엽록소 분자가 햇빛에서 빨간빛을 흡수할 때 일어나는 반응이 이것이기 때문이다. (이 규칙에서 단 한 가지 예외가 바로 무기영양생물lithotroph이라고 하는 세균들로서, 일부 광물에 저장된 에너지를 쓴다.)

〈그림 11〉은 이 반응을 단순화해 그린 다이어그램이다. 처음에 엽록소(꼬리 달린 사각형)는 바닥상태에 있다. 빨간빛 광자 하나를 흡수하면서 엽록소의 에너지 함량이 증가한다. 그렇게 추가된 에너지로 인해 엽록소는 들뜬상태가 된다(별표). 그러면 전자 하나를 주고, 그 전자는 여러 반응을 거치면서 마지막에 이산화탄소에 이르고, 이산화탄소는 반응을 더 거쳐 포도당 같은 탄수화물에서 여정을 마친다. 이렇게 해서 처음의 빛에너지는 포도당에 저장된 화학에너지의 꼴로 보존된다. 전자를 잃은 엽록소는 양전하를 띠게 되며, '물분해반응water splitting reaction' 중에 물 분자가 가진 전자로 빈 전자

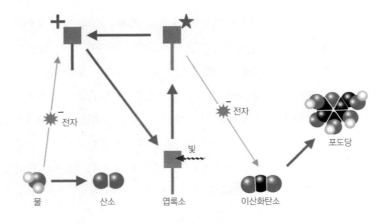

그림 11. 광합성에서 빛에너지는 엽록소를 고에너지 들뜬상태로 진입시켜 전자 하나를 풀어내게 한다. 그 전자는 일련의 반응들을 거쳐 여행하다가 마지막에 이산화탄소에 이르고, 이산화탄소는 포도당 같은 당으로 환원된다. 2차 반응에서 엽록소는 물 분자에서 받은 전자로 빈 곳을 채우고, 그 결과 물에서는 산소가 풀려난다. 사실상 대기에 있는 모든 산소는 광합성으로 만들어진다.

를 채우고, 그 결과 산소가 풀려난다. 이것이 사실상 지구 대기에 있는 모든 산소의 원천이다.

　오늘날 생명에서 광화학이 필수라면, 과연 생명의 기원에서도 광화학이 에너지 공급원이었을까? 아마 그랬을 수도 있다. 그러나 문제가 하나 있다. 그때에는 어떤 색소 분자를 쓸 수 있었을까? 엽록소는 확실히 아니었을 것이다. 엽록소는 매우 복잡한 분자로서, 여러 효소작용 단계를 거쳐야지만 합성되기 때문이다. 따라서 첫 생명꼴들은 종속영양생물heterotrophic이었고, 나중 진화 단계에 가서야 광합성을 발달시켰다고 보는 게 최선의 짐작이다. 설사 원시색소였을 만한 것 몇 가지를 생각해볼 수 있다고 해도, 색소 분자를 담아둘 막이 있지 않고서는 빛에너지 포획은 불가능했을 것이다. 더군다나 흡수된 빛에너지를 처리하려면, 원세포로서는 〈그림 11〉의 화살표들이 보여주는 것처럼 빛에너지를 화학에너지로 변환시켜줄 다른 분자계도 있어야 했을 것이다. 이렇듯 복잡해 뵈는 일련의 반응들을 생기게 했을 가당성 있는 메커니즘이 언젠가 발견될지도 모르겠으나, 그 전까지는 최초의 생체세포들이 빛 말고 다른 에너지원을 썼다고 생각하는 게 합당할 듯싶다.

막, 전압, 화학삼투

이제 생물학적 에너지원 가운데 가장 추상적이면서도, 오늘날의 모든 생명에서 중심이 되는 한 가지 에너지원을 살필 차례가 되었다. 이 에너지원이 워낙에 낯설었던 터라, 생화학자들이 이걸 파악해내기까지는 월러드 깁스가 자유에너지 관념을 생각해낸 뒤로 거의 한 세기가 걸렸다. 거기다가 피터 미첼이라는 이름의 독불장군 과학자가 15년을 바쳐서야 겨우 동료 과학자들이 그 생각을 받아들이게 되었다. 이는 생물들이 에너지를 포획하는 방식에 대한 우리의 이해에서 진정한 패러다임의 전환을 이루어냈다.

앞에서 우리는 이미 에너지가 어떻게 이 꼴에서 저 꼴로 꼴바꿈을 할 수 있는지 '에너지 변환'이라고 하는 과정을 살펴보았다. 그뿐 아니라 가장 흔한 형태의 에너지 변환, 이를테면 화학에너지가 다른 꼴의 화학에너지로 꼴바꿈하는 것, 빛에너지가 화학에너지로 꼴바꿈하는 것도 살펴보았다. 화학에너지의 변환은 퍽 간단해 보였기에, 오랜 세월 생화학자들은 생체세포의 에너지원은 그냥 대사라고 부르는 화학반응 에너지이고, 생명의 에너지화폐인 ATP는 화학적으로 합성된다고 생각했다.

이제 피터 미첼이 주도했던 싸움을 한번 상상해보자. ATP가 화학적으로 합성되는 것이 아니라, 막 장벽과 양성자 기울기가 반드시 필요한 과정들이 서로 엮인 놀라운 연쇄과정에 의해 합성된다는 거친 생각을 내놓으면서 그 싸움이 벌어졌다. 조금 있다가 이걸 설명하겠지만, 먼저 처음부터 끝까지 그 전체 과정을 개관해보기로 하자. 미첼은 미생물학자로 훈련을 받았기에 세균세포들이라는 게 기본에서 보면 막으로 에워싸인 칸들임을 잘 알고 있었다. 나아가 동물과 식물 세포에서 에너지를 변환시키는 미토콘드리아와 엽록체는 원래 진핵생명을 탄생시켰던 세균 종들끼리의 공생에서 유래했다. 늦은 1950년대, 세균, 미토콘드리아, 엽록체의 막들에는 한 화합물 집합에서 다른 화합물 집합으로 전자들을 수송할 수 있는 단백질계와 보조 인자계들이 들어 있다는 사실이 분명해지고 있었다. 이런 일이 광합성 중에 어떤 식으로 일어나는지는 이미 앞에서 서술했다. 광합성에서 전자 공급원은 빛에너지를 흡수하면서 활성이 된 엽록소 분자이다. 미토콘드리아와 세균의 경우, 전자 공급원은 구연산회로이고, 전자받개는 산소이다. 나아가 미토콘드리아, 엽록체, 세균의 막들은 어떤 식으론가 전자수송으로 얻게 되는 에너지를 사용해서 ADP와 인산염으로 ATP를 합성한다. 이런 까닭으로 그 막들을 짝지움막이라고 한다. 왜냐하면 ATP 합성과 전자수송이 서로 엮여 짝을 이루기 때문이다. 마지막으로 ATP는 반드시 화학적 과정, 곧 하나 이상의 전자수송 단백질이 인산화한 다음에 전자를 받아 더 높은 에너지 상태로 활성이 되는 과정에 의해 합성되어야 한다. 그러면 그 인산염이 ADP로 전달되어 ATP로 합성될 수 있다. 이런 일은 사실 해당작용 중에 일어난다. 그래서 당시엔 이게 가당성이 큰 메커니즘처럼 보였던 것이다. 우리는 앞으로 이를 '화학가설'이라고 부를 것이다.

미첼이 내놓았던 생각은 정말 급진적이었다. 그는 전자수송의 진짜 기능은 인산화한 단백질을 활성화시키는 것이 아니라 막 안팎으로 양성자들을 펌프질하는 것이라는 생각을 제시했다. 양전하를 띤 양성자를 펌프질하면, 막을 사이에 두고 안팎에 걸쳐 양성자 기울기가 생기고, 이 기울기는 약 0.2볼트의 실제 전압, 또는 약 3pH 단위 정도로 pH 기울기의 꼴을 띨 수 있었다. 이온들을 비롯해 기타 용질들의 농도 기울기가 삼투에너지를 공급하기 때문에, 미첼은 자기가 제안한 개념을 서술하려고 '화학삼투'라는 말을 만들었다.

미첼은 ATP 가수분해 에너지를 사용해서 양성자를 펌프질할 수 있는 2차 효소가 막 속에 있다는 생각도 내놓았다. 원리적으로 볼 때 모든 화학반응은 가역적이라고 말하는 열역학의 법칙들에 의거해, 미첼은 지금은 ATP합성효소라고 부르는 이 효소가, 양성자 기울기를 반대로 유지하는 막 속에 박혀 있다면, 역방향으로 구동될 수 있다고 말했다. 그 결과 ATP가 합성될 것이었다.

1961년에 미첼은 화학삼투에 대한 기초 개념을 짧은 논문에 담아 『네이처』에 발표했다. 털끝만큼이라도 관심을 보인 사람은 아무도 없었다. 그러나 좋은 가설들이 모두 그렇듯이, 화학삼투 가설 또한 실험으로 시험해볼 수 있을 예측들을 담고 있었으며, 어느 하나라도 실패하면 가설은 무너질 것이었다. 대안이 되는 가설도 있었다. 이 가설에서는 양성자 펌프와 가역적인 ATP효소와는 아무 상관없는 화학반응들로 ATP가 합성된다고 보았다.

과학의 과정은 대안이 되는 가설들이 둘 이상이고 다들 고비실험으로 시험해볼 예측들을 담고 있을 때 가장 잘 돌아간다. 화학가설의 중심 예측은 ATP 합성 중에 인산화한 단백질—가장 가능성이 높은 것은 한 가지 전자수송 효소—이 생성되어야 한다는 것이었다. 하지만 그때까지 누구도 그런 중간체가 있음을 입증 못한 형편이었다. 미첼이 새로운 메커니즘을 제시했던 한 가지 이유가 바로 이런 때문이었다.

화학삼투 가설의 다섯 가지 기본 예측은 다음과 같다.

* 짝지움막들은 양성자 기울기를 유지할 수 있어야 하고, 그 기울기는 ATP 합성을 끌고 갈 만큼 커야 한다.
* 짝지움막들은 빛이나 호흡을 에너지원으로 해서 전자를 수송시켜 양성자를 펌프질할 수 있어야 한다.
* 짝지움막들은 ATP효소를 담고 있어야 하며, 이것은 양성자 펌프이기도 하다.
* 막에서 양성자 누출을 일으키는 것은 무엇이나 짝풀개uncoupler일 수 있다. 달리 말하면, 전자수송은 그대로 계속되겠지만, ATP는 합성되지 않으리라는 뜻이다.
* 양성자 펌프와 ATP효소를 단리해낼 수도, 지질 소포에서 재구성할 수도 있어

야 한다. 그리고 펌프가 켜지면 ATP는 합성되어야 한다.

이 모든 일이 벌어지고 있던 이른 1960년대에 나는 PhD를 끝마쳐가고 있었다. 그 뒤 버클리 캘리포니아 대학교에서 박사후 연구를 했고, 거기서 피터 미첼과 화학삼투를 처음 알게 되었다. 1961년부터 1964년까지 버클리 교정에서는 토머스 쿤이 학생들을 가르치고 있었는데, 그 기간에 『과학혁명의 구조』를 써서 펴내어, 과학에서의 패러다임의 전환이라는 중대한 생각을 선보였다. 당시에 바야흐로 패러다임의 전환이 하나 일어나려 하고 있었음을 쿤이 알아챘으리라고는 보지 않지만, 그다음 10년 동안 나는 그 과정을 몸소 목격하는 행운을 누렸다.

그 10년 사이, 가끔씩 우연하게 미첼의 예측들이 성과를 거두어나갔다. 그 첫 번째는 1963년에 브룩헤이번 국립연구소의 안드레 자겐도르프Andre Jagendorf가 시금치에서 단리한 엽록체 현탁액에 빛을 쏘이자 pH가 높아지고, 빛을 끄자 pH가 원래 값으로 되돌아감을 발견한 것이었다. 화학삼투 가설에서 요구한 대로 엽록체 막들이 양성자들을 안쪽으로 펌프질한다고 볼 때에 설명될 수 있는 현상이었다. 두 해 뒤, 자겐도르프는 빛 없이도 어둠 속에서 ATP를 합성할 수 있었다고 보고했다. 그는 pH가 낮은 완충액에 엽록체를 담그고, ADP와 인산염이 든 pH가 높은 용액을 재빨리 추가했다. 그렇게 해서 만들어진 pH 기울기만으로도 ATP를 얼마 합성할 수 있으리란 게 가설의 예측이었는데, 그렇게 해서 ATP를 합성했으니 예측이 옳았음을 다시 한번 보여준 것이었다.

이 무렵 코넬 대학교의 에프레임 래커Efraim Racker가 미토콘드리아와 엽록체 모두 그가 짝지움인자coupling factor라고 불렀던 ATP효소를 갖고 있음을 발견했다. 이렇게 불렀던 까닭은, 그 인자가 있을 경우에만 막에서 ATP가 합성될 수 있었기 때문이다. 당시 잉글랜드 남서부의 보드민 근처에 있는 실험실에서 제니퍼 모일Jennifer Moyle과 일하고 있었던 미첼은 미토콘드리아가 양성자를 바깥쪽으로—엽록체와는 반대 방향으로—펌프질할 수 있음을 입증했다. 또한 미토콘드리아 막이 양성자 흐름을 충분히 가로막을 수 있는 장벽이어서, 막 안팎에 걸쳐 양성자 기울기가 유지될 수 있음도 보여주었다.

화학삼투의 손을 들어주는 증거는 꾸준히 쌓여갔다. 화학가설의 주요 지지자들이 화학삼투 가설을 반대하는 논문들을 발표하던 와중에도 말이다. 그네들의 논증은 이랬다. 곧, 설사 양성자 기울기로 ATP가 얼마 합성된다 하더라도, 거기서 실제로 벌어지는 일은 그냥 pH 치우침 때문에 미지의 단백질 성분이 인산염으로 들뜨게 되고, 그 인산염이 ADP로 전달되어 ATP가 만들어진다는 것이었다. 그러나 미첼의 비판자들에겐 심각한 문제가 하나 있었다. 그런 중간체가 있다면 단리해낼 수 있어야 한다. 그러나 수없이 시도를 했어도, 인산화한 단백질 중간체가 ATP 합성과 연관되어 있다는 것을 아무도 입증해내지 못했다.

1974년에 발표된 한 논문이 마침내 조류를 바꾸었다. 래커와 샌프란시스코 캘리포니아 대학교의 월터 스토이케니우스Walther Stoekenius가 ATP 합성에 유일한 필요조건이 양성자 펌프와, 자기조립된 막질 칸의 지질이중층에 박힌 ATP 합성효소라는 예측을 시험한 결과를 담은 논문이었다. 그들은 일찍이 스토이케니우스가 발견했던 균로돕신bacteriorhodopsin이라는 빛-의존적 양성자 펌프만을 담은 인지질 소포와, 막 속에 박혀 있는 래커의 짝지움인자인 ATP효소를 준비했다. 소포들을 빛에 노출시키자 균로돕신이 양성자를 펌프질했고, ATP가 합성되었다. 이 논문은 『생물화학지』에 발표되었고, 그동안 쌓여왔던 증거의 무게 덕분에 마침내 화학삼투 가설이 우뚝 서게 되었다. 1978년에 피터 미첼은 노벨상을 수상했고, 지금 화학삼투는 교과서에 실려 있다.

그 뒤로 생체에너지연구 부문에서 노벨상 수상이 한 번 더 있었다. 수상의 영예를 나눈 이는 로스앤젤레스 캘리포니아대학의 폴 보이어Paul Boyer

로, ATP합성효소의 입체 형태conformation가 두 가지라는 생각을 내놓았다. 첫 번째는 고에너지 상태로서, ADP와 인산염을 게걸스럽게 가져다가는 ATP를 합성해 활성부위와 결합시킨다. 그 ATP를 풀어내는 방도로 보이어가 제시한 생각은, 합성효소를 이루는 한 소단위가 줄기stem를 통과하는 양성자 흐름으로 구동되어 1초에 100번 회전하고, 그 회전이 ATP를 차내서, 효소를 고에너지 상태로 돌려놓는다는 것이었다. 참으로 예기치 못한 생각이었다. 만일 1960년대에 미첼이 제시했었더라면 비웃음이나 받고 말 생각이었다. 그러나 1980년에 이르러서는, 그동안 많은 증거가 축적된 덕분에 진지하게 고려될 수밖에 없었다. 이를테면 보이어와 함께 존 워커John Walker도 노벨상을 공동수상했는데, 잉글랜드 케임브리지의 의학연구위원회 분자생물학실험실에서 했던 연구를 인정받아서였다. 워커는 합성효소의 촉매성 소단위를 결정화해서 X-선 회절을 이용해 그 구조를 규명했으며, 그 구조는 보이어가 내놓았던 생각과 부합했다. 관련 연구를 보면, 대장균 *E. coli* 같은 운동성 세균이 편모를 회전시켜서 운동을 만들어낸다는 사실 또한 알려져 있으며, 하버드의 하워드 버그Howard Berg는 편모를 회전시키는 에너지를 공급하는 것이 양성자 기울기임을 보여주었다. 이런 예들 덕분에, ATP합성효소가 어쩌면 일종의 분자모터일지도 모른다는 생각을 더욱 쉽게 할 수 있었다. 이를 뒷받침하는 가장 설득력 있는 증거는 ATP합성효소에 형광표시를 부착해서 효소가 회전하는 모습을 현미경으로 보여줄 수 있다는 것이다.

화학삼투가 첫 생명꼴들에게 에너지원이 되어줄 수 있었을까? 내가 보기에는, 전자수송과 양성자수송이 짝을 이루고, 회전하는 ATP합성효소까지 다 갖춘 완전한 화학삼투계가 처음부터 에너지원이었을 리는 없는 것 같다. 인디애나대학의 미생물학자 아서 코치Arthur Koch가 제안한 대로, 아마 이보다 원시적인 형태가 있었을 것이다. 분명 어느 시점에서 생명은 분자들이 상호작용하는 계를 막질 칸 속에 담은 세포형 생명이 되었다. 그리고 막이 생기자마자 막을 사이에 두고 이온 기울기가 생겨 에너지를 저장했을 수도 있다. 비록 ATP 합성을 향해왔던 진화 단계들이 아직 규명되지 않았지만, 우리가 아는 바를 이용해서 ATP 합성이 어떻게 일어나게 되었는지 사변을 펼쳐볼 수는 있다. 어느 시점에선가 ATP가 생명의 에너지화폐가 되었던 것은 분명하다. 아마 해당작용에서 일어나는 것과 같은 화학반응으로 합성되었을 것이다. 그와 거의 같은 무렵에 세포들은 화학에너지를 써서 양성자 기울기를 만들어낼 길을 찾았고, 그 기울기의 에너지를 다른 이온들, 양분들, 인산염을 막 안팎으로 수송하는 일에 쓸 수 있었다. 오늘날 그러는 것처럼 말이다. 이와는 따로 진화적 발생을 거쳐, ATP 가수분해를 이용해 양성자를 펌프질해서 양성자 기울기를 만들어낼 줄 아는 효소가 등장했고, 그렇게 해서 화학삼투적 ATP 합성이 나올 무대가 마련되었다. 화학삼투적 ATP 합성에서 에너지를 써서 양성자 기울기를 만들고, 그 기울기에 저장된 에너지는 ATP에 의존하는 양성자펌프 효소의 역반응을 끌고 가서 ATP를 합성한다.

점 잇기

생명의 기원과 관련해서 왜 에너지를 이해해야 하는 걸까? 생명이 시작되려면, 복잡한 중합체들을 합성해서 '펌프에 마중물을 넣은' 다음에 분자계와 엮는 에너지−주도 과정이 반드시 있어야 한다. 달리 말하면, 어느 분자계에 자유에너지를 추가해서 그 분자들을 에너지 오르막으로 끌고 가 더 복잡한 분자들로 만들고, 무질서에서 질서를 만들어 계의 엔트로피를 낮출 길을 찾아내야 한다는 말이다. 이런 이유로 우리는 어떠어떠한 에너지를 쓸 수 있었을지 이해하고, 그 에너지가 중합반응들을 끌고 가기에 충분했을지 입증해내야 하는 것이다.

초기 지구에서 쓸 수 있었을 에너지원은 여럿이었다. 가장 풍부한 에너지는 빛에너지였고, 사실상 오늘날의 모든 생명은 식물이 빛을 거두어 화학에너지로 바꿀 길을 찾아냈던 것에 의존하고 있다. 우리는 식물을 독립영양생명autotrophic life이라고 부른다. 무슨 뜻이냐면, 식물세포들이 빛에너지를 이용해서 성장에 필요한 분자들을 합성한다는 뜻이다. 하지만 그렇게 하려면 색소들과 중간반응들로 이루어진 복잡한 계가 있어야 하기에, 빛에너지가 첫 생명꼴들의 에너지원이었을 리는 없는 것 같다. 그 대신 첫 생명은 종속영양생명으로 분류될 것이다. 무슨 뜻이냐면, 성장에 필요한 화합물들을 직접 합성하기보다는 주변 환경에 이미 있어 가져다 쓸 수 있는 양분들을 사용했다는 말이다.

화학에서는 반응물이 생성물로 바뀔 때 변화가 일어난다. 반응이 자발적으로 일어나면, 에너지 함량이 높은 상태에서 낮은 상태로 평형을 향해 반응이 계속되고, 그 과정에서 에너지가 풀려나지만, 평형에 이르면 더는 변화가 일어나지 못한다. 하지만 반응물 혼합물에 에너지를 투입해 반응을 '오르막'으로 끌고 가서 처음의 반응물보다 에너지를 많이 함유한 생성물을 만들어내도록 할 수 있다. 오늘날의 모든 생명이 의존하는 게 바로 이것이다. 이런 까닭으로, 우리는 생명의 기원과 관련된 화학반응들을 에너지가 어떻게 끌고 갈 수 있었는지 이해할 필요가 있다.

두 번째 기본 개념은 화학반응이 일어나는 속도와 관련이 있다. 반응속도를 제어하는 것은 활성화에너지인데, 이것은 반응물이 반응을 계속하여 생성물을 형성하기 전에 반드시 넘어야 하는 일종의 에너지 언덕이다. 활성화에너지가 낮은 반응은 빠르고, 높은 반응은 크게 느릴 수 있다. 여기서 이해해야 할 중요한 점은, 복잡한 분자들이 반응속도의 덫 안에서 존재할 수 있다는 것이다. 무슨 말이냐면, 그 분자들이 빠르게 합성될 수 있다면, 분해반응이 느리기 때문에 분자들이 오랜 기간 안정될 것이라는 말이다. 이것 또한 생명이 의존하고 있는 것이다.

생명이 시작하는 데에 필요했던 개시 단계의 에너지-의존적 반응들은 단순한 기체 혼합물에서 아미노산 같은 잠재적 단위체들이 생성되는 반응들이었다. 일단 단위체를 쓸 수 있게 되었을 때, 에너지가 그다음에 꼭 해야 하는 일은 단위체들 사이에서 물 분자를 제거하여 펩티드 결합과 에스테르 결합 같은 화학적 연결 상태를 만들어 중합체를 생성하도록 하는 것이었다. 오늘날의 생명은 대사라고 부르는, 서로 이어진 반응들의 계를 이용하지만, 초기 지구에서는 대사계가 존재하지 않았다. 그러므로 그때에는 무작위로 중합체들을 생성해서 원세포라고 하는 칸 속으로 중합체를 포획할 수 있는 또 다른 종류의 반응이 필요했다. 원세포 하나하나는 여러 중합체 집합을 시험해보면서 촉매된 성장과 생식을 겪을 가능성이 있는 것들을 골라내는 일종의 자연의 실험이었다. 막에 싸담긴 중합체들의 계가 주변 환경으로부터 에너지와 양분을 포획해서 성장과 생식에 쓸 수 있었을 때에 생명은 시작되었다.

제7장

자기조립과 떠오름

친양쪽성 이중층 막이 닫혀 소포가 된 것, 그것이 바로 생명 아닌 것에서 생명인 것으로 훌쩍 넘어갔음을 나타낸다.

—해럴드 모로위츠, 1992

이른 1960년대, 모든 세포에는 몹시 얇은 경계막이 있어서 안과 밖을 가르는 투과장벽을 형성하고 있음이 점점 분명해지고 있었으나, 그 막의 구조를 확실히 아는 사람은 아무도 없었다. 세포막의 두께가 5나노미터로, 지질이 중층이라고 보았을 경우에 기대할 만한 범위에 드는 두께라는 증거는 있었다. 이 무렵에 듀크 대학교의 J. 데이비드 로버트슨David Robertson은 빛 대신 전자를 쓰는 신종 현미경으로 세포를 연구하기 시작했다. 전자현미경은 분해능이 훨씬 높아서 분자 크기의 구조 영상을 찍을 수 있었다. 그 현미경으로 로버트슨이 본 모습은 놀라웠다. 세포는 단순히 단백질과 핵산이 든 봉지가 아니었다. 그보다는 바깥형질막outer plasma membrane, 미토콘드리아, 핵막, 리소좀lysosome, 공포vacuole, 세포질그물endoplasmic reticulum 따위의 사실상 모든 주요 세포 성분들이 저마다 막을 경계로 하고 있었다. 그래서 로버트슨은 '단위막' 모형을 내놓았다. 이 모형에서 그는 막이란 기능성 단백질들이 표면에 부착된 지질이중층이라는 생각을 제시했다. 그러나 어떻게 세포가 막을 만들었는지는 아직 수수께끼였다. 그리고 지질이중층이 투과장벽이라는 생각은 아직 짐작에 지나지 않았다. 두께가 겨우 두 분자 정도에 불과한 막이 실질적인 장벽 구실을 해내리라고는 믿기 어려웠던 것이다. 그러나 1963년에 알렉 뱅엄Alec Bangham이 그게 사실임을 증명했다.

뱅엄은 잉글랜드 케임브리지에서 남쪽으로 몇 킬로미터 떨어진 베이브러햄 마을 바로 외곽에 자리한 동물생리연구소(지금은 규모가 훨씬 커진 베이브러햄 연구소)에서 평생 연구했다. 그의 실험실은 병영 같은 건물 안에 자리했는데, 전쟁 중에 급하게 세운 건물로서, 전쟁이 끝나고는 동물병을 연구하는 곳으로 쓰였다. 내가 대학원을 마쳐가고 있던 1965년에 '다층판체 스멕틱 인지질 준결정상multilamellar smectic phospholipid mesophases' 얘기가 오고가기 시작했다. 대단히 전문적이고 혀가 꼬이는 이 문구는 뱅엄이 처음에 자기 발견에 붙인 용어였다. 뱅엄의 실험실을 처음 방문한 사람들 가운데 한 사람이었던 제럴드 웨이스먼Gerald Weissmann이 '리포솜'이라는 말을 만들었고, 그 용어가 뱅엄의 용어 대신 널리 쓰이게 되었다. 달걀노른자에서 레시틴이라는 인지질을 뽑아낼 수 있음은 이미 오랫동안 알려진 사실이었다. (지금도 건강식품점에서 영양제로 레시틴을 구입할 수 있는데, 이것은 콩에서 추출한 것이다.) 현미경 받침유리에서 레시틴을 조금 말린 뒤에 물에 노출시키면, 그 말린 지질에서 '말이집 모양myelin figure'이라고 하는 기다란 벌레모양 구조가 자라나는 모습을 볼 수 있다(〈그림 12〉). 알렉과 동료들은 그 모양들에 특별한 성질이 있음을 알아냈다. 시험관에 달걀 레시틴을 넣고 묽은 소금 용액을 첨가해서 손으로 흔들었더니, 세포만 한 크기의 공 모양 방울들이 무수히 생겨나면서 젖빛 현탁액이 생성되었던 것이다.

1961년, 뱅엄의 연구소에서는 전자현미경을 막 구입한 참이었다. 앞에서 말했듯이 전자현미경은 생물학적 시료에 빛 대신 전자빔을 쏜다. 세포의 내부구조를 해명하는 일에서 전자현미경이 극도로 중요했기 때문에, 어떻게 작동하는지 조금 더 들여다볼 만하다. 전자현미경에는 유리렌즈가 없고 전자들을 한곳으로 모으는 원형 자석렌즈가 세 개 있다. 기본에서 보았을 때 그 렌즈들은 전자들이 통과하게끔 한가운데에 구멍을 뚫은 전자석이며, 높이가 약 90센티미터이고 지름이 약 15센티미터인 수직 관 속에 자리한다. 탁상 위로 솟은 이 관에는 눈금판과 돌리개가 여럿 붙어 있어서, 렌즈들을 통과하는 전류의 흐름을 조절하여 전자들을 한 줄기로 정렬시켜 시료에 모

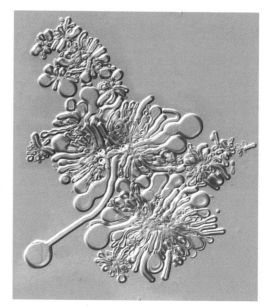

그림 12.
건조 상태의 인지질 표본을 물에 노출
시키면 말이집 모양들이 자라날 것이
다. 말이집과 닮았다고 해서 이 구조들
을 이리 부르는데, 말이집은 신경세포
의 축삭을 싸서 보호하는 칼집처럼 생
긴 물질이다. 표본에서 보이는 세관과
소포들은 양파의 조직층과 닮은 다층
판체 지질층들로 이루어져 있다.
ⓒ 앨리슨 노스Alison North

을 수 있다. 전자 공급원은 관 맨 위에 있는, 달아오른 상태의 텅스텐 필라멘
트로, 거기에는 5만 볼트의 전압이 가해진다. 그 전압이 필라멘트에서 전자
들을 벗겨내 관 아래로 가속시킨다. 그러면 전자들이 시료를 통과해서 형광
스크린이나 사진건판 위에 상을 맺는다.

광학현미경에서는 그냥 보면 투명하게만 보이는 시료의 구조를 눈에 보
이게 하려고 색깔 있는 염료를 쓰지만, 전자현미경에서는 우라늄, 납, 오스
뮴, 텅스텐, 몰리브덴 같은 무거운 원자들을 착색염료로 써서 대비對比를 얻
는다. 전자들이 시료를 통과할 때, 그 금속 원자들 때문에 산란되어 스크린
에는 일종의 음영이 나타난다. 사진을 찍으려면 스크린을 치우고 전자들이
사진건판으로 떨어지게 한 뒤에 현상하면 된다.

알렉은 새로 산 기구를 시험해보고 싶었다. 뭔가 봐야 할 것이 있어야 했
으므로, 물에서 레시틴이 만들어낸 마이크로 크기의 방울들을 첫 시험용으

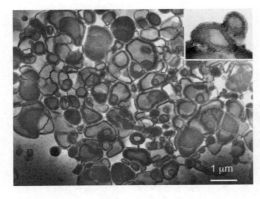

그림 13.
수용액에서 인지질이 분산하면서 지질 소포(리포솜)들이 자기조립된다. 오른쪽 위에 끼워넣은 그림은 알렉 뱅엄이 처음 기록했던 것과 비슷한 다층판 구조를 보여준다. 이 구조는 5나노미터의 지질이중층들이 양파 껍질처럼 포개져서 만들어진다.

로 쓰기로 했다. 현탁액을 조제한 뒤, 착색염료로서 아세트산우라닐을 그 혼합물에 첨가하고, 구리 격자기판으로 받친 얇은 플라스틱 박막 위에서 소량을 말렸다. 그 격자기판을 시료 고정기에 올리고 현미경에 끼웠다. 그리고 통에서 공기를 모두 빼내어 진공으로 만든 뒤에(공기 중에서는 전자가 그리 멀리 이동하지 못한다) 전자빔을 켜서 초점을 맞추었다. 그러자 전자가 시료를 통과한 곳마다 으스스한 초록색 인광을 내며 스크린이 빛나기 시작했다. 그 초록빛 속에서 우라늄 원자들이 테두리를 그린 어두운 인지질 방울들을 볼 수 있었다. 예상한 모습이었다. 전자현미경은 잘 작동했다. 그런데 알렉은 그 방울들에서 낯선 무늬가 나타나고 있었기 때문에 좀 더 면밀하게 살폈다. 그 방울들 속에 미세한 층들이 있음을 간신히 볼 수 있었다. 양파의 동심 껍질층들과 비슷한 모습이었다(〈그림 13〉). 각 층은 두께가 5나노미터로, 로버트슨 등의 사람들이 세포막에서 관찰했던 두께와 거의 같았다. 그건 계시였다. 그 방울들은 다층막으로 이루어져 있었고, 순수한 지질이 자기조립한 이중층을 전자현미경으로 그때 처음으로 눈으로 본 것이었다.

계속해서 알렉과 동료들은 지질이중층이 소포 내부에다가 염화칼륨 용액을 붙잡아둘 수 있음을 입증했다. 무슨 말이냐면, 진짜 막에서 하는 것처럼 그 지질이중층들은 이온들의 자유확산을 막는 장벽이었으며, 이온들은 그 미세한 구조 속에 며칠 동안 그대로 있을 수 있었다는 것이다. 그 뒤로 30년에 걸쳐, 이 성질 때문에 리포솜은 작은 산업 부문을 이루었다. 오늘날 약품을 제조할 때, 리포솜들은 암과 곰팡이 감염을 치료할 약물을 전달하는 마이크로 크기 알약으로 쓰이고 있다. 또 캡처Capture 같은 화장품 제조에서 필수 성분이기도 하다. 캡처는 크리스티앙디오르 사에서 만든 화장품으로, 나이 들어가는 피부의 주름을 일시적으로 줄여줄 수 있는 화장품으로 선전되고 있다. 알렉의 발견을 기려서, 디오르 사는 알렉과 아내 로잘린드를 개인 제트기에 태워 파리로 초대해 캡처가 제조되는 공장을 견학할 기회를 주기도 했다. 알렉은 왕립학회 특별회원으로 선출되어 동료들에게도 인정을 받았다.

자기조립을 끌고 가는 분자힘들

어떻게 하면 생명이 시작될 수 있을지 이해하려면, 네 가지 기본적인 자기조립 과정, 그리고 그 과정들이 일어나도록 하는 물리적 힘들에 대해서 알아야 한다. 그러나 먼저 나는 자기조립 과정이 작용하는 수준인 분자 수준에서 일어나는 일을 감잡게 해줄 장난감 얘기를 하고 싶다. 우리 대부분은 어렸을 때 레고 블록들을 갖고 놀았다. 그래서 블록에 난 작고 둥근 돌기들을 다른 블록의 구멍에 쏙쏙 끼워서, 기본적으로는 직사각형 벽돌이라고 할 그 블록들로 집이며 자동차며 비행기 모양을 짓는 식으로 복잡한 구조들을 구축하는 방법에 대해 직관적인 느낌을 우리는 가지고 있다. 생화학적 분자들에 빗대어보면, 레고 블록들은 아미노산, 뉴클레오티드, 단순한 탄수화물 같은 단위체들을 나타내며, 집, 자동차, 비행기는 단위체들로 이루어진 중합체인 단백질, 핵산, 녹말을 나타낸다. 돌기와 구멍은 4장에서 보았던 공유결합이라는 화학결합들을 나타낸다.

단순한 분자들이 막에 싸담긴 계의 복잡성을 키우는 가장 분명한 방법은 그 분자들을 공유결합으로 묶어 중합체로 만드는 것이다. 정의상으로 볼때, 단위체들을 이어붙여 중합체로 만드는 에너지 의존적인 과정은 모든 생명꼴들에서 기본이 되는 성장 과정이기 때문에, 생명이 시작되려면 중합반응을 끌고 갈 수 있는 과정이 반드시 있어야만 한다. 생명을 이루는 공유결합의 대부분은 단위체들 사이의 물을 제거하는 방법으로 이루어져, 지질의 에스테르 결합, 녹말과 섬유소의 글리코시드 결합, 단백질의 펩티드 결합, 핵산의 인산이에스테르 결합을 만들어낸다. 하지만 물을 제거해서 합성된 그 결합들은 물을 첨가해서 깰 수 있으며, 이는 자발적인 과정이다. 따라서 첫 생명꼴들에게는 에너지 내리막을 향하는 가수분해 반응들보다 더 빠르게 에너지 오르막으로 합성반응들을 끌고 갈 방도가 있어야 했다.

분자에서 원자와 원자를 묶어주는 가장 강력한 힘인 공유결합은 아미노산 사슬로 이루어진 단백질처럼 분자들을 이어붙여서 중합체를 만들기도 한다. 중합체 합성이 자기조립 과정으로 간주되지 않음을 이해하는 것이 중요하다. 중합은 자발적으로 일어나지 않는다. 말하자면 에너지를 투입해주어야 한다는 것이다. 이번에도 레고 블록 유비를 써보자. 블록들로 가득 찬 상자를 제아무리 흔들어본들, 블록들은 그대로 낱낱으로 있을 뿐이다. 에너지를 써서 돌기를 구멍에다 밀어 넣어야지만 블록 사슬들을 만들 수 있다. 생체세포가 하는 일이 바로 이것이다. 환경으로부터 양분이라고 하는 블록들을 획득해서, 대사라고 부르는 과정으로 블록들의 돌기들과 구멍들을 새로 정렬한다. 그런 다음에 에너지를 써서 그것들을 연결해 생명을 이루는 중합체들을 만드는 것이다. 생명의 기원에 대한 연구가 겨냥하는 포괄적인 목표, 그리고 이 책이 두는 초점은 바로 생명 탄생 이전 지구의 불모의 환경에서 이 과정이 어떻게 해서 첫걸음을 뗄 수 있었는지 이해하는 것이다.

이제 다시 화학으로 돌아가보자. 4장에서 서술했듯이, 지방의 탄화수소 사슬에서 탄소 원자들을 묶어주는 고리들은 단일결합의 예이다. 단일결합만 있으면 포화지방이라고 부른다. 그러나 사슬 가운데 부분에 이중결합이 하나 이상 있으면, 그 지방은 불포화된 것이고, 이것이 지방의 성질을 바꾼다. 포화지방은 불포화지방보다 녹는점이 높기 때문에, 라드lard라고 부르는 지방은 상온에서 고체이다. 불포화지방의 이중결합은 탄화수소 사슬 중간에 일종의 꺾임이 있어서, 식물성 기름 같은 지방은 상온에서 유체이다. 당연히 나는 생명을 이해하는 데에서 중요한 것이 아닌 한, 이를 설명하는 온갖 수고를 무릅쓰지는 않을 생각이다. 나중에 우리는 2차원적 유체로 있게 하는 성질을 가진 탄화수소 사슬들이 세포막에 반드시 있어야 함을 보게 될 것이다. 만일 세포막이 고체였다면 생명은 시작도 못했거나, 시작했더라도 이어가지는 못했을 것이다.

다시 레고 블록을 살펴보자. 블록 하나하나마다 공유결합을 나타내는 구멍과 돌기만 있는 것이 아니라, 블록마다 작은 자석이 하나씩 박혀 있다고 상상해보자. 블록들을 상자에 넣고 마구 흔들면, 대부분의 블록들은 다른 블록의 반대 극을 자발적으로 찾아 붙어서 쌍쌍이 되거나 심지어 사슬까지 이룰 것이다. 돌기를 구멍에 끼우는 것보다 자기력이 훨씬 약하기 때문에 쉬지 않고 붙었다 떨어졌다 하겠지만, 블록은 더는 낱낱으로 있지 않는다. 대신 더 복잡한 구조들이 다양하게 만들어진다.

돌기와 구멍이 강한 공유결합을 나타내는 것처럼, 자기적 상호작용은 그보다 약한 힘들인 수소결합, 반데르발스 상호작용, 정전기 상호작용이라고 부르는 힘들을 빗댄 것이다. 이 물리적인 힘들은 전자를 공유하는 강한 힘들―공유결합을 안정되게 하는 힘들―에 비해 약하지만, 생명이 가지는 가장 중요한 몇 가지 분자적 성질, 그 가운데에서도 자기조립 과정들을 일으키는 힘들이다. 이를테면 수소결합은 물의 유체성, DNA의 이중나선, 단백질의 알파나선을 안정되게 한다. 수소결합이 아니었다면, 물은 기체가 되었을 것이고, DNA는 복제될 수 없었을 것이고, 단백질은 마구 엉킨 끈 뭉치로 남았을 것이다. 우리가 아는 생명은 존재하지 못했을 것이다.

중요한 상호작용이 마지막으로 하나 더 있다. 이것은 정확히 말하면 힘이 아니지만, 생명이 어떻게 시작될 수 있는지 이해하는 데에 본질적이다. 자석을 가진 레고 블록들을 다시 생각해보자. 그런데 이번에는 자석이 없는 블록 몇 개와 섞어서 상자를 흔들어보자. 자석을 가진 블록들은 결합해서 복잡한 구조들을 만들 테지만, 자석이 없는 블록들은 배제되어 따로 끼리끼리 모일 수밖에 없음을 쉽게 볼 것이다. 이렇게 유비해서 볼 때, 기름과 물이 섞이지 못하는 까닭이 바로 이 때문이다. 물 분자들은 끼리끼리 수소결합을 이룰 수 있지만, 기름 분자들은 이보다 약한 반데르발스 상호작용이라는 힘으로만 붙어 있어서, 완벽하게 섞었더라도 물과 기름으로 다시 분리된다. 그런데 이제는 긴 레고 블록들을 골라 한쪽 끝에만 자석을 넣었다고 해보자. 자석이 있는 끝에는 물의 자석들이 붙지만, 자석이 없는 끝은 물을 당기지 못한다. 이런 블록들을 분자로 봤을 때 친양쪽성체라고 한다. 개구리 같은 양서류가 생의 일부는 물속에서 또 일부는 땅 위에서 보내는 것처럼, 친양쪽성 분자에서 물을 좋아하는(친수성, hydrophilic) 머리기head group는 물에 부착되고, 물을 싫어하는(소수성, hydrophobic) 꼬리기는 끼리끼리 모일 수밖에 없게 된다. 소수효과—1975년에 같은 제목으로 나온 책에서 듀크 대학교의 찰스 탠포드Charles Tanford 교수가 이렇게 이름을 붙였다—라고 하는 생명의 물리적 사실이, 우리가 생명이라고 부르는 분자계에서는 촉매작용을 하는 단백질과 복제작용을 하는 핵산만큼이나 본질적인 것이다. 지질이라는 친양쪽성 분자들이 자기조립해서 막구조를 만드는 능력의 밑에 깔려 있는 것이 바로 소수효과이다. 세포형 생명이 시작되기 위해서는 초기 지구에서 그런 분자들을 얻을 수 있어야만 했다.

자기조립의 힘들

생명을 붙들어주는 힘은 공유결합, 수소결합, 반데르발스 힘, 정전기 상호작용, 소수효과이다. 이제 이 가운데에서 뒤의 네 가지 힘들을 하나하나 살피면서, 이 힘들이 생명의 성질을 가진 분자계를 어떻게 조립해낼 수 있었을지 이해하려고 해볼 것이다. 물론 이는 이 책에서 던지는 중심 문제이기도 하다. 곧, 생체세포처럼 복잡한 것이 어떻게 주변 환경과 분리된 상태에서 따로 성장하고 생식해나갈 수 있을까? 그 분리 과정만 생각할 게 아니라, 다양한 에너지원들이 수용액 속의 유기용질과 이온 혼합물과 상호작용할 수 있었을 생명 탄생 이전 환경의 맥락 속에 두고 생각해야만 한다. 최초기의 생명꼴들은 이 혼합물에서 특수한 작은 분자들을 뽑아내 세포 경계를 건너게 하여, 에너지를 써서 그 분자들을 합쳐 중합체로 성장시켜야 했다. 마지막으로, 세포가 일정한 크기로 자랐을 때에는 더 작은 세포들로 나뉘어 그 각각이 다시 성장주기를 시작할 수 있게 할 메커니즘이 있어야 했다.

이제 자기조립이 실제로 어떤 식으로 일어나는지 조금 알아두어야 한다. 대학화학 과목을 수강하지 않았다면, 수소결합이니, 엔트로피 효과니, 정전기 상호작용이니, 반데르발스 힘이니 하는 말들이 외국어처럼 들릴 것이다. 그러나 다음번 디너파티 때, 마요네즈란 게 실은 물-속-기름-분산형 유탁액oil-in-water emulsion이며, 마요네즈를 만들 때 넣는 달걀노른자 속의 친양쪽성인 인지질의 엔트로피 효과 덕분에 안정된 상태라고 설명하는 여러분의 모습이 얼마나 근사할지 생각해보라. 내 친구인 해럴드 모로위츠는 『마요네즈, 그리고 생명의 기원Mayonnaise and Origin of Life』이라는 제목의 수필집까지 썼다.

수소결합은 생분자 구조를 안정시킨다

나노 규모에서 힘들이 어떻게 일하는지 생각할 때면, 누구에게나 친숙한 예들을 몇 개 들어 시작하는 게 항상 좋다. 먼저 썩은 달걀, 물, 얼음을 보자. 썩은 달걀의 독특한 냄새는, 물의 친척이며 황을 함유한 황화수소라는 것과 다름없다. (물은 산화수소이다.) 황화수소(H_2S)는 황을 함유한 아미노산을 양분과 에너지원으로 사용하는 세균이 만들어낸다. 그런데 그 세균들이 황을 모두 쓰지는 못하기에, 기체의 꼴로 황이 버려진다. 문제는 이것이다. 곧, 황 원자가 산소 원자보다 무거운데도 왜 H_2O는 액체이고 H_2S는 기체일까? 이 물음을 기억해두길 바란다. 이제 물과 얼음의 차이를 생각해보자. 어는점보다 1도 위에서 물은 액체이고, 1도 아래에서는 고체이다. 물이 얼음이 될 때 무슨 일이 벌어지는 걸까? 위의 두 물음의 답은 모두 자기조립의 첫 번째 힘인 수소결합과 상관이 있다. 물 분자들 사이에서 작용하는 수소결합은 액체 상태에서 분자들을 붙들어주는 힘이다. 황화수소는 수소결합을 형성할 수 없어서 기체이다. 어는점 바로 위에서 물은 수소결합에 의해 액체 꼴로 붙들려 있다. 그러나 작은 분자다발들이 쉬지 않고 생겼다가 깨졌다가 하는 모습으로 있다. 물이 얼 때에는 물 전체에서 수소결합이 연속된다. 그래서 물이 고체가 되는 것이다.

가장 중요한 생물학적 중합체에 속하는 단백질에서 어떻게 수소결합이 자기조립 과정을 끌고 갈 수 있는지 처음으로 알아본 이는 라이너스 폴링 Linus Pauling이었다. 1939년, 칼테크의 화학 교수였던 폴링은 고전이 된 책 『화학결합의 본성The Nature of the Chemical Bond』을 세상에 내놓았다. 그 책에서 폴링은 수소결합을 비롯해, 분자구조를 안정시키는 힘들에 대해 처음으로 명료하고 포괄적인 설명을 제시했다. 폴링의 기초 연구는 제2차 세계대전 때문에 중단되었다가, 1948년에 그는 수소결합이 단백질 사슬을 아름다운 나선구조—그는 이것을 알파나선이라고 이름했다—와 평면구조—지금은 베타병풍이라고 부른다—로 안정시키는 방식에 대해서 뛰어난 통찰을 얻었다. 단백질 사슬들이 리보솜에 의해 합성되면서 자발적으로 생기는 이 구조들은 대부분의 단백질이 보이는 주된 특징이다. 그 발견의 공로로 폴링은 1958년에 노벨상을 수상했다.

수소결합으로 안정되는 또 하나의 생물학적 기본 구조가 바로 DNA의 이중나선이다. 이른 1950년대에 폴링은 DNA의 구조까지 풀어보자는 생각을 했고, 최선의 짐작인 삼중나선 구조를 발표했다. 같은 때, 잉글랜드 케임브리지 대학교에서 연구하던 두 대학원생도 이 문제를 풀 결심을 했다. 제임스 왓슨James Watson과 프랜시스 크릭Francis Crick이 바로 그들로서, 비판적 사고, 모형 구축, 행운이 어우러져서 1953년에 『네이처』에 이중나선 구조라는 올바른 답을 제시할 수 있었다. 왓슨과 크릭이 제시한 구조에서 아데닌과 티민은 수소결합 둘로 짝을 이루고, 구아닌과 시토신은 수소결합 셋으로 짝을 이루었다. 지금은 이를 왓슨-크릭 염기쌍, 또는 더 일반적으로는 상보적 염기짝짓기complementary base pairing라고 부른다. 한 쪽짜리 논문 말미에 가서 왓슨과 크릭은 고전적인 영국식 삼가는 말투에 탐닉하는 모습을 보인다. "우리가 이 논문에서 요청했던 특이적인 짝짓기가 유전물질의 가능한 복사 메커니즘을 곧바로 암시한다는 점을 우리는 놓치지 않았다."

정확히 맞았다. 30억 년도 더 전에 어떻게 해서인가 첫 생명꼴들이 바로 그 비밀을 발견했다. 다시 말해서 수소결합의 상보성 덕분에 DNA 한 가닥이 복사되어 두 번째 가닥이 될 수 있었던 것이다. 어떻게 이런 일이 일어날 수 있었는지는 아마 생명의 기원에서 중심이 되는 수수께끼일 것이다. 나중에 나는 한 가지 가능한 해법을 내놓을 것이다.

단백질의 알파나선과 베타병풍 구조, 그리고 핵산의 이중나선을 안정시키는 수소결합에 대해 마지막으로 물을 것은, 수소결합이 자기조립의 힘으로 분류되는 까닭이 무엇이냐 하는 것이다. 대개 공유결합에 대해서는 이런 용어를 쓰지 않는데 말이다. 그 까닭은 수소결합이 자발적으로 일어나고, 비록 공유결합보다는 훨씬 약하다고는 해도, 그게 아니었으면 무질서했을 분자계에 질서를 추가할 수 있기 때문이다. 단백질 분자 하나와 핵산 분자 하나를 물에 용해시켜 끓는점 가까이까지 열을 가한다고 해보자. 이런 조건에서는 알파나선, 베타병풍, 이중나선 구조들이 부서진다. 열 때문에 일어난 격렬한 분자운동을 견뎌내면서 그 구조를 붙들어둘 만큼 수소결합이 세지는 않기 때문이다. 처음에 공 모양이었던 단백질은 무질서한 끈이 되고, DNA 이중나선은 한 가닥 한 가닥 떨어져나간다. 그 뜨거운 용액을 이제 식혀보자. 참으로 놀라운 일이 벌어진다. 단백질 사슬의 수소결합들이 하나씩 하나씩 서로를 찾아내기 시작하면서 처음의 알파나선과 베타병풍을 다시 모두 자발적으로 만들어낸다. DNA 가닥들의 상보적 염기쌍들 또한 아데닌과 티민, 구아닌과 시토신이 수소결합을 이루면서 줄을 맞추기 시작한다. 몇 분, 또는 몇 시간이 지난 뒤에는 이중나선이 완벽하게 재조립된다.

여기서 기억해야 할 것은, 오늘날 세포형 생명의 기능에서 수소결합이 필수라는 것이다. 생명이 어떻게 시작되었는지 알아내려면, 생명 탄생 이전 환경에서 유기화합물과 그 중합체들에 수소결합이 어떻게 자발적 질서를 추가할 수 있었을지 이해해야 한다.

반데르발스 힘

이번에는 반데르발스 상호작용을 생각해보자. 이것을 발견했던 요하네스 디데리크 판 데르 발스Johannes Diderik van der Waals는 1837년에 네덜란드의 레이덴에서 태어났다. 요하네스는 의심할 여지없이 지적 능력이 천재급이었으나, 교육을 제대로 못 받아, 처음에는 겨우 초등학교 학력만 가지고 교사 생활을 했다. 하지만 과학에 열정을 가졌던 그는 독학으로 꾸준히 공부했고, 마침내 레이덴 대학교에 들어가 1873년에 박사학위를 마쳤다. 첫 논문 발표와 함께 그의 천재성이 세상에 드러났다. 그는 그 논문에서 기체와 액체의 물리적 성질들을 서술하는 방정식들을 유도해냈다. 이 논문을 비롯해 뒤에 쓴 여러 논문들도 막대한 영향을 끼쳤다. 덕분에 다른 과학자들은 수소와 헬륨 같은 기체도 액체가 될 수 있음을 깨닫게 되었다. 그리고 몇 년 뒤, 두 기체는 정말로 액체가 되었다. 그 발견의 공로로 판 데르 발스는 1910년 노벨상을 수상했다.

판 데르 발스의 방정식들은, 기체란 당구공 같은 딱딱한 작은 구체들이 아니라, 끈끈함 같은 것이 있어서 기체 분자들 사이에 약한 힘이 작용하도록 한다고 예측했다. 유비를 써서 이 힘을 빗대자면, 빗을 모직 옷에 문질러 전기를 띠게 했을 때, 약간의 먼지가 펄쩍 뛰어 빗에 붙는 것과 비슷하다. 빗은 말 그대로 모직 옷에 있는 여분의 전자들을 문질러 떼어내서 전하를 획득하는데, 이것을 우리는 흔히 정전기라고 부른다. 전하를 띤 빗을 가까이 가져가면 이 정전기가 먼지 표면에서 반대 전하를 유도한다. 서로 반대되는 전하들은 끌어당기기 때문에, 먼지가 빗으로 펄쩍 뛰어 붙는 것이다. 원자와 분자 수준에서도 비슷한 일이 일어난다. 원자를 두른 전자껍질들은 완전하지 않고, 극도로 빠른 요동을 겪는다. 일시적으로 띤 전하들이 이웃한 원자나 분자에서 반대 전하를 유도한다. 그렇게 해서 생겨난 인력을 지금은 반데르발스 상호작용이라고 부른다.

이것이 생물학과 무슨 상관이며, 이 책의 주제가 주제인 만큼 생명의 기원과는 무슨 관련이 있을까? 여기서 중점은, 탄화수소 사슬들 사이에서 작용하는 유일한 힘이 반데르발스 상호작용이며, 주어진 온도에서 탄화수소가 기체일지, 액체일지, 고체일지 이 힘이 결정한다는 것이다. 예를 들어보자. 메탄, 에탄, 프로판에는 탄소가 각각 한 개, 두 개, 세 개 들어 있으며, 상온·상압에서 다들 기체이다. 그러나 플라스틱 라이터를 유심히 보면, 맑은 액체가 속에 들어 있음을 볼 것이다. 이것은 부탄으로서 탄소가 네 개이고, 기체 상태의 끝에 있거나 유체 상태의 끝에 있다. 엄지손가락으로 작은 바퀴를 돌려 불꽃을 일으키면, 밸브가 열리면서 부탄이 액체에서 기체로 바뀌어 불이 붙도록 라이터는 교묘하게 설계되었다.

그다음 펜탄부터 데칸까지 여섯 가지 탄화수소는 모두 상온에서 유체이다. 그래서 휘발유는 액체인 것이다. 그러나 사슬이 더 길어져서 운데칸 undecane과 도데칸dodecane까지 가면—내 실험실 선반에 놓여 있는데, 탄소가 각각 11개와 12개이다—따뜻한 날을 빼고는 고체이다.

무슨 일이 일어나는 것일까? 기체에서 액체로, 고체로 바뀌는 까닭이 무엇일까? 사슬이 길어질수록, 분자 하나에 작용하는 반데르발스 힘이 누적되어 커지기 때문이다. 이빨이 한 개나 둘, 또는 셋인 지퍼가 있다고 해보자. 그렇게 이빨 수가 적어서는 뭐든 썩 잘 붙들지는 못할 것이다. 그러나 이빨 수가 다섯 개에서 열 개까지 늘어나면, 지퍼는 점점 더 잘 일을 해낼 것이다. 열한 개 이상이면 그 지퍼는 굉장히 강한 잠그개가 된다. 나중에 다시 나는 이 유비를 써서 DNA 이중나선이 두 사슬로 따로 떨어지는 방식을 서술할 텐데, 이 과정을 지퍼열기unzipping라고 부른다. 이보다 나은 말은 없을 것이다.

정전기력

우리는 대부분 유산균이라는 세균이 우유에서 증식하기 시작하면 무슨 일이 벌어지는지 본 적이 있을 것이다. 우유가 '시큼해'지면서 하얀 덩어리들이 만들어진다. 깜빡 잊고 우유를 냉장고에 안 두었다든가 해서 그 세균이 자랄 수 있을 만큼 따뜻해졌을 때 이런 일이 자주 일어나는데, 유산균 계통 중에서는 발효크림sour cream, 요구르트, 다양한 치즈 등의 식품을 만들 때 쓰는 것도 있다. 그런데 우유가 왜 흰 액체에서 큰 덩어리들로 변하는 걸까? 그 답은 정전기력과 관련이 있다. 우유 속에는 카세인casein이라는 단백질이 있는데, 중성 pH 범위에서는 음전하를 띤다. 단백질을 구성하는 아미노산의 종류는 스무 가지이며, 글리신, 알라닌, 세린, 발린을 비롯해서 대부분은 전하를 띠지 않는다. 그런데 아스파르트산과 글루탐산, 이 두 아미노산에는 카르복실산기carboxylate group($-COO^-$)가 하나 더 있어 음전하를 띠고, 리신과 아르기닌, 이 둘은 아민기($-NH_3^+$)가 하나 더 있어 양전하를 띤다. 대부분의 단백질에는 양이온성 아미노산보다 음이온성 아미노산이 더 많아서, 알짜 음전하를 띠게 된다. 용액 속에서 음전하가 단백질들을 따로따로 떨어뜨려놓으므로 이는 필수적이다. 우유에서 일어나는 일은 다음과 같다. 유산균이 젖산을 만들면, 우리는 '시큼한' 맛을 느낀다. 수소 이온은 산성을 띠게 하므로, 처음에 중성이었던 우유의 pH가 산성 범위—약 pH 5—로 변한다. 그리고 다음의 반응을 하면서 수소 이온들이 카르복실산기와 결합한다.

$$H^+ + R\text{-}COO^- \rightarrow R\text{-}COOH$$

(R은 화학자들이 그냥 불특정 화학기를 표시하는 약어이다.) 여기서 중점은, 음전하가 사라진다는 것이다. 카세인 분자들이 더는 서로 반발하지 않기 때문에 서로에게 들러붙기 시작하고, 그 결과 커다란 단백질 덩어리가 만들어지는 것이다.

세포들은 대부분 단백질이 계속 음전하를 띠어 덩어리지지 않도록 내부 pH를 중성 범위로 유지시키기 위해 열심히 일한다. 한 가지 중요한 예외가 있는데, 히스톤histone이라고 부르는 단백질들이다. 히스톤의 구조에는 리신과 아르기닌이 많이 있는 탓에 양전하를 띤다. 양전하를 띤 히스톤들은 세포핵 속의 음전하를 띤 DNA와 강하게 상호작용을 한다. 그렇게 해서 생긴 염색질chromatin이라는 구조는 단백질 합성을 지휘할 필요가 있을 때까지 유전정보를 핵 속에 저장시킨다.

생명의 기원에서 정전기력이 어떤 구실을 할 수 있었을까? 이번 장 나중에서 보게 되겠지만, 이온과 유기분자끼리의 상호작용은 자기조립 과정을 촉진하거나 억제할 수 있다. 몇 가지만 예를 들어보겠다. 인산염을 보자. 인산염은 오늘날 모든 생명에 필수적인 성분이다. 인산염은 음이온성이다. 말하자면 보통의 pH 범위에서 음전하를 띤다는 뜻이다. 그런데 용액 속에서 칼슘은 양전하를 둘 가진 양이온이다(Ca^{2+}). 저 혼자만 있을 때에는 인산염 이온과 칼슘 이온 모두 물에 용해된다. 예를 들어 바닷물을 보면, 용액 속에는 바닷물을 짜게 하는 염화나트륨과 더불어 10밀리몰라의 칼슘이 용해되어 있다. 그런데 물속에 칼슘과 인산염이 이온 형태로 함께 있을 때에는 양전하와 음전하가 상호작용하여 사실상 불용성인 인회석이라는 결정질 광물을 침전시킨다. 이빨이나 뼈가 형성될 때에는 이것이 문제가 되지 않지만(둘 다 인회석 결정을 함유해서 단단하다), 생명의 기원과 관련된 한 가지 반응에 인산염을 쓰려 할 때에는 문제가 된다. 인산염이 어떻게 대사의 필수 성분이 되었는지는 아직 답을 못 찾은 문제이다.

또 한 가지 예는 지방산 같은 친양쪽성 분자들로부터 막이 조립되는 것이다. 비누로 손을 씻을 때 느껴지는 미끌미끌함은 사실 비누 분자들의 막때문에 생기는 것인데, 이 막이 윤활제 구실을 해서 분자들끼리 쉽게 미끄러져 지나가게 한다. 그러나 칼슘과 마그네슘 함량이 높은 바닷물에서 비누로 씻는다고 해보자. 비누는 딱딱한 덩어리로 응고되고, 그리스grease를 용해시키는 능력을 잃어버린다. 또한 막을 가진 소포로 자기조립하는 능력도 잃어버린다. 지금은 덴마크 남부대학교에 있는 피에르-알랭 모나르Pierre-Alain Monnard, 산호세 주립대학교의 찰스 에이펠Charles Apel과 내가 함께 2002년에 쓴 논문에서 그 사실을 입증했다. 내가 보기에는 이 단순한 사실이 생명이 시작했을 장소를 따질 때 강력한 구속인자가 될 수 있었다. 이 사실로 보면 바다는 제외되는 듯 보였기 때문이다. 더군다나 내 동료들 대부분은 본뜨기실험을 돌릴 때에 아마 바닷물보다는 매우 순수한 실험실용 물을쓰려 할 것이다. 어쩌면 해양 환경보다는 민물 환경에서 생명이 기원했을 가능성도 생각해야 할 것이다. 그런데 칼슘과 마그네슘을 함유한 우물물은 '센물'이라고 한다. 이 물을 물 연화제로 걸러낼 수 있는데, 연화제는 센물에 나트륨 이온을 주고 칼슘 이온과 마그네슘 이온을 가져간다. 양전하를 둘 가진 칼슘 이온과 마그네슘 이온과는 달리, 양전하를 하나만 가진 나트륨 이온은 음전하를 띤 비누 분자들과 만났을 때에 불용성 덩어리를 형성하지 않는다. 그렇게 해서 센물이 순해지는 것이다.

정전기력의 영향을 받는 자기조립 과정 가운데 마지막으로 살펴볼 것은 광물 표면과 관련이 있다. 규산염으로 이루어진 석영 같은 흔한 광물들의 표면은 약한 전하만을 띤다. 그러나 알루미늄을 함유한 흔한 광물이 또 하나 있는데, 점토라는 것이다. 마이크로 크기인 점토 입자의 표면은 전하를 띠기 때문에, 유기화합물과 이온화한 기들을 강하게 묶어준다. 나중에 보게 되겠지만, 점토 표면에 묶인 유기화합물들이 중합반응을 당할 수 있기 때문에, 생명 기원 연구에서 점토 광물은 중요한 구실을 했다.

소수효과가 분자계를 주변 환경으로부터 분리해낸다

아무리 분자 용액이 복잡하다고 해도, 생명은 분자 용액으로는 존재할 수가 없다. 왜냐하면 용액 속에서는 분자들이 제멋대로 확산해서 대사며, 촉매 성장이며, 생식 같은 세포 기능들에 필요한 조직적 상태를 유지할 수 없기 때문이다. 이런 이유로 오늘날의 모든 생명은 세포형이며, 자기조립해서 막구조를 이루는 친양쪽성 분자들이 세포의 경계를 짓는다. 그 막은 친양쪽성체의 탄화수소 사슬과 물 사이에서 일어나는 소수효과라고 부르는 독특한 상호작용에 의해 안정된다. 이 효과가 어떻게 작용하는지 이해하려면, 먼저 막을 구성하는 분자들을 더 잘 이해해둬야 한다.

4장에서 보았듯이, 생체세포의 막으로 합쳐지는 가장 흔한 친양쪽성 분자는 지방산이라고 하는 분자들이다. 그 분자들의 속칭은 분자들이 생물학적으로 어디에서 왔는지를 암시해주고, 학명은 그 구조에 탄소 원자가 몇 개 있는지를 말해준다. 예를 들어, 탄소가 16개인 지방산은 다음과 같은 모습이다.

$$H_3C-CH_2-CH_2-CH_2-CH_2-CH_2-CH_2-CH_2-CH_2-CH_2-CH_2-CH_2-$$
$$CH_2-CH_2-CH_3-COOH$$

이 지방산은 팜유에서 처음 단리했기에 팔미트산palmitic acid이라고 하며, 학명은 헥사데칸산hexadecanoic acid이다. 탄소가 열네 개인 미리스트산myristic acid(테트라데칸산, tetradecanoic acid)은 육두구나무(라틴어 이름이 미리스티카Myristica) 기름에서 나오며, 탄소가 열두 개인 로르산lauric acid(도데칸산, dodecanoic acid)은 월계수 기름에서 나오고, 탄소가 열 개인 카프르산 capric acid(데칸산, decanoic acid)은 강한 냄새가 염소를 연상시킨다고 하여 그런 이름이 붙었다. 탄화수소 유도체들의 속칭이 상업적으로 쓰이는 때도 있다. 이를테면, 1898년에 B. J. 존슨Johnson 씨가 팔미트산이 든 팜유와 올레산oleic aic이 든 올리브유 혼합물로 비누를 만들었는데, 이름이 팜올리브인 이 비누는 지금도 가게에서 살 수 있다. (올레산에는 탄소가 18개 있고, 사슬 중간에 이중결합이 하나 있다.)

이번 장 앞쪽에서 보았다시피, 막을 가진 소포의 자기조립은 자발적 과정으로서, 친양쪽성 화합물들이 이중층 구조로 경계를 지어 소포를 형성한다. 친양쪽성체의 탄화수소 사슬이 이중층 가운데에 유질 층을 형성하기 때문에, 이온들과 극성을 띤 용질들이 이중층을 넘어가 쉽사리 확산하지 못한다. 이는 소포의 내부 공간이 장벽에 의해 외부 환경과 분리되고, 그 장벽은 크고 작은 분자들이 섞인 혼합물을 내부에다 붙잡아둘 수 있다는 뜻이다. 소포 하나하나는 다 다르다. 그래서 각 소포는 자연이 하는 일종의 실험을 나타내며, 그 실험의 바탕에 깔린 문제는 다음과 같다. 특정 분자 혼합물을 갇힌 공간에 함께 두면 무슨 일이 생기는가? 생명의 기원에 대해 현재 수행되는 많은 연구를 주도하는 것이 바로 이 물음에 답하려는 시도들이다. 이에 대해서는 나중 장들에서 살펴볼 것이다.

생명 탄생 이전의 지구에서 친양쪽성체가 나올 만한 곳이 어디였을까?

지금쯤이면 내가 친양쪽성 분자들의 열성팬임이 분명해졌을 것이다. 오늘날 모든 세포형 생명의 경계막을 형성하는 것이 친양쪽성체이며, 나중에 나는 막구조 또한 생명이 시작하는 데에 필수적이었음을 논할 것이다. 이 시점에서는 초기 지구에서 막-형성 친양쪽성체가 나올 만한 곳들에 대해 우리가 아는 바를 간추려보는 게 도움이 될 것이다. 이 책의 첫째 장에서 나는 머치슨 운석에서 친양쪽성 화합물들을 어찌 발견했는지 이야기했고, 그것들이 막을 가진 소포를 형성할 수 있었음을 보였다. 따라서 달-형성 사건 뒤에 이어진 후기 부착성장 때 이런 화합물들이 어린 지구로 전해졌을 것이라고 볼 수 있다. 나는 미 항공우주국 에임스 연구센터의 제이슨 드워킨, 스콧 샌드퍼드, 루이스 앨러맨돌라와 했던 연구도 서술했다. 그 연구에서 우리는 메탄올, 일산화탄소, 암모니아가 함유된 얇은 얼음층이 자외선과 상호작용할 때 친양쪽성체들이 생성됨을 알아냈다. 별 둘레의 먼지 입자들 위에서 일어나는 이 반응이 어쩌면 탄소질 운석의 유기화합물 가운데 적어도 몇 가지—친양쪽성 물질을 포함해서—를 설명해줄 수 있을 것이다. 그다음에는 뜨거운 금속 표면에 일산화탄소가 붙들려 수소와 반응하는 피셔-트롭슈 합성이 있다. 그 결과 일산화탄소는 메틸렌($-CH_2-$)으로 환원되어 기다란 탄화수소 사슬을 형성한다. 그 사슬 끝에 카르복실기($-COOH$)나 수산화기($-OH$)가 있으면, 지방산이나 알코올이라고 한다. 그 지방산과 알코올 혼합물들이 막을 가진 아름다운 소포로 쉽사리 조립됨을 우리는 알아냈다.

이제 친양쪽성체가 나올 만한 다른 곳을 서술해보고 싶다. 로버트 헤이즌은 워싱턴의 카네기협회에서 유기화합물들이 광물 표면과 상호작용하는 방식에 대해 기초 연구를 수행하고 있다. 그는 화산 지역과 연관된 고온·고압 환경에서 유기물질에 일어나는 일에 특히 관심을 가지고 있다. 여러 해 전에 로버트는 내게 편지를 써서 내 연구에 관심을 표하고, 화산 조건을 본뜬 실험을 하여 합성되는 친양쪽성체가 있을지 보자며 협력연구를 제안했다.

로버트가 본뜨기실험을 수행하는 방식은 흥미롭기도 하고 극적이기도 했다. 그는 용접해서 봉한 약 2.5센티미터 길이의 금깍지를 하나 사용한다. 금을 쓰는 까닭은 화학적으로 안정되어 반응물질과 생성물질에 아무런 영향도 주지 않을 것이기 때문이다. 원하는 화합물을 깍지에 넣고 봉한 다음, 두어 시간 동안 섭씨 250도로 가열한다. 그 화합물이 반응하면서 기체가 방출되고, 깍지 내부의 압력은 2000대기압까지 올라간다. 워낙 압력이 높아서 자칫하면 폭발할 수 있다. 그래서 깍지를 열어 반응 생성물의 표본을 얻기 전에 먼저 액체 질소 속에 넣어 식혀서 기체를 얼리고 압력을 낮춰야 한다. 이만큼 대비를 해도 철사 자르개로 깍지의 한쪽 끝을 잘라낼 때면 펑 소리가 난다.

거의 아무 유기화합물이나 그 실험에 쓸 수 있었으나, 우리는 피루브산을 쓰기로 했다. 생화학자라면 모든 대사의 중심이 피루브산염이라고 말할 것이다. 해당작용의 최종 생성물이 피루브산염이다. 해당작용에서 포도당은 효소작용을 받아 더 작은 분자들로 쪼개진 다음, 미토콘드리아로 들어가 이산화탄소로 산화하는 과정에서 에너지를 풀어낸다. 로버트와 카네기협회의 동료들은 화산 조건을 본뜬 실험에서 피루브산이 합성될 수 있음을 이미 보였기 때문에, 피루브산으로 실험을 시작하는 게 좋은 선택으로 보였다. 로버트는 실험실에서 금깍지를 여러 개 만들어서 나와 같이 시험해볼 수 있게 샌타크루즈로 가져왔다.

다음날 아침, 우리는 실험을 돌렸다. 금깍지 하나를 액체질소 수조 속에 떨어뜨렸다. 기체가 안개처럼 피어오르면서 섭씨 −180도까지 급속히 냉각되었다. 로버트는 철사 자르개를 들고 끓고 있는 액체 질소 속으로 손을 넣었다. 펑 하는 소리가 나고 압력이 풀려나면서 또 한 번 안개구름이 피어올랐다. 뒤이어 캐러멜 사탕 특유의 달콤한 향기가 났다! 그는 좀 전의 반응으로 친양쪽성체가 형성된 것이 있다면 용해될 수 있도록 클로로포름과 메탄올 혼합물 속에 그 깍지를 넣었다. 용매는 곧바로 황갈색으로 변했다. 피루브산은 하얀 결정질 혼합물로서 클로로포름 같은 유기용매에서는 녹지 않는다. 따라서 반응 중에 무엇이 생성되었든 그것의 물리적 성질은 피루브산과는 매우 다른 것이었다.

이제 내 차례였다. 갈색 용액 약간을 현미경 받침유리에 놓고 말린 다음, 물을 약간 첨가하고 덮개유리로 덮어 현미경으로 검사했다. 그 생성물이 물과 상호작용하면서 일어난 일은 몹시 놀라웠다. 피루브산 자체는 물에 잘 녹지만, 이 물질은 용해되지 않았다. 그 대신 팽창했다. 거품 같은 구조를 형성하더니 마침내 받침유리를 꽉 채웠다. 그 물질은 형광성이 높았기에 형광현

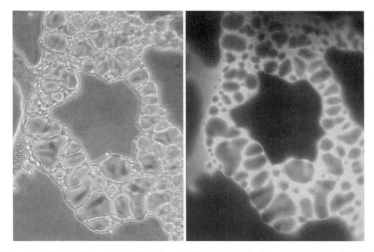

그림 14. 화산 활동의 지열 조건들을 본뜬 고온·고압 환경에 노출되자 피루브산이 일련의 복잡한 반응들을 겪었다. 합성된 생성물 가운데 일부는 친양쪽성 분자들로, 막을 가진 칸으로 조립될 수 있다(왼쪽). 다른 생성물들은 형광성을 띠었다. 오른쪽 사진은 왼쪽과 똑같은 물질이 자외선에 의해 활성을 띠면서 자연 형광을 발하는 모습이다.

미경 사진을 찍었다(〈그림 14〉).

이 연구를 비롯해 다른 실험들에서 우리가 배운 교훈은, 친양쪽성 분자가 합성될 방법은 수없이 많다는 것이다. 내게 있어서 이는 생명 탄생 이전의 유기화합물 혼합물에서 그 분자들이 풍부한 성분이었을 가능성이 높았음을 의미한다. 그 분자들이 막을 가진 칸들로 조립될 능력이 있음은, 초기지구에 세포만 한 크기의 소포들이 흔했을 것이며, 첫 세포형 생명꼴들의 보금자리가 기꺼이 되어주었을 것임을 뜻한다.

자기조립 과정으로 생명의 기원을 설명할 수 있을까?

위에서 서술한 자기조립의 힘들을 놓고 봤을 때, 이 책의 기본 주제는 다음과 같다. 곧, 그 힘들이 몇 가지 에너지와 손잡고 단순한 세포형 생명꼴을 떠오르게 했다는 것이다. 물론 그렇게 주장만 하는 것으로는 불충분하다. 그

다음 단계는 그 주장이 쓸모 있는 가설이 될 수 있는지 보는 것이다. 만일 그렇다면, 실험실에서 실험적으로 시험해볼 수 있는 예측들이 나올 것이다. 이 가능성을 14장에서 자세히 살필 생각이지만, 여기서 나는 기본 생각들의 밑그림을 그려서, 자기조립이 어떻게 하여 원세포라고 하는 구조를 만들어낼 수 있는지 보여주고 싶다. 원세포란 큰 중합체 분자들을 담은 막질 칸으로서, 살아 있는 상태는 아니나, 생명이 기원하기까지의 여정에서 징검돌 구실을 했다.

맨 처음 해야 할 일은 마이크로 크기의 칸을 만들어 중합체들을 담아 서로서로—특히 생명기계를 이루는 단백질과 핵산끼리—상호작용하도록 하는 것이다. 이번 장 앞쪽에서 서술했듯이, 자기조립해서 두 분자층을 형성하는 친양쪽성 분자로서 지질이 가진 물리적 성질 때문에 소포는 쉽게 만들어진다. 비록 지질 분자 하나는 너무 작아서 전자현미경을 써도 눈으로 보지는 못하지만, 거의 비슷한 모습이 나오도록 컴퓨터 프로그램을 만들 수는 있다. 그렇게 해서 나온 영상들이 바로 분자동역학 본뜨기molecular dynamics simulation라는 것으로, 몇 나노초 동안 분자들의 실제 운동 모습을 그려낼 수도 있다. 〈그림 15〉는 지질이중층의 단면도를 나타낸 컴퓨터 모형으로서, 두 지질층이 나란히 있는 모습을 그려내고 있다. 탄화수소 사슬의 탄소 뼈대들이 영상의 가운데를 채우고, 그 위아래를 흰 물 분자들이 둘러싸고 있다. 나노초 동안 그 사슬과 물의 운동을 컴퓨터로 본뜬 모습을 보면, 사슬들은 이리저리 뒤채면서 빙글빙글 돌고, 물 분자들은 서로 엎치락뒤치락하면서 영상 안으로 불쑥불쑥 들어왔다가 나갔다가 할 것이다. 달리 말하면, 지질과 물 모두 유체라는 것이다. 탄화수소 사슬들 안에는 물 분자가 거의 없음을 눈여겨보라. 물과 기름이 섞이지 않는다는 사실을 컴퓨터 프로그램이 본뜬 것이다. 이해해야 할 요점은, 물속에 인지질이 있을 때면 언제나 인지질들이 자발적으로 지질이중층을 형성한다는 것이다.

다음 단계는 큰 중합체들을 소포 안에 가둘 방도를 찾는 것이다. 물, 산

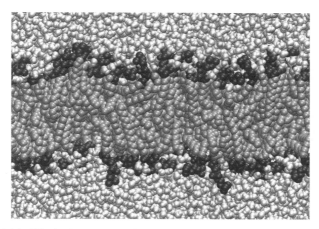

그림 15. 지질이중층을 컴퓨터로 본뜬 모습. 가운데의 어둔 회색 물질은 두 지질층을 이루는 탄화수소 사슬들을 나타내고, 위아래로는 밝은 회색의 물 분자들이 둘러싸고 있다. 지질머리기lipid head group는 검은색으로 보이고 있다. 물 분자 몇 개가 이중층 속을 파고들고 있는데, 사실 물은 지질이중층 막을 건너서 확산할 수 있다. ⓒ 앤드루 포호릴

소, 이산화탄소처럼 전하를 갖지 않는 중성 분자들은 지질이중층에 용해될 만큼 충분히 작다. 그래서 실은 탄화수소 사슬들의 재빠른 분자운동으로 인해 작은 분자들을 수납할 수 있는 구멍들이 쉬지 않고 생겨나고, 이 분자들이 구멍 속으로 펄쩍 뛰어 들어가 건너편으로 확산한다. 그러나 나트륨(Na^+), 칼륨(K^+), 염소(Cl^-)처럼 이온 상태인 흔한 용질들은 전하 때문에 유질층에 용해되기가 매우 어렵다. 그리고 단백질과 핵산 같은 큰 분자들이 그 층을 건너가기는 사실상 불가능하다. 그렇다면 첫 세포형 구조가 어떻게 나올 수 있었을까?

생명 탄생 이전 지구의 조건 아래에서 가당성 있게 보이는 단 한 가지 방도가 있다. 일시적으로 막질 장벽을 열어젖혀서 큰 분자들이 들어가게 한 뒤에 다시 봉하는 것이다. 몇 년 전에 우리는 마르고 젖는 순환만으로도 이 일을 해낼 수 있음을 발견했다. 이 과정은 싸담기encapsulation를 다룰 다음 장에서 자세히 살필 생각이다. 여기서는 이렇게만 말해두겠다. 인지질 소

포, 단백질과 핵산 같은 큰 분자, 이렇게 섞인 것이 마르면 박막을 형성한다. 박막이 마르면서 소포들은 박막 속에서 펴지고, 그런 다음 서로 융합해서 말 그대로 수백만 개의 지질층을 만드는데, 이 층들 사이에 분자들이 갇힌다. 그 마른 박막에 물을 첨가하면, 지질은 새 소포들로 재조립된다. 그러나 처음에는 소포 밖에 있었던 큰 분자들이 이번에는 최대 절반까지 소포 안에 갇히게 된다.

초기 지구 어디에서 이런 일이 일어날 수 있었을까? 젖고 마르는 순환이 일어날 만한 곳은 많다. 이를테면 바닷가를 따라 형성된 조간대, 민물 못, 또는 내가 선호하는 곳이며 40억 년 전에는 흔했을 온천 가장자리 같은 곳이다. 현재 나는 화산 지역을 다니면서 자기조립 가능성이 있는 분자들을 온천에 첨가하는 방법을 써서 이 각본을 시험하는 중이다. 다음 절에서 보게 되겠지만, 이는 몇 가지 예상치 못했던 결과를 내놓았으나, 기본적으로 우리가 바른 길을 가고 있음을 암시해주기도 했다.

자연환경에서 일어나는 자기조립 과정들

실험실에서 일어나는 일이라면 실제 세계에서도 일어나야 한다고 우리 실험과학자들이 나불나불 가정하는 것에 나는 늘 짜증이 난다. 실험실에서는 깨끗한 유리기구, 순수한 물, 순수한 화학물질을 사용하고, pH, 소금 농도, 온도 조건들을 세심하게 통제한 상태에서 실험을 설계하고 수행한다. 또한 우리가 결과를 이해할 수 있게끔 처리가 수월한 수준으로 변수를 줄이기 위해 가능한 한 단순하게 실험하려고 한다.

그러나 2장과 3장에서 보았다시피, 초기 지구는 거대하고 복잡한 화학적 및 물리적 환경이었고, 유기화합물들은 순수한 상태와는 거리가 멀었다. 내가 캄차카, 하와이, 아이슬란드, 북부 캘리포니아의 래슨 산 비탈의 범패 스헬이라고 하는 부글부글 끓는 온천을 찾아다니는 까닭이 바로 이 때문이다. 앞에서 자기조립의 힘들을 살펴보았으니, 이제 나머지 이야기와 내가 알아낸 바를 들려줄 수 있겠다.

먼저 우리가 무엇을 시험하고 있는지 분명히 해두는 게 중요하다. 이번 장 앞부분에서 말했다시피, 적어도 실험실에서는 친양쪽성 분자들이 막으로 자기조립하며, 그렇게 만들어진 소포들이 단백질과 핵산 같은 큰 분자들을 싸담을 수 있음을 보일 수 있다. 마침 그 고분자들이 효소들이라면, 그 소포들을 핵산 복제나 단백질 합성 같은 몇 가지 생명의 성질들을 가진 모형계로 삼고 연구할 수도 있다. 오늘날 화산의 지열 환경, 특히 온천은 생명이 시작되었을 당시 초기 지구의 조건들과 닮았다고 우리는 가정한다. 크게 다른 점이라면, 오늘날의 대기에는 산소와 질소가 있는데, 초기 지구의 대기에는 산소는 없었고 이산화탄소와 질소가 섞여 있었으리라는 것이다. 오늘날 있는 온천들의 물리적 및 화학적 성질들을 측정해보면, 온도 범위의 끝이 물의 끓는점 가까이까지 이름을 보게 된다. 온천은 대개 산성으로, pH는 3 정도까지 내려가며, 마그네슘, 칼슘, 철, 심지어 알루미늄 같은 광물 양이온들도 소량 용해되어 있다. 온천에는 점토층도 있고, 곳곳에 웅덩이가 패인 용암의 표면도 있다. 그리고 마지막으로, 어떤 때는 그냥 부글부글 끓는 작용으로 주변 암석들 위로 튀겨서, 또 어떤 때는 비올 때와 마를 때의 순환 때문에, 온천들은 끊임없이 생겼다가 증발해 사라졌다가 한다.

그래서 목하 내가 묻고 있는 주요 물음은 이렇다. 이런 조건들에서 자기조립이 일어날 수 있을까? 더 구체적으로 물어보자. 열, pH, 이온구성이 자기조립 과정에 어떤 영향을 줄까? 나아가 만일 어느 분자계가 단백질과 핵산 같은 중합체를 만들 수 있게 되면서 생명이 시작한다면, 지열 환경에서 공유결합이 형성될 수 있을까? 설사 일어날 수 있다고 해도, 얼마나 안정성을 지닐 것인가?

다윈의 작고 따뜻한 못

1871년에 찰스 다윈은 친구 조지프 후커Joseph Hooker에게 보낸 편지에서 이런 생각을 표현했다.

"생물이 처음 나오는 데에 필요한 모든 조건들은 지금도 있는 조건들이고, 지금까지 줄곧 있었을 조건들이라고 흔히들 말한다네. 그런데 만일 말이야 (아! 진짜 진짜 만일에 말이야) 암모니아며 인산염이며 빛이며 열이며 전기며 온갖 것이 다 있어서, 단백질 화합물이 화학적으로 형성되고, 그 화합물이 한층 더 복잡한 변화들을 쉽사리 당하게 될 그런 작고 따뜻한 못이 있다고 상상해본다면, 오늘날이야 그런 물질은 즉시 먹히거나 흡수되겠지만, 생명을 가진 피조물이 형성되기 전이라면 그러지 않았을 테지."

여기서 다윈은 그로부터 거의 140년이 지난 뒤까지도 여전히 가능성 있는 대안이 될, 생명 탄생 이전 환경에 대한 각본을 자신이 하나 제시하고 있음을 알지는 못했을 것이다. 2장에서 보았듯이, 지구를 덮은 얼음덩어리에서 일시적으로 녹는 구역부터 해서, 열수구, 지하의 뜨거운 진흙에 이르기까지 생명이 기원했을 만한 장소들이 지금까지 다양하게 제시되었다. 그런 장소들 가운데에는 호극성인 미생물 개체군이 있는 곳이 많고, 생명을 쓸어버리는 운석 대충돌로부터 안전한 깊은 열수 지역에서 '모든 생물의 마지막 공통조상last universal common ancestor'이 살았다고들 생각해왔다. 하지만 대기에 노출되어서 증발에 의해 농축된 반응물이 만들어질 수 있는 중간 온도 범위의 지표면 지역은 아직도 생명이 기원했을 만한 장소로서 여전히 가능성이 높은 대안이다. 생명이 시작되고 나서야 진화를 해가며 호극성 환경을 비롯해 다양한 생태자리들로 뻗어 들어갈 수 있었을 것이다.

그때 다윈은 그 못이라는 것을 일찍이 갈라파고스 제도에서 관찰한 바 있었던 열대의 짠물 조수웅덩이 같은 것으로 상상했거나, 아니면 잉글랜드 지형에 점점이 자리한 것 같은 민물 못으로 상상했을 수도 있다. 그는 질소가 고정된 한 가지 꼴(암모늄염)과 인산염을 명기했다. 짐작건대 질소와 인이 생명을 이루는 여섯 가지 주요 원소에 속함을 알았기 때문이었을 것이다. 그런데 명확한 탄소원을 적어넣지 않았고, 단백질 말고는 다른 유기화합물을 언급하지도 않았다. 왜냐하면 1871년 당시에는 생명의 중합체 고분자들을 구성하는 주요 단위체들이 아미노산과 핵염기임을 아직 이해하지 못한 상황이었기 때문이다.

다윈이 말한 못의 가당성 여부는 이제까지 자연환경에서 한 번도 시험되지 않았다. 최소한 그런 장소는 액체 물과 유기화합물—그곳에서 합성되었거나 다른 곳에서 운반되어 왔거나—에 접근할 수 있는 곳이라고 볼 수 있다. 유기물질은 지구화학적으로 합성되었거나, 후기 부착성장 동안에 외계에서 전해졌을 수 있다. 위에서 서술했던 바로 보건대, 이런 조건들에서는 친양쪽성체의 자기조립이 일어날 가능성이 있다. 펩티드 결합과 에스테르 결합까지도 가능했으리라고 생각할 수 있다. 하지만 반응이 일어날 수 있게 해주는 조건들에 단위체들이 어떻게 해서인가 노출되어야만 한다. 그러나 단위체들이 너무 묽다거나, 불용성 염으로 침전된다거나, 광물 표면에 꽉 흡착되는 조건이라면, 중합작용의 화학은 불가능했을 것이다.

내가 서술하려는 실험들은 러시아 캄차카의 지열 장소들에서 수행한 것들로서, 관련 유기화합물 집합이 화산 환경에서 어떻게 행동하는지 규명하려는 실험이었다. 러시아의 극동부인 캄차카반도는 일본 바로 북쪽에 있으며, 크기는 거의 캘리포니아만 하다. 캘리포니아에 사는 과학자라면 러시아에서도 가장 쉽게 갈 수 있는 곳이다. 샌프란시스코에서 알래스카항공 여객기에 탑승한 우리는 몇 시간 뒤에 알래스카의 앵커리지에 착륙했다. 공항 근처의 한 모텔에서 하룻밤을 묵고, 다음날 아침 일찍 마가단항공에서 운행하는 낡은 제트여객기에 올라탔다. 동승자들은 캄차카 야생의 진가를 알아본 사냥꾼들과 스포츠 낚시꾼들이었다. 이 운항은 한 주에 한 번뿐이므로, 갈 때나 올 때 한 번 놓치면 한 주를 더 기다려야 한다.

우리는 페트로파블로프스크에 착륙했다. 인구 20만 명의 떠들썩한 작은 도시로서, 화산봉우리들로 둘러싸여 있는데, 전 세계 모든 활화산의 10분의 1 가까운 수가 캄차카에 있다는 사실을 암시하는 풍경이었다. 그 도시는 1740년에 비투스 베링Vitus Bering이 세웠으며, 자신이 이끄는 두 배의 이름인 세인트피터와 세인트폴의 러시아어 이름(페트로와 파블로프)으로 도시 이름을 지었다. 거기서 우리는 그 지방의 과학자 블라디미르 콤파니첸코Vladi-mir Kompanichenko를 만났다. 그는 우리를 위해 꼼꼼하게 현장조사 계획을 짰으며, 연구에도 협력할 예정이었다. 지역 여인숙에서 하룻밤을 묵은 뒤, 스탠퍼드 대학교, 워싱턴 카네기협회, 샌타크루즈 캘리포니아 대학교에서 온 과학자 여섯 명으로 구성된 우리 연구진은 러시아군 수송차였던 트럭에 몸을 실었다. 차주인 운전기사와 아내가 그다음 한 주 동안 우리를 돌봐줄 이들이었다. 다섯 시간 뒤, 화성의 탐사차량들이 보내온 영상과 놀랍도록 빼다박은 풍경 속에서 우리는 화산 비탈 저부를 발을 끌며 걷고 있었다.

다음 며칠 동안, 우리는 2장에서 서술했던 분화구를 탐사한 뒤에, 마침내 무트노브스키 산허리에서 시험 장소를 하나 골랐다. 끓는 온천들이 수 에이커에 걸쳐 있는 이곳은 우르릉거리는 분기공들에서 수증기를 뿜어대고, 황화수소 특유의 썩은 달걀 냄새를 풍겼는데, 생명 탄생 이전의 지구에 흔했으리라고 짐작되는 지열 장소의 현대판 환경이었다.

내가 원하는 실험을 하려면, 물 몇 리터만 고인 작고 비교적 잔잔한 웅덩이가 있어야 했다. 시험 장소에 있는 웅덩이는 대부분 너무 크거나 물길이 나 있어서, 내가 무엇이라도 첨가하면 묽어지거나 씻겨가버릴 터였다. 다행히도 우리는 거의 이상에 가까운 곳을 한 군데 찾았다. 그 웅덩이의 열원은 복판에 있었고, 해당 고도에서 거의 끓는점에 가까운 섭씨 97도를 유지했다. 몇 센티미터 깊이의 희끄무레한 점토층이 테를 둘렀고, 물이 부글부글 끓어서 교란된 탓에 점토층에서는 휘저음과 혼탁한 상태가 쉬지 않고 생겨났다. 4장에서 나는 생명을 이루는 분자 성분들과 초기 지구에서 구할 수 있었을 만한 유기화합물들을 서술했다. 나는 이 지식을 활용하여 생명 탄생 이전의 국물에 어떤 성분들이 있어야 했고, 다윈의 뜨겁고 작은 물웅덩이에 무엇을 첨가해야 할지 결정했다. 여기에 들어간 성분들은 아미노산 네 가지(글리신, L-알라닌, L-아스파르트산, L-발린―각각 1그램), 핵염기 네 가지(아데닌, 시토신, 구아닌, 우라실―각각 1그램), 인산나트륨(3그램), 글리세롤(2그램), 미리스트산(1.5그램)이었다. 나는 미리스트산이 막으로 자기조립하는 과정을 지켜볼 때 이 특정 혼합물이 유용한 지침이 되어줄 것이며, 나아가 일어날 만한 모든 합성반응에 쓰일 반응물들의 잠재적 공급원이 되어줄 것으로도 기대했다. 나는 실험에 들어가기에 앞서, 그 물에 무엇이 들어 있는지 알려줄 표본들을 채취했다. 그런 다음 그 웅덩이에서 뜬 뜨거운 물 1리터에 가루로 만든 그 혼합물을 용해시킨 뒤, 그 젖빛 용액을 끓는 물웅덩이에 붓는 것으로 실험을 시작했다.

혼합물을 첨가하고 곧바로 첫 실마리가 나타났다. 웅덩이 표면에 하얀 침전물이 나타나더니 가장자리에 쌓였던 것이다. 다른 건 다 물에 용해되니까 이것은 미리스트산이 틀림없었지만, 섭씨 97도에서는 하얗게 침전되지 않고 녹아야 했다. 몹시 혼란스러웠다. 나는 분, 시, 날 간격으로 물 표본을 채취했고, 유기물 혼합물을 첨가하기 전과 첨가하고 두 시간 뒤에 웅덩이 가장자리를 두른 점토 표본도 채취했다. 그리고 캘리포니아의 실험실로 표본들을 가져가 유기화합물들에 무슨 일이 일어났는지 분석했다.

자, 무엇이 발견되었을까? 전혀 예상 밖의 결과가 나왔다. 첨가한 용질 대부분이 용액에서 사라져버린 것이다. 어떤 것은 몇 분 만에, 어떤 것은 여러 시간 만에 말이다. 한 가지 유일한 예외가 지방산이었다. 첨가하고 아흐레가 지난 뒤에도 지방산을 검출할 수 있었다. 그것들이 다 어디로 갔을까? 다행히도 나는 웅덩이 가장자리를 두른 점토 표본도 채취해둔 터였다. 실험실로 가져가서 수산화나트륨을 첨가하여 알칼리 pH로 만들었더니, 우리가 첨가했던 사실상 모든 화합물이 용액 속에 다시 나타났다. 웅덩이 속 점토에 다들 꽉 흡착되었던 탓에 물 표본에서는 사라졌던 것이다.

이 실험은 몇 가지 의미 있는 교훈을 가르쳐주었다. 실험실에서 본뜨기 실험을 하고 나서, 그 실험이 본뜬 실제 환경에서 똑같은 실험을 수행했을 때 무슨 일이 일어날지 예측할 수 있으리라 기대를 해서는 안 된다는 것이 아마 가장 소중한 교훈일 것이다. 이를테면, 나는 뜨거운 물속에서 미리스트산이 쉽사리 분산하리라고 예상했는데, 예상과 달리 불용성 침전물을 형성했다. 캄차카의 못에서 떠온 물을 분석하자 그 이유를 깨달았다. 그 못물에는 알루미늄과 철이 소량 용해되어 있었는데, 이것들이 미리스트산과 반응해서 불용성 덩어리들이 생성되었고, 그 덩어리들에서는 막경계를 가진 칸들이 만들어지지 못했던 것이다. 만일 막을 가진 소포들이 세포형 생명이 기원하는 데에 필요했다면, 적어도 이런 특정 지열 환경에서는 지방산으로부터 소포가 자기조립되지는 못했으리라는 게 내가 얻은 씁쓸한 결론이었다. 그리고 실험실의 본뜨기실험에서 나는 아마 알루미늄과 철을 용액에 첨가할 생각을 전혀 하지 못했을 것이지만, 이것들은 지열 온천에 풍부하고, 자기조립 과정을 철저하게 가로막는다.

두 번째 뼈아픈 교훈은, 점토 광물이 있을 경우에는 아미노산, 핵염기, 인산염을 그램 양으로 첨가한다 해도—생명 탄생 이전 환경에 있었다고 볼 만한 양보다 훨씬 높은 농도이다—점토에 흡착되어버릴 것이라는 점이다. 생명의 기원에서 언제나 점토는 합성 화학반응을 촉진시켜주는 양성인자로 여겨져 왔다. 그러나 다윈의 작고 뜨거운 물웅덩이는 내게 다른 교훈을 가르쳐주었다. 점토는 스펀지에 더 가까워서, 잠재적 반응물들이 서로를 찾아내 화학반응을 겪을 기회를 갖기도 전에 그것들을 용액에서 제거해버리는 것이다. 나에게나 내 동료들에게 떨어진 도전과제는 이것이다. 곧, 실험실에서 해본 본뜨기실험이 생명의 기원과 관련되었으리라고 생각되면, 그 실험이 본뜬 자연환경에서 그 생각을 시험하라는 것이다. 그렇게 해서 나온 결과에 아마 우리는 깜짝 놀랄 것이고, 우리가 가정했던 것을 재고할 수밖에 없게 될 것이다.

점 잇기

첫 생명꼴까지 이르는 경로에는, 용액 속에서 유기화합물들이 단순하게 혼합된 상태가 한층 복잡한 계들로 조직되는 다중적인 자기조립 과정들이 반드시 관여해야 한다. 자기조립의 바탕에 깔린 힘들에는 수소결합, 정전기 상호작용, 반데르발스 상호작용, 소수효과가 있다. 에너지에 의존해서 형성되는 공유결합과는 달리 자기조립 과정들은 자발적이다. 그러나 자기조립 결합들은 공유결합보다 약해서 pH, 온도, 이온 용질 같은 환경 조건들의 영향을 더 강하게 받는다.

　실험실에서는, 생명 탄생 이전 환경에서 구할 수 있었을 만한 단순한 친양쪽성 화합물들(지방산들)이 자기조립해서 막을 가진 칸들을 만들어낼 수 있다. 세포형 생명이 기원하려면 그 칸들이 필수적이었을 것이다. 하지만 자연환경에서 그 유기화합물들은 실험실에서 순수한 화합물들을 유리나 플라스틱 용기에 넣고 반응시켜 관찰하는 것 말고도 가능한 다른 운명들을 다양하게 맞았을 것이다. 이를테면, 뜨겁고 산성인 조건에서는 적어도 미리스트산 같은 단순한 친양쪽성체로는 경계구조를 만드는 자기조립이 일어나지 못함을 우리는 알아냈다. 나아가 캄차카 못의 철과 알루미늄, 또는 바닷물의 칼슘과 마그네슘처럼 양이온들이 있을 경우, 이 양이온들은 지방산들을 불용성 비누로 침전시켜, 지방산이 막으로 조립되는 능력을 억제할 것이다.

　2장에서는 생명이 시작되는 데에 필요한 조건들을 서술했는데, 이런 고찰들이 바로 유용한 구속인자들이 되어준다. 이 구속인자들을 감안했을 경우, 생물물리적 관점에서 보았을 때 생명이 기원하는 데에 가장 가당성이 있는 행성 환경은, 온도는 섭씨 70도에서 90도 사이이고 적당히 산성을 띤 액체상으로, 2가 양이온 농도는 밀리몰라 이하인 환경일 것이다. 이는 생명이 시작되었을 가능성이 가장 높은 곳이 고에너지 지열 환경이나 해양 환경, 나아가 열수구 같은 극한의 환경일 것이라고 보는 시각과 뚜렷하게 대조된다. 생명이 시작되었을 곳으로 바다를 선호하는 까닭은, 초기 지구에 민물이 드물었으리라는 단순한 이유 때문이다. 대륙지각이 광활하게 펼쳐진 오늘날에도 지구의 액체 물 저장고에서 민물은 겨우 1퍼센트 정도만을 차지할 뿐이다. 민물에서 생명이 기원했다고 생각할 때 또 하나 걸리는 것은, 지질시간의 잣대로 보았을 때에 대개 민물의 수명은 짧다는 것이다.

다른 한편에서 보면, 지열 온천이나 바닷물의 온도와 이온 구성이 자기조립 과정을 뚜렷하게 가로막는다면, 생명이 그런 환경에서 시작되는 것은 불가피했다고 보는 가정을 재고해야만 할 것이다. 이보다 세포형 생명이 기원했을 가당성이 큰 장소는 아마 다윈의 영감어린 제안이었던 따뜻하고 작은 못과 닮았을 수 있다. 이를테면 화산 땅덩어리에 내린 비로 유지되면서 마른 조건과 젖은 조건 사이를 왔다갔다하는 민물웅덩이 같은 곳 말이다. 첫 세포형 생명꼴들이 비교적 우호적인 환경에 정착한 뒤로, 생명은 다윈주의식 선택을 거치면서, 지금 우리가 지구상 생명의 한계와 연관 짓는 극한의 온도, 소금 농도, pH 범위 같은 더욱 도전적인 조건들에도 빠르게 적응해나갔을 것이다.

제8장

세포 짓는 법

초기의 세포들은 일종의 세포막으로 싸인 작은 주머니들에 지나지 않았고, 그 세포막은 유질油質이었을 수도 산화 금속이었을 수도 있다. 그 속에는 유기분자들이 거의 아무렇게나 모여 있었다. 특징이라면, 작은 분자들은 그 막을 통과해 확산해 들어갈 수는 있었지만, 큰 분자들이 확산해 나올 수는 없었다는 것이다. 작은 분자들을 큰 분자들로 전환하면 속에 있는 유기물 함량의 농도를 높일 수 있었기에, 세포들은 점점 더 농도가 높아졌고, 화학은 서서히 능률적이 되어갔을 것이다. 그래서 무슨 복제 같은 것을 하지 않고서도 세포들은 진화할 수 있었다.

一프리먼 다이슨, 1999

1980년대에 베이브러햄에서 알렉 뱅엄과 안식년을 보내던 중에 머릿속에 떠올랐던 생각들을 이어나가, 나는 초기 지구에서 세포형 생명이 어떻게 등장했을지 이해하기 위한 연구를 시작했다. 물어야 할 주된 물음이 셋임은 금방 분명해졌다. 막을 가진 소포를 형성하는 데에 쓰일 만한 지질형 분자에는 어떤 것이 있었을까? 단백질이나 핵산만큼이나 큰 것이 어떻게 지질 소포에 포획되어 원세포가 될 수 있었을까? 설사 원세포가 나올 수 있었다 해도, 안에 갇힌 분자들이 성장하고 아마 스스로를 복제까지 할 수 있도록 해줄 잠재적 양분들이 주변 환경에서 어떻게 막 장벽을 건너 안으로 공급될 수 있었을까?

앞에서 보았듯이, 우리는 이미 첫 번째 물음의 답을 알고 있다. 바로 지방산 같은 친양쪽성 분자들이 막을 가진 소포로 조립될 수 있는 것이다. 더군다나 탄소질 운석에도 있기 때문에, 생명 탄생 이전의 어떤 환경적 조건 아래에서는 막을 가진 소포가 풍부했을 수 있다고도 충분히 생각할 수 있다. 그러나 어떻게 하면 다음 단계로 넘어갈 수 있을까? 말하자면 어떻게 큰 분자들이 소포 속에 포획될 수 있었을까? 나는 한 가지 가능성을 시험해보기로 했다. 곧, 인지질 소포들을 단백질이나 핵산 같은 큰 중합체들과 섞은 뒤에 말려서 투과장벽을 깨뜨려보고자 했다. 생각인즉슨, 대기 중 기체, 물, 광물 표면이 만나는 계면이라면 어디에서나 광범위하게 일어났을 젖고-마르는 순환을 본떠보자는 것이었다. 이런 빤한 것도 생각하는구나 싶겠으나,

나 이전에는 아무도 해보지 않은 생각이었다. 생명의 기원에 관심을 가진 화학자들이 시험관 속 용액에서 연구할 수 있는 단순한 반응들을 선호하는 탓이기도 하다. 더군다나 당시 대부분의 관심은, 촉매 구실과 유전정보 운반체 구실을 모두 할 수 있는 RNA 분자의 형태로 생명이 시작되었다는 'RNA 세계' 개념에 쏠려 있었다. 생명의 기원 연구에서 이는 지금까지도 계속 기본적인 개념이 되고 있으며, 13장에서 살펴볼 것이다. 그러나 1980년대의 내게 그것이 의미했던 바는, 세포형 생명의 기원이 무시되고 있다는 것이었다. 따라서 지질막이 무슨 역할을 했을까 하는 문제는 큰 미결 과제였다.

기초 수준의 실험은 하기 쉬웠다. 우리는 시험관에 리포솜을 준비한 뒤에 핵산이나 단백질을 약간 첨가하고, 질소 기체를 부드럽게 흘려 그 혼합물을 말렸다. 소포들이 마르면서 층이 여럿인 넓은 구조로 융합되었고, 그 구조들이 층과 층 사이에 단백질이나 핵산을 가두었음을 우리는 발견했다. 그 마른 박막에 다시 물을 첨가하자, 지질층들이 다시 소포를 형성했지만, 이번에는 큰 단백질들의 절반까지 안에 갇힌 상태였다.

이런 식으로 생명 탄생 이전의 젖고-마르는 순환을 본떠 원세포를 쉽게 만들어낼 수 있었지만, 나는 그 과정을 시각적으로도 보이고 싶었다. 내가 데이비스의 캘리포니아 대학교에 있을 때의 동물학과 동료였던 피터 암스트롱Peter Armstrong은 현미경 전문가였다. 그가 손을 빌려주마고 해서, 나는 인지질 몇 밀리그램을 물 1밀리리터 속에 분산시켜서 마이크로 크기의 지질 소포들을 만든 다음, 같은 양의 연어 정자 DNA를 첨가해서 점성이 있는 용액으로 만들었다. 받침유리 위에서 그 용액을 소량 말린 다음, DNA와 결합해서 강하게 형광을 발하는 주황색 아크리딘이라는 염료가 함유된 물을 한 방울 첨가했다. 그 방울 위에 아주 얇은 덮개유리를 덮은 뒤에, 피터는 그것을 현미경의 재물대 위에 놓고 자외선을 켜서 염색된 DNA가 빛나게 했다.

"와!" 피터는 이렇게 외치더니 사진을 찍어나갔다. 그 가운데 한 장이 〈그

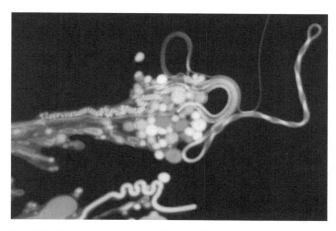

그림 16. 지질 소포들 속에 싸담긴 DNA. DNA는 형광염료로 염색했다. 세관들과 소포들 속에 싸담긴 DNA가 형광으로 표시되어 있다.

림 16〉이다. 건조 상태의 지질–DNA 가장자리 전체—거기서 물이 그 마른 혼합물을 침투했다—에서 형광을 띤 DNA를 함유한 미세한 구조들이 바깥쪽으로 벋어 자라고 있었는데, 배배 꼬인 세관, 나선, 빛이 나는 소포의 꼴을 하고 있었다. 나는 찾던 답을 얻었다. 곧, DNA만큼 큰 분자들까지 속에 담은 원세포를 만들기는 쉽다는 것이다. 우리는 그저 생명 탄생 이전의 지구에서는 젖고 마르는 순환이 쉬지 않고 일어났으리라고 상상하기만 하면 된다. 이런 조건에서 합성되었던 중합체 분자들과 더불어 막을 형성하는 지질까지 있었다면, 세포형 구조들이 수없이 많이 만들어지는 일은 피할 수 없었을 것으로 보인다. 이 구조들은 대부분 불활성이었을 테지만, 분자가 제대로 조합되어 성장은 말할 것도 없고 궁극적으로는 생식까지 가능하게 할 촉매와 복제의 성질을 가진 구조들이 어쩌다가 드물게나마 있었을 것이다. 내가 이 책에서 펼쳐 보이고자 하는 중심 개념이 바로 이것이다. 나중 장들에서는 이 생각을 시험해볼 조건을 정하는 데에 필요한 정보를 살펴볼 것이다.

싸담기가 왜 중요할까?

막에 싸담긴 분자계가 생명이 시작하는 데에 필수적이었다고 볼 이유는 여러 가지이다. 가장 명백한 이유는, 주어진 분자 집합을 칸 하나 속에다 간수해서 자연의 실험이 일어날 수 있도록 해주기 때문이다. 칸이 왜 그리도 중요한지 감을 잡으려면, 연구자가 시험관, 비커, 플라스크를 쓸 수 없고, 모든 실험을 바다에 화합물을 첨가하는 방법으로 수행해야만 하는 화학실험실을 상상해보면 된다. 담을 용기가 없다면, 특수한 반응물 혼합이 필요한 실험을 어떻게 수행할 수 있겠는가? 이런 유비로 볼 때, 자기조립된 칸들을 초기 지구에서 얻을 수 있어야지만, 분자들끼리는 얼마만큼 상호작용하고 주변 환경에 있는 양분들과는 또 얼마만큼 상호작용할 수 있는지 특수한 고분자 혼합물의 능력을 시험해볼 수 있을 것이다.

생명의 기원에 막이 어떤 식으로인가 관여했으리라는 생각을 처음으로 시사했던 이는 존 버든 샌더슨 홀데인John Burdon Sanderson Haldane이었다. 엉뚱했지만 뛰어났던 영국의 과학자로서 1929년에 「생명의 기원The Origin of Life」이라는 짧은 시론을 발표했다. 그 시론에서 홀데인은 초기 지구의 조건이 어땠을지 사변을 펼쳤다. 예를 들어 대기에는 산소가 조금 있었거나 전혀 없었고, 이산화탄소가 대부분을 차지했으리라는 생각을 내놓았다. 그는 물, 이산화탄소, 암모니아 혼합물에 햇빛이 작용해서 합성된 유기화합물이 풍부하게 있었으리라고 상상했다. 그리고 첫 생명꼴은 원시적인 형태의 세포와 닮지 않았을까 하고 상상했다. 홀데인은 이렇게 적었다.

세포를 이루는 것은 절반은 살아 있는 수없이 많은 화학적 분자들이며, 그 분자들은 물속을 떠다니고, 유질 박막으로 싸여 있다. 바다 전체가 광활한 화학실험실이었을 때, 그런 박막들이 형성될 만큼 조건들은 틀림없이 비교적 양호했을 것이다. (…) 틀림없이 실패가 많았을 것이다. 그러나 성공을 거둔 첫 세포에게는 먹을 것이 넘쳤고, 경쟁자들보다 엄청나게 유리한 고지에 섰을 것이다.

홀데인은 **"지금 살아 있는 모든 생물들이 한 조상에서 유래했을 개연성이 있다"**고도 적으면서, 만일 생명이 여러 차례 기원했다면, 화학적 성질도 다각도였을 것이며, 그 가운데에는 특히 오늘날 모든 생명이 L-아미노산과 D-당을 사용한다는 사실과 관련된 화학적 성질도 있었을 것이라고 논했다.

홀데인이 펼친 생각은 놀라울 만큼 예지적이었다. 그러나 생명이 복제하는 분자 같은 것으로 시작한 게 아니라 복제하는 세포로 시작될 수 있었을 것이라는 생각을 연구자들이 진지하게 품기 시작한 지는 불과 몇 년 되지 않았다. 이렇게까지 오래 걸린 주된 이유는 지질이중층이란 사실상 불투과성이기에 원시세포를 둘러싼 막은 주변 환경의 양분에 접근하는 일을 불가능하게 했을 것이라는 일반적인 믿음 때문이다. 최근에 여러 연구진들이 이런 걱정을 표했으므로, 이 자리에서 나는 여러분에게 막의 투과성에 대해 말해야 할 것 같다.

왜 막은 자유확산을 가로막는 장벽인가?

화학에서 '확산'이라는 말은 특별한 뜻을 가지기에 설명이 필요하다. 기체나 액체에서 분자들은 거의 자유롭게 아무 방향으로나 운동하는데, 이 운동을 일러 확산이라고 한다. 장벽을 하나 세워 두 가지 기체나 액체를 분리한 뒤에 장벽을 제거하면 확산을 쉽게 측정할 수 있다. 기체의 경우에는 몇 초, 액체의 경우에는 몇 날이 지나면, 분자들은 더는 분리된 채로 있지 않고 확산해서 혼합물을 만든다. 이 과정을 일컬어 '확산으로 농도 기울기 낮추기 diffusion down a concentration gradient'라고 한다.

생체세포들이 계속 살아 있으려면 바깥 경계막 안팎의 농도 기울기를 유지해야만 한다. 막이 어떻게 이온과 양분의 자유확산을 가로막는 장벽 구실을 할 수 있는지 이해하는 것이 중요한 까닭이 바로 이 때문이다. 앞서 서술했다시피, 막경계는 지질이중층이다. 겨우 두 분자 두께에 지나지 않는 밀기지 않을 만큼 얇은 이 막이 생명을 건사하는 데에 필수적이라니 참으로 놀라운 일이다. 그 까닭은 이중층의 유질 내부에는 대부분 물이 제거된 상태이기 때문이다. 이는 포도당, 아미노산, 인산염, 이온 같은 수용성 물질들이 막을 투과할 확률이 대단히 낮음을 뜻한다. "물과 기름은 섞이지 않는다"는 말을 못 들어본 사람은 없겠지만, 사실 물과 기름은 아주 약간은 섞인다. 다만 탄화수소 사슬들에 용해된 물의 농도가 주변의 물보다 1만 분의 1에 지나지 않을 뿐이다. 지질이중층이 투과장벽이라고 말할 때의 의미가 바로 이것이다. 지질이중층은 물이 이편에서 저편으로 건너가는 능력을 크게 떨어뜨린다. 이중층의 유질 내부에서는 물 분자가 쉽사리 용해되지 않기 때문이다. 그러나 물 분자들은 작고 전하가 없으므로, 실제로는 산소와 이산화탄소 같은 기체와 더불어 가장 투과력이 높은 물질에 해당한다. 아미노산과 인산염, 또는 나트륨(Na^+)과 칼륨(K^+) 같은 단순한 이온들처럼 수용성인 용질들에 대한 지질이중층의 투과도를 측정해보면, 이 물질들이 지질이중층을 건너가는 속도는 물이 이중층을 투과하는 속도의 **10억분의 1**로 대단히 느리다. 세포가 온전함을 유지하려면, 지질이중층 장벽이 필수이다. 그러나 세포가 굶어죽지 않으려면 장벽 바깥에 있는 양분들에 접근할 수 있어야만 한다. 오늘날의 세포들은 단순하지만 우아한 방식으로 이 문제를 풀어낸다. 세포들은 주어진 용질을 이중층 장벽 건너로 운반하는 일에 특화된 단백질들을 합성해서 지질이중층에 끼워넣는다. 이 단백질들은 대단히 복잡한 분자기계일 수도 있다. 이를테면 펌프단백질들은 에너지를 써서 양성자, 칼슘 이온, 나트륨 이온, 칼륨 이온을 막 건너로 운반한다. 반면 가운데에 구멍이 뚫려 있어서 이온들이 그 구멍을 통해 이중층을 건널 수 있게 하는 단백질들도 있다. 구멍을 형성하는 펩티드 가운데 가장 단순한 축에 드는 것은 그라미시딘으로, 바킬루스 브레비스*Bacillus brevis*라고 하는 토양 세균이 합성하는 항생물질이다. 비록 지금은 사람의 질병을 치료하는 용도로 항생제들을 쓰지만, 원래는 어느 미생물 종이 다른 종들의 성장을 억제시켜서 주변 환경의 양분들을 두고 벌이는 경쟁을 줄일 수 있도록 진화한 물질들이다. 그라미시딘이라는 이름은 한스 크리스티안 그람Hans Christian Gram의 이름을 딴 것으로, 세균 가운데에는 그가 직접 개발한 특별한 염색 과정을 써서 식별해낼 수 있는 세균들이 있음을 1884년에 발견했다. 지금 세균은 대충 그람-양성 변종과 그람-음성 변종으로 나뉘는데, 염색이 되느냐 안 되느냐를 기준으로 한 것이다. 그라미시딘은 그람-양성인 세균들을 죽인다. 사실 약국에서 구할 수 있는 항생제 연고들의 활성성분 목록에는 그라미시딘이 흔히 들어가 있다.

그라미시딘 같은 구멍-형성 펩티드들이 항생물질인 까닭은 세포막의 지질이중층에 구멍을 뚫어서 걷잡을 수 없이 층이 새도록 만들기 때문이다. 모든 생체세포들은 기능을 하려면 농도 기울기를 유지해야만 하기 때문에 이는 치명적이다. 여느 때에는 불투과성이던 것이, 그라미시딘이 지질이중층을 뚫어버려 갑자기 새게 되면, 이온 기울기가 무너져서 평형을 이루게 된다. 그러면 세포는 더는 에너지를 만들어낼 수 없기에, 기름통이 새서 연료가 바닥난 차 신세가 되어 기능을 멈추고 말 것이다.

〈그림 17〉은 그라미시딘 통로의 컴퓨터 모형이다. 가운데 구멍이 뚜렷하게 보인다. 지름은 간신히 물 분자 몇 개만 수용할 만한 크기여서, 나트륨 이온이나 칼륨 이온 하나가 그 구멍을 통해 건너갈 때면 말 그대로 앞에 있는 물을 밀어낸다. 세포막의 이온통로들은 이보다 좀 크다. 구멍은 구멍이지만, 그라미시딘 같은 펩티드에 있는 것 같은 구멍이 아니라, 지질이중층에 몰려 있는 여러 단백질 가닥들이 만들어낸 것이다. 그런 통로는 연구하기 어려운 것으로 악명이 높다. 세균의 칼륨 통로구조는 최근에 와서야 X-선 결정학이라는 기법을 써서 규명되었다. 그 공로로 로더릭 매키넌Roderick MacKinnon이 2003년 노벨상을 수상했다.

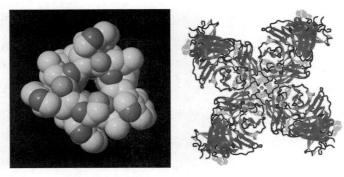

그림 17. 그라미시딘(왼쪽)은 아미노산 15개로 구성된 작은 펩티드이며, 지질이중층에서 조립되어 이중층을 관통하는 구멍을 만들 수 있다. 오른쪽은 왼쪽처럼 위에서 바라본 칼륨 통로의 모습이다. 여기에서는 단백질 사슬 네 가닥이 정렬해서 구멍을 만든다. 구멍 속에 칼륨 이온 하나가 보이는데, 크기를 가늠하게 해준다.

세포를 드나들려면 무엇이 있어야 할까?

첫 세포형 생명꼴을 생각할 경우, 그것들이 성장하기 위해선 무엇이 필요했을까? 기본 목록은 비교적 간단하다. 막이 자랄 수 있게 지방산 같은 친양쪽성 분자들을 구할 수 있어야 하고, 에너지 의존적 과정을 거쳐 중합체로 통합될 수 있는 단위체들도 구할 수 있어야 한다. 이 문제를 머릿속으로는 쉽게 고려할 수 있지만, 이 성분들 가운데 무엇이 초기 지구에 있었을지는 아직 아는 바가 없다. 그러나 오늘날의 세포형 생명을 생각해보면, 아미노산, 인산염, 핵염기, 당 같은 용질 분자들 모두 원시세포가 성장하는 데에 필요했을 가능한 후보들이라고 생각하는 게 합당할 듯싶다. 그러면 싸담긴 분자계와 관련해서 다음 물음을 묻게 된다. 첫 세포형 생명꼴들은 필수 양분들에 어떻게 접근할 수 있었을까?

풀어내기 몹시 어려운 물음으로 보인다. 생명이 세포로 출발했다고 보는 생명 기원 각본이 주목을 못 받은 탓이 아마 이 때문일 것이다. 그러나 완전히 틀린 두 가지 가정 때문에 이런 겉보기 어려움이 생긴다. 첫째는 지질이중층이 불투과성이라는 가정이다. 사실 투과성은 흑백의 문제가 아니다.

말하자면 이중층에는 투과성이 늘 어느 정도 있다. 물, 이산화탄소, 산소 같은 작고 중성인 분자들은 지질이중층을 힘 안 들이고 통과할 수 있다. 이를테면 피는 조직 내 모세혈관계를 단 1~2초 만에 다 다니는데, 이때 적혈구가 날라온 산소는 그 짧은 시간 동안에 적혈구에서 조직세포로 확산해 들어간다. 조직세포 속의 미토콘드리아가 산소를 빠르게 소진해서 에너지를 만들기 때문에 적혈구에는 조직보다 산소가 더 많이 있다. 이렇게 해서 적혈구막 안팎에 걸쳐 농도 기울기가 만들어진다. 용액 속 분자들은 언제나 농도가 높은 쪽에서 낮은 쪽으로 일정한 속도로 확산한다. 그 결과 산소의 절반이 1초가 못 되는 사이에 적혈구를 떠나 조직세포 속으로 확산하고, 조직세포에서는 미토콘드리아가 빠르게 산소를 써서 ATP를 합성한다. 이보다 약간 더 큰 중성 분자들(요소와 글리세롤 같은 분자들)이 막을 건너가는 데에 걸리는 시간은 수 초 내지 수 분이다. 포도당이나 아미노산만 한 크기의 분자에 이르러서야 지질이중층은 의미 있는 장벽 구실을 하기 시작하고, 포도당, 아미노산, 인산염이 세포 안으로 들어올 수 있게 돕는 수송단백질들이 세포막에 박혀 있는 까닭도 바로 이 때문이다.

다른 한 가지 가정은 일정한 사슬 길이를 가진 생물적 인지질만이 안정된 지질이중층으로 자기조립할 수 있다고 보는 것이다. 하지만 인지질들을 합성하는 효소들은 탄소 16~18개 길이의 탄화수소 사슬들을 사용하도록 진화했다. 이중층이 이온농도 기울기를 유지할 수 있을 만큼 충분히 불투과성이게 만드는 데에 필요한 길이가 바로 이만큼이다. 그러나 그만한 길이의 탄화수소 사슬들이 초기 지구에 흔했을 가능성은 없다. 머치슨 운석의 유기화합물을 지침으로 삼는다면, 가장 긴 사슬이라고 해야 아마 탄소가 9~12개인 길이 정도였을 것이다. 이만한 크기 범위의 친양쪽성 화합물들로부터 안정된 막이 조립될 수 있을까?

대답은 놀랍게도 '그렇다'이다. 1978년, 내 실험실에서 일하던 대학원생 윌 하그리브스Will Hargreaves가 이 물음에 관심을 가지게 되었다. 보기 드문 탐구 열정을 가진 대단한 젊은 과학자였던 월은 안정된 막질 소포로 자기 조립할 수 있는 단순한 분자들이 엄청나게 다양함을 금방 알아냈다. 여기에는 지방산을 비롯해 한쪽 끝에 인산기나 황산기가 붙은 탄화수소 유도체들도 들어 있었다. 이것들은 길어야 탄소 10개 길이였다. 월은 친양쪽성체 혼합물에 의해 형성된 막이 순수한 화합물보다는 대개 더 안정적임을 발견했다. 한번은 그가 나를 현미경 쪽으로 부르더니 들여다보라고 했다. 현미경을 들여다보았더니, 받침유리에 바글바글한 마이크로 크기의 친숙한 소포들이 수백 배 확대된 모습으로 눈에 들어왔다. 나는 이렇게 말했다. "예쁜 녀석들이군. 이것들이 뭐지?" 월은 웃으며 말했다. "샴푸예요." 샴푸란 게 우리가 실험실에서 연구하는 것들과 비슷한 친양쪽성 분자 혼합물이라고 월이 설명했다. 그래서 이제는 샤워할 때 나는 샴푸의 뽀글뽀글한 거품만 보는 게 아니라, 내 마음의 눈은 마이크로 크기의 소포들도 본다. 초기 지구에서 세포형 생명을 낳았던 것과 똑같은 종류의 자기조립된 구조들을 말이다.

이제 우리는 아미노산과 인산염 같은 몇 가지 전형적인 양분 용질들을 고려해볼 수 있다. 그런 분자들은 이온 상태로 있다. 이는 그것들이 지질이중층의 투과장벽을 쉽사리 건너가지 못함을 뜻한다. 만일 원시미생물이 전형적인 인지질로 구성된 지질이중층 건너로 인산염이 수동적으로 운반되는 것에 의존한다면, DNA 함량을 두 배로 늘려 두 딸세포로 나뉘기에 충분한 인산염을 축적하기까지는 족히 여러 해가 걸릴 것이다. 이와는 달리 막에 수송단백질을 가진 오늘날의 세균세포는 20분 만에 생식할 수 있다.

투과성 문제에 대한 한 가지 가능한 답은, 안정된 막을 이루는 데에 꼭 긴 사슬들이 필요한 것은 아니라는 월의 발견에서 찾을 수 있다. 나중에 월의 결과는 내 실험실에서 일한 또 한 명의 대학원생이었던 스테판 폴라Stefan Paula에 의해 보강되었다. 스테판은 탄소를 18개에서 14개로 단순히 인지질 사슬 길이를 줄이기만 해도 이온에 대한 투과성이 1000배나 높아짐을 알아냈다. 그 까닭은 막이 얇을수록 나노초 시간 규모에서 열리고 닫히는 일시적인 결함의 수가 늘어나고, 그 덕분에 이온 상태의 용질들이 이중층의 유질 내부에서 용해되지 않고도 막 이편에서 저편으로 건너갈 수 있기 때문이다. 초기 지구에는 짧은 탄화수소 사슬들이 긴 사슬 친양쪽성체보다 훨씬 더 흔했을 것이다. 이는 첫 세포막들에는 이온 상태인데다 극성을 띤 양분들이 안으로 들어갈 수 있을 만큼 충분히 누출이 있었던 반면, 큰 중합분자들은 밖으로 못 나가게 내부에 싸담겨 간수되었음을 암시한다.

이 생각은 최근에 매사추세츠 종합병원 분자생물학과의 하워드 휴스 연구자인 잭 스조스탁Jack Szostak에 의해 시험되었다. 잭은 세포형 생명의 기원과 실험실에서 합성생명을 만들어낼 가능성에 관심을 두고 있다. 2008년에 잭과 학생들은 『네이처』에 중요한 논문을 한 편 발표했는데, 저자들은 셰레프 맨지Sheref Mansy, 제이슨 슈럼Jason Schrum, 마탕기 크리슈나무르티Mathangi Krishnamurthy, 실비아 토베Sylvia Tobé, 더글라스 트레코Douglas Treco, 잭 스조스탁이었다. 『네이처』 같은 큰 학술지에 발표된 논문에는 각자가 이바지한 공로를 모두 적절히 인정해주기 위해 저자가 여럿이라는 점을 언급하기에 지금이 적기인 듯싶다. 처음에 적힌 저자들—이 경우에는 맨지와 슈럼—은 대개 대학원생이거나 박사후 과정 연구생으로서 대부분의 실제 실험실 작업을 했고, 이들이 아마 논문의 첫 초고까지 작성했을 것이다. 마지막 저자는 대개 연구를 지휘하고, 국가의 연구지원기관—이 경우에는 미 항공우주국과 국립과학재단NSF—으로부터 지원금을 받아내는 책임연구원이다. 중간에 적힌 저자들은 여러 방식으로 연구에 이바지한 이들이다.

2008년 논문이 던진 물음은 원시세포의 성장 중인 중합체계가 어떻게 외부 환경에 있는 양분에 접근할 수 있었느냐는 것이었다. 연구진은 이 물음의 답을 찾기 위해, 사실상 불투과성을 갖도록 진화해온 오늘날의 인지질이 아닌, 이보다 단순한 지방산, 지방알코올, 모노글리세리드 같은 분자들의 혼합물로 칸을 만들었다. 맨지는 그렇게 만든 소포들의 투과성을 조사해서, 작은 용질 분자들은 막을 통과할 수 있으나 그보다 큰 중합체들은 그러지 못하도록 혼합물을 최적화했다. 그런 뒤에 맨지와 슈럼은, 활성이 된 기질substrate에 접근했을 경우, 염기−특이적인 신장伸長에 필요한 시동체primer와 주형 구실을 모두 할 수 있는 합성 DNA 분자를 하나 포획했다. 양분에 빗댄 기질들은 활성 뉴클레오티드로서, 외부 배지에 첨가된 것들이었다. 주형 가닥은 시토신 염기들의 끈이었기에, 첨가된 뉴클레오티드들은 시토신에 상보적인 구아노신 뉴클레오티드였다. 이렇게 하고 무슨 일이 일어나는지 여러 시간 동안 반응을 지켜보았다.

그 소포들이 인지질로 이루어졌다면 예상하다시피 아무 반응도 없을 것이었다. 뉴클레오티드는 지질이중층을 투과할 수 없기 때문이다. 그러나 사슬이 짧은 친양쪽성 분자 혼합물로 이루어진 소포들은 구아노신 뉴클레오티드가 하나씩 시동체 가닥에 추가되고 시토신 끈이 주형 구실을 하면서 DNA 분자들이 성장하는 놀라운 모습을 보여주었다.

기존 연구들에서는 소포 내부에서 다양한 중합반응들이 일어남을 입증했는데, 스조스탁 연구진은 그 모든 반응들을 하나로 합쳐서, 양분 수송을 허용하는 막을 가진 작동계로 만들었다. 이 연구에 담긴 한 가지 가장 중요한 함의는 원시 형태의 세포가 종속영양성일 수 있다는 것이다. 말하자면 주변 환경에서 구할 수 있는 당이나 아미노산 같은 양분들을 성장 과정에 필요한 단위체로 직접 사용한다는 것이다. 이는 이보다 복잡한 독립영양성 생명꼴과 대비된다. 이런 생명은 빛을 에너지원으로 해서 대사경로를 거쳐 이산화탄소와 질소로부터 아미노산 같은 단위체를 합성할 수 있다. 이것은 훨씬 복잡한 작업이다. 그래서 첫 세포들은 종속영양성이었으며, 생명 탄생 이전 환경에서 구할 수 있었던 양분을 사용했다고 가정하는 게 합당할 듯싶다.

싸담긴 계는 에너지를 포획할 수 있다

핵산과 단백질은 생명 과정에서 몹시 중심이 되는 분자들이기 때문에 생명에 필수적이라는 것, 그리고 유전자들은 DNA에 염기들의 서열로 부호화되어 있다는 것은 상식에 해당한다. 그런데 오늘날의 생체세포들이 이온들의 농도 기울기에 전적으로 의존하고 있다는 것 또한 이것 못지않게 기본이 되는 사실이다. 제아무리 단순한 세균세포라 할지라도 에너지를 써서 양성자, 나트륨 이온, 칼륨 이온을 경계막 건너로 수송하며, 그렇게 해서 생긴 이온 기울기들이 바로 ATP 합성, 양분 수송, 운동의 에너지원이 된다. 이 모든 기능들이 의존하는 것은 바로 이온들에 대한 지질이중층의 상대적인 불투과성이다. 막이 너무 많이 새면 오늘날의 생물권을 지배하는 세포형 생명은 존재하지 못할 것이다.

이렇게 해서 우리는 궁지에 빠졌다. 오늘날 생명이 이온농도 기울기에 의존하기에, 우리는 첫 생명꼴들도 아마 어떤 식으로인가 농도 기울기를 이용했으리라고 상상한다. 그러면서도 양분을 세포 안으로 들여, 중합으로 성장할 때에 꼭 있어야 하는 성분들을 공급할 수 있도록, 첫 세포막들은 반드시 새야만 했다. 아직까지 누구 하나 이 궁지를 해결하는 데에 필요한 연구의 물꼬를 트지 못한 형편이지만, 이 문제에 어떻게 접근해야 할지 몇 가지 생각을 내놓을 수는 있다. 맨 먼저 할 것은, 수송단백질을 구할 수 없었으리라는 가정에 문제를 제기하는 것이다. 우리는 첫 생체세포들이 촉매작용과 복제를 해낼 수 있는 중합체들을 합성할 수 있었다고 가정하는데, 그렇다면 한 걸음 더 나아가 일부 중합체들이 마침 구멍을 형성하는 분자들로 합성되어 특수한 이온들과 양분이 세포 안으로 들어올 수 있게 했다고 생각지 못할 이유가 어디 있겠는가? 아마 이런 능력을 가진 세포들만이 살아남아 자랄 수 있었을 것이다.

박사 연구를 내 실험실에서 했던 앤 올리버Ann Oliver가 이 생각을 처음으로 실험으로 시험해본 이들 가운데 한 사람이었다. 앤은 지질이중층 막들을 조제해서 알라닌이나 류신leucine 아미노산만으로 이루어진 단순한 펩티드들에 노출시켰다. 이 아미노산들은 소수성이기에, 펩티드 사슬들은 소수성인 지질이중층 내부에 박힐 수 있을 것이었다. 앤은 이중층 속에서 펩티드들이 자발적으로 조직되어 통로 모습의 결함을 만들어내서 양성자들을 (그러나 나트륨이온과 칼륨이온은 아니다) 이중층 건너로 전도할 수 있음을 알아냈다. 이 결과로 보건대, 원시세포들에서도 이와 비슷한 펩티드들이 통로를 만들어 특수한 이온이나 양분을 막 건너로 수송하는 용도로 쓸 수 있었으리라고 생각할 수 있게 한다.

펩티드가 양성자들만 통과시키는 특수한 전도conductance를 허용한다는 것이 중요할 것이다. 6장에서 생명 탄생 이전의 에너지원을 살필 때 보았듯이, 다양한 화학반응과 광화학반응이 전자수송이라고 하는 반응경로에 전자를 공급한다. 전자수송이 진행되는 동안, 이 반응과 긴밀하게 짝을 이루는 2차적인 반응이 양성자들을 막 건너로 끌고 와 양성자 기울기를 만들고, ATP 합성효소라고 하는 특수한 효소를 통해 양성자들이 다시 새나가면 ATP가 만들어진다. 지구상 모든 생명의 동력원이 양성자 기울기임을 깨달은 사람은 생화학자들 말고는 거의 없기 때문에, 독자들은 나름의 필수지식에 그 사실을 추가하길 바란다.

여기서 이해해야 할 중요한 점은, 놀랄 만큼 빠르게 양성자들이 막을 통해 새어나감에도 불구하고, 생명에 필수적인 양성자 기울기를 생체세포가 만들어내고 유지한다는 것이다. 몇 년 전, 내 실험실에서 박사 연구를 수행하던 와일리 니콜스Wylie Nichols는 다른 양이온들보다 수천 배나 빠르게 지질이중층을 건너갈 수 있게 해주는 특별한 전도경로가 양성자에게 있음을 발견했다. 예를 들어, 시금치 같은 녹색식물에서 양성자를 펌프질하는 막을 단리해 빛에 노출시키면, 몇 초 만에 양성자 기울기가 만들어진다. 그러나 빛을 끄면 양성자 기울기가 무너지는 시간은 1분 가까이 걸렸다. 나트륨 이온이나 칼륨 이온이 새어나가 기울기가 무너지기까지는 몇 시간이 걸릴 것이다. 여기서 요점은, 오늘날의 세포라 할지라도 양성자를 투과시키지 않는 막을 만들어낼 길을 찾아내지는 못한 대신, 양성자들이 새어나감에도 불구하고 기울기가 만들어질 만큼 충분히 빠르게 그냥 양성자들을 펌프질한다는 것이다. 미래에 결실을 많이 거둘 연구 영역이 바로, 원시세포들이 이렇게 새는 막 안팎에 걸쳐 양성자 기울기를 어떤 화학적 메커니즘으로 만들었을지 찾아내는 것이라고 나는 생각한다. 그런 메커니즘을 찾아낼 수 있다면, 생명의 기원에 대한 우리의 이해에 근본적인 돌파구가 되어줄 것이다. 왜냐하면 그렇게 되면 오늘날의 보편적 에너지변환 과정과 초기 생명에게 에너지를 공급했을 원시적인 에너지변환 과정을 잇는 고리를 마침내 갖게 될 테기 때문이다.

싸담긴 계들이 어떻게 성장할 수 있을까?

세포형 생명의 기원 연구에서 또 한 가지 첨단은, 원시세포계들이 어떻게 성장하고 분열할 수 있었는지 그 방식을 이해하는 것이다. 이 문제 또한 쉽게 답을 찾을 수 없는 문제이다. 그러나 매우 흥미로운 실마리가 몇 개 있다. 이 문제의 의미를 처음으로 알아본 연구자 가운데 한 사람이 피에르 루이지 루이시Pier Luigi Luisi였다. 루이시는 과학만큼이나 예술에도 조예가 깊은 범상치 않은 과학자이다. 그는 이탈리아 코르토나에서 연례모임을 주최하는데, 회의장으로 바뀐 수도원의 독특한 분위기 속에서 과학자들과 예술가들이 서로 어울린다. 몇 년 전에 나도 그 모임에 참석했는데, 따분하기 십상인 국제여행을 한 다음에 코르토나까지 기차여행을 한 끝인지라, 도착하자마자 예전에 수도사가 썼던 퍽 안락한 어느 작은 방에서 곯아떨어지고 말았다. 다음날, 토스카나 지방의 동이 틀 녘의 아침에 잠이 깼을 때, 아래 안뜰에서 어느 여인이 가슴을 에는 달콤한 드뷔시의 가락을 바이올린으로 부드럽게 연주하면서 해돋이를 맞고 있었다. 그때 나는 내가 전형적인 과학회의에

온 것이 아님을 깨달았다. 이어진 며칠 동안, 상호존중과 우애의 분위기에서 음악가, 조각가, 예술가, 과학자, 사제들과 어울리는 놀라운 경험을 했다.

1990년대에 취리히의 루이시 연구진은 올레산으로 이루어진 소포계 연구를 시작했다. 올레산은 탄소가 18개인 지방산으로, pH 8.5에서 특히나 안정된 막을 형성한다. 소포들이 성장하도록 하고 싶었던 연구진은 근사한 생각을 하나 해냈다. 어느 전구물질이 올레산을 생성하도록 해서 소포들에게 '먹이로 주면' 안 될 까닭이 있을까? 그 전구물질은 무수올레산oleic anhydride으로서, 무수 화학결합으로 두 올레산 분자들이 묶여서 이루어진 것이다. '무수물無水物'을 뜻하는 'anhydride'는 'anhydrous'와 같은 의미로 '물이 없다'는 뜻이다. 두 산성기들—이를테면 올레산의 카르복실기들—사이에서 물 분자를 제거하면 무수물이 형성된다. 물이 있으면 물 분자들이 자발적으로 무수결합에 다시 첨가되기 때문에, 무수물은 으레 쪼개진다. 이 과정을 일러 가수분해라고 한다. 그 결과 무수물 한 분자에서 올레산 분자 둘이 생성된다.

1994년에 발표한 논문에서 루이시 연구진은 pH 8.5에서 완충된 수용액에 무수올레오일oleoyl anhydride을 첨가하자, 처음에는 유질인 무수물 방울들이 표면을 떠다니다가 시간이 지나면서 가수분해되어 자발적으로 소포를 형성함을 입증했다. 놀랍게도, 미리 형성된 소포들이 담긴 용액에 무수물을 첨가하면 그 반응이 훨씬 빨라져서 마치 기존의 소포들이 새로운 소포 형성을 촉매하는 듯했다. 이 결과 덕분에, 이미 막들이 형성되어 있는 배지에 지방산을 첨가하는 것만으로도 소포들이 성장할 수 있음이 분명해졌다.

루이시의 선구적인 연구는 더 최근에 마틴 한직Martin Hanzyck과 엘렌 첸Ellen Chen이 했던 연구에 영감을 주었다. 두 사람 모두 잭 스조스탁의 실험실에서 일하던 대학원생들이었다. 두 사람의 목적은 소포들을 성장시키는 데에서 그치지 않고, 분열해서 더 성장해나갈 수 있게 하는 것이었다. 마틴은 탄소가 18개인 올레산 사슬 대신에 탄소가 14개로 더 짧은 탄화수소 사슬을 가진 지방산을 썼다. 소포들이 성장하기 시작하자, 마틴은 그것들을 거르개에 통과시켰다. 큰 소포들이 거르개 구멍에 들어가자, 더 작은 소포들로 쪼개진 다음에 다시 성장을 시작할 수 있었다. 의미심장하게도, 큰 소포들에 RNA가 싸담겼을 때에는, 그 소포들이 거르개를 통과하면서 작은 소포들로 쪼개져도 RNA는 손실되지 않았다. 이 놀라운 일련의 실험들은 지질과 유전물질로 이루어진 복잡계가 비교적 단순한 방식으로 원시적인 형태의 성장과 분열을 겪을 수 있음을 분명하게 입증했다.

점 잇기

생명의 기원과 세포형 칸을 이어서 보게 된 것은 비교적 최근의 일이다. 이렇게 늦어진 데에는 이 분야의 연구자들이 용액 속에서 일어나는 반응을 연구하는 쪽을 더 좋아한 탓이 크다. 나는 내 화학자 동료들에게 즐겨 상기시켜주는 것이 있다. 만일 칸이 필수적이 아니라고 생각한다면, 탁 트인 바다에서 반응을 시험할 도리밖에 없노라고 말이다. 사실 화학자들이 반응들을 담을 때 쓰는 시험관, 플라스크, 비커는 본질에서 보았을 때 커다란 칸과 다를 게 없다. 더군다나 그것들은 불투과성이 아니다. 말하자면 윗부분에 있는 큰 아가리는 반응물(양분)이 들어오고 생성물이 나갈 때 통과하는 세포막의 구멍과 유비적이다. 시험관이라고 부르는 싸담긴 계가 없다면, 화학자와 생화학자들이 실험을 하기란 불가능할 것이다. 이런 유비를 쓰면, 생명이 기원할 때에도 싸담기가 있어야 했다는 생각이 합당하게 보이게 된다.

　생명의 기원을 설명하기 위해 제기된 각본들에다 칸을 추가하면 본질적인 성질들이 많이 떠오른다. 가장 분명한 성질은, 지질이중층이 경계를 짓는 칸들은 분자계들을 한군데에 모아놓고 그 성분들끼리 상호작용할 수 있도록 해준다는 것이다. 하지만 그 경계구조는 싸담긴 계들이 바깥 환경에 있는 작은 양분 분자들에 접근할 수 있을 만큼 충분히 투과성이 있어야 하는 반면, 큰 분자들을 한군데에 계속 모아둘 수 있을 만큼 충분히 불투과성이기도 해야 한다. 최근의 실험들은, 단순한 친양쪽성 분자들로 이루어진 막경계들에 이런 성질이 있음을 보여준다. 나아가 그런 경계구조들은 바깥 환경으로부터 친양쪽성 분자들이 첨가되면 성장할 수 있고, 교란으로 생긴 적당한 전단력shear force을 받으면 분열까지 할 수 있다. 이보다 덜 분명한 성질은, 지질이중층으로 구성된 경계막들이 어떤 반응들, 특히 생명 과정에 필요한 에너지를 포획하는 것과 관련된 반응들에 반드시 있어야 하는 비극성 non-polar 환경을 제공한다는 것이다. 이를테면 식물 세포막의 색소가 하는 빛에너지 포획과 변환은 오늘날 생물권의 에너지 대부분을 제공한다. 싸담기에 대해 마지막으로 짚어볼 점은, 생물 진화를 시동시킨 특수한 분자계가 오직 이런 식으로만 만들어질 수 있다는 것이다.

마지막으로 이어볼 점은, 생명의 기원이란 엄청난 규모에서 수행한 조합화학 실험이라고 여길 수 있다는 것이다. 하루에 수천 가지 병행 실험을 돌리는 로봇공학 장치들은 생명공학의 힘을 보여주는 굉장한 본보기들이다. 그러나 그 장치들의 능력이 아무리 대단하다고 해도, 소포의 형태로 분산되는 인지질 시험관에 견주면 그 굉장하다는 인상이 떨어진다. 그 소포들은 잠재적으로 수조 가지 병행 실험들을 나타낸다. 행성 전체, 유기화합물 수백만 톤, 5억 년의 시간을 감안한다면, 자연이 벌이는 조합화학을 거치면서 원시의 세포형 생명은 필히 생겨날 수밖에 없는 것으로 보인다. 이제 목표는 실험실에서 그 과정을 되풀이해볼 수 있게 해줄 화합물과 조건을 찾아내는 것이다.

제9장

복잡성 이룩하기

살아 있는 계는 있지만, 살아 있는 '물질'은 없다. 산 것으로부터 뽑아내고 떼어낸 어느 물질도, 단 하나의 분자도, 혼자만으로는 앞서 언급했던 역설적 성질들을 지니지 못한다. 그 성질들은 오로지 살아 있는 계들에만 있다. 다시 말해서 세포 수준 아래 어디에도 그 성질들은 없다.

—자크 모노, 1967

프랑수아 자코브François Jacob와 자크 모노Jacques Monod는 환경에서 일어난 변화들에 대응하기 위해 유전자들이 긴밀하게 조절되고 필요에 따라 스위치가 켜지거나 꺼질 수 있음을 처음으로 입증해낸 이들이었다. 자코브와 모노는 그 스위치를 오페론operon이라는 새로운 이름으로 불렀다. 어떤 의미에서 볼 때 그것이 바로 세포기계를 작동시키기 때문이다. 그 발견의 공로로 자코브와 모노는 1965년 노벨상을 공동수상했다.

앞에서 인용한 모노의 말은 이번 장을 여는 글로 완벽하다. 저 인용은 생명이 어떻게 시작되었는가 하는 물음에 중심이 되는 점을 지적하고 있다. 곧, 필연적으로 첫 생명꼴들은 상호작용하는 분자들로 이루어진 계들이어야 했다는 것이다. 핵산 같은 복제 분자들과 효소 같은 촉매 분자들이 생명에 필수적이기는 하지만, 따로 혼자 있으면 생명을 가지지 못한다. 다른 분자들이 있는 계로 이 분자들이 합쳐질 때에만 그 계는 생명의 성질들을 띨 수 있다. 그 계는 성분 분자들을 일종의 칸—모든 살아 있는 세포들이 가진 막질 경계—속에 싸담아야만 한다. 이번 장에서는 생명을 이루는 가장 중요한 여러 계들과 그 계들이 어떻게 조절되는지 서술하고, 생명이 시작되었을 때에 상호작용하는 분자들로 이루어진 최초의 계들이 어떻게 떠오를 수 있었느냐는 물음을 던져볼 것이다.

사실 가장 단순한 생체세포—세균—라 할지라도, 그 속은 수천 가지 분자들이 복잡한 조절망들로 조직되어 있다. '유전체genome', '단백질체proteome', '전사체transcriptome', '대사체metabolome'라는 신조어들은 생체계에 대한 우리의 이해가 어디를 향해가는지 보여준다. 어미 '–ome'은 '전체'라는 뜻이다. 지금 선구적인 연구자들은 생체세포를 이루는 주요 단백질 성분들 사이의 상호작용에 대한 지도를 그리는 중이며, 그렇게 나온 지도는 (물론) 상호작용체interactome라고 부른다!

'(체)계'를 뜻하는 'system'은 질서 있음, 조직되어 있음, 연결되어 있음과 관련된 그리스어에서 유래했다. 오늘날에는 정치체계부터 태양계까지 모든 곳에 널리 쓰인다. 그러나 여기서는 특수한 생물학적 의미로 쓸 것이다. 곧, **생체세포에서 계는 특수한 기능을 수행하기 위해 상호작용하는 분자 성분들의 복잡한 집합이며, 다양한 제어 메커니즘으로 조절된다.**

오늘날 모든 생명의 기초를 형성하는 일반적인 계는 네 가지가 있다. 첫 번째는 대사반응들을 촉매하고 이끌어가는 효소들로 이루어진 계, 두 번째는 세포를 위해 에너지를 만드는 효소들과 막들로 이루어진 계, 세 번째는 핵산의 유전정보를 이용해서 단백질을 합성하는 효소들과 리보솜들로 이루어진 계, 네 번째는 유전정보를 다음 세대로 전달할 수 있도록 핵산을 복제하는 효소들로 이루어진 계이다. 물론 다른 계들도 많이 있다. 이를테면 막 건너 양분 수송, 세포분열, 감각반응, 운동성을 책임지는 계들이 있다. 그러나 위에서 윤곽을 그려본 네 계들이 아마 생명을 정의하는 데에 가장 근본이 되는 계들일 것이다. 계들이 어떻게 자발적으로 생겨났느냐 하는 것은 생명의 기원 연구에서 사실상 아직까지 아무도 던지지 않았던 물음이다. 그렇기에 장차 탐구해야 할 큰 미결 문제이다.

계와 생명복잡성

피조절계regulated system의 한 예로 해당작용을 생각할 수 있다. 6장에서 에너지를 논할 때 짤막하게 살펴보았듯이, 해당작용은 포도당에서 에너지를 뽑아내 세포가 쓸 수 있는 에너지를 만들고, 기타 반응 생성물들을 만드는 일련의 효소-촉매 반응들이다. 예를 들어, 포도주 양조장에서 포도즙이 발효하는 동안 효모세포들이 성장할 때, 산소는 관여하지 않고 오직 해당작용 반응들만 일어날 뿐이며, 효모는 이것을 에너지원으로 사용한다. 이 계에서 해당작용의 중간 생성물들은 따로 흡수되어 아미노산 같은 필수 생화학 성분들을 만드는 데에 쓰이며, 최종 생성물은 이산화탄소와 에탄올이다.

해당작용의 첫 단계에서는 헥소키나아제라는 효소가 ATP에서 포도당으로 인산기를 전달한다. ATP와 포도당의 양을 똑같이 해서 혼합물을 만들어 헥소키나아제를 약간 첨가한 다음, 몇 분 뒤에 그 혼합물을 분석하면, 포도당의 대부분이 인산포도당glucose phosphate의 꼴로 있게 됨을 볼 것이다. 인산포도당은 인산기가 부착된 포도당 분자이다.

$$포도당 + ATP \rightarrow 포도당\text{-}6\text{-}인산(G\text{-}6\text{-}P) + ADP$$

인산염은 ATP(아데노신삼인산)에서 온 것이기에, 반응이 일어나는 동안 ATP는 소모되고 ADP(아데노신이인산)만 남는다. 헥소키나아제만 따로 놓고 보면 계라고 여기지 못할 것이다. 왜냐하면 한 반응만 촉매하기 때문이다. 그러나 포도당을 대사하는 해당작용 경로에 헥소키나아제가 관여하는 경우에는, 일련의 효소들을 계로 간주한다.

해당작용이 항상 최고 속도로 진행되는 것은 아니다. 그 대신 되먹임 제어로 조절된다. 생체세포의 특징이 되는 대사반응들을 이해하려면 되먹임을 이해하는 것이 중요하다. 왜냐하면 사실상 세포 내의 모든 생화학적 계들은 되먹임으로 조절되기 때문이다. 앞에서 살펴본 헥소키나아제 효소는 생성물 억제product inhibition라고 하는 되먹임 메커니즘으로 조절된다. 반응의 생성물은 포도당-6-인산(G-6-P)인데, 이것은 헥소키나아제의 활성 부위와 결합할 수도 있다. 그러면 이것이 포도당과의 결합을 방해하기 때문에, G-6-P가 지나치게 많이 생성되었을 경우에는 효소 활동을 억제하는 것이다.

간추려보면, 해당작용 효소들이 이루는 피조절계는 여느 단일 성분보다 복잡하며, 그래서 계 관념과 복잡성은 서로 관련되어 있다. 나아가 성분들 사이에서 일어나는 되먹임 상호작용이 어떤 식으로든 계의 전반적인 기능을 제어한다. 생명의 기원과 관련된 생물학적 계들의 예를 살피기 전에, 우리는 먼저 복잡성, 더 구체적으로는 생명복잡성biocomplexity을 무슨 뜻으로 쓰는지 감을 잡아야 한다. 그런 다음에 우리는 유기물 성분들이 아무렇게나 뒤범벅된 혼합물로부터 복잡한 생체계들이 어떻게 떠오를 수 있었느냐는 물음을 던질 수 있다.

생체계의 생명복잡성

계와 생명복잡성 개념은 함께 간다. 계들은 실재하며 정의될 수 있지만, 앞으로 보게 되겠다시피, 복잡성을 측정하기는 더 어렵다. 하지만 그래도 여전히 쓸모가 많은 낱말이다. 특히 첫 생명꼴들부터 우리가 현재 거주하는 생물권까지 40억 년에 걸쳐 진화가 일어나는 동안 벌어졌던 일들을 서술할 때 유용하다. 처음 보면 복잡성 개념이 퍽 추상적으로 보일 수 있다. 왜냐하면 그 낱말에 정량적 의미를 부여할 길이 우리에겐 없기 때문이다. 이를테면 새의 뇌가 벌의 뇌보다 복잡한지 아닌지—비록 당연히 새의 뇌가 벌보다 복잡하다고 생각되지만—계산할 수 있게 해줄 방정식은 없다. 그런데 아마 계산기와 컴퓨터를 비교해서 복잡성 평가의 길잡이로 삼을 수는 있을 것이다. 컴퓨터가 계산기보다 얼마나 더 복잡한지 서술하려면, 우리는 각 장치를 구성하는 성분들의 수를 세어 비교하고, 그런 다음 성분들 사이의 가능한 상호작용(논리회로들의 구조)의 수가 얼마이고, 기능적 상호작용이 얼마나 빠르게 일어날 수 있는지를 비교하면 된다. 생체계를 가지고도 이런 비교를 해볼 수 있을 것이다. 왜냐하면 사실 우리는 생체세포에 있는 분자들의 가짓수, 대사경로의 수, 경로를 이루는 성분들 사이의 조절적 상호작용을 셀 수 있기 때문이다. 달리 말하면, 우리는 생명을 건사시키는 계들의 상대적 복잡성을 따져서 생명을 이해할 수 있다는 말이다. 그런 다음 우리는 깊은 물음을 하나 던질 수 있다. 살아 있다고 말할 수 있는 가장 단순한 분자계는 무엇인가? 이 물음에 답할 수 있다면, 생명 탄생 이전 환경에서 자기조립하여 생명을 탄생시켰던 분자계들에 대한 통찰력을 얻게 될 것이다.

우리는 생체계의 예들을 고려해서 생명복잡성을 직관적으로 이해할 수 있다. 이를테면, 세균세포는 그 세포를 담아서 성장시키는 영양배지보다 더 복잡하게 보인다. 그 세포와 성장배지를 각각 구성하는 원자집합은 정확히 똑같은데도 말이다. 생명복잡성의 한 가지 매개변수가 분자 성분들의 구조적 조직화의 정도와 관련이 있다는 점이 여기서 따라나온다. 세균세포에서는 분자 성분들이 조직되어 있지만, 성장배지에서는 그렇지 않다. 생체세포는 죽은 세포보다 더 복잡하게 보인다. 그래서 생명복잡성은 세포의 구조 내에서 일어나는 동역학적 기능들의 조직망과도 관련이 있다. 다세포생물은 단세포생물보다 더 복잡하다. 이는 복잡성이 계를 이루는 성분들의 수와도 관련이 있음을 뜻한다. 마지막으로 신경계를 가진 다세포생물은 그렇지 못한 생물보다 분명 더 복잡하다. 이는 성분들 사이에서 일어나는 상호작용의 망 또한 생명복잡성에 이바지함을 암시한다.

이 모두가 합당한 진술처럼 보인다. 그러나 우리가 "무엇보다 더 복잡하다"는 말로 뜻하는 바를 가장 단순하게라도 준–정량적으로 서술해낼 방도가 있을까? 이 물음을 더욱 좁히기 위해, 우리는 몇 가지 정량적인 용어들을 써보고 우리의 직관에 반하는지 시험해볼 수 있다. 세균세포는 성장배지보다 두 배 더 복잡할까? 두 배는 너무 적은 듯싶다. 10배는? 100배는? 가까워지기는 했지만, 여전히 너무 적다. 복잡성 잣대의 다른 쪽 끝으로 가보자. 세균은 무한히 복잡할까? 지나치게 비약한 듯싶다. 세균세포는 유한한 구조이다. 따라서 답은 두 배 더 복잡함과 무한히 더 복잡함 사이 어딘가에 있을 것이다.

구조적 복잡성

먼저 우리는 생명을 탄생시켰던 분자 성분들과 관련해서 복잡성의 점증을 고려할 수 있다.

1. 불모지였던 초기 지구의 지표면은, 4장에서 살폈던 바처럼, 지구에서 합성되었거나 부착성장 동안에 외부에서 전해진 유기화합물들이 추가되면서 점점 복잡해졌다.

2. 세월이 흐르며 유기분자들이 자기조립하여 분자 집합체를 이루게 되면서 유기용질 혼합물은 점점 복잡해졌다. 아미노산 같은 적당한 단위체들로 아무 중합체나 화학적으로 합성된 일이라든지, 친양쪽성 분자들로부터 막을 가진 소포들이 조립된 일이 그 예들이다.

3. 하나 이상의 자기조립된 구조들이 때마침 에너지를 써서 바깥 환경에서 단순한 분자들을 가져와 축적하고 조립해서 원래 구조를 생식하도록 해주는 성질들을 지니면서 그 신생 생물권은 한층 더 복잡해졌다.

4. 생명이 걸음을 뗀 뒤, 고분자 구조들이 생명의 세포 단위 속의 계들로 조직되어 대사경로들을 촉매하고 이 분자에서 저 분자로 정보를 전달하면서 생명복잡성은 한층 더 커졌다. 유전부호, 복제, 전사, 번역이 그 예들이다.

생물학적 복잡성은 그냥 떠오르는 것만으로 그치지는 않았다. 첫 생체세포들에겐 진화해나갈 능력도 있었다. 원핵세포형 생명이 생태자리를 채우고 에너지와 양분을 놓고 서로 경쟁에 들어가면서 생물학적 진화가 시작되었다. 세포마다 성분구성과 구조가 서로 달랐으며, 주어진 생태자리에서 성장하고 생식하는 능력도 제각각이었다. 말하자면, 번성하는 녀석들도 있었고, 죽는 녀석들도 있었다는 말이다. 경쟁으로 인해 새로운 종류의 미생물들이 등장했고, 초기 지구의 이런저런 환경에 맞춰 저마다 특화되어 그 환경을 채워나갔다. 이 과정을 지금의 우리는 종분화라고 부를 것이다. 생태자리를 놓고 많은 종들이 경쟁하면서 복잡성은 한층 커졌다.

의미심장하게도, 경쟁의 반대도 복잡성을 키운다. 진화를 끌고 가는 것에는 경쟁과 '적자생존'만 있는 것이 아니라, 생물 개체보다 개체군이 생존과 생식의 기회를 더 잘 갖도록 종 내에서 또는 종과 종 사이에서 일어나는 상호작용도 있다. 이를테면 오늘날의 세균이 단독으로 살아가는 기간은 잠깐일 뿐이다. 세균들이 증식하면서, 세포 개체들을 보호하고 상부상조하도록 하는 미생물매트microbial mat라고 하는 구조들을 형성한다. 생명복잡성의 점증을 보여주는 또 한 가지가 바로 그 매트이다.

이런 지속적인 복잡성 증가는 어느 시점에 이르러 미생물 개체군들이 환경의 수용력 한계에 도달하면서 끝이 났고, 생명복잡성 수준은 약 20억 년 동안 안정되었다. 18억 년 전 무렵에 다양한 미생물들이 공생적 합병을 겪으면서 첫 진핵세포가 나왔고, 이 가운데에는 광합성이 주요 구실을 하는 독립영양성으로 살아가는 것들도 있었으며, 이 독립영양성 세포들이 생산한 에너지와 양분을 이용하는 종속영양성 세포들도 있었다. 또 한 번 10억 년이 흐르는 동안, 광합성으로 생성된 산소가 서서히 대기에 축적되었다. 호흡할 새로운 에너지원이 주어지자, 진핵세포 개체군들이 다세포생물로 조립되기 시작했다. 다세포생물에서 일부 세포들은 특화된 기능들, 특히 신경계라고 하는 세포 대 세포 통신경로를 가진 조직들로 분화했다. 이렇게 해서 세포 하나가 일종의 디지털 신호를 능률적으로 전송해서 다른 많은 세포들에게 영향을 줄 수 있게 되었다. 캄브리아기 생명폭발에 뒤이어 다세포생물들이 커지고 종류가 늘면서 복잡성은 한층 더 증가했다. 캄브리아기 생명폭발 이후 5억 년이 흐르는 동안, 해양생물들이 바다와 뭍 사이의 조간대를 처음으로 차지한 뒤, 마침내 해양환경을 벗어나 식물, 동물, 진균류, 미생물로 살아갈 길을 찾아냈다. 이 모두가 생태계 내에서 상호작용하며, 이것이 오늘날 생물권의 특징을 이룬다.

기능적 복잡성

생명복잡성의 두 번째 측면은 기능적 복잡성이다. 생명의 기원과 관련된 분자들의 기능적 복잡성을 보여주는 한 가지 중요한 예가 대사이다. 세포 내 대사경로들의 참모습을 간단하게 그려낼 방도는 없다. 문제는 반응 분자들이 모두 세포질 속에 섞여 있는 데다 제멋대로 확산한다는 것이다. 반응들은 동시에 일어나며, 주어진 반응이 너무 빠르거나 너무 느리게 진행되지 않도록 제어된다. 더군다나 대부분의 반응들은 가역적이어서 앞뒤 어느 쪽으로든 진행할 수 있다. 대사반응들에 전반적인 방향이 있다는 근거는, 에너지 수준이 높은 데서 낮은 데로 반응들이 진행하고('내리막으로' 가고), 최종 생성물인 이산화탄소가 세포를 벗어나 주변 환경으로 빠져나간다는 것이다. 그렇게 되지 않으면, 대사는 금방 멈춰 서고 세포는 죽을 것이다.

대사계가 어떻게 기능하는지 감을 잡기 위해서, 화합물들에 표시를 하고 나서 한 차례 세포에 주입한 뒤에, 시간이 흐르면서 일어나는 변화의 추이를 뒤따라가본다고 상상해보자. 지난 세기 내내 생화학자들은 고생고생해가며 이런 종류의 실험들을 수행했고, 덕분에 지금 우리는 세포들이 이용하는 주요 대사경로들을 퍽 잘 이해하고 있다. 그 경로들을 단순한 모습으로 그려본 다이어그램을 〈그림 18〉에 실었다. 여기서 우리는 모든 생명을 이루는 세 가지 주성분인 지질(지방), 탄수화물(녹말), 단백질에서 시작한다. 시간의 흐름은 왼쪽에서 오른쪽 방향으로 나타냈다. 여러분이 실제로 이 실험을 해보면, 이 변화들은 단 몇 초 만에 다 일어날 것이다. 분자들의 에너지 함량은 위에서 아래 방향으로 나타내어, 반응들을 거치면서 반응 분자들

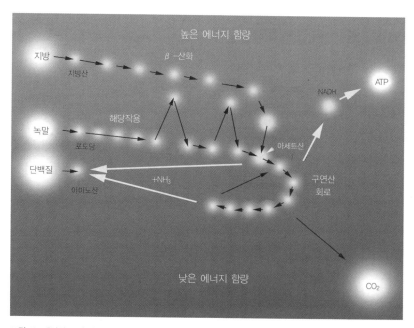

그림 18. 대사경로 지도는 생체세포의 복잡성을 보여주는 본보기이다. 하얀 구름덩이는 대사물이라고 하는 생화학 화합물 집단을 나타내고, 구름덩이 사이사이의 검정 화살표는 특이적 효소들이 촉매하는 반응들이다. 큰 흰색 화살표는 수많은 효소–촉매 단계들이 관여하는 복잡한 반응 사슬을 가리킨다. 이를테면 해당작용은 왼쪽의 포도당에서 시작해 아세트산에서 끝나는데, 이 아세트산은 미토콘드리아의 구연산회로에 들어가서 이산화탄소로 산화하고, 처음의 포도당이 가지고 있던 에너지의 대부분을 풀어낸다. 지방은 포도당보다 에너지 함량이 약두 배 더 높다. 그 에너지는 아세트산으로 단계적으로 쪼개지면서 풀려난다. 의미심장하게도, 해당작용과 구연산회로의 일부 중간 생성물들은 암모니아(NH_3)를 첨가하면 아미노산으로 대사될 수 있다.

이 어떤 식으로 에너지를 잃어가는지 보여준다. 어둔 배경에 밝은 구름으로 표시한 것은 분자들인데, 분자 하나하나에서 일어나는 변화를 보는 게 아니라 다수의 분자들이 반응들을 차례차례 거치면서 일어나는 변화를 보고 있음을 나타낸 것이다.

지방, 녹말, 단백질이 각각을 이루는 단순한 성분인 지방산, 포도당, 아미노산으로 쪼개지면서 내리막 반응들이 시작된다. 지방의 에너지 함량이 녹말과 단백질의 대략 두 배임에 유념하라. 그 까닭은 화학에너지가 탄소와 수소 사이의 전자들에 저장되어 있기 때문이다. 지방을 이루는 탄소의 대부분은 탄소 원자 하나에 수소 원자 둘이 결합된 메틸렌기($-CH_2-$) 여러 개가 길게 이어진 모습으로 있는데, 탄수화물에서는 탄소의 대부분이 수소 하나 대신 수산화기가 결합된 부분산화한 꼴($-HCOH-$)로 있다. 에너지 대사의 최종 생성물인 이산화탄소에서 탄소는 완전히 산화하여($O=C=O$) 화학에너지가 조금도 남아 있지 않다. 대사 지도에 들어간 하부계의 한 예가 해당작용 경로이다. 이 경로는 맨 위에서 포도당으로 출발하여 원형 반응고리 바로 위의 아세트산까지 내려간다. 바닥에 자리한 그 원형고리는 구연산회로라고 하는데, 1937년에 이 회로를 발견하여 발표하고 1953년에 노벨상을 수상했던 한스 크렙스Hans Krebs를 기려서 크렙스 회로Krebs cycle라고 할 때도 있다.

여기서 이해해야 할 가장 중요한 점은, 주요 대사경로들이 서로 이어져 있다는 것이다. 그 한 가지 연결점이 바로 아세트산이다. 여기서 지방산, 포도당, 아미노산의 대사들이 모두 교차한다. 해당작용과 아미노산 대사의 연결점은 피루브산염이다. 피루브산염에 암모니아(NH_3)를 첨가해서 알라닌 아미노산을 생성할 수 있기 때문이다. 해당작용과 에너지 생산의 연결점은 구연산회로이다. 이 회로가 NADH라는 고에너지 화합물을 만들어내고, NADH는 미토콘드리아의 ATP 합성에 필요한 전자들을 공급하기 때문이다. 구연산회로는 모든 대사의 '배수구' 같은 모습도 띤다. 왜냐하면 이 회로에서 대부분의 이산화탄소가 생성되어 주변 환경으로 배출되기 때문이다. 이 배수구가 막히면, 에너지 흐름 전체가 멈춰버리고, 생물은 죽게 된다.

〈그림 18〉에서 보는 것 같은 지도는 대단히 도식적이기 때문에, 세포에서 실제로 일어나는 일을 그대로 나타낸 것으로 여겨서는 안 된다. 세포 전역에서 기질 분자들은 아무 방향으로나 자유롭게 확산하기 때문에, 반응들은 직선으로 일어나지 않는다. 그 대신 반응들은 우연히 일어날 뿐이다. 말하자면 반응을 촉매하는 효소의 활성부위에 특이적 분자가 어쩌다가 충돌

해서 결합할 때에야 반응이 일어나는 것이다. 두 가지 분자들이 주어진 한 효소의 서로 다른 두 부위와 결합해야만 할 때가 자주 있다. 예를 들면, 포도 당과 ATP가 헥소키나아제 효소와 결합할 때에만 ATP에서 포도당으로 인산 염이 전달되어 포도당-6-인산을 만들 수 있다. 마지막으로, 대부분의 반응 은 가역적이다. 무슨 말이냐면, 아세트산에서 출발해서 지방산, 포도당, 아 미노산을 합성할 수도 있다는 뜻이다.

해당작용과 구연산회로가 생명의 기원에 중요한 까닭은 여러 가지가 있다.

* 다른 대사에 비해 비교적 단순한 반응들이어서, 대사경로의 기원에 대한 통찰 력을 줄 수도 있다. 이를테면 해당작용과 구연산회로의 생화학 성분들 가운데에 는 질소가 없다. 그 대신 암모니아(NH_3)의 꼴로 질소를 중간 생성물에 첨가해서 아미노산을 합성한다. 곧, 세린과 글리신은 인글리세린산, 알라닌과 발린은 피 루브산, 아스파르트산은 옥살아세트산, 글루탐산은 알파케토글루타르산으로부 터 합성된다. 마치 생명의 기원 이전에 해당작용과 구연산회로 반응들의 단순한 형태가 있어서, 다른 대사경로들의 중심뼈대로 채택되었던 듯싶다.

* 해당작용은 산소가 필요 없는 에너지원이다. 그러므로 산소를 쓸 수 있기 전인 생명 탄생 이전의 지구에서 일어났을 일련의 서로 연결된 화학반응들에서 에너 지를 뽑아낼 수 있는 방법을 보여주는 한 본보기이다.

* 어떤 조건 아래에서는 구연산회로가 거꾸로 진행되어, 이산화탄소(CO_2)를 배 출하는 게 아니라 흡수할 수 있다. 오늘날 생물권에서 광합성의 1차 기능은 대기 중의 이산화탄소를 포획해서 탄소 원자들을 생명 과정들에 쓸 수 있게 하는 것이 다. 진짜 말 그대로의 의미에서, 모든 식물의 잎, 풀줄기, 나무줄기는 한때 대기 중에 기체 이산화탄소로 있었던 탄소 원자들로 이루어져 있다. 모든 동물들이 쓰 는 양분들은 궁극적으로 식물에서 오기 때문에, 바로 이 탄소 원자들이 우리 몸 의 세포와 조직들을 이루고 있다. 생명 탄생 이전 환경에 이미 있던 유기분자들

로 조립되고, 그 분자들을 양분으로 쓰면서 생명이 시작되자, 미생물들은 대기에서 이산화탄소를 포획할 필요가 있었다. 그렇지 않았다면 쓸 만한 양분들은 금방 바닥이 나고 말았을 것이다. 거꾸로 가는(역)逆 구연산회로는 광합성이 없었던 시절에 생체계에 이산화탄소를 합쳐넣을 수 있었을 한 가지 방도를 제시한다. * 다음 절에서 보게 되겠지만, 해당작용은 여러 지점에서 조절을 받는다. 첫 생명꼴들의 원시대사를 비롯해 어느 동역학계든 조절 메커니즘이 있어야만 한다. 그렇지 않으면 다른 것들보다 지나치게 빨리 진행되는 반응이 나올 것이고, 그러면 그 계는 배가 고파 무너지거나 배가 터져 무너질 것이다.

복잡계들의 제어 과정들

생명의 필수적인 성질 가운데 하나는 효소작용으로 촉매되는 과정들의 속도가 조절된다는 것이다. 그렇게 조절된 상태를 항상성homeostasis이라고 부르며, 생명을 이루는 계들이 일정한 한계 내에서 유지된다는 뜻이다. 조절을 하는 것은 대부분 되먹임고리들인데, 우리 일상생활의 일부를 이루는 많은 과정들을 제어하는 것도 되먹임이라는 것을 깨닫지 않고서는 혼란스러울 수 있는 용어이다. 이를테면 난방장치가 온도조절 장치로 제어되는 방식이 그 한 예다. 여기서 고리를 정의하는 것은 감지기, 신호, 효과기로서 감지기에는 고리회로를 만들어 효과기를 제어하는 출력장치가 있다. 이 감지기는 집안의 온도를 재는 온도조절 장치 내의 온도계이다. 온도조절 장치는 일정한 한계 아래로 온도가 떨어질 때에는 스위치를 닫는 전기신호를 발생시키고, 한계 위로 온도가 올라갈 때에는 스위치를 여는 전기신호를 발생시킨다. 스위치가 닫히면, 난방장치는 켜져서 집안을 데우고, 원하는 온도에 이르면 스위치가 열린다. 이는 곧, 실제 난방온도가 원하는 온도보다 위아래로 몇 도씩 오르락내리락한다는 뜻인데, 되먹임고리의 특징이다. 친숙하지만 이보다 복잡한 되먹임고리의 또 한 가지 예가 자동차의 전진 운동을 일정한 속도로 유지시키는 속도조절 장치이다.

온도조절 장치와 속도조절 장치 모두 단순하게 켜고 끄는 메커니즘이다. 난방장치는 능동적으로 집안을 데우지만, 식히지는 않는다. 속도조절 장치는 능동적으로 차를 가속시키지만, 능동적으로 제동을 걸지는 않는다. 복잡한 생체계에서 일어나는 과정들은 더 정밀하게 제어하기 위해서 대개는 가속기와 제동기를 다 갖고 있다. 이를테면 핏속을 순환하는 포도당의 수준은 인슐린과 글루카곤이라는 두 호르몬에 의해 조절된다. 인슐린은 혈당이 세포 속으로 수송되는 속도를 높여서 혈당을 낮추고, 글루카곤은 간 속의 글리코겐이라고 부르는 저장소에서 포도당이 풀려나는 속도를 높여서 혈당을 올린다. 그러나 세포 수준에서 보면, 대부분의 되먹임고리에는 제동만 관여한다. 말하자면 계에 있는 하나 이상의 효소들이 생성물에 의해 억제된다는 것이다. 이를테면, 해당작용에 관여하는 세 가지 효소들은 ATP를 쓰고, 그 효소들이 촉매하는 반응들은 대부분 비가역적이어서, 이 효소들은 조절 제어를 해줄 훌륭한 후보가 되어준다.

상호작용하는 분자계들의 생명복잡성: 상호작용체

이번 장 앞쪽에서 우리는 성분 수와 기능적 상호작용 수의 관점에서 계산기와 컴퓨터의 상대적 복잡성을 비교해보았다. 이제 이 유비를 써서 생체세포 내 분자계들의 상대적인 구조적 및 기능적 복잡성을 감잡아볼 수 있다. 세균세포의 경우, 상호작용하는 구조적-기능적 단위들의 수와 종류는 썩 잘 산정해낼 수 있다. 대장균E. coli에서 실제로 세어본 수를 〈표 3〉에 실었다.

이 표는 오늘날 분자생물학의 힘을 보여주는 놀라운 예이다. 내가 쓰는 컴퓨터는 5리터 정도의 부피에 성분은 겨우 1000개 남짓에 지나지 않는다. 그런데 생명은 수백만 개의 성분들을 겨우 몇 세제곱마이크로미터 속에 꾸려넣는 길을 찾아냈던 것이다! 그뿐이 아니다. 세포는 스스로 성장도 하고

분자 성분	분자 수
단백질 종류	1,850가지. 대부분 효소들임
총 단백질 수	2,360,000개
리보솜 속의 RNA	18,700개
전달RNA(tRNA)	205,000개
전령RNA(mRNA)	성장주기에 따라 가변적임
DNA	원형 이중나선 1개
지질	22,000,000개(대부분 세포막 속에 있음)
지질다당류	1,200,000개
글리코겐	4,360개(세포의 에너지 저장소)

표 3. *E. coli* 세포 하나에 들어 있는 분자 수

생식도 할 수 있다. 이는 컴퓨터 뇌를 가진 로봇 장치라 해도 공상과학에서 나 해낼 수 있는 일이다.

이제 성분 수를 산정해보았으니, 성분들 사이의 상호작용 수를 고려해보자. 새로운 기술들 덕분에 상호작용하는 단백질 수와 상호작용 수를 알아낼 수 있게 되었다. 이렇게 해서 '상호작용체'라는 개념이 태어나게 되었으며, 생체세포 내의 총 단백질 종수의 관점에서 정의된다. 세포 내에서 각 단백질 종은 하나 이상의 상호작용을 하면서 다른 단백질들과 기능적으로 이어져 있다. 지금까지 세균인 대장균*E. coli*, 효모인 사크로미세스 케르바키아*S. cervacia*, 선충인 카에노르합디티스 엘레간스*C. elegans*, 초파리인 드로소필라 멜라노가스테르*D. melanogaster*, 심지어 호모 사피엔스*Homo sapiens*의 상호작용체까지 보고되었다.

이 책 끝에 실은 참고자료 '제9장'에서 상호작용체의 예들을 찾아볼 수 있다. 상호작용체는 세포 내에 그 자체로 존재하는 것이 아니라, 기능적 상호작용을 하는 단백질들은 뭐고 안 하는 단백질들은 뭔지 서술하는 지도이다. 이렇게 해서 그려진 지도들은 작은 원 수천 개가 선들로 이어진 털실공 같은 모습이다. 각 원은 단백질 하나를 나타내고, 선은 주어진 단백질과 다

른 단백질들 사이에서 일어나는 하나 이상의 상호작용을 가리킨다. 원 하나에 선이 하나뿐이라면, 상호작용이 하나만 정립되었다는 뜻이다. 여러 가닥으로 뻗은 선들의 중심에 다른 털실공들이 있을 수도 있다. 그러면 이 공들이 세포 안에서 열둘 이상의 다른 단백질들과 상호작용하고 있음을 나타낸다. 계 속의 한 단위가 다른 단위들과 하나 이상의 상호작용을 할 때마다, 그 계의 복잡성은 기하급수적으로 증가한다.

생명복잡성, 피조절계, 상호작용체 개념들은 이번 장에서 가장 중요한 물음을 던지도록 해준다. 상호작용하는 분자들로 이루어진 피조절계가 오늘날 모든 생명에 그처럼 중요하다면, 생명의 기원에서도 필수적이었을까? 만일 그렇다면, 어떤 과정으로 그 계들이 생겨났을지 생각해낼 수 있을까?

계의 기원과 최소세포

이번 장에서 나는 생명의 기원이 특수한 성질들을 가진 분자계의 기원으로 간주될 수도 있음을 지적했다. 생명 탄생 이전의 지구에서는 셀 수 없이 많은 자연의 실험들이 진행되고 있었는데, 이는 방대한 조합화학 과정이 있었음을 나타낸다. 그 실험 가운데 하나—특수한 고분자 혼합물을 담은 막질 칸—가 에너지가 끌고 가는 중합에 의해 성장하고 그 고분자들을 복제하기 시작하면서 생명이 출발했다. 오늘날의 생물학적 계들에 대해 우리가 아는 바를 기초로 볼 때, 나는 가설상의 첫 생체계를 상상해볼 수도 있고, 아마도 실험실에서 그런 계를 조립해낼 방도까지 발견할 수도 있으리라고 생각한다.

먼저 우리는 그 계의 양분이 되었을 것으로 추정되는 유기화합물들의 범위를 한정해야 한다. 첫 번째는 아미노산 혼합물, 두 번째는 뉴클레오티드를 닮은 화합물 혼합, 세 번째는 막 있는 칸으로 자기조립할 수 있는 친양쪽성체 혼합물이 이에 해당한다. 촉매작용을 하는 하부계는 주변 환경에서 구할 수 있는 에너지를 이용해서 양분을 쓸 만한 단위체들로 화학적으로 바꾸고, 그 단위체들을 활성화시켜서 촉매반응으로 중합할 수 있도록 한다. 여기에는 중합체가 두 종류 필요하다. 첫 번째 종은 활성이 된 단위체들의 중합을 촉매해서 두 번째 종의 고분자를 만드는데, 이것도 역시 촉매이다. 두 번째 종의 고분자는 첫 번째 종의 복제를 촉매한다. 이 촉매들은 막 있는 칸 속에 간수되며, 친양쪽성 분자들이 첨가되면 칸은 성장한다. 칸의 경계는 작은 단위체들을 안쪽으로 들이면서, 동시에 중합체들은 밖으로 못 나가게 안에 붙들어둔다.

이제 제어지점들을 한정할 수 있다. 중합반응과 복제반응 사이에는 되먹임제어가 있어야 한다. 그렇지 않으면 지나치게 많이 합성되는 고분자가 있을 것이다. 두 번째 되먹임은 막의 성장과 중합체의 성장을 조절해야 하고, 세 번째 되먹임은 활성이 된 단위체들의 합성을 조절해야 한다. 아직까지는 위에서 말한 성분들과 제어들을 모두 통합한 실험적인 계를 개발할 시도를 아무도 하지 않았기에, 초기 생명꼴들에서 제어계들이 어떻게 발생했을지는 그저 머리만 굴려볼 수 있을 따름이다. 이 망에는 출발점이 되어줄 한 가지 명백한 점이 있다. 작은 양분 분자들이 막경계를 건너지 못한다면 아무 일도 일어나지 못한다. 그래서 분명 이 일이 일어나는 속도에 따라 전반적인 성장 과정이 제어될 것이다. 나는 생명이 기원했을 때 첫 제어계에서는 내부의 고분자들과 막경계 사이에서 일어나는 상호작용이 신호 구실을 했고, 작은 분자들에 대한 이중층의 투과도가 되먹임고리의 효과기 구실을 했다는 생각을 제안한다. 성장하는 동안 내부 고분자들이 합성되면서, 내부에 밀집해 있던 단위체 분자들이 다 쓰이게 되고, 그러면 성장이 느려질 것이다. 그러나 고분자들이 이중층을 교란시켜 투과성이 높아지도록 하면, 작은 분자들이 안쪽으로 더 들어와서 성장을 계속할 수 있도록 뒷받침을 할 것이다. 이는 양성 되먹임고리positive feedback loop를 나타낸다.

이 추측을 뒷받침하는 무슨 실험적 증거가 있을까? 콜로라도 대학교의 마이클 야루스Michael Yarus 연구진은 사실 RNA가 지질이중층과 상호작용할 상대로 선택될 수 있음을 입증했다. 그 결과로 나온 RNA 종은 이중층 장벽을 교란시켜서 이온들이 들어올 수 있게 장벽의 투과성을 더 높이고, 심지어 통로 같은 것을 만들어 이온을 전도시키는 모습까지 보인다. 나아가 교란되지 않은 지질이중층은 평형상태에 있어서 지질 분자들이 추가로 삽입되지 못하도록 하지만, 압력 기울기에 노출되면 지질 분자들이 쉽게 추가되고, 그러면 이중층이 성장한다는 것은 오랫동안 알려져 있었다. 우리가 비눗방울을 불 때 일어나는 일이 바로 이것이다. 곧, 압력차로 인해 비누 분자들이 거품방울 막에 더 들어가게 되면서 방울이 커지는 것이다. 따라서 성장하는 내부 중합체들을 수용하기 위해 꼭 필요한 막경계의 성장은 고분자들이 이중층 장벽을 교란시키는 방법으로 조절될 수 있다. 그 교란으로 인해 친양쪽성 분자들이 이중층으로 더 들어오게 되고, 그러면 이중층도 성장하게 될 것이다.

첫 생체계들에 가해진 스트레스

일단 계들이 자리를 잡고 작용하여 항상성을 만들어내자, 최초기 생명은 물리적 및 화학적 스트레스에 대응할 길을 찾아냈다. 일반적으로 스트레스는, 보통의 조건에서는 항상성을 유지하게 마련인 계들을 교란시킬 수 있는 환경적 조건들에 몰림으로 정의된다. 초기 생명에게 가해졌을 물리적 스트레스는 따질 것도 없이 명백하다. 온도 변화(너무 덥거나 너무 춥거나), 세포 밖 용질 농도의 변화로 인한 삼투 스트레스, 자외선 복사, 수성水性 환경의 동요로 인한 전단력 같은 역학적 스트레스가 있다. 중합체의 변성denaturation과 가수분해, 그 중합체들에게 pH와 2가 양이온들이 미치는 효과, 주기적인 양분 부족으로 인한 배고픔, 환경의 화학적 성분상의 변이로 인해 세포들이 노출되었을 다양한 독성물질들, 화학적 스트레스는 바로 이런 것들에 맞서는 쉴 없는 싸움으로 나타날 것이다. 오늘날의 생명은 이 스트레스 모두는 아닐지라도 대부분의 스트레스에 맞서 싸울 더없이 훌륭한 방어수단들을 진화시켰다. 그리고 생명이 스트레스에 대처할 수 있는 능력의 한계를 우리는 잘 이해하고 있다. 하지만 첫 생명꼴들은 그렇게 대단한 방어체계를 갖추지 못했을 것이다. 이 말은 곧, 첫 생체계들이 매우 연약해서, 온화한 환경에서만 생존할 수 있었을 것임을 뜻한다. 그게 아니면, 첫 생명은 환경 스트레스에 비교적 면역성을 가진 단순하고 대단히 튼튼한 분자계들로 이루어졌을 수도 있다. 어느 쪽이 더 가당성이 큰지 우리는 아직 모른다. 그저 짐작을 해보고 생각을 시험해보는 도리밖에 없다. 나라면 비교적 온화한 환경에서 생명이 기원했다는 쪽을 편들 것이다. 그래야 온도, pH, 이온 조건들이 자기조립 과정에 미치는 분산효과를 최소화할 수 있었을 테기 때문이다. 비눗방울이 존재하려면 바로 그런 환경이 있어야 한다. 비누 분자들이 방울로 조립되는 과정은 연약한 과정이어서, 높은 온도와 산성 pH, 높은 2가 양이온 농도, 또는 강한 전단력이 있는 환경에서는 일어나지 못한다. 우리가 소포라고 부르는 마이크로 크기의 방울은 온도와 역학적 힘들의 영향을 덜 받기는 하지만, pH와 이온 구성 면에서 좁게 제한된 조건에서만 존재할 수 있다는 점에서는 비눗방울과 다를 게 없다.

점 잇기

이번 장에서 지적한 점은, 분자계들이 물리법칙과 화학법칙의 지배를 받으며 차츰차츰 복잡해지는 쪽으로 발생한 것으로 볼 때에 생명의 기원을 가장 잘 이해할 수 있다는 것이다. 큰 중합분자들이 합성되는 과정이 있어야만 했을 테고, 이 분자들 가운데에는 아주 드물지언정 때마침 중합효소의 성질을 가지게 되어 생식을 촉매할 수 있었거나, 단위체들의 서열로 유전정보를 담을 수 있을 이차적인 큰 분자의 복제를 촉매할—이랬을 가능성이 더 크다—수 있었을 것이다. 하지만 생명이 시작되려면, 담을 용기와 수송체, 그리고 주변 환경에서 화학에너지를 포획하는 능력을 가진 계에 핵심 촉매들과 정보운반체들까지 반드시 포함되어야 했다. 오늘날의 생명은 그런 계들에 의해 정의된다. 한 가지 예가 바로 해당작용이라는 핵심 대사경로를 형성하는 효소작용계이다.

단순히 계들은 선형적이고 가지를 벋는 망으로 조직되는 것에서 그치지 않고, 되먹임고리가 관여하는 조절 과정들의 제어를 받기도 한다. 대사에서 가장 흔한 조절이 생성물 억제이다. 즉 효소가 촉매하는 반응에서 나온 생성물이 도리어 그 효소를 억제하여 생성물이 지나치게 많이 쌓이지 않도록 하는 것이다. 하지만 신호가 증폭되는 조절 과정도 있다. 빛에너지의 광자 하나가 연쇄적인 화학반응을 활성화시켜, 끝에 가서는 눈의 망막세포 하나가 증폭된 신호를 뇌에 전송할 수 있게 하는 과정이 그 한 예이다.

생물학적 계의 또 한 가지 성질은, 계를 이루는 특수한 단백질 성분들이 끊임없이 상호작용을 겪는다는 것이다. 지금은 생화학적 방법과 유전학적 방법으로 이 상호작용들을 정립할 수 있으며, 그렇게 해서 상호작용체라고 하는 상호작용 지도가 나왔다. 생명 기원 연구의 한 가지 도전과제는, 칸들, 촉매작용과 복제를 할 수 있는 큰 분자들, 그 분자들의 기능을 조절하는 되먹임고리들로 이루어진 기능적인 계로서 생명이 시작될 수 있게 할 최소 상호작용체를 이해하는 일이다.

제10장

생명을 이루는
여러 가닥들

맥과이어 씨: "자네에게 낱말 하나만 말해주고 싶네.
　　　　　　낱말 하나면 돼."
벤저민: 　　　"예, 아저씨."
맥과이어 씨: "듣고 있나?"
벤저민: 　　　"예, 듣고 있습니다."
맥과이어 씨: "플라스틱."

1967년 영화 〈졸업〉에서 젊은 더스틴 호프만에게 누설한 좋은 삶life의 비밀이라는 게 딱 한 낱말, "플라스틱!"이었다. 사실 생명life과 플라스틱은 한 가지 중요한 성질을 나눠 갖고 있다. 곧, 둘 다 중합체를 형성하는 기다란 화학 물질 끈들을 기초로 한다는 것이다. 플라스틱의 경우에는 화학적 단위들이 에틸렌(폴리에틸렌)이나 스티렌(폴리스티렌) 같은 단순한 화합물이지만, 생명은 아미노산이라고 부르는 더 복잡한 분자들을 써서 중합체 단백질을 만들고, 뉴클레오티드를 써서 DNA 같은 핵산을 만든다.

이제 우리 지식에 있는 큰 빈틈 다섯 개를 열거해볼 때가 되었다. 생명이 어떻게 시작되었는지 이해할 수 있으려면 먼저 반드시 메워야 하는 틈이다.

* 중합체의 기원: 생명의 첫 중합체들은 무엇이었고, 어떻게 형성되었는가?
* 촉매의 기원: 첫 촉매 중합체들은 어떻게 출현했는가?
* 복제의 기원: 복제작용을 한 첫 중합체들은 무엇이었는가?
* 유전부호의 기원: 처음에 어떻게 해서 핵산의 염기서열이 단백질의 아미노산 서열을 지시하는 부호가 되었는가?
* 리보솜의 기원: 핵산 서열을 아미노산 서열로 번역해주는 분자기계로서 리보솜이 어떻게 떠올랐는가?

이 다섯 가지 근본 물음 모두 중합체와 관련되어 있다. 이번 장에서 다루려는 것이 바로 이것이다.

왜 중합체인가?

'단위체'를 뜻하는 'monomer'의 'mono'는 그리스어에서 온 말로 '하나'를 뜻한다. '중합체'를 뜻하는 'polymer'의 'poly'는 '많다'는 뜻이다. 단백질이라는 중합체에 들어 있는 아미노산 단위체들은 대개 수백 개이고, 핵산 중합체는 뉴클레오티드라는 단위체로 이루어져 있다. 가장 작은 RNA 분자는 전달RNA(transfer RNA, tRNA)로, 아미노산을 리보솜으로 수송하는 일을 하며, 뉴클레오티드가 겨우 74~95개이다. 세균의 원형圓形 유전체처럼 진짜 큰 DNA 분자에는 뉴클레오티드가 수백만 개 들어 있다.

그런데 생명은 왜 중합체에 의존하는 걸까? 답하기 어려운 물음으로 들리겠지만, 이해하기는 크게 어렵지 않다. 유비를 써보자. 부착되지 않은 단위체들을 알파벳 문자들이라고 생각해보자. 그냥 단위체들을 섞는 방법으로 위의 물음에 대해 답을 주려고 하는데, 한 가지 가능한 혼합은 이런 모습일 것이다.

"rfieisincnpnsnoomoaofoioottieeeeeyeaasaannaaoamsmnlmpm-drrffccsccqldohueuteysciolthtnsinnw"

위의 문자들을 답이 되게 정렬할 수 있을 거라고 장담하지만, 순서가 제멋대로인데다가, 서로서로 붙어 있지 않으면 아무렇게나 움직일 수 있으므로, 저렇게는 아무 의미도 없다. 저 문자열의 자릿수는 89개이고, 각 자리에 19개 문자 중 아무거나 넣을 수 있기 때문에, 무작위 순서로 적을 수 있는 문자열은 총 19^{89}개이다. 이는 약 6×10^{113}과 같은데, 관측 가능한 우주에 있는 수소 원자 수(10^{80}개)보다 큰 수이다. 생명이 만일 서로 이어지지 않은 단위체들만 이용하려 한다면 맞닥뜨리게 될 문제가 바로 이것이다. 가능한 조합의 수가 정말이지 너무 많으며, 어느 조합도 그대로 변함없이 유지되지 못한다.

이제 문자들을 낱말들로 정렬해보자. 낱말을 만들 때, 어떤 문자들은 규칙에 따라 항상 특수한 순서로 연결된다.

"specificoftheandpolymersinformationwayinalsofoldasequence-monomerstocontaincausesinthemcan"

정보가 약간씩 엿보이기 시작하는데, 우리가 규칙을 부여했을 때 단위체들의 짧은 서열이 특수한 구조를 만들어내는 것과 비슷하다. 여러분은 머릿속으로 낱말들을 풀어보려고 애쓰겠지만, 낱말과 낱말 사이에 띄어쓰기가 없어서 한층 혼란스럽다. 이는 곧 낱말과 낱말을 가를 때 쓰이는 빈 공간까지도 정보 전달에는 중요함을 뜻한다. 나중에 우리는 DNA가 담은 정보에도 일종의 띄어쓰기가 있어서, 유전자의 시작과 끝을 가리킴을 보게 될 것이다.

이제 나는 앞에서 던졌던 물음의 답이 드러날 수 있도록 단위체 문자들, 띄어쓰기, 낱말들을 순서에 맞춰 묶어볼 것이다.

"The sequence of monomers in polymers can contain information and also causes them to fold in a specific way(중합체를 이루는 단위체들의 서열이 정보를 담을 수 있으며, 중합체를 특수한 방식으로 접히게도 한다)."

생명이 중합체에 의존하는 까닭이 바로 이 때문이다. 핵산 중합체에서는 단위체들의 선형적 서열에 유전정보가 담겨 있고, 단백질 중합체에서는 아미노산 서열로부터 촉매 기능들이 생겨나서 단백질이 (또는 리보자임의 경우에는 RNA가) 사실상 유일무이한 구조로 접히게 한다. 이 기초 사실을 일단 이해하면, 다른 식으로 생체계들이 존재할 수 있으리라고는 상상하기가 어렵다.

　진화의 경주에서 승리를 거둔 두 가지 중합체가 단백질과 핵산이다. 단백질은 생명의 낱말이다. 특수한 철자로 적혀(아미노산 서열) 특수한 입체 형태로 접히면, 단백질은 촉매 구실을 하거나 세포구조를 이루는 성분이 될 수 있다. 이런 유비를 핵산에도 쓰면, 핵산은 생명의 사전이다. 말하자면 세포에게 철자법을 알려주는 서열들을 부호로 적어 담고 있는 것이다. 그런데 이따금 철자가 틀리는 일도 일어나는데, 문자를 하나 더 쓰거나, 하나 빼버리거나, 틀린 문자를 쓰는 꼴로 일어날 수 있다. 이를테면 위 문장에서 'specific'이라는 낱말이 'pecific'(빠진 문자), 'spechific'(더해진 문자), 'spacific'(틀린 문자)로 적힐 수도 있다는 말이다. 심지어 'cificeps'처럼 거꾸로 읽힐 수도 있다. 어느 경우가 되었든 정확한 의미는 손실된다. DNA의 문자들에 변화가 일어나면 돌연변이라고 한다.

　잘못쓰기는 대개 아무 문제도 일으키지 않는다. 왜냐하면 십중팔구 유전체의 비-부호화 구역에서 그런 일이 일어나기 때문이다. 사람 유전체의 경우, 우리가 세포 속에 담아가지고 다니는 DNA의 대부분(~98퍼센트!)이 바로 이 구역이다. 한 사람 한 사람은 다 다르다. 유전체에서 서열이 변이하는 지점이 약 300만 곳 정도 되기 때문인데, 우리 DNA의 염기쌍 1200개에 하나 꼴이다. 각 변이는 단일 뉴클레오티드 다형태single nucleotide polymorphism라고 하고, 줄여서는 'snp'로 표기하며, 유전학자들끼리 전문어로 얘기할 때에는 '스닙'이라고 발음한다. 그런데 가끔씩 유전자 구역에서 돌연변이가 일어나 문제가 생길 수도 있다. 그 고전적인 한 예가 바로 낫 적혈구 빈혈sickle cell anemia인데, 헤모글로빈 유전자에서 생긴 스닙 때문에 헤모글로빈 단백질상의 아미노산 하나가 다른 것으로 대체된다. 이렇게 변형된 헤모글로빈은 산소를 흡수해서 수송하는 데에는 지장이 없으나, 적혈구가 모세혈관을 통과할 때에는 준결정질 겔semicrystalline gel을 형성하기 쉽다. 그러면 적혈구는 양면이 오목한 정상적인 원반 모양에서 긴 낫 모양으로 바뀌어 모세혈관의 혈류를 가로막아 낫 적혈구 빈혈 증상들을 나타낸다.

단위체와 중합체

생명이 어떻게 시작되었는지를 이해하려면, 생명 탄생 이전 환경에 있었을 것으로 생각되는 단위체 분자들로부터 중합체들이 만들어질 수 있을 간단한 방식들을 찾아내야 한다. 4장에서 생명을 이루는 네 가지 주요 성분들을 살폈는데, 이 가운데 세 가지는 서로 연결되어 중합체를 만들 수 있는 단위체들로서, 아미노산, 뉴클레오티드, 단순한 당이고, 중합되어 각각 단백질, 핵산, 그리고 섬유소와 녹말 같은 다당류를 만든다. 네 번째 성분은 지질로서, 막의 지질이중층으로 자기조립할 수 있는 탄화수소 화합물이다. 그러나 이중층 구조를 안정시키는 것은 중합체의 화학결합이 아니라 물리적인 힘들이다. 그래서 이중층 구조는 별개의 필수 생물학적 구조로 분류된다.

생명을 이루는 중합체에 대해 기억해야 할 가장 중요한 점은 단위체들을 이어서 중합체로 묶어주는 화학결합이 사실상 모두 물 분자를 제거해서 만들어진다는 것이다. 더군다나 그렇게 생긴 결합들은 물 분자를 첨가하면 깨질 수 있는데, 이 화학반응을 일러 가수분해라고 한다. 모든 생명은 바로 이 두 과정에 의존한다. 첫 번째 반응은 필수 중합체들을 합성하고, 두 번째 반응은 중합체를 다시 단위체들로 쪼갠다. 그러면 그 단위체들을 재활용할 수 있다. 생체세포에서는 합성과 가수분해 순환이 계속된다.

오늘날의 생명꼴들에게는 탄수화물로 이루어진 중합체들도 중요하다. 이것들은 섬유질처럼 구조적 성분이 되어주기도 하고, 녹말처럼 에너지 저장 화합물이 되어주기도 한다. 캘리포니아 마운틴뷰 미 항공우주국 에임스 연구센터의 동료인 아서 웨버는 글리콜알데히드glycolaldehyde라고 하는 삼탄당의 에너지 함량이 원시 형태의 대사와 비슷한 일련의 반응들을 끌고 갈 수 있음을 보여주었다. 어떤 조건에서는 긴 중합체들도 만들어졌다. 그래서 아서는 첫 생명꼴들이 썼던 대사경로와 중합체들의 기초를 제공했던 것이 '당 세계'였다는 생각을 제시했다. 하지만 아무리 잘 봐줘도 탄수화물 중합체들은 촉매로서는 하잘 것이 없다. 게다가 유전정보를 저장하지도 못한다. 이런 이유로, 생명 기원을 다루는 대부분의 연구에서 초점을 맞추는 대상은 아미노산과 뉴클레오티드의 중합체들—이 단위체들은 서로 연결되어 각각 단백질과 핵산을 만들어낸다—이다.

아미노산들로 이루어진 중합체들

나는 듀크 대학교 화학과 학생이었을 때에 생명이 중합체로 이루어졌다는 생각을 처음 접했다. 오브리 네일러Aubrey Naylor가 감독하는 식물학실험실의 학부생 연구자로 일할 때였다. 같이 일하던 키 크고 깡마른 대학원생 밥 반즈Bob Barnes가 아미노산 함량을 정립하려고 어느 식물 단백질을 분석하고 있었다. 그가 하는 일에 내가 호기심을 보이자, 밥은 내가 몸소 그 기법을 해볼 수 있게 해주었다. 그가 물었다. "무슨 단백질을 쓰고 싶니?" 그 무렵 나는 대부분의 생물학적 물질에는 단백질이 들어 있음을 이미 배웠기에, 깎은 손톱을 해보기로 했다. "안성맞춤이야." 밥은 손톱 조각을 진한 염산이 든 시험관에 떨어뜨리고, 전기패드 위에 두었다. "밤새 걸릴 거야. 그러니 크로마토그램은 내일 해보자."

　다음날 아침에 실험실에 도착해서 시험관을 확인했다. 손톱은 완전히 사라졌다. 강산과 열이 함께 작용하자 펩티드 결합이 가수분해되어 녹아버린 것이다. 나는 밥이 하는 모습을 지켜보았다. 밥은 가로가 약 45센티미터인 직사각형 종잇장 모서리에 그 맑은 용액 한 방울을 조심스럽게 놓았다. 그런 뒤에 커다란 통의 받침대에 그 종이를 걸쳐서 내려뜨려, 부탄올과 아세트산 혼합물이 천천히 아래로 번져서 종이를 위부터 아래까지 푹 적시게 했다. 몇 시간 뒤, 종이가 거의 다 젖자 통에서 걷어내어 말린 다음, 옆으로 돌려서 다시 받침대에 걸었다. 그러나 이번에는 냄새가 역한 페놀과 물 혼합물이었다.

날이 저물 무렵, 종이는 다시 위부터 아래까지 다 젖었다. 밥은 젖은 종이를 떼어내 통풍관 속에 넣어 말린 다음, 닌히드린이라는 염료 용액을 뿌렸다. 이 염료는 아미노산과 반응하면 자주색, 파랑색, 분홍색 화합물을 생성한다. 종이를 오븐에 넣고 잠깐 열을 가한 뒤에 밥은 그 종이를 내게 건네주었다. 나는 깜짝 놀랐다! 그 종잇장이 추상미술 작품이 되어 있었던 것이다. 여러 가지 색점들이 가득 차 있었는데, 각 색점은 내 손가락 세포들이 쓰는 아미노산 하나하나를 나타냈다. 세포들은 이 아미노산들을 이어서 머리카락, 피부, 그리고 물론 손톱을 이루는 단단한 단백질인 케라틴을 만든다.

그때 밥이 썼던 기법은 2차원 종이 크로마토그래피two-dimensional paper chromatography라는 것으로서, 당시에는 최신 기법이었으나, 지금은 아마 아무도 쓰지 않을 것이다. 지금은 기구 속에 미량의 혼합물을 주입하기만 하면, 고성능 액체 크로마토그래피high performance liquid chromatography(HPLC) 또는 모세관 전기영동capillary electrophoresis이 아미노산들을 분리해서 하루가 아닌 몇 분 만에 분석결과를 내놓는다. 우리는 달걀흰자의 알부민이나 피의 헤모글로빈 등 사실상 아무 단백질이나 써도, 오늘날 모든 생명이 쓰는 스무 가지 아미노산을 추려낼 수 있을 것이다. 단백질마다 특유의 성질을 갖게 하는 것은 그냥 아미노산들로 구성되었다는 사실이 아니라, 각 아미노산이 단백질 속에 얼마만큼 있고, 그 선형적인 중합체에 아미노산이 어떤 순서로 배열되어 있는가이다.

탄소질 운석에도 아미노산들이 들어 있고, 생명 탄생 이전의 지구를 본뜬 밀러-유리 실험에서도 아미노산들이 합성되었기에, 40억 년 전에 못, 호수, 바다의 묽은 유기용액을 구성했던 성분들 중에도 아미노산이 있었으리라고 결론을 내리는 게 합당하다. 그렇다면 다음 물음은 이것이다. 처음에 이 아미노산들이 어떻게 서로 엮여서 우리가 지금 단백질이라고 부르는 중합체 화합물을 만들었을까? 이 물음을 살펴보려면, 아미노산 단위체 및 중합체와 관련된 생화학을 조금 알아야 한다.

아미노산의 구조부터 먼저 보자. 간단하게 탄소 원자 하나에 아민기($-NH_2$)와 카르복실기($-COOH$)를 붙인 것이 모든 아미노산을 정의하는 모습이다. 여기에 세 번째 화학기(줄여서 $-R$)를 추가하면 각각의 특수한 아미노산을 정의하고, 마지막으로 수소 원자 하나($-H$)를 추가해서 탄소 원자 하나에 쓸 수 있는 마지막 네 번째 결합까지 채운다. $-R$기가 가진 속성에 따라 아미노산은 단백질 사슬의 일부를 이룰 때 특수한 화학적 성질을 갖게 된다. 예를 들어, 아스파르트산에서는 $-R$기가 $-CH_2-COO-$일 수 있고, 글루탐산에서는 $-CH_2-CH_2-COO-$일 수 있는데, 이 $-R$기는 음전하를 하나 추가한다. 또는 리신에서는 $-CH_2CH_2CH_2CH_2-NH^{3+}$가 $-R$기일 수 있으며, 이때에는 양전하를 하나 추가한다. 알라닌, 발린, 류신 같은 아미노산들의 $-R$기는 탄화수소로서, 이 아미노산들을 소수성으로 만든다. 세린과 트레오닌처럼 $-R$기가 수산화기($-OH$)이면 아미노산은 친수성이 된다. 한 가지 특별한 경우가 시스테인의 설프히드릴기($-SH$)인데, 이황결합($-S-S-$)을 형성함으로써 다른 시스테인과 연결될 수 있다. 단백질에서 두 펩티드 사슬들이 화학적으로 결합될 수 있는 유일한 방도가 이황연결disulfide linkage이다. 예를 들어 인슐린은 짧은 펩티드 둘로 이루어졌으며, 각각 A사슬과 B사슬이라고 한다. 활성 호르몬에서 이 두 사슬은 이황결합으로 묶인다.

아미노산만이 가진 특징은, 아민기와 카르복실기가 물 분자를 하나 잃어 펩티드 결합이라고 하는 연결을 형성할 수 있다는 것이다(〈그림 19〉). 세포에서 이 결합은, ATP가 에너지원이고 아미노산을 전달RNA와 이어주는 다중적인 효소-촉매 반응들이 관여하는 대단히 복잡한 과정을 거쳐 만들어진다.

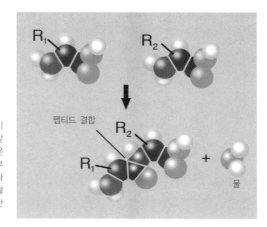

그림 19.
두 아미노산 사이에서 펩티드 결합이 합성되는 것은 물 분자를 잃는 것과 같은 일이다. 실제로 물이 제거되는 일은 미토콘드리아에서 ADP와 인산염으로부터 ATP가 합성될 때 일어난다. 그런 다음 ATP가 tRNA–아미노산 복합체를 활성화시키고, 리보솜이 펩티드 결합을 만들 때 이 복합체를 쓴다.

생체세포는 단백질을 어떻게 합성하는가?

이번 장 앞부분에서 나는 문자와 낱말을 이용하여 중합체에서 정보가 단위체들의 서열로 부호화되는 방식을 그려보았다. 전령RNA의 염기서열을 리보솜이 읽어내는 메커니즘을 소개하기 위해서 유비를 또 하나 쓸 생각인데, 이번에는 악보에 빗대볼 것이다. 이른 1980년대에 내가 생물학개론 과목을 가르쳤을 당시, 수강생이 수백 명으로 강의 규모가 컸다. 교수로서 첫걸음을 떼면서 으레 알게 되는 사실은, 많은 수강생을 상대로 강의하는 일은 일종의 공연이라는 것이다. 이보다 작은 규모에서 할 수 있는 대화식 강의가 아닌 것이다. 하여 나는 학생들의 주의를 붙들기 위해, 무미건조한 강의식으로 말들을 줄줄 쏟아내기보다는, 머리에 쏙쏙 들어가게 생물학 지식을 펼쳐보였다. 번역 문제를 다룰 차례가 되었을 때, 나는 음악과 유비를 시키면 유전자 서열과 리보솜의 기능을 그려낼 수 있음을 깨달았다. 달리 말해서 (낱말에서의 문자 순서나 문장에서의 낱말 순서처럼) 악보에서의 음표 순서가 정보를 나른다는 뜻이다. 유전자에서 단백질을 부호화한 염기서열이 이른 1980년대 당시에 발표되고 있었으므로, 나는 사람의 인슐린 염기서열을 음악으로 둔갑시켜서 학생들에게 연주해보이기로 결심했다.

규칙은 간단하다. 마침 네 염기 중 셋의 줄임말과 음정부호가 똑같다. 곧, 아데닌의 A, 시토신의 C, 구아닌의 G가 그렇다. 음정 E를 티민(T)을 나타낼 부호로 쓰자, 음악적으로도 의미가 통하고 귀에도 듣기 좋은 네-음정 음계가 나왔다. 피아노로 ACEG를 함께 치면 괜찮은 A 마이너 7 코드가 나오고, CEGA를 치면 재즈풍의 C 메이저 6 코드가 나온다.

이제 인슐린 유전자의 전체 염기서열을 가락으로 연주할 수 있었다. 예를 들어 TTT GTG AAC CAA는 각각 첫 네 가지 아미노산인 페닐알라닌, 발린, 아스파라긴, 글루타민의 셋잇단부호들이고, 음정으로 번역하면 EEE GEG AAC CAA가 된다. DNA 서열을 옮긴 가락 몇 가지를 인터넷에서 찾아들을 수 있다(제10장 부분의 참고자료를 참고하라). 여기서 지적해야 할 중점이 두 가지 있다. 하나는 악보에서 선형적으로 배열된 음표들을 음악가가 진짜 음악으로 번역할 수 있다는 것이, DNA 같은 핵산에서 선형적으로 배열된 부호들을 리보솜이 어떻게 단백질로 번역할 수 있는지 감을 잡게 해준다는 것이다. 유비를 풀어보면, 악보는 유전자이고, 음악가는 리보솜으로서, 음표 서열을 번역해서 청중이 들을 수 있는 소리로 만들어낸다. 나아가 음악가가 인슐린 유전자를 연주하는 빠르기는, 단백질 사슬이 성장하는 중에 아미노산이 추가되는 속도와 비슷한데, 1초에 두세 개 정도이다.

이제 전사, 번역, 리보솜을 얘기해보자. 이 책은 생화학 교재가 아니므로, 오늘날 생체세포에서 일어나는 단백질 합성의 주요 특징들을 밑그림만 그려볼 것이다. 1957년에 DNA 이중나선 구조의 공동발견자였던 프랜시스 크릭은 중심원리Central Dogma라고 불렀던 것을 제기했다. 그 무렵에는 충분한 정보가 쌓인 터였기에, 중심원리는 단백질 합성과정에 통합되어 통일성 있는 그림을 그려낼 수 있었고, 지금은 모든 생화학 대학교재에 실려 있음은 물론, 심지어 고등학교에서도 거론되고 있다. 지금 우리가 아는 바는 다음과 같다. 유전자는 단백질 합성을 지휘하고, 유전정보는 DNA를 이루는 뉴클레오티드 서열에 저장되어 있다. 어느 유전자를 표현하려면, DNA 이중나선이 풀려서, RNA 중합효소라고 하는 효소가 DNA 가닥을 주형으로 삼아 두 가닥 중 한 가닥의 특수한 부분을 RNA 홑가닥에 전사한다. 이렇게 해서 DNA의 뉴클레오티드 순서가 RNA의 뉴클레오티드 서열로 정확하게 전사되는데, 이 RNA를 전령RNA(mRNA)라고 한다. mRNA에는 코돈codon이라고 하는 것들이 있다. 코돈 하나하나는 세 염기씩으로 이루어졌고, 각각은 특수한 아미노산을 부호화한다. 이것을 일러 유전부호라고 하며, 사실상 오늘날 모든 생명에 보편적이다. 달리 말해서, 우라실 염기 셋(UUU)이 잇달아 있으면 페닐알라닌 코돈을 구성하고, 아데닌 셋(AAA)이 잇달아 있으면 리신 코돈을 구성하는 등, 스무 가지 아미노산 모두가 이런 식이다.

리보솜은 아미노산으로 단백질을 합성하고, 단백질의 아미노산 서열은 mRNA의 코돈 서열로 지시된다. 리보솜은 총 56개 단백질—작은 소단위에 22개, 큰 소단위에 34개—로 구성된 복잡한 분자기계이다. 세균에서는 작은 소단위에 16S rRNA라는 리보솜RNA 홑가닥이 있고, 큰 소단위에는 5S rRNA 한 가닥과 23S rRNA 한 가닥이 있다. 단위 S는 처음 보면 좀 혼란스러울 수 있으나, 별 게 아니라 강한 원심력에 노출되었을 때 유체 속에서 분자가 아래로 이동하는 빠르기와 관련이 있다. 단위 S는 초원심분리기를 발명한 공로로 1926년 노벨상을 수상했던 테오도르 스베드베리Theodor Svedberg를 기린 줄임말이다. 이 장치는 회전자를 워낙 빠르게 돌리는지라, 회전자에 끼운 시험관이 느끼는 힘은 중력의 10만 배나 된다. 그래서 용액 속의 큰 분자들까지도 시험관 바닥 쪽으로 이동할 수밖에 없다. 여기서 기억해야 할 중점은, 23S rRNA 같은 큰 분자들은 5S rRNA 같은 작은 분자들보다 더 빠르게 아래로 이동한다는 것이다.

지난 30년 세월 동안 세계 곳곳에서 여러 연구진들이 리보솜의 정확한 구조를 규명하려는 영웅적인 시도를 해나갔다. '영웅적'인 까닭은 리보솜의 구조가 이제까지 분자적인 해상도 수준에서 정립된 것 가운데 가장 크고 가장 복잡한 생물학적 구조일 것이었기 때문이다. 이 일을 해낼 유일한 길은 리보솜을 결정화시킨(이것만으로도 결코 만만한 일이 아니다) 다음, 그 결정을 X-선 회절을 써서 분석하는 것이다. 네 연구진이 여러 해에 걸쳐 의미 있는 진전을 이루어냈고, 주도적인 실험실 네 곳에서 리보솜의 구조를 조금씩 조금씩 발표해나갔다. 내가 이 책을 쓰는 동안, 이 경주에 뛰어들 만큼 용감했던 탐구자들에게 노벨상 셋이 수여되었다. 이스라엘 레호보트에 있는 바이츠만 연구소의 아다 요나트Ada Yonath, 예일 대학교의 토머스 스타이츠Thomas Steitz, 잉글랜드 케임브리지의 MRC분자생물학실험실에서 일하는 벤카트라만 라마크리슈난Venkatraman Ramakrishnan이 바로 그들이다. 만일 노벨상을 셋이 아니라 넷으로 쪼갤 수 있었다면, 샌타크루즈 캘리포니아 대학교의 해리 놀러Harry Noller 또한 리보솜 연구를 인정받았을 것이라는 데에 대부분 동의할 것이다.

〈그림 20〉은 리보솜이 활동하는 모습을 그리고 있다. mRNA가 리보솜의 한쪽 소단위로 다가간다. 그 소단위와 mRNA 가닥이 결합한 다음, 두 번째 소단위가 부착된다. 그 사이에 또 하나의 효소가 ATP의 에너지를 써서 아미노산들을 또 다른 RNA인 tRNA와 공유결합으로 연결한다. 아미노산 한 가지마다 효소 하나, tRNA 한 가지가 있다. 그리고 tRNA의 다른 쪽 끝에는 세 염기들의 서열이 노출되어 있다. 단백질 합성은 메티오닌 tRNA상의 세-염기서열이 리보솜상의 mRNA의 세 염기와 결합하고, 아미노산이 리보솜에게 전달되면서 개시된다. 거의 기계나 마찬가지로 mRNA는 리보솜을 따라 움직이면서 다음 차례 코돈을 노출한다. 그러면 1초가 안 되는 잠깐 동안 움직임이 멈추고, 그동안에 새로 노출된 코돈으로 다른 tRNA들이 확산하고, 마침내 보편적 유전부호에 따라 tRNA 하나가 들어맞게 된다. 아미노산은 펩티드 결합을 통해 메티오닌에 부착되고, 완전한 단백질 분자가 합성될 때—대개 아미노산 수백 개 길이이다—까지 그 과정이 되풀이된다. 리보솜 기능이 생명에 크게 중심이 되기 때문에, 번역과정에서 실제로 일어나는

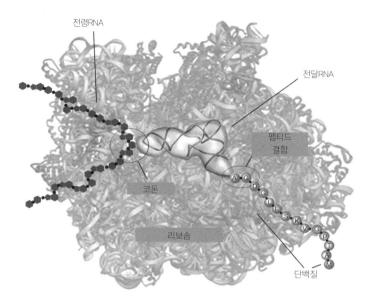

전령RNA

전달RNA

펩티드
결합

코돈

리보솜

단백질

그림 20. 리보솜을 구성하는 소단위는 큰 것과 작은 것이 하나씩으로, 이 그림에서는 단백질과 뉴클레오티드 사슬들이 밝은 회색을 띠며 뒤엉킨 모습으로 바탕에 깔려 있다. 단백질 합성과정을 시작하려면, 두 소단위들이 전령RNA 가닥과 결합해서 활성 리보솜이 되어야 한다. 그림에 홑가닥 전령RNA가 보이는데, 리보솜의 단백질 합성 활성 부위를 통과하고 있다. 이곳에서 전달RNA 분자는 성장 중인 폴리펩티드(단백질) 사슬로 아미노산을 전달하는 중이다. 각 셋잇단염기가 이동해 위치를 잡으면 아미노산을 가진 전달RNA가 자리를 집어서 아미노산을 전달한다. 그런 뒤에 다음 차례 tRNA가 자리할 수 있게 자리를 뜬다. 그 아미노산은 펩티드 결합을 통해, 장차 단백질이 될 성장 중인 중합체와 공유결합으로 연결되며, 그러고 나면 mRNA가 다음 차례 코돈을 집는다. (이 놀라운 과정을 애니메이션으로 본뜬 모습을 보려면, "참고자료" 제10장 부분을 보라.)

일을 눈으로 확인할 수 있게 도와줄 여러 동영상들을 찾아서 볼 수 있다(제10장 부분의 참고자료를 참고하라).

60년 전이었다면 이 과정이 얼마나 불가해했을지 상상이라도 해보라. 과학계의 천재들이 힘을 합쳐 이 메커니즘을 풀어냈으며, 중요한 진전을 이뤄낸 과학자들에게 노벨상이 골고루 후하게 수여되었다. 이제 물어야 할 물음은 이것이다. 이 모두가 어떻게 시작되었을까? 더 구체적으로 물어보자. 원시 형태의 복제, 전사, 번역 메커니즘들이 무엇이었을까? 스무 가지 아미노산마다 셋잇단부호를 부여한 유전부호가 어떻게 해서 생겨났을까? 우리는 아직 답을 알지 못한다. 그러나 다음 50년에 걸쳐 차근차근 답에 다가가리라고 나는 낙관한다. DNA 이중나선이 풀리고 생물학의 중심원리에 이른 뒤로 DNA와 유전 관련 물음들에 대한 답이 차근차근 분명하게 드러났듯이 말이다.

생명 탄생 이전 지구에서 중합체가 어떤 식으로 합성되었을까?

"안 지루한 시대에 살아보셔." 고대 중국의 저주이다. 1917년에 모스크바 대학교를 졸업한 스물세 살의 청년 알렉산드르 이바노비치 오파린Aleksandr Ivanovich Oparin에게 당시는 확실히 지루하지 않은 시대였을 것이다. 레닌과 볼셰비키가 막 정권을 잡은 참이었고, 차르와 식솔들은 연금되었다가 한 해 뒤에 암살당했으며, 적군赤軍과 백군白軍 사이에 전쟁이 시작되었다. 그러나 그 젊은 과학자는 용케 그 혼돈에 휩쓸리지 않았다. 아마 정치보다 훨씬 더 재미있는 것을 생각하고 있던 탓이었을 것이다—생명이 어떻게 시작되었을까? 1922년에 오파린은 진지하게 생각들을 짜맞춰나갔고, 1924년에 러시아어로 쓴 연구서『생명의 기원The Origin of Life』을 출간했다.

1864년에 루이 파스퇴르가 생명이란 언제나 먼저 있던 생명에서 온다는 결론을 내린 뒤로 생명의 기원 문제를 진지하게 생각한 이가 아무도 없었던 터라, 과학의 풍경에서 오파린의 책이 하나의 이정표로서 그처럼 선명하게 돋보이는 것이다. 오파린의 기본 생각은, 초기 지구에서 생명이 없는 화학물질들로부터 생명이 있는 계들이 생겨났을 길이 반드시 있어야만 한다는 것이었다. 1928년에 J. B. S. 홀데인이 오파린과는 따로 비슷한 생각을 표현한 짧고 예지적인 시론을 하나 발표했다. 그래서 지금은 두 사람이 기초를 마련한 개념들을 오파린-홀데인 각본이라고 부른다. 당시 알려져 있던 바는, 생명의 단위가 세포이며, 단백질은 세포의 구조적 성분이라는 것이었다. 세포는 마이크로 크기의 물주머니 같은 모습이 아니라, 젤리 같은 원형질이 담긴 것이었다. 콜로이드—녹말과 젤라틴 같은 화합물들이 뭉친 마이크로 크기 아래의 덩어리들—가 묽을 때에는 수용성이지만, 진할 때에는 겔을 형성하는 경향이 있음도 알려져 있었다. 그 겔이 이따금 코아세르베이트라고 부르는 마이크로 크기의 소구체들을 만들 때도 있었는데, 오파린은 첫 생명꼴들이 어떤 모습이었을지 생각했던 바를 서술할 말로 바로 그 '코아세르베이트'라는 용어를 채택했다.

서른 해가 지난 뒤, 오파린은 이제 소련의 첫째가는 과학자에 들게 되었다. 1957년, 오파린은 소련학술원의 후원을 받아 모스크바에서 과학자 대회를 조직하는 일을 거들었다. 이 대회에는 세계 일류 과학자 몇 사람도 참석했다. 스탠리 밀러와 스승 해럴드 유리—중수소를 발견 및 단리한 공로로 1935년 노벨상을 수상했다—, 라이너스 폴링과 웬들 스탠리Wendell Stanley—둘 다 노벨상 수상자였다—가 참석했고, 장차 노벨상을 수상하게 될 멜빈 캘빈Melvin Calvin, 일리아 프리고진Ilya Prigogine, 피터 미첼도 자리했다. 그 모임의 의사록은 플레넘 출판사에서 700쪽짜리 책으로 발간했는데, 50년 전에 쓰인 논문들을 읽으며 당시에 이 뛰어난 지성들이 생명의 기원 문제와 씨름했던 모습을 지켜보는 일은 흥미롭다.

당시 플로리다 주립대학교 해양학연구소 신임 소장이었던 시드니 폭스Sidney Fox도 그 자리에 참석했다. 생명이 어떻게 시작되었는지 자기가 알고 있다고 생각했던 폭스는 생명 탄생 이전 지구에 단백질을 닮은 중합체들이 자발적으로 출현했을 수 있다는 생각을 처음으로 시험해본 과학자의 한 명이었다. 1958년, 폭스는 동료 카오루 하라다Kaoru Harada와 함께, 건조 아미노산 혼합물을 섭씨 180도까지 가열하자 단백질을 닮은 중합체들이 만들어졌다고 보고했다. 그 건열은 본질적으로 물 분자들을 구워 없앴고, 그 결과 화학결합들이 아미노산들을 이어붙여서 중합체들을 만들었다. 두 사람은 이 중합체를 열축합생성물thermal condensation product, 또는 단백질유사체proteinoid라고 불렀다. 몇 해 뒤, 폭스와 동료들은, 어떤 조건에서는 단백질 유사체들이 마이크로 크기의 둥근 공들로 조립되었음을 발견하고, 이를 단백질유사체 미세구proteinoid microsphere라고 불렀다. 이것들은 오 파린이 서술했던 코아세르베이트 구조와 비슷했다. 그러나 아미노산 중합 체들로 이루어졌다는 사실 때문에, 오파린이 연구했던 젤라틴과 아라비아 고무 혼합물보다는 이 미세구들이 생명 탄생 이전 원세포 모형으로 더 매 력적이었다. 더군다나 축합반응들을 끌고 가는 데에 쓸 에너지원으로 건열 이 몹시 가당성이 커 보인다. 폭스가 상상했던 것처럼, 초기 지구의 광범위 한 화산 활동 덕분에 흥미로운 중합체들이 만들어질 기회가 수없이 있었으 리라고 상상할 수 있다.

폭스가 올바른 길을 가고 있다는 게 한동안 중론이었기에, 1970년대의 생물학과 생화학 교재들에는 단백질유사체 미세구 그림들이 실렸다. 그러 나 1980년대에는 단백질 유사체를 버리고 RNA를 택했다. 무슨 일이 있었 던 것일까? 생명의 기원으로 이어지는 중합을 끌고 갔을 가장 가능성 있는 에너지원으로 왜 건열이 받아들여지지 않았을까? 여러 이유가 있다. 먼저, 열 자체는 진정한 에너지원이 아니다. 뜨거운 아미노산 용액에서는 아미노 산들이 더 단순한 화합물로 천천히 쪼개지는 것 말고는 아무 일도 안 일어난 다. 반응에서 열이 하는 구실을 생각할 때 더 나은 길은, 바로 열이 잠재적 반 응물에 활성화에너지를 추가한다는 것이다. 단위체들이 자발적 중합반응을 당한다면, 온도가 높을수록 반응이 빨라질 것이다. 폭스와 동료들이 썼던 조 건들이 아미노산들을 단백질 유사 중합체들로 중합하도록 했을 때, 그 반응 에 공급된 실제 화학에너지는 반응물들이 건조해지면 그 높은 온도로 인해 단위체들에서 물 분자들이 빠져나가면서 반응물들 사이에 다양한 화학결합 들이 형성될 수 있다는 사실에서 찾아야 했다. 그 결과, 단위체들 사이에서 공유결합이 형성되어 긴 중합체 사슬이 만들어졌던 것이다.

비록 이 방법이 생명 탄생 이전에 축합반응을 끌고 갔을 수도 있지만, 마 른 물질에 열을 가했을 때 형성되는 화학결합의 종류와 관련해서 단단히 주의할 게 있다. 뜨거운 화학물질 혼합물은 서로 다른 반응들을 다중적으로 겪을 수 있고, 모두 화학결합을 만들어낸다. 온도가 충분히 높다면, 흔히 '타르'라고 부르는 갈색이나 검은색 물질이 나올 것이다. 생명의 기원을 모형화하기 위해 폭스가 택했던 접근법, 또는 더 일반적으로는 '흔들어서 굽기 shake-and-bake' 접근법에 대한 주된 비판 가운데 하나가 이것이다. 다시 말해서 반응과 생성물이 비특이적nonspecific이라는 말이다. 폭스가 썼던 특정 아미노산 혼합물은 정말 펩티드 결합을 몇 가지 형성하기는 하지만, 생물적 단백질의 분자구조에 아무런 이바지도 않는 다른 화학결합들도 만들어진다. 또 다른 문제로는, 단백질 유사체가 유전정보를 나르고 전달할 만한 방법을 아직까지 아무도 못 찾아냈다는 것이다. 이 일은 핵산이 해낼 수 있다. 그래서 지금 우리는 첫 생명꼴들이 단백질이 아닌 RNA를 첫 기능적 중합체로 썼을 것이라고 생각한다.

자기가 제시했던 열적 단백질유사체 미세구들에 열을 올렸던 폭스는 생명이 어떻게 시작되었는지 발견해냈다고 확신했고, 대부분의 과학자들이 가당성이 있다고 여겨 기꺼이 받아들일 만한 것을 훨씬 넘어서는 주장까지 했다. 늘그막에 폭스는 단백질유사체 미세구가 '살아 있다'는 말의 모든 의미에서 살아 있다고 주장했다. 다시 말해서 성장도 하고, 발아와 분열로 생식도 하고, 심지어 원시적인 꼴의 신경활동까지 보인다는 것이었다. 이 얘기는 수많은 우여곡절이 담긴 과학의 흥미로운 무용담으로서, 과학자가 자기가 관찰한 것에 지나치게 많은 의미를 두려 하면 결국 길을 잃어버릴 수도 있음을 그려내고 있다. 생명 탄생 이전의 중합체 합성에 대한 '흔들어서 굽기' 접근법은 대부분 폐기되었고, 대신 수용액에서 작용하는 한정된 화학계 쪽으로 눈을 돌렸다. 예를 들어보자. 캘리포니아 주 라호야의 솔크 연구소와 스크립스 연구소의 루크 리먼Luke Leman, 레슬리 오르겔, 레자 가디리Reza Ghadiri는 최근에 활성제로서의 황화카르보닐(COS)을 탐구했다. COS는 화산 기체 속에 있는 것으로 알려졌고, 산소 원자 하나 대신 황 원자 하나가 탄소와 결합해 있다는 것만 빼고는 COO(이산화탄소)와 화학적 구조가 똑같다. 2004년에 이 저자들은 COS가 아미노산을 화학적으로 활성화시켜서, 아미노산들이 반응하여 펩티드 결합을 형성하도록 한다고 보고했다. 2006년에 이 연구진은 황화카르보닐이 인산염도 활성화시켜서, 아미노산이 있을 경우에는 고에너지 무수결합을 형성하게 함을 발견했다. 이 반응들은 상당히 특이적인 생성물을 만들어내며, 수용액에서 일어난다. 화학자들은 뜨겁고 건조한 아미노산 혼합물에서 일어나는 통제되지 않은 반응보다 수용액에서 일어나는 이런 반응을 더 많이 좋아한다.

생명 탄생 이전의 화학적 조건과 화산이 어떻게 연결될 수 있는지 보여주는 근사한 예가 COS 활성화이긴 하지만, 아직 진정한 중합체가 합성되지는 못한 형편이다. 지금까지는 아미노산 둘을 이어 이합체dimer로 만드는 펩티드 결합만이 합성되었다. 나는 '흔들어서 굽기' 접근법에는 발견해낼 것들이 아직 있다고 생각하며, 14장에서 마르고 젖는 순환으로 긴 중합체들이 생성될 수 있게끔 지질 바탕질이 어떻게 핵산 단위체들을 조직할 수 있는지 살필 것이다.

단백질 접기는 필수적이다

아미노산으로 중합체를 만드는 것만으로는 충분치 않다. 앞서 지적했다시피, 펩티드 사슬의 아미노산 서열이나 핵산 가닥의 뉴클레오티드 서열이 해당 중합체의 접히는 방식을 결정한다. 단백질에서는 접기와 관련하여 세 단계 구조가 있다. 1차 구조는 그저 분자를 이루는 단위체들의 서열이다. 2차 구조는 단백질 가닥이 형성하는 나선 및 병풍 모양의 패턴이다. 3차 구조는 나선과 병풍이 접혀서 이루는 안정된 3차원 입체 형태로서, 단백질의 기능적 구조를 나타낸다.

이 모두를 우리는 어떻게 아는 걸까? 따지고 보면, 우리가 얘기하는 것은 단백질 분자 하나를 이루는 원자 수천 개의 특수한 배열인 셈이다. 이 시점에서 나는 X-선 회절이라고 하는 전문 기법을 살펴보고 싶다. 이 기법은 거의 원자 수준의 해상도로 분자구조를 정립하는 데에 쓰는 단 하나의 가장 중요한 방법이다. 이 방법이 의존하는 사실은, 파동끼리 상호작용해서 보강간섭과 상쇄간섭을 만들어낸다는 것이다. 사람이 없어 수면이 잔잔한 뒤뜰 수영장에서 이 효과를 볼 수 있다. 구슬 같은 것을 하나 수영장에 떨어뜨리면, 동심원을 이루며 물결이 생긴다. 그런데 60센티미터 정도 간격으로 구슬 두 개를 동시에 떨어뜨리면, 동심원 물결이 두 벌 생기면서 서로를 통과한다. 유심히 보면, 두 물결이 만나 서로를 강화해서 물결이 더 높아진 지점들(위상맞음in phase 또는 보강간섭), 한쪽 물결의 마루와 다른 쪽 물결의 골이 만나서 서로를 지워버리는 지점들(위상다름out of phase 또는 상쇄간섭)이 있음을 보게 될 것이다.

　수영장에서 보는 파동의 모습이 이렇지만, 빛 파동에서도 이런 간섭 패턴을 볼 수 있다. 레이저포인터, 반복구조를 가진 곱게 연마된 물질, 이를테면 CD나 DVD 디스크만 있으면 된다. 디스크에 레이저를 쏘아 흰 벽면 위로 반사시키면, 거울에서 반사되는 것과는 다르게 한 점만 보이는 게 아니라 여러 개가 보인다. 어떤 점들 둘레에는 더 작은 2차 점무늬들이 나타나기도 한다. 이것이 바로 회절 무늬로서, 디스크 기록면의 데이터 트랙에서 레이저 빛이 반사될 때 만들어진다. 그 데이터 트랙은 길이가 5킬로미터 정도나 되는 단일 소용돌이 트랙이고, 데이터 선들이 약 1.6마이크로미터 간격으로 반복되면서 소용돌이 트랙을 구성하고 있다. 레이저의 광자들이 그 선들에 부딪쳐 반사되면, 일련의 빛살들이 만들어지는데, 각 빛살이 벽까지 이르는 거리는 조금씩 다르다. 그 빛살들 모두 파장은 정확히 똑같기에, 빛살들이 여행하는 거리 차로 인해 어떤 것들은 위상이 맞아 서로를 강화하는 보강간섭을 하여 더 밝은 점들이 생기고, 또 어떤 것들은 위상이 달라 상쇄간섭을 하여 점과 점 사이에 어둔 지역을 만들어낸다. 이미 알고 있는 빛의 파장과,

주어진 점이 중앙의 빛줄기에 대해 이루는 각도로 간단한 공식을 만들면, 디스크의 반복 단위 하나하나를 가르는 간격을 구할 수 있다.

이제 가시광선이 아니라, 그보다 파장이 1000분의 1로 짧은 X선이라는 빛을 쓴다고 상상해보자. 오늘날 쓰는 기구에서는 회전하는 텅스텐-레늄 표적을 전자 흐름으로 때려서 X선을 만들어낸다. X선의 파장은 결정 속 원자와 원자 사이의 거리 범위에 든다. 이는 X선 결정학으로 원자 수준의 해상도를 얻을 수 있다는 뜻이다. 시험 삼아 먼저 X선 줄기를 쏘아, 중합체 분자들이 별 순서 없이 뒤섞인 폴리우레탄 같은 플라스틱 조각을 통과시킨다고 해보자. 구식 기구들에서는 X선 줄기가 사진건판을 몇 분 동안 쬐겠지만, 오늘날에는 디지털카메라에서 쓰는 것과 비슷한 CCD(전하결합 다이오드 charge-coupled diode)를 쓴다. 그 빛줄기는 가운데에 밝은 점이 하나 있고 그 둘레로 뿌옇게 빛이 퍼진 모습을 만들어낸다. X선이 중합체 분자들 때문에 흩어진 것이지만, 정연한 배열이 없기 때문에, 그 흩어짐은 그냥 빛줄기 둘레에 원형 안개만 만들어낼 뿐이며, 젖빛 유리조각을 통해 손전등의 불 켜진 전구를 보는 모습과 비슷하다.

그러나 단백질 결정은 질서도가 높다. 그래서 단백질 결정을 통과하는 X선은 결정 내에서 서로 다른 원자면을 이루는 전자껍질들에 튕겨 반사된다. 그러면 X선은 레이저 빛이 그랬던 것처럼 위상맞음 간섭과 위상다름 간섭을 당한다. 사진건판, 또는 현대식 기구들에서는 디지털카메라에 있는 것과 비슷한 CCD열列이 빛줄기에 노출되는 동안 결정을 천천히 회전시키면, 반사된 빛줄기는 건판 위에 수백 개, 심지어 수천 개의 점들이 이루는 매우 세밀한 간섭무늬를 만들어낸다. 점과 점 사이의 간격과 점들의 밀도, 중앙의 빛줄기에 대해 각 점이 이루는 각, 결정의 회전도로부터 정밀한 3차원 결정 구조를 원자 수준의 해상도로 계산해낼 수 있다. 단백질 결정학 초기에는 그 계산을 일일이 손으로 했기 때문에, 몇 달 또는 몇 년까지도 걸리는 일이었다. 처음으로 해상解像해낸 단백질은 미오글로빈과 헤모글로빈이었고, 케임브리지 대학교에서 그 일을 해냈던 막스 퍼루츠Max Perutz와 존 켄드루John Kendrew에게 1962년 노벨상이 수여되었다. 오늘날에는 컴퓨터가 그 계산을 하고, 단백질을 결정으로 만들 수만 있다면야 사실상 아무라도 그 단백질 구조를 며칠 만에 풀어낼 수 있다.

1930년대에 윌리엄 애스트베리William Astbury는 양털을 폈을 때 일어나는 변화를 X-선 회절을 써서 연구하다가 나선구조와 병풍구조를 짐작해냈다. 하지만 정밀한 알파나선 개념은 라이너스 폴링의 독창적인 생각으로서, 그는 펩티드 사슬의 카르보닐산소와 아미드질소 사이의 수소결합이 그런 보편적 구조들을 안정시킬 수 있음을 이해했다. 폴링이 들려준 이야기에 따르면, 1948년에 고향인 잉글랜드 옥스퍼드의 집에서 머무는 동안 감기에 걸렸는데, 침대에서 뒹굴뒹굴하는 무료함을 이기려고 케라틴의 구조를 생각하기 시작했다고 한다. 케라틴은 머리카락을 이루는 단백질로서 글리신과 알라닌이 많이 들어간 비교적 단순한 아미노산 구성을 가진다. 폴링은 알려진 펩티드 사슬의 선형구조를 종이에 그리고는 갖가지 방식으로 종이를 접어보았다. 그러다 문득, 그 사슬이 아미노산 3.6개마다 한 번씩 반복적으로 감겨서 소용돌이 모양 구조가 된다면, 수소결합 가능성은 최대화하고 내부의 긴장은 최소화하는 아름다운 나선이 만들어질 것임을 깨달았다. 1951년에 폴링과 코리는 알파나선과 베타병풍의 정확한 구조들을 발표해나갔다. 그 구조들은 X-선 회절 데이터와 일치했고, 단백질 구조의 이해에 혁명의 불꽃을 당겼다.

2차 구조가 아름답기는 해도 그게 끝은 아니다. 효소 분자의 촉매 기능은 3차 구조라는 것으로 접힌 다음에야 시작될 수 있다. 〈그림 21〉은 리보핵산 분해효소ribonuclease의 접힌 구조를 보여주는데, RNA가 뉴클레오티드 단위체들로 가수분해되는 일을 촉매하는 효소이다. 2차 구조 두 가지가 뚜렷이 보인다. 소용돌이 모양은 알파나선이고, 리본들이 서로 이웃한 모양은 베타병풍이다. 리보핵산 분해효소는 리보핵산과 결합해서 가수분해를 촉매

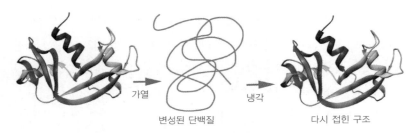

그림 21. 리보핵산 분해효소는 RNA 분자를 뉴클레오티드 성분들로 가수분해하는 반응을 촉매한다. 비교적 단순한 단백질 분자인 이 효소에는 알파나선 구조 셋과 베타병풍 구조 하나가 있다. 열을 가하면 변성될 수 있으나, 열이 식으면 본래의 활성 3차 구조로 다시 자발적으로 접힌다.

하는데, 이는 일종의 소화과정으로서, 인산이에스테르 결합에 물 분자들을 추가하여 뉴클레오티드 단위체들을 풀어낸다. 모든 생명꼴들은 이런 목적으로 리보핵산 분해효소를 쓰며, 세균의 리보핵산 분해효소는 사방에 없는 곳이 없다. 너무 많이 있는 탓에, 실험실에서 RNA로 무얼 하려면 반드시 라텍스장갑을 끼어야 할 정도이다. 안 그러면 우리 손가락에 있는 그 효소 몇이 필히 표본으로 들어가게 되고, 그러면 순수한 RNA가 아니라 부분적으로 소화된 작은 물질 조각들로 변해버릴 것이다.

단백질 접기에서 놀라운 것은, 사슬을 이루는 아미노산들의 특수한 서열 때문에 그 사슬은 사실상 매번 똑같은 3차 구조로 접히게 된다는 것이다. 예를 들어보자. 〈그림 21〉은 리보핵산 분해효소를 물속에서 가열할 때 일어나는 일도 보여준다. 열에너지가 더해지면 리보핵산 분해효소 분자가 펴지지만―달리 말하면 변성되지만denatured―, 식으면 원래와 똑같은 구조로 다시 접힐 수 있다. 접기에서 가장 중요한 측면은, 올바른 접기가 자발적으로 일어날 때에 아미노산 무리들이 모여서 모든 효소에서 촉매의 중심이 되는 활성부위라는 곳을 만든다는 것이다. 때마침 기질 분자가 활성부위에 들어가면 그곳의 아미노산들이 그 분자와 상호작용하여 그 분자가 더 쉽게 특이적 화학반응의 반응물이 되도록 전자구조를 바꾼다. 이 과정은 H_2CO_3를 H_2O와 CO_2로 쪼개는 것(탄산 탈수효소가 촉매하는 반응)만큼 간단할 수도 있고, 중합효소가 핵산의 인산이에스테르 결합을 합성하는 것만큼 복잡할 수도 있다.

이 모두가 생명의 기원과는 무슨 관련이 있을까? 한마디로 모든 것이 관련되어 있다. 생명이 시작되려면 촉매 활동이 필수이고, 접힌 구조만이 촉매―작은 단백질일 수도 있고, 다음에 살필 리보자임 꼴의 RNA 가닥일 수도 있다―가 될 수 있다. 이렇게 해서 우리는 생명의 시작과 관련해 가장 깊은 물음 셋과 만나게 된다.

* 아미노산 혼합물로부터 어떻게 아미노산들이 서로 이어져 펩티드 사슬을 이루었는가?
* 어마어마하게 많은 가능한 무작위적 서열 중에서 어떻게 처음으로 올바로 접힌 단백질 촉매들이 선택되었는가?
* 첫 단백질형 중합체들에게 어떻게 손짝같음이 부여되었는가? 현재 존재하는 모든 생물이 쓰는 아미노산이 L−아미노산인 것처럼, 아미노산이 전부 손짝이 같을 경우에만 올바로 접힐 수 있다.

기를 죽이는 이런 물음들에 대한 답이 우리에겐 아직 없지만, 가능한 설명으로 작업가설을 세워 실험으로 시험해볼 수 있음은 두말할 것도 없다.

핵산

단백질 말고 생명의 또 다른 일차적인 중합체는 DNA와 RNA로 대표되는 핵산이다. 우리 이야기에서 큰 중심을 차지하기 때문에, 시간을 좀 들여 핵산의 발견 역사와 구조를 살펴볼 생각이다. DNA는 유전정보의 운반체라는 의미가 정립되기 오래전인 1871년에 요하네스 프리드리히 미셔Johannes

Friedrich Miescher가 발견했다. 스위스인이었지만, 미셔는 독일의 튀빙겐으로 가서 스승인 펠릭스 호페-자일러Felix Hoppe-Seyler와 함께 일했다. 그 당시, 지금이라면 생화학자라고 불렀을 만한 과학자들이 산 생물을 이루는 화학적 성분들을 단리해서 탐구해나가고 있었다. 단백질은 이미 그전에 발견되어, '첫째가다'라는 뜻의 그리스어 *proteios*를 따서 'protein'이라고 이름붙인 터였다(이와 비슷하게 '첫째가는' 낱말들로는 'proton', *Amoeba proteus*, 'prototype'이 있다). 미셔는 세포핵의 화학적 구성을 연구하기로 했다. 세포핵은 대부분의 세포에 있는 작고 둥근 구조로서, 당시 새로 개발된 염색 기법과 현미경 기법으로 그 존재가 밝혀졌었다. 그때에는 현미경을 써서 다양한 조직들을 연구하고 있던 터라, 미셔는 병원에 가면 흔하디흔한 감염 상처에서 흘러나온 고름에 백혈구라는 하얀 세포들이 있음을 알고 있었다. (지금의 우리는 백혈구가 상처 부위에 몰려들어 세균 감염과의 싸움에 힘을 보탬을 알고 있다.) 백혈구를 마련하려고, 그는 고름이 묻은 붕대에서 백혈구들을 헹궈낸 뒤에 부숴서 핵이 풀려나도록 했고, 핵들은 비커 바닥에 가라앉았다. 이것을 알칼리성 용액으로 처리해서 단백질이 침전되면 버린 다음, 산성 용액을 써서 끈적끈적하고 맑은 물질을 침전시켰는데, 이것을 그는 뉴클레인이라고 이름했다. 그것이 무엇인지 누구도 알지 못했으나, 그것 덕분에 미셔는 스위스 바젤에서 교수직을 얻었고, 과학자로서의 여생을 그곳에서 보냈다.

미셔 다음으로 뉴클레인을 연구했던 사람은 하이델베르크 대학교의 알프레히트 코셀Albrecht Kossel이었다. 코셀은 앞서 미셔가 생각했던 것과는 달리 뉴클레인은 단백질이 아니라, 자신이 히스톤이라고 이름했던 단백질과, 푸린(아데닌과 구아닌)과 피리미딘(티민, 시토신, 우라실)이 혼합해서 이루어진 또 다른 물질이 섞인 것임을 규명해냈다. 나아가 뉴클레인에 인산염과 더불어 탄수화물도 있음을 발견했다. 당시 쓸 수 있었던 기술적 접근법에 한계가 있었음을 감안하면, 이는 실로 놀라운 업적이었으며, 그 공로로 코셀은 1910년 노벨상을 수상했다. 그다음으로 큰 진전을 이룬 인물은 이른

1900년대에 뉴욕 시의 록펠러 의학연구소(나중에 록펠러 대학교가 되었다)에서 일했던 피버스 레벤Phoebus Levene이었다. 이 무렵에는 뉴클레인을 이루는 인산염의 성질이 산성임을 이해했기에 뉴클레인 대신 핵산이라고 불리게 된 터였다. 레벤은 정제한 핵산이 자신이 뉴클레오티드라고 부른 반복 단위들—디옥시리보오스당과 인산염 사이의 에스테르 결합을 통해 서로 이어졌다—로 구성된 중합체임을 발견했다. 그 발견으로 인해, 지구상 생명을 이해하는 데에서 아마 단연 가장 중요한 진전을 이룰 무대가 마련되었다. 바로 세균부터 사람에 이르기까지 생명을 가진 생물이 생식하는 데에 필요한 정보를 DNA의 염기서열로 부호화할 수 있음을 알게 될 토대가 마련된 것이었다.

나머지 이야기는 여기서 다시 할 필요가 없다. DNA가 유전물질로서 가지는 기능적 구실 이야기는 대학 수준의 생물학 교재 또는 과학사를 다룬 서적들 어디에서나 찾아볼 수 있기 때문이다. 그러나 DNA의 구조와 관련된 이야기만큼은 마저 끝낼 필요가 있다. 이 역사에서 크게 돋보이는 인물은 윌리엄 애스트베리, 모리스 윌킨스Maurice Wilkins, 로잘린드 프랭클린Rosalind Franklin, 라이너스 폴링, 제임스 왓슨, 프랜시스 크릭, 이렇게 여섯 명이다. 리즈 대학교에 있었던 애스트베리는 다른 다섯 명만큼 유명하지는 않으나, 양털의 케라틴 단백질 같은 섬유형 생물질에 X-선 회절을 적용했던 선구적인 연구는 인정받아 마땅하다. 이 연구에서 그가 찾아냈던 반복 무늬는 나중에 폴링이 알파나선을 생각해낼 때 영감을 주었다. 1937년, 애스트베리는 송아지의 가슴샘에서 마련한 건조 DNA의 정제표본을 받았다. 그는 X선 한 줄기를 그 물질에 투과시킨 뒤, 사진건판에 무늬가 나타난 것을 보고 기뻐했다. 그 무늬는 DNA에 일정한 질서도가 있음을 가리켰다. 애스트베리는 논문을 발표해서, DNA의 푸린과 피리미딘 염기들이 3.4옹스트롬 간격으로 차곡차곡 쌓여 있다고 적었다. 그러다 제2차 세계대전 때문에 흐름이 끊어져, 로잘린드 프랭클린이 1951년에 런던 킹스칼리지 존 랜들John

Randall 의 실험실에서 연구를 시작하기 전까지 더 이뤄낸 것이 별로 없었다. 그녀는 실마리가 담긴 선명한 무늬를 얻었으나, 짐작만으로 DNA의 구조를 말하고 싶지는 않았다. 프랭클린은 자신 있게 X-선 회절을 세심하게 적용했으므로, 얼마든지 그 정확한 구조를 연역해낼 수 있었을 것이다.

그런데 다른 두 젊은 과학자는 짐작하기를 마다하지 않았다. 두 사람은 실험을 해서 관찰을 하지 않고도, 분자 모형을 써서 DNA의 구조를 제시할 수 있으리라고 생각했다. 지금 이 둘의 이름은 적어도 분자생물학자들의 일상에서만큼은 늘 쓰는 말이 되었다. 당시 제임스 왓슨은 케임브리지로 가서 박사후 과정 연구를 하고 있었고, 프랜시스 크릭은 박사과정을 마치려던 참이었다. 이 이야기는 왓슨의 자서전 『이중나선The Double Helix』에서 읽을 수 있다. 이 책에서 그는 머릿속으로 어느 구조에 다가가던 중 프랭클린의 회절 무늬를 일별하고는 자기네가 올바로 가고 있음을 확신했다는 이야기를 들려준다. 〈그림 22〉가 바로 두 사람이 생각해낸 그 놀라운 구조로서, 염기들이 이중나선 한가운데에서 수소결합된 쌍을 형성하고 있다. 아데닌은 티민과, 구아닌은 시토신과 결합하는데, 지금은 이를 일러 왓슨-크릭 염기쌍이라고 한다. 인산염과 디옥시리보오스는 인산이에스테르 결합을 통해 이어져 두 가닥을 이뤄, 〈그림 22〉에서 그려진 것 같은 안정된 이중나선 중합구조를 형성한다. 1953년에 왓슨과 크릭은 그 생각을 『네이처』에 발표했고, DNA의 올바른 구조를 손에 넣어서 분자생물학 혁명의 시발점이 되었으며, 그 혁명은 오늘날에도 계속되고 있다. 그 공로를 인정받아 왓슨과 크릭, 윌킨스는 1962년 노벨상을 수상했다. 안타깝게도 로잘린드 프랭클린은 암으로 세상을 뜬 뒤여서, 그녀가 해낸 공헌의 의미는 그녀가 죽은 뒤에야 인정을 받게 된 것이었다.

그런데 아직도 연구자들이 DNA를 주로 얻는 곳은 송아지 가슴샘이다. DNA를 만지작거리고 싶을 경우, 61.20달러 수표를 시그마-알드리치 사에 보내면, 하얀 실 같은 정제된 물질 한 단위(몇 밀리그램)가 담긴 작은 유리병

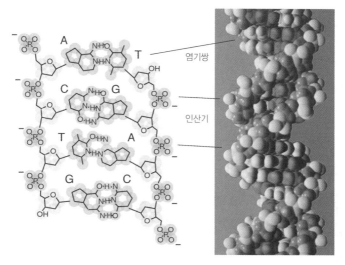

그림 22. DNA 이중나선. 왼쪽의 막대선 모형은 인산염과 디옥시리보오스가 두 중심뼈대를 이루고, 아데닌과 티민, 구아닌과 시토신이 수소결합을 이룬 왓슨-크릭 염기쌍들이 가운데에 자리하고 있는 모습을 보여준다. 오른쪽의 3차원 모형은 그 두 가닥이 어떤 식으로 이중나선이라고 하는 나선구조를 이루는지 그려내고 있다. ⓒ The Center for Information Technology, National Institute of Health

을 하나 받게 될 것이다. 원리적으로 본다면, 여러분은 이 DNA로 여러분만의 송아지를 다시 만들어낼 수 있을 것이다. 사실 최근에 하버드의 조지 처치George Church는, 완전한 유전체를 얻게 되면 언젠가는 네안데르탈인을 복제해낼 수도 있을 것임을 시사했다. 물론 그러려면 현대식 실험 장비를 구입하고, 기꺼이 그 일을 해줄 분자생물학자 열 두엇을 고용하는 비용으로 3천만 달러가 필요하다는 주의사항도 덧붙였다. DNA만 가지고 종을 다시 만들어낸 사람에게는 노벨상이 기다리겠지만, 윤리적인 문제가 걸려 있기에, 멸종한 사람 종을 그 대상으로 삼기는 어려울 거라고 생각한다. 그 대신 실험용 쥐나 아마 매머드 정도가 될 가능성이 가장 클 것 같다.

자, 그렇다면 이제 우리는 무엇을 해야 할까? 우리는 먼저 DNA와 RNA 가닥의 기초 구조를 이해해야 한다. 그리 어렵지는 않은 일이다. 중심뼈대는 단순히 인산기(P)와 당기(S)가 번갈아 있는 모습으로, −P−S−P−S−P−S−

P-S-P-S-로 줄여 쓸 수 있고, 당은 DNA에서는 디옥시리보오스, RNA에서는 리보오스이다(〈그림 22〉). 푸린과 피리미딘이라고 부르는 염기들은 색다른 -C-N-결합을 통해 당에 부착되어 있다. 이것들을 염기라고 부르는 까닭은 이 순수한 화합물들이 물에 녹으면 알칼리성(산성이 아닌 염기성) 용액이 되기 때문이다. 푸린인 아데닌과 구아닌, 피리미딘인 시토신은 DNA와 RNA 모두에 있으나, 티민은 DNA에만, 우라실은 RNA에만 있다.

효소가 없어도 뉴클레오티드들이 핵산을 형성할 수 있을까?

핵산은 생명 과정들의 중심에 있으며, 오늘날 세포는 복잡한 효소-촉매 과정들을 써서 ATP, TTP, UTP, GTP, CTP 같은 활성 단위체들로 RNA와 DNA 끈들을 만든다. 그런데 생명의 기원을 연구하는 내 동료들 중 몇은 효소가 나타나기 오래전부터 초기의 생명꼴은 RNA를 쓰기 시작했다고 생각한다. 그렇다면 이런 물음이 생긴다. 생명 탄생 이전 환경에서 그처럼 복잡한 분자가 어떻게 자발적으로 생성될 수 있었을까?

이런 어려운 문제에 과학적 방법으로 접근하는 길은, 물음들을 모아서 일종의 우리를 만드는 것이다. 그 우리 안에 미지의 답이 갇혀 있고, 각 물음은 우리를 두르는 살이며, 가능한 답을 생각할 때 멋대로 생각이 뻗지 못하게 구속해준다. 먼저 뉴클레오티드만 생각해보자. 오늘날 생명이 쓰는 DNA와 RNA를 만들려면, 핵염기 다섯 가지, 당 두 가지, 인산염을 구할 곳이 있어야 하고, 모두 한군데에 섞여 있으며, 합성반응을 겪을 만큼 충분히 농도가 높아야 할 것이다. 핵염기에는 푸린이 두 가지(아데닌과 구아닌), 피리미딘이 세 가지(시토신, 티민, 우라실) 있는데, DNA와 RNA의 다섯 가지 염기를 대표한다. 그래서 첫 물음은 이렇다. 이 핵염기들이 어디서 왔는가? 이 가운데 한 가지—아데닌—는 운석에서 소량(무게 기준으로 백만분율 단위)이 발견되었으며, 생명 탄생 이전의 화학적 조건을 본뜬 실험에서 다른 염기들 모두 시안화수소로부터 합성될 수 있음을 알고 있다. 따라서 아마 당시 묽은 유기 화합물 용액에 이 염기들이 소량 있었을 것이다. 그러나 어떻게 해서 이 염기들이 한군데 모였을 뿐 아니라, 농도까지 충분히 높아서 화학반응에 진입해 핵산을 만들어냈을까?

두 번째 물음은 디옥시리보오스와 리보오스, 이 두 당을 어디서 구하느냐에 관한 것이다. 이 당들은 어디서 왔을까? 포름알데히드에서—다른 많은 당들과 더불어—두 당이 소량 합성될 수 있음을 이번에도 본뜨기실험들이 보여준다. 그런데 이 두 당이 어떻게 핵염기들과 한군데에 모였을까? 손짝 순수성에 관한 물음도 있다. 두 당은 대부분이 D-꼴이거나 L-꼴이어야 지만(오늘날의 모든 생명에서는 D-꼴이다) 핵산 중합체를 만들 수 있다. 그렇다면 어떻게 해서 한쪽 꼴이 뉴클레오티드 단위체들과 합쳐졌을까?

인산염을 어디서 구하느냐는 물음도 있다. 인산염이 비교적 드문 편이고, 알칼리성 pH 범위에서는 칼슘과 반응해서 인회석이라는 불용성 광물을 만드는 경향이 있음을 우리는 알고 있다. 그렇다면 어떻게 해서 핵염기와 당과 함께 충분한 양의 가용성 인산염까지 한데 모여서 뉴클레오티드를 만들어냈던 걸까?

마지막 물음은 뉴클레오티드가 합성되는 실제 반응과 관련된 것이다. 가장 이루기 어려운 결합은 염기들에 있는 특이적 질소와 당에 있는 특이적 탄소 사이의 결합—이 결합으로 뉴클레오시드nucleoside가 생성된다—이다. 이는 워낙 어려운 화학적 문제여서 그동안 '뉴클레오시드 문제'라고 불렸다.

설사 어찌어찌하여 이 성분들이 모두 뉴클레오티드 합성을 촉진시켰던 조건들에서 한데 섞여 있었다고 가정한다고 해도, 촉매성 리보자임 입체 형태들로 접힐 수 있을 만큼 긴 핵산 분자들—아마 RNA—로 어떻게 중합하느냐는 문제를 만나게 된다. 마지막 문제, 그러나 결코 중요성이 떨어지지 않는 문제는, RNA는 비교적 불안정해서 몇 시간에서 몇 날 사이에 가수분해되어 끊임없이 작은 조각들로 쪼개진다는 것이다. 따라서 어느 합성과정이라도 가수분해를 따라잡을 만큼 빠르게 일어나야 할 것이다.

　도무지 해결하기가 힘든 문제처럼 들릴 텐데, 진짜 그렇다. 위의 물음들로 우리는 곧바로 생명의 기원에 관한 우리 지식의 끄트머리에 서게 된다. 그러나 그 오리무중을 뚫고 나가게 해줄 만한 길이 하나 있다. 내가 위에서 해본 대로 물음들을 합쳐본 내 총명한 동료들은 오늘날 생명이 쓰는 단백질과 핵산이 생명 탄생 이전 조건에서 자발적으로 형성되었을 개연성이 몹시 낮다는 생각에 동의한다. 그렇다면 다른 방도가 무엇일까? 물론 단백질과 핵산보다 더 단순한 것이었을 것이다. 최초기의 생명꼴들은 아마 스무 가지 아미노산을 다 쓰는 대신 더 적은 가짓수의 아미노산으로 어찌해나갔을 것이다. 이를테면 밀러–유리 실험의 생성물과 탄소질 운석에서 가장 흔한 여섯 가지 아미노산만 썼을 수도 있다. 이는 생명이 유전부호로 썼던 핵염기 수도 더 적었을 것임을 뜻한다. 예를 들어보자. 푸린인 아데닌은 HCN 중합작용에서 나오는 흔한 생성물이고, 우라실은 가장 단순한 피리미딘으로서 비교적 안정된 상태이다. 이 두 염기를 두잇단부호로 쓰면 네 아미노산을 부호화할 수 있을 테고(AA, UU, AU, UA), 셋잇단부호를 쓰면 여덟 가지 아미노산을 부호화할 수 있을 것이다(AAA, UUU, AAU, UUA, AUA, UAU, AUU, UAA). 사실 A와 U가 염기쌍을 이루어도 이중나선이 만들어지는데, 복제에 이 이중나선이 꼭 필요했을 것이다. 리보오스 같은 복잡한 당 대신, 최초기 생명꼴들은 아마 에틸렌글리콜($HO–CH_2–CH_2–OH$)이나 글리세롤($HO–CH_2–CHOH–CH_2–OH$) 같은 더 단순한 연결분자를 합쳐넣었을 것이다. 만일 그랬다면, 이 분자들에는 손짝 중심이 없기 때문에 손짝가짐 문제도 해결될 것이다.

생명 탄생 이전 환경에서 핵산 중합체들이 어떻게 합성될 수 있었을까?

정치처럼 과학도 '가능한 것을 찾아 이루는 기술'이라고 서술할 수 있다. 핵

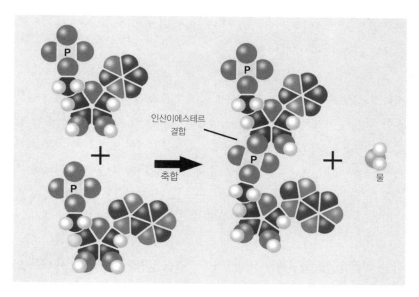

인산이에스테르
결합

축합

물

그림 23. 두 뉴클레오티드 사이의 인산이에스테르 결합은 물 분자 하나를 잃는 축합반응으로 만들어진다. 리보오스당 3번 탄소의 -OH기가, 이웃한 뉴클레오티드의 5번 탄소에 에스테르화한 인산기에 부착할 때 인산이에스테르 결합이 만들어진다. 에스테르 결합 둘이 연결을 이루기 때문에 인산이에스테르 결합이라고 부른다. 리보핵산(RNA)은 위 그림에서 보듯 당이 리보오스일 때 생성되고, 당이 디옥시리보오스—2번 탄소에 -OH기가 없다—이면 디옥시리보핵산(DNA)이 생성된다. 그림에서 핵염기들은 푸린과 피리미딘으로 나타냈고, 어느 쪽이 무엇인지는 따로 표시하지 않았다.

산의 원시 형태가 무엇이었는지 아직 모르기는 해도, 적어도 지금 우리에게 있는 분자인 뉴클레오티드를 살펴서, 중합반응에 관해 일반적인 것을 배울 수는 있다. 원리적으로 볼 때, 그냥 뉴클레오티드를 중합해서 핵산을 만들기는 쉬울 것이다. 말하자면 〈그림 23〉에서 보듯이, 인산기가 당기에 다가 붙어 물 분자 하나가 떨어져 나가고 에스테르 결합이 만들어지게끔 뉴클레오티드들을 서로 충분히 가까이 두기만 하면 된다. 그러면 모든 핵산의 특징적인 결합인 인산이에스테르 결합이라는 것이 만들어진다. 쉽게 들리지만, 사실 여러 이유로 이렇게는 되지 않는다. 첫째, 에스테르 결합의 형성은 에너지 오르막 반응이기에 자발적으로는 일어나지 않는다. 둘째, 뉴클레오티드는 좌우 모양이 다른 분자여서, 인산기와 당기가 만나도록 정확히 서로 바르게 부합하리라는 보장이 없다.

그러나 에너지 오르막 반응으로 뉴클레오티드들을 중합하려 하는 대신, 지름길로 갈 수도 있다. 1970년대에 솔크 연구소의 레슬리 오르겔과 연구진이 일련의 획기적인 실험들로 서술했던 것이 바로 이것이다. 바탕에 깔린 생각은, 뉴클레오티드를 화학적으로 활성화시켜서 미리 물 분자를 제거하자는 것이었다. 에스테르 결합을 통해 인산기에 이미다졸을 부착하면 그렇게 되었다. 그러면 이미다졸은 이른바 이탈기라는 것이 된다. 이렇게 활성이 된 두 뉴클레오티드가 서로 만나면, 그 이탈기는 이름에 걸맞게 떨어져나간다. 그러면 인산염이 이웃한 리보오스에 자발적으로 부착하여 에너지 내리막 반응을 하면서 인산이에스테르 결합을 만든다. 11장에서 나는 오르겔이 어떻게 이 반응을 활용하여 핵산을 처음으로 효소 없이 복제해냈는지 살필 생각이지만, 여기서는 제임스 페리스가 어떻게 활성 뉴클레오티드를 이용하여 점토광물 표면에서 RNA 중합체를 만들었는지 보여주고 싶다.

앞서 나는 중합이 일어나려면 반응이 일어날 수 있도록 충분히 오래 반응기들을 서로 가까이 모아두어야 한다고 말한 바 있다. 뉴욕 주 트로이 렌셀러 공과대학의 화학자인 제임스 페리스는 점토광물 표면이 조직화 매개물 구실을 해낼 수 있는지 그 가능성을 탐구했다. 그는 몬모릴로나이트montmorillonite라는 점토 광물을 산으로 간단히 화학처리를 하면 정확히 그 일을 해낼 수 있음을 알아냈다. 예를 들어보자. 제임스는 이미다졸기로 활성이 된 아데노신일인산 수용액을 만들었다. 그런데 점토가 없으면 용액에서 아무 일도 일어나지 않았지만, 점토를 첨가하자마자, 활성 AMP가 광물 표면과 결합해 중합을 시작했다. 이 발견으로, 50년 전에 점토가 그런 촉매성을 가지리라고 생각했던 영국의 화학자 데즈먼드 버널Desmond Bernal의 예측이 이루어진 것이었다. 지금 제임스는 그 방법을 수정해서 뉴클레오티드 50개 길이까지 RNA 분자를 성장시킬 수 있다. 뉴클레오티드들만 올바로 갖춰진다면, 리보자임 구조로 접힐 만큼 충분히 길다고 할 만하다.

멋진 결과이긴 하나, 걸리는 점들이 있다. 첫째, 뉴클레오티드가 활성이 되어야 하는데, 생명 탄생 이전 환경에서 이 일이 일어날 만한 방도를 우리는 아직 알지 못한다. 둘째, RNA가 형성할 수 있는 결합은 두 가지이다. 생물학적 RNA에서는 그 인산염 이에스테르를 3′−5′결합이라고 하는데, 리보오스 고리의 3번 탄소와 5번 탄소상의 산소들을 연결하기 때문이다. 하지만 효소가 촉매하는 합성이 없으면, 2번 탄소와 5번 탄소 사이에서도 이에스테르 결합이 형성된다. 만일 이런 2′−5′ 결합이 RNA 분자에서 무작위적으로 많이 일어난다면, 그 분자가 촉매 활동성을 가진 구조로 접히리라는 보장이 없다.

아마 가장 어려운 걸림돌은 손짝가짐과 관련될 것이다. 생명 탄생 이전의 혼합물에 들어 있던 리보오스는 어느 것이나 D−꼴과 L−꼴이 다 있는 라세미 상태의 혼합물이었을 가능성이 높다. 그러나 그런 혼합물로는 큰 문제가 생긴다. 제럴드 조이스는 이 점을 매우 분명하게 입증했다. 그는 D−리보오스와 L−리보오스가 모두 있는 뉴클레오티드들을 이용해서 레슬리 오르겔의 주형−주도형 RNA 합성이 일어나게 해보았다. 그랬더니 반응이 완전히 억제되었다. 그 혼합된 뉴클레오티드들이 주형에서 서로 들어맞을 수가 없었기 때문이다. 물론 오늘날의 생명은 D−꼴의 리보오스나 디옥시리보오스만을 쓰는 방법으로 이 문제를 피해가며, 중합효소들은 3′−5′ 인산이에스테르 결합만 만들어지도록 핵산을 합성한다.

점 잇기

모든 생명은 세포의 구조적 성분들, 효소촉매들, 유전정보 운반체와 전달체 기능을 하는 다양한 중합체들에 의존한다. 단백질 중합체를 이루는 단위체는 아미노산으로서 펩티드 결합을 통해 서로 이어지고, 핵산을 이루는 단위체는 푸린과 피리미딘 염기, 리보오스나 디옥시리보오스, 인산염으로 구성된 뉴클레오티드로서, 인산이에스테르 결합을 통해 서로 이어진다. 생명이 시작되려면 효소가 촉매하는 반응이 없는 상태에서 자발적으로 중합체들이 만들어질 무슨 방도가 있어야만 한다. 생명 탄생 이전의 혼합물에서 구할 수 있었을 아미노산 몇 가지만으로 구성된 단순한 펩티드가 있었으리라고 상상하기는 그리 어렵지 않으나, RNA와 DNA의 자발적 합성은 훨씬 어려운 문제이며, 우리 지식에서 하나의 큰 빈틈이다.

설사 어찌어찌해서 활성이 되었다고 해도, 중합이 아주 멀리까지 진행될 리는 만무하다. 왜냐하면 용액 속에서 반응물들은 자유롭게 확산하기에, 서로 충돌해 결합을 형성할 기회가 드물기 때문이다. 광물 표면이 한 구실을 해주는 지점이 바로 이곳이다. 몬모릴로나이트라는 점토 광물은 활성 뉴클레오티드를 흡착해서 중합을 겪을 수 있도록 조직한다. 따라서 초기 지구에서 광물 표면 또한 잠재적 반응성 단위체들을 이런 식으로 조직해주었을 것으로 보인다.

제11장

촉매:
추월차선을 탄 생명

RNA세계 가설에 따르면, 생명은 RNA 조각들의 연결을 촉매했던 자기-복제 리보자임으로부터 기원했다. 두 RNA 조각들의 5′-삼인산염 말단과 3′-히드록시 말단 사이의 5′-3′ 인산이에스테르 결합의 부위-특이적 형성을 촉매하는 연결효소 리보자임의 2.6옹스트롬 결정구조를 우리는 풀어냈다.

—마이클 로버트슨과 윌리엄 스콧, 2007

발견을 해가는 이들에게 과학의 돌파구를 찾아낸다는 것은 굉장한 흥분이 될 수 있다. 윌리엄 스콧William Scott은 이곳 내가 속한 샌타크루즈 캘리포니아 대학교의 화학과 교수이다. 윌리엄과 그의 대학원생 모니카 마틱Monika Martick이 리보자임 결정들에서 X-선 회절 무늬를 얻어나갔던 2006년에 어느 뉴스 인터뷰에서 이런 얘기를 했다.

새벽 세 시에 스탠퍼드 싱크로트론에서 모니카가 제게 이메일을 보내서는, 그때까지 제가 본 것 가운데 가장 아름다운 전자밀도 지도를 보여주었습니다. 워낙 놀랐던 탓인지, 그 뒤로 석 주 동안 잠을 이루지 못했습니다.

리보자임이 대체 무엇이관데 누군가를 밤잠까지 못 이루게 하는 걸까? 뒷날 윌리엄의 실험실에서 나온 논문의 첫 부분에서 발췌한 앞의 인용에 그 이유가 들어 있다. 말하자면 리보자임이 지구상 첫 생명꼴들의 중심 성분이었을 개연성이 높다는 것이다.

RNA 촉매인 리보자임은 1983년에 처음 관찰되었고, 그 놀라운 발견으로 지금은 콜로라도 대학교에 있는 토머스 체크Thomas Cech와 예일 대학교의 시드니 올트먼Sidney Altman에게 노벨상이 수여되었다. 그 발견으로 인해 생명의 기원을 완전히 새로운 방식으로 생각하게 되었는데, 이번 장 뒷부분에서 살펴볼 것이다. 그보다 우리는 먼저 촉매가 무엇이며, 생명 과정에서 촉매가 왜 그리도 중요한지 알아야 한다. '촉매'라는 말은 원래 전문적인 과학용어였는데, 지금은 '활력을 주는 무엇'을 뜻하는 일상어로도 쓰이게 되었다. 이를테면 내 딸애가 속한 축구리그의 이름이 '촉매Catalyst'인데, 이게 아니었으면 TV 앞에 앉아 있기만 했을 멋진 어린 여자애들에게 활력이 되어주었다. 그러나 화학에서는 더 특수한 뜻으로 쓰인다. 화학에서 촉매는 자발적 반응들을 더 빠르게 평형상태에 이르도록 해주는 것을 모두 일컫는 말이다. 더군다나 촉매가 아무 반응이나 다 속도를 높여주는 것이 아니라, 상당히 특이적이다. 생명의 기원을 이해하려면, 초기 지구에서 구할 수 있었을 촉매에는 어떤 것들이 있었고, 어떻게 생체계들과 합쳐졌는지 알아야 한다.

생물학적 촉매들

6장에서 나는 화학반응 동안 일어나는 에너지 함량 변화를 살피면서, 모든 자발적 반응이 어떻게 일정한 속도로 평형상태를 향해가는지 보았다. 그러나 잠재적인 반응 분자에게는 장애물이 하나 있다. 바로 활성화에너지라고 하는 일종의 언덕을 넘어야 한다. 말하자면 그 분자를 반응하게 하려면 에너지를 반드시 추가해야 한다는 것이다. 그 언덕의 크기가 반응속도에 영향을 주며, 열이 반응물질에 활성화에너지를 추가해서 반응속도를 높일 수 있음도 지적했다. 촉매는 이 언덕을 낮춰서, 필요한 활성화에너지를 줄여주는 방식으로 일한다. 촉매는 잠깐 동안 하나 이상의 반응 분자들과 결합하여 전자구조를 바꿔서 반응이 더 빠르게 일어나도록 한다. 비록 촉매가 반응물질과 결합하기는 해도, 반응하는 동안 화학적 변화를 겪지는 않기 때문에 두고두고 쓸 수 있다.

생체계는 오래전부터 촉매반응을 활용하는 법을 익혔다. 중요한 점은, 어쩌다가 잠재적 반응물과 상호작용할 수 있게 되었을 때 반응을 촉매할 수 있는 물질이 많다는 것이다. 이를테면 일부 금속도 촉매이다. 백금과 팔라

듐 같은 금속은 자동차의 촉매변환 장치에 쓰여, 스모그에 일조하는 탄화수소 배출을 줄인다. 촉매 구실을 하는 능력 덕분에 생체계에 합쳐진 금속도 있다. 철, 니켈, 구리, 망간, 아연 모두 생물에겐 필수미량원소들이다. 이것들이 단백질과 복합체를 형성해서 일부 대사반응들을 촉매할 수 있기 때문이다.

생명 탄생 이전 환경에 금속들이 있었고, 생물적이 아닌 화학반응들에서 이미 촉매 구실을 하고 있었다고 생각하는 게 합당하다. 첫 생명꼴들은 이 반응 중 일부가 유용함을 알아내고는 관련된 금속 보조인자들과 함께 원시 대사로 합쳐넣었을 것이다. 그런 반응에서 금속이 촉매로서 어떤 식으로 이바지를 하는지 이해하려면, 산소, 과산화수소, 물이 관여하는 비교적 단순한 반응을 효소들이 어떻게 촉매하는지 살피는 것으로 시작하는 게 좋을 것이다. 먼저 철과 산소가 상호작용하는 방식을 보자. 철을 공기에 노출시키면 쉽게 산소와 결합해서 산화철이 되는데, 이것을 다른 말로는 '녹'이라고 한다. 철과 산소의 상호작용은 수많은 촉매반응에서 열쇠가 된다. 예를 들어보자. 세포가 산소를 써서 에너지를 만들 때에는 반응성 산소종reactive oxygen species(ROS)이라는 독성 부산물들이 생성된다. 이 가운데 하나가 과산화수소인데, 수산화라디칼로 해리될 수 있기 때문에 위험하다.

$$HOOH \rightarrow 2 \cdot OH$$

화학결합은 원자와 원자 사이의 전자쌍들로 만들어짐을 살폈던 4장의 내용을 되새겨보라. 그런데 분자가 가진 전자가 쌍을 이루지 못한 홀전자일 때도 있는데, 이 분자를 일러 라디칼radical이라고 한다. 위 반응식에서 OH 앞에 찍은 작은 점은 짝 없는 전자를 표시한다. 그래서 이것은 수산화라디칼이다. 짝 없는 전자는 라디칼의 반응성을 극도로 높인다. 무슨 말이냐면 과산화수소가 해리되어 생성된 수산화라디칼이 생체세포의 다른 정상적인 성분들—불포화 지질 사슬, 단백질, DNA 등—과 반응해서 분자적 손상을 입힐 수 있다는 뜻이다. 이런 반응성 때문에 과산화수소는 유독하다.

그런데 과산화수소는 또 다르게 반응해서 산소와 물로 해리되기도 한다.

$$2HOOH \rightarrow O_2 + 2H_2O$$

이 반응의 속도를 높일 수 있다면, 독성 수산화라디칼이 형성될 가능성이 줄어든다. 어떻게 속도를 올릴 수 있을까? 물론 촉매를 쓰면 된다. 묽은 과산화수소에는 방부성이 있고, 약국에서 3도짜리 용액으로 구입할 수 있다. 이 과산화수소를 유리잔에 조금 부어 몇 시간 동안 지켜보면, 거품이 몇 개 생기는 모습을 보게 된다. 이 거품은 촉매되지 않은 느린 반응에 의해 자발적으로 풀려난 산소이다. 그런데 황산철 보조영양제로 구입한 철 이온을 조금 첨가하면, 몇 시간이 아니라 몇 분 만에 거품이 생기는 걸 보게 될 것이다. 철 원자만으로 촉매 구실을 하는 것이다. 그런데 이제 카탈라아제 catalase라는 효소의 꼴로 철을 첨가해보자. 카탈라아제에 들어 있는 철 원자들은 단백질 구조로 둘러싸여 있다. 이 효소를 첨가하면 과산화수소가 몇 초 만에 산소를 풀어내는 모습을 보게 될 것이다. 너무 빨라서 유리잔 밖으로 거품이 넘칠 지경이다. 카탈라아제는 효율이 가장 높은 효소촉매에 속하며, 카탈라아제 한 분자가 1초에 과산화수소 분자 수백만 개를 물과 산소로 쪼갤 수 있다. 카탈라아제는 대부분의 세포 속에 있어서, 과산화수소가 쌓여 독성효과를 내는 것을 막아낸다.

철과 구리는 사실상 모든 효소에 있으며, 산소와 상호작용하는 일부 단백질—특히 미토콘드리아의 전자수송 효소와 피에서 산소를 운반하는 단백질인 헤모글로빈—에도 있다. 하지만 이 책 앞부분에서 보았듯이, 생명이 시작되었을 때의 대기에는 사실상 산소가 없었다. 그런 상황에서도 효소에서 철이 보조인자였을까? 산소는 없었지만, 황은 풍부했다. 황은 주기율표에서 산소 바로 밑에 있는 원소이다. 더군다나 철은 산소와 반응해서 산화철을 생성하는 것만큼이나 황과 강하게 반응한다. 한 가지 놀라운 발견은, 수많은 효소에는 철−황 중심iron−sulfur center이 있으며, 미토콘드리아의 전자수송 사슬에도 일부 있다는 것이다. 그래서 여러 연구자들은 최초기 생명꼴들에서 철−황 단백질들이 촉매로서 진화했고, 그 뒤에 호기성 생명이 그것들을 채택했다는 생각을 내놓았다.

간추려 보면, 생명 탄생 이전 환경에서 아미노산을 구할 수 있었다고 가정하듯, 원시촉매 구실을 할 수 있었을 화합물도 틀림없이 다양하게 있었으리라고 가정한다는 것이다. 그런 최초의 촉매들 가운데에는 용액 속 이온상태로도 있었고 광물 표면의 꼴로도 있었을 철, 구리, 아연, 니켈, 망간 같은 금속이 관여했을 가능성이 높다. 이 금속들은 오늘날의 생명 과정들에도 깊이 관여하고 있다. 그러나 그 촉매성은 특이적 단백질 구조들과 결합하면서 크게 높아진다.

대사반응을 이끄는 촉매들

촉매는 반응을 더욱 빠르게 평형상태에 이르게 한다. 그러나 이야기는 이것으로 끝이 아니다. 촉매반응들은 대단히 특이적이다. 무슨 말이냐면, 설사한 계에서 가능한 반응들이 수없이 많이 일어날 수 있다 하더라도, 어느 촉매가 있을 경우에는 그 촉매가 관여하는 특정 반응들이 우세하게 되리라는 뜻이다. 그 촉매에 의한 반응들이 가장 빠르게 진행되기 때문이다. 이런 식으로 촉매가 대사반응을 이끌어간다. 그 한 가지 예가 미토콘드리아의 전자수송계로, 각 단계마다 효소가 하나씩 있어 반응을 이끈다. 미토콘드리아는 사실상 아무 식물 조직이나 동물 조직에서 단리해낼 수 있으며, 실험실에 따로 혼자 있는 채로도 몇 시간은 더 기능을 한다. 숙신산succinic acid 같은 기질을 미토콘드리아에 첨가하면, 미토콘드리아에 있는 숙신산 탈수소

효소succinic dehydrogenase라는 효소가 곧바로 그 기질을 대사하기 시작해 그 화학구조에서 전자들을 제거한다. 그 전자들은 효소들의 사슬을 따라 전달되는데, 철을 함유한 효소가 여럿이다. 핏속의 헤모글로빈처럼 철이 결합해 있기 때문에 그 효소들은 독특한 빨간빛을 띠며, 이런 이유로 '세포 빛깔'을 뜻하는 그리스어를 써서 이 효소들을 시토크롬cytochrome이라고 부른다. 전자들은 마지막에 시토크롬 산화효소cytochrome oxidase에 이르는데, 이것 또한 철을 함유한 효소로서, 그 전자들을 산소 분자에게 주는 일을 전문으로 한다. 여러분이 숨을 들이쉴 때마다 흡수한 산소의 대부분은 바로 이런 목적으로 시토크롬 산화효소가 쓰게 된다.

그런데 이번에는 미토콘드리아에 일산화탄소를 첨가하는 실험을 해보자. 몹시 놀라운 일이 벌어진다. 일산화탄소가 시토크롬 산화효소에 있는 철 원자와 강하게 결합해서 그 결합부위에 산소가 이르지 못하게 막고, 그 결과 전자수송은 멈춰버린다. 일산화탄소가 유독성인 한 가지 이유가 바로 이것이다. 그런데 시안화수소를 계에 첨가해도 똑같은 결과가 나올 것이다. 시안화수소가 그처럼 유독한 까닭 또한 핏속 헤모글로빈의 철과 결합해서 산소가 자리를 못 잡게 하기 때문이다. 그 결과 산화한 헤모글로빈 때문에 밝은 빨강을 띠던 핏빛이 정맥피의 거무죽죽한 자주색으로 바뀐다. 이 때문에 피부색은 시안화수소 중독 특유의 푸르스름한 빛을 띠게 된다. 사실 시안화물을 뜻하는 'cyanide'는 '파랑'을 뜻하는 그리스어에서 온 말이다.

펩티드 사슬이 어떻게 촉매가 되는가?

아미노산들이 단백질이라고 하는 사슬을 형성할 수 있다고 해서, 그 단백질이 저절로 효소의 촉매성을 지니게 되는 것은 아니다. 그 대신 사슬에서 아미노산들이 특수한 순서로 있어야만 한다. 그래야지만 그 사슬은 효소라고 부르는 구조로 접힐 수 있다. 10장에서 중합체를 다룰 때 단백질 접힘을 살폈고, 비교적 단순한 단백질 촉매의 한 예로 리보핵산 분해효소를 들었다. 이제는 그보다 좀 복잡한 예를 들어서 효소 분자의 촉매 중심에 어떤 식으로 금속 원자가 합쳐지는지 그려볼 수 있다. 탄산 탈수효소라는 효소는 탄산이 이산화탄소와 물로 해리되는 반응을 촉매한다.

$$H_2CO_3 \longrightarrow H_2O + CO_2$$

평상시에 이 반응은 비교적 느리게 일어난다. 소다수 깡통을 따보면 이를 몸소 증명해보일 수 있다. 깡통을 땄을 때 펑 소리가 나면서 기체 압력이 풀려난다. 그러나 그 뒤에는 몇 시간에 걸쳐 이산화탄소가 빠져나오는데, 걸리는 시간은 온도에 따라 달라진다. 그러나 한 모금 마시면 입안에서 곧바로 소다수가 부글부글 거품을 낸다. 그 까닭은 침 속에 탄산 탈수효소가 소량 있어서 그 반응을 촉매하기 때문이다. 이산화탄소를 빠르게 흡수하거나 밖으로 풀어내야 하는 곳이면 어디에서나 세포는 탄산 탈수효소를 쓴다. 예를 들어보자. 식물의 엽록체는 광합성 첫 단계에서 이산화탄소를 리불로오스ribulose라고 하는 당에 부착시키는데, 그 반응이 대기 중 CO_2를 가져다 쓰는 속도를 높여주는 것이 바로 탄산 탈수효소이다. 굴 같은 조개류는 칼슘과 탄산염을 반응시켜 생성된 탄산칼슘으로 단단한 조가비를 만드는데, 바닷물에 녹아 있는 이산화탄소를 중탄산염과 탄산염으로 바꾸는 반응의 속도를 탄산 탈수효소가 높여준다. 적혈구에도 또 다른 탄산 탈수효소가 있다. 피가 조직들에서 허파로 날아온 이산화탄소를 허파의 모세혈관을 통과하면서 풀어낼 시간은 잠깐밖에 없다. 그때 CO_2가 적혈구에서 1초 남짓 만에 이탈할 수 있게 해주는 것이 바로 탄산 탈수효소이다.

〈그림 24〉는 탄산 탈수효소의 분자구조를 보여준다. 왼쪽은 공간채움형으로, 오른쪽은 리본구조형으로 그린 모습이다. 리본구조형을 보자. 이 그림은 아미노산 끈이 접혀서 활성 효소분자가 된 모습을 그리고 있다. 소용돌

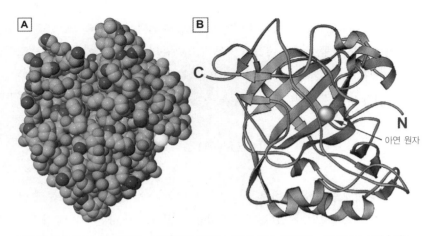

B

C

N
아연 원자

그림 24. 탄산 탈수효소가 왼쪽에는 공간채움형 모형으로 그려져 있고, 오른쪽에는 리본구조로 그려져 있는데, 필수적인 아연 원자가 복판에 자리한 모습이 보인다. 수많은 효소들이 단백질 바탕질에 금속 원자들을 합쳐넣으며, 이렇게 해서 금속이 자연적으로 가진 촉매활성이 증폭된다. 다른 예로는 철이나 구리를 함유한 효소들이 있고, 전자수송을 촉매한다. 식물에서 반응에 필수적인 몰리브덴 단백질은 물 분자에서 전자를 벗겨내서 산소를 생성한다.

이는 알파나선들이고, 리본은 베타병풍 구조들이며, 가는 선들은 나선도 병풍도 아닌 부분들을 나타낸다. 기체 분자의 반응을 촉매하는 대부분의 다른 효소들처럼 탄산 탈수효소에도 금속이 합쳐져 있다. 이 경우에는 복판에 회색 공 모양으로 아연 원자가 보인다. 아연은 단백질의 접힌 구조 속의 일부 아미노산들과 결합해서 탄산 탈수효소의 활성부위를 형성한다. 반응의 첫 단계에서 탄산(H_2CO_3)이 결합하는 장소가 바로 이곳이다. 탄산이 결합하면 활성화에너지 장벽이 낮아지고, 촉매가 없을 때보다 수천 배는 빠르게 이산화탄소와 물이 생성되어 풀려난다.

첫 생체계에 필요했던 촉매들은 무엇이었을까?

오늘날의 생명은 효소들을 써서 열두어 개 범주로 묶어낼 수 있는 수천 가지 반응들을 촉매한다. 지금까지 정립된 부류들을 모두 열거하는 대신, 나는 첫 생명꼴들에게 어떻게든 유용했으리라 생각되는 몇 가지 효소만을 열거할 생각이다(〈표 4〉).

　표에 열거한 대부분의 촉매들은 스무 가지 아미노산으로 구성된 단백질들이며, 구조 속에 금속 원자를 묻어둔 것도 몇 있다. 한 가지 예외가 리보자임 꼴의 촉매성 RNA인데, 혼자 작용하거나 다른 RNA 분자 위에서 작용한다. 리보솜은 아미노산들을 이어 단백질로 만드는 펩티드 결합 합성을 촉매하는 단백질과 RNA로 구성된 복잡한 분자기계이다. 나중에 보게 되겠지만, 리보솜 깊숙이 이 일이 일어나는 부위는 사실 리보자임이다.

　첫 생체계에 필요했을 촉매들에 대해 지금까지 이루어진 실험적 연구는 비교적 많지 않은 형편이다. 이런 이유로, 여기서 내가 말하려고 하는 것들은 상당 부분 사변적일 수밖에 없다. 그러나 과학이란 게 이렇게 해나가는 법이다. 말하자면 먼저 사변을 펼치면서 무엇이 어떻게 되어갈까 짐작하고 (작업가설), 그런 다음 그 짐작들을 실험으로 시험해보는 것이다. 첫 생체계에 필요했을 촉매를 생각할 때, 나는 막 있는 칸 속에 싸담겼을 중합체 혼합물을 상상해본다. 어느 특정 혼합물에서 때마침 중합체가 잠재적 촉매성을

효소	촉매된 반응	세포 기능에서 맡은 구실
중합효소	에스테르 결합 합성	핵산 합성
가수분해 효소	결합의 가수분해	소화
대사	변환	양분을 쓸모 있는 꼴로 바꿈
합성효소	ATP 합성	에너지 생산
인산화 효소	인산기 첨가	대사물 활성화
전자수송	산화환원 반응	에너지 생산
막수송	투과	양분을 세포 안으로 들임
리보자임	결합을 부수고 썰기	RNA 처리, 단백질 합성
리보솜	펩티드 결합 합성	단백질 합성

표 4. 원시생명과 관련된 1차 효소 부류들

지니게 하는 단위체 서열을 가지게 되었다고 할 때, 문제는 이것이다. 어떻게 그 최소한의 촉매집합이 계가 성장하고 생식할 수 있도록 했겠는가? 애써 지적할 필요는 없겠지만, 이번에도 역시 이 물음은 생물학의 한 가지 근본 물음이며, 이 책에서 던지는 중심 물음이기도 하다.

첫 번째 필수 과정은 주변 환경으로부터 양분과 에너지를 포획하되, 쓸모가 없을 대부분의 다른 화합물들은 제외하는 것이 될 것이다. 반드시 세포 안으로 들여야 할 양분 화합물로는 인산염, 아미노산, 핵염기, 단당류, 필수미량원소가 있다. 처음에 어떻게 해서 막수송 과정이 출현하여 현대 세포들이 쓰는 복잡한 계들로 진화했는지 우리는 아직 모른다. 그러니 예를 하나 들어서 어떻게 이런 일이 일어났을지 궁리해보기로 하자. 인산염 수송의 가능한 메커니즘을 이해할 수 있다면, 아마 다른 양분들에도 그 메커니즘을 적용할 수 있을 것이다.

늘 그렇듯 이번에도 오늘날의 생체세포들을 살펴서 영감을 얻으려 한다. 그렇게 해서 얻게 된 양분의 막수송에 대한 첫 계시는 바로 대부분의 막수송 과정에서는 에너지 유입이 있어야 한다는 것이다. 이온수송의 경우에는 ATP가 직접 에너지를 공급한다. ATP는 인산염을 펌프단백질에 추가해서 수송과정을 끌고 간다. 인산염, 아미노산, 탄수화물의 경우에 에너지는 이온 기울기의 꼴이고, 그 수송과정에는 양분과 이온—대개는 양성자나 나트륨 이온—을 모두 수송하는 막 속의 효소형 운반체가 관여한다.

요점은, 첫 세포형 생명에겐 양분을 안쪽으로 들여서 중합체 생산에 필요한 생합성반응을 당할 수 있도록 양분 농도를 충분히 높일 방도가 필요했다는 것이다. 그러기 위한 유일한 방도는 피로인산염 결합에서 얻을 수 있는 화학에너지를 쓰든가, 아니면 일종의 에너지 의존적 메커니즘을 개발해 이온 기울기를 만들어내는 것뿐이다. 수송과 농도가 생명에겐 몹시 근본이 되는 것으로 보이기 때문에, 첫 세포의 막 안팎에 걸쳐 에너지를 함유한 기울기들을 만들어낼 메커니즘, 그리고 그 기울기의 에너지를 써서 양분을 세포 안으로 수송할 수 있는 과정이 있어야만 했을 것이다. 내 판단으로는, 이 목적에 쓸 수 있는 것은 양성자뿐이다. 그 까닭은, 양성자 몇 개만 수송하면 막 안팎에 세 단위 차이의 pH 기울기—이는 막 안팎에서 1000배 차이가 나는 양성자 농도 기울기에 해당한다—를 비교적 쉽게 만들 수 있기 때문이다. 예를 들어보자. pH 8에서 pH 5로 기울기를 만들려면, 양성자 10나노몰라에서 10마이크로몰라가 되기만 하면 된다. 원시의 세포형 칸의 지름이 2마이크로미터—전형적인 세균세포 정도의 크기이다—라고 할 때, 1000배 차이의 기울기를 만들어내려면 양성자 여섯 개만 수송하면 된다. 그런데 나트륨 이온으로 이만한 기울기를 만들어내려 한다면, 나트륨 이온 30만 개를 펌프질해서, 0.5몰라(바닷물의 나트륨 이온 농도)를 0.5밀리몰라로 만들어야 할 것이다. 양성자 여섯 개라는 개수는 완충작용이 없다는 가정 아래에서 계산한 것이다. 그러나 이산화탄소가 풍부했던 초기 대기에 노출된 물이라면 어디에서나 중탄산염(HCO_3^-)은 풍부한 완충제였을 것이다. 완충제는 양성자와 반응하기 때문에, 자연환경에서 실제로 필요한 양성자 수는 조금 더 많을 테지만, 그래도 나트륨 이온 수에 대면 아무것도 아니다.

결론은, 생명이 처음 시작했을 때부터 생체세포와 양성자의 관계가 생명 과정의 일부였을 가능성이 높다는 것이다. 그러나 어떻게 해서 pH 기울기가 만들어져 수송과정과 짝을 이룰 수 있었을까? 실험으로 시험해볼 수 있는 각본이 하나 있다. 우리가 알기로 초기 지구는 평형상태가 아니었다. 따라서 다양한 화학반응들이 틀림없이 쉬지 않고 계속되었을 것이다. 이 가운데에는 전자주개라고 하는 어느 원자나 분자 종의 전자들이 전자받개라고 하는 다른 원자나 분자들에게 전달되는 단순한 전자 전달반응들도 있었을 것이다. 나는 생화학을 가르칠 때 아스코르빈산ascorbic acid(비타민 C)과 메틸렌블루라는 염료 사이의 반응을 예로 사용한다. 둘을 섞으면 아스코르빈산이 메틸렌블루에게 전자를 주고, 그러면 짙은 파랑이었던 용액 빛깔이 투명하게 바뀐다. 환원된 꼴의 메틸렌블루는 빛을 흡수하지 않기 때문이다. 그런 다음에 시안화철ferricyanide을 첨가한다. 시안화철은 그냥 가용성 철을 말하는 것으로, 철 원자를 시안화수소 분자 여섯 개가 둘러싸고 있는 꼴이다. 환원된 메틸렌블루는 전자를 시안화철의 철에게 주고, 용액은 다시 파랑을 띤다.

그 파랑 염료의 전자들은 산소와 수소 사이의 화학결합(–O:H) 속에 있다. 이 사실이 여기에서 지적할 가장 중요한 점으로 이어진다. 철에게 전자들이 주어질 때, 용액 속에서 수소가 H^+로서 떨어져나가고, 용액은 산성이 된다. 이게 왜 중요할까? 그 까닭은 전자주개와 전자받개를 막으로 갈라놓게끔 반응이 일어나게 할 수 있기 때문이다. 몇 년 전에 우리는 시안화철을 지질 소포 안에 가두고 아스코르빈산은 소포 밖에 두는 게 가능함을 보였다. 이렇게 막으로 갈라놓으면, 전자주개와 전자받개가 반응할 길이 없어서 아무 일도 일어나지 않는다. 그런데 지질이중층을 투과할 수 있는 여러 염료 중 아무거나 첨가하면 놀라운 일이 벌어진다. 아스코르빈산에서 염료로 전자가 전달되고, 염료가 환원될 때 물에서 수소 이온도 흡수한다. 그 염료는 쉽사리 이중층을 뚫고 들어가서 안쪽에 있는 시안화철에게 전자를 주고, 동시에 수소 이온도 풀어놓는다. 그 결과, 네 단위 차이나 되는 pH 기울기가 만들어질 수 있는데, 막 속에 ATP 합성효소가 박혀 있을 경우, 이 정도의 기울기면 ATP를 합성하고도 남을 만한 에너지이다. 피터 미첼이 화학삼투라는 생각을 처음 내놓았을 때, 그는 펌프질로 막 안팎에 걸쳐 양성자 기울기를 만들 방도로 바로 이런 종류의 전자전달과 양성자수송을 연결시켰다. 그리고 지금 우리가 알기로 미토콘드리아에서는 유비퀴논ubiquinone 이라는 퀴논quinone이 이런 식으로 기능하고, 엽록체에서는 플라스토퀴논 plastoquinone이 같은 일을 한다.

이는 실험실 조건에서 수행한 모형반응에 지나지 않지만, 막질 소포들이 자기조립되자마자 초기 지구 환경에 있던 화합물들로 이와 비슷한 반응을 일으킬 수 있어야만 했을 것이다. 예를 들어 나프톨naphthol 같은 방향족 화합물은 산화환원 반응을 당할 수 있다. 그런 화합물들은 운석 유기물질에서도 풍부한 성분이기 때문에, 생명 탄생 이전 지구의 유기 혼합물에서도 널리 분포했을 것이다. 이 문제는 미래의 연구가 담당할 미결 문제이다. 생명 탄생 이전 조건에서 pH 기울기를 만들어냈을 만한 반응을 찾아낼 수 있다면, 우리는 최초기 생명꼴들이 양성자 기울기의 에너지를 쓸 수 있게끔 해준 것이 화학삼투 메커니즘이었다는 결론을 내릴 수 있을 것이다.

이제 더 어려운 물음에 이르렀다. pH 기울기로 쓸 수 있는 에너지가 어떻게 수송과정과 짝을 이룰 수 있었을까? 가능한 답 하나는, pH 기울기를 따라내려가는 양성자수송, 인산염이나 아미노산 같은 양분들을 막 안쪽으로 수송하는 일, 이 두 과정이 한 짝을 이룬 어느 메커니즘을 펩티드처럼 막과 연관된 중합체가 촉매할 수 있었다는 것이다. 오늘날의 생명은 에너지가 투입된 양분수송 없이는 살아갈 수 없기 때문에, 세포형 생명의 기원에서도 그런 과정이 필수적이었다고 생각하는 게 합당하다. 서로 짝을 이룬 수송을 생명의 기원 맥락에서 연구를 시작한 이는 아직 아무도 없다. 그래서 이 물음은 미래의 탐구를 위해 활짝 열려 있다.

대사효소들의 기원

40억 년 전의 지구는 전체가 다 너르디너른 화학 및 물리실험실이었다. 잠재적 반응물 혼합에 에너지가 가해지는 곳 어디에서나 화학반응이 일어나고 있었을 테고, 더욱더 복잡한 분자들을 합성해나갔을 것이다. 앞 장들에서 우리는 이런 반응들을 여러 가지 살펴보았으나, 중요성이 높은 것들만 몇 가지 여기서 다시 보기로 하자. 대기권에서는 빛에너지와 전기에너지가 포름알데히드와 시안화수소 같은 화합물들을 만들고 있었고, 이 화합물들이 반응하여 아미노산, 핵염기, 당 같은 분자들이 만들어질 수 있었으며, 이 분자들은 물에 용해되었을 것이다. 이 화합물들로 이루어진 묽은 용액이 열을 받아 마르거나, COS 같은 활성제들에 노출되어 활성이 되는 곳이라면 어디에 서나 축합반응이 일어나 어마어마하게 다양한 중합체들이 만들어졌다. 이 혼돈스러운 반응들 가운데 일부가 최초기 생명꼴들로 이어지는 경로에 올라탔음은 거의 확실하다. 그런데 어떻게 그런 일이 일어날 수 있었을까? 바로 답하자면, 아직 모른다. 그러나 그렇다고 해서 우리가 최선의 과학을 하지 못하는 것은 아니다. 말하자면 우리는 가설이라고 하는 짐작들을 하고, 실험실에서 시험해볼 수 있는 것이다. 나는 여기서 여러 짐작들을 살필 것이고, 14장에서는 내 나름의 짐작을 밝힐 생각이다.

이 여러 짐작들은 은유적으로 '세계들worlds'로 알려져 있다. 나는 여기서 이 몇 가지 '세계들'과, 그것을 생각해낸 연구자들을 언급한 다음, 각각의 세계에 촉매들이 어떤 식으로 관여했는지 보여줄 생각이다. 이 맥락에서 '세계'라는 말은 별다른 뜻으로 쓴 게 아니다. 주어진 반응경로나 과정이 초기 지구에 널리 퍼져 있어서, 생명이 기원하기 전인 생명 탄생 이전 시대를 그것이 대표한다는 뜻, 또는 오늘날 생명의 DNA-RNA-단백질 세계로 진화하기 이전의 더 단순했던 형태의 생명을 그것이 대표한다는 뜻일 따름이다. 〈표 5〉에서 이 세계들을 간추려보았는데, 각 세계는 코아세르베이트, 단백질 유사체, 점토, 당, 철-황 광물, 티오에스테르, 지질, RNA 같은 1차 성분들에 초점을 맞춘다. 이 세계들은 이 책 여기저기에서 살피고 있기 때문에, 여기서 나는 첫 생명꼴들에게 쓸모가 되게끔 반응들을 지휘하는 일련의 촉매반응들이 이 세계들에 담겼을 가능성이 있었다는 것만 지적해둔다.

나는 이 가운데 하나만 골라서, 촉매반응을 가진 원시 대사경로로 진화했을 가능성이 있는 일련의 반응들을 그려볼까 한다. 그 하나는 조지메이슨 대학교의 해럴드 모로위츠가 처음 제시한 것으로, 그는 상대적으로 단순한 기본적인 해당작용 경로에서 대사경로들이 생겨났다고 생각할 때라야 납득이 가는 패턴들이 그 경로들에 있음을 주목했다. 더군다나 그 패턴들은 열역

1차 성분	제안자	성질
코아세르베이트	알렉산드르 오파린	자기-조직하는 중합구조들
단백질 유사체	시드니 폭스	자기-조직하는 아미노산 중합체들
점토 표면	그래엄 캐른스-스미스,, 제임스 페리스	점토 표면이 중합체 합성을 촉매
당 세계	아서 웨버	원시대사를 끌고 갈 화학에너지가 단순한 분자들에 담겨 있음
지구화학적 촉매	조지 코디, 로버트 헤이즌	광물과 유기화합물의 상호작용이 원시 대사반응을 촉진시킴
철-황 세계	귄터 베히터쇼이저	철, 니켈, 황으로 구성된 광물들이 대사반응을 촉매함
티오에스테르	크리스티안 드뒤브	대사반응을 끌고 갈 화학에너지가 황결합에 담겨 있음
RNA 세계	레슬리 오르겔, 프랜시스 크릭, 제럴드 조이스, 월터 길버트	리보자임 꼴의 RNA는 촉매와 유전자 구실을 모두 함
지질 세계	소론 랜싯, 데니얼 세그르	조직된 지질구조에는 촉매성이 있고 그 구성 속에 정보를 담음

표 5. 생명의 기원을 놓고 제기된 각본들의 촉매 및 조직화 성분들

학의 관점에서도 납득이 가는 것이다. 말하자면 특수한 화학반응들에서 얻을 수 있는 자유에너지로 그 패턴들을 끌고 갈 수 있다는 말이다. 예를 들어 보자. 아미노산은 네 부류로 나뉘는데, 각각은 해당작용에서 암모니아(NH_3)를 첨가하여 나온 중간 생성물에 뿌리를 두고 있다. 나아가 별 예외 없이, 네 아미노산족 각각의 코돈은 서로 다른 염기로 시작한다. 곧, 알파-케토글루타르산족α-ketoglutarate family은 시토신으로, 옥살아세트산족oxalacetate family은 아데닌으로, 엠브덴–마이어호프족Embden-Meyerhof family은 우라실로, 예외가 되는 네 번째 족은 구아닌으로 시작한다. 모로위츠는 이것이 단순한 우연의 일치로 보기에는 몹시 두드러지는 패턴이라고 말했다. 첫 세포형 생명의 막질 칸들에서 가장 원시적인 형태의 대사가 출발했을 때, 해당작용의 중간 생성물에 NH_3를 첨가하는 일을 촉매할 수 있는 작은 단백질들을 담았던 세포들이 그러지 못한 세포들보다 큰 이점을 가졌으리라고 생각해볼 수 있다. 나아가 각 아미노산족에 특이적인 유전부호에다 정보를 합쳐넣을 수 있었던 세포들이 그러지 못한 세포들보다 이점을 가졌을 것으로 볼 수 있다. 이런 일이 실제로 어떻게 일어났느냐 하는 것은 생명의 첫 촉매경로의 대사적 측면을 탐구할 미래의 연구자들에게 맡겨진 물음이다.

리보자임과 RNA 세계: 중합효소의 기원

아이작 아시모프Isaac Asimov는 우리 시대의 위대한 공상과학 소설가의 한 사람으로 인정받는 사람이다. 〈아이 로봇〉을 비롯해 그가 쓴 여러 소설들은 영화로까지 만들어졌다. 그런데 아시모프가 생화학자로 훈련을 받았고, 보스턴 대학교 교수 직함을 유지했다는 사실은 아는 사람이 별로 없다. 비록 전통적인 교수 생활을 하기보다는 글을 쓰면서 시간을 보냈지만 말이다. 아시모프가 한 말 중에 언제나 나를 사로잡는 말이 하나 있다. "과학에서 들을 수 있는 가장 흥미진진한 문구, 곧 새로운 발견을 알리는 말은 '유레카!'가 아니라 '거참 이상하네That's funny…'이다." 늦은 1970년대, 볼더 콜로라도 대학교의 젊은 분자생물학 교수였던 토머스 체크는 테트라히메나Tetrahymena라는 원생동물에게서 보이는 특별한 촉매과정을 연구하고 있었다. DNA로부터 합성된 전령RNA에는 인트론intron이라고 하는 사슬에 절편section이 하나 이상 있을 때가 흔히 있다. 인트론의 기원을 놓고 아직 의견이 분분한 형편이다. 그러나 지금은 더는 쓰이지 않으나 여전히 유전은 되는 낡은

DNA 서열들을 나타내는 게 인트론이라는 생각이 제기되었다. 분명한 점은 리보솜에 의해 전령RNA가 기능성 단백질로 번역될 수 있기 전에 인트론이 제거되어야 한다는 것이다. 이 반응을 일러 잘라잇기splicing라고 하는데, 이 반응에는 인트론의 처음과 끝에서 가닥을 잘라낸 뒤에 양끝을 이어붙여 리보솜이 쓸 수 있는 mRNA로 만드는 과정이 관여한다. 테트라히메나의 RNA에서 일어나는 잘라잇기를 연구하려면, 먼저 RNA를 단리해내야 했다. 그런데 문제는 체크와 학생들이 제아무리 무엇을 어떻게 해보든, 단리해낸 RNA가 저 혼자 잘라잇기 반응을 거치는 것처럼 보인다는 것이었다. 무슨 단백질 효소로 전혀 오염되지 않은 상태에서도 말이다. 아시모프라면 이렇게 말했을 것이다. "거참 이상하네…."

바로 그 무렵, 또 다른 젊은 교수인 예일 대학교의 시드니 올트먼이 RNAse P라는 효소를 연구하고 있었는데, 이것은 전달RNA 분자를 처리하는 일에 관여하는 효소였다. 당시 세균의 RNAse P가 단백질과 RNA로 이루어져 있음이 알려졌으므로, 올트먼은 각 성분의 성질을 연구하려고 둘을 떼어내기로 했다. 그런데 RNA 성분이 tRNA에 첨가되면, 오롯이 저 혼자서도 반응을 촉매할 수 있는 것이었다. 이것도 참 이상했다.

1970년대, 비록 일찍이 1969년에 칼 워우즈Carl Woese, 레슬리 오르겔, 프랜시스 크릭이 핵산에 활성 촉매부위가 있을 수 있다는 생각을 내놓기는 했지만, 그것을 뒷받침할 어떤 증거도 없었다. 그러나 증거가 쌓이면서 체크와 올트먼은 1983년에 따로 쓴 두 편의 논문에서 이와 똑같은 기본 생각을 제시하지 않을 수 없었다. RNA가 촉매 구실을 할 수 있음을 증명한 일은 혁명적이었다. 그 공로로 1989년에 체크와 올트먼에게 노벨상이 수여되었다.

그 사이에 샌타크루즈 캘리포니아 대학교의 해리 놀러 연구진은 다양한 기법을 써서 리보솜의 기능, 특히 단백질을 합성하는 동안에 성장 중인 펩티드 사슬에 리보솜의 활성부위가 어떤 식으로 아미노산을 부착하는지를 연구하고 있었다. 이 과정이 10장에서 살폈던 펩티드 전달반응peptidyl transfer reaction이다. 이런 문제에 접근하는 길은 바로 구조를 단순하게 만드는 것이다. 그래서 놀러 연구진은 다양한 방법으로 리보솜의 단백질을 걷어내가면서 펩티드 전달반응 촉매 능력을 측정했다. 놀랍게도, 단백질을 대부분 제거했는데도 반응은 지속되었다. 그러자 놀러 연구진은 크게 단순화한 그 구조를 결정으로 만들어 X−선 회절을 써서 분자구조를 분석했다. 활성부위는 리보솜RNA(rRNA)에서 23S라고 부르는 성분과 연관된 것으로 밝혀졌다. 줄임말 이름이 좀 암호 같은데, 일찍이 고속 원심분리로 분리해낸 데에서 유래한 이름이다. 결정구조를 보면, 얼마 안 남은 나머지 단백질이 촉매반응에서 무슨 구실을 하기에는 활성부위로부터 너무 멀리 떨어져 있음이 드러났다. 결론은 한 가지밖에 있을 수 없었다. 지금 와서는 일반적으로 받아들이는 결론인데, 단백질 합성에서 펩티드 전달의 활성부위가 바로 리보자임이라는 것이다!

RNA가 촉매성 리보자임의 꼴을 가질 수 있다는 사실에 영감을 받은 하버드 대학교의 월터 길버트Walter Gilbert는 "RNA 세계"라는 제목으로 『네이처』에 한 쪽짜리 통신문을 발표했다. 이것으로 단백질이 먼저냐 핵산이 먼저냐 하는 닭−달걀 문제를 해결한 듯 보였다. 길버트는 원시 형태의 생명이 RNA를 촉매로도 사용했고 유전정보 운반체로도 사용했을 수 있으며, 이것이 더욱 효율적인 형태로 진화하여, 마침내 DNA는 유전정보를 저장하고 단백질은 1차 촉매가 되었다고 추리했다.

스물다섯 해 뒤, 우리는 이제 놀랄 만큼 많은 생물적 기능들에서 리보자임이 촉매 구실을 함을 알고 있다. 또한 많은 리보자임들이 마그네슘과 아연 이온 같은 금속이 있어야지만 활동할 수 있다. 심지어 바이로이드viroid라고 하는 감염성 리보자임들도 있다. 이것들은 알려진 것 가운데 가장 작은 감염성 입자들이며, 복잡하게 접힌 구조 속에 들어 있는 뉴클레오티드는 200개에 지나지 않고, 몇 가지 식물병을 일으킨다. 식물세포 속으로 바이로이드가 들어가면, 그 세포 속의 중합효소를 이용하여 바이로이드를 더 많이 합성

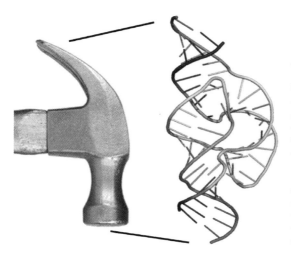

그림 25.
리보자임은 화학반응을 촉매하는 RNA 분자이다. 수많은 천연 리보자임들은 자기가 가진 인산이에스테르 결합 하나를 가수분해하는 반응을 촉매하거나 다른 RNA에 있는 결합을 가수분해하는 반응을 촉매한다. 리보자임 중에서 더 흔한 것 한 가지가 망치머리형 리보자임이라는 것인데, 그림에 보이는 것 같은 구조를 가진다. 리보솜의 활성부위가 단백질 합성의 펩티드 전달반응을 촉매하는 리보자임이기도 하다는 것이 최근에 발견되었다.

하는 과정을 개시하고, 끝내는 세포를 죽음에 이르게 한다.

리보자임은 핵산 중합체이기에, 실험실에서 중합효소를 써서 쉽사리 합성할 수 있다. 이 합성은 리보솜과 100개 남짓의 성분들이 필요한 단백질 합성보다 연구하기가 훨씬 편한 과정이다. 여러 연구진들은 이 사실을 활용하여 새로운 합성 리보자임을 진화시키고 있는데, 다음 장에서 이를 살펴볼 것이다. 알려진 대부분의 리보자임들은 결정으로 만들어 X-선 회절로 연구되었다. 일반적으로 볼 때, 리보자임은 머리핀 구조이거나 〈그림 25〉에서 보듯 망치머리 구조인 것으로 밝혀졌다.

오늘날 생명에서 중심이 되는 성질은 단위체에서 중합체로의 성장이다. 따라서 생명이 시작되려면 중합효소 같은 것의 촉매 활동이 필수였다고 생각하는 게 합당할 듯싶다. 생명 기원 연구에서 아마 가장 의미가 깊다고 할 만한 일은 바로 중합효소 구실도 하고 자기복제도 촉매하는 리보자임을 진화시키려는 시도일 것이다. 그 초기 연구는 하버드 의과대학의 잭 스조스탁과 제니퍼 두드나Jennifer Doudna가 수행했고, 나중에 그 뒤를 이어 화이트

헤드 연구소의 데이비드 바르텔David Bartel이 리보자임 구조의 일부를 이루는 서열의 뉴클레오티드 14개까지 복사할 수 있는 리보자임을 만들어냈다. 더 최근에는 캐나다 사이먼프레이저 대학교의 피터 언라우Peter Unrau가 이 기록을 경신해 스무 염기까지 복사하는 리보자임을 만들었다.

점 잇기

오늘날 생명의 토대를 이루는 생화학 반응들의 대부분은 효소라고 하는 촉매를 써서 속도를 높인다. 이 촉매들은 고도로 특이적인 3차 구조로 접히게 하는 아미노산 서열을 가진 단백질들이다. 접힌 구조에서 여러 아미노산들이 무리를 지으면, 촉매반응이 일어나는 활성부위가 형성된다. 활성부위는 처음에는 반응물을 묶어두고, 그 뒤에 반응물의 전자구조와 상호작용하여 활성화에너지를 줄여서 반응을 더욱 빠르게 평형상태에 이르게 한다. 대사계에서 일어나는 반응들을 이끄는 것도 촉매이다. 왜냐하면 효소들은 자기네가 사용하는 기질의 구조를 대단히 까다롭게 고르기 때문이다. 촉매반응들은 잠재적으로 경쟁상대가 되는 반응들보다 속도가 빠르기에, 가장 속도가 빠른 경로들이 대사의 흐름을 이끌어간다.

첫 생명꼴들은 촉매반응으로 속도를 높일 수 있는 화학반응들을 몇 가지 사용했다. 따라서 생명 탄생 이전 환경에는 촉매가 될 만한 것들이 틀림없이 있었을 것이다. 오늘날 많은 효소들은 구조 속에 철, 니켈, 아연 같은 금속 원자들이 있어야 하고, 마그네슘이 있어야 할 때도 흔히 있다. 약한 촉매 활동성을 가진 금속들은 생명 탄생 이전 환경에 풍부했을 것이다. 그래서 첫 세포형 생명꼴들은 그런 금속들을 펩티드 속에 포함시켜서 금속이 가진 촉매 활동성을 활용했던 것으로 보인다.

대부분의 생물적 촉매는 단백질이다. 그러나 RNA로 이루어진 것도 얼마 있는데, 이를 리보자임이라고 한다. 리보자임은 촉매 구실도 할 수 있고 유전정보를 저장할 수도 있기 때문에, 생명이 'RNA 세계'로 시작했다는 생각이 제기되었다. 그런 다음 RNA 기반의 생명은 세 기능에 세 분자 종을 따로 쓰는 생물적 계로 진화했다. 곧, 촉매는 단백질이, 유전정보 저장은 DNA가, DNA에서 단백질 합성부위로 유전정보를 나르는 일은 RNA가 맡게 되었다.

제12장

생명의 청사진 복사하기

다양한 교차복제 효소들로 이루어진 개체군들을 구축해서 공통된 기질 풀pool을 놓고 경쟁하도록 했더니, 그 와중에 재조합 복제자들이 생겨나 개체군을 우점할 정도까지 자랐다. 이 복제 RNA효소들은 유전계의 실험 모형이 되어줄 수 있다.

—트레이시 링컨과 제럴드 조이스, 『사이언스』, 2009

DNA가 이중나선이라는 건 이제 상식이다. DNA의 기능과 구조에 대해 워낙 많이 아는 터라, 이보다 훨씬 단순한 형태이면서 어떤 식으로인가 성장과 복제를 할 수 있는 중합체가 있어야 했다는 걸 잊기 십상이다. '복제replication'란 놀라운 말이다. 생명의 본질을 포착해낸 말로서, DNA의 분자구조까지 속에 담아내고 있다. 앞의 인용은 리보자임 촉매들로 이루어진 복제계가 기능하는 방식을 이해하는 데에 우리가 얼마나 가까이 다가섰는지를 입증하는 한 논문에서 발췌한 것이다. 그래서 이번 장에서 우리는 먼저 오늘날의 모든 생명에서 복제가 어떤 식으로 일어나는지 살피고, 그다음에 생명의 기원과 관련된 '왜?' 물음들을 던질 것이다. 왜 복제에 이중나선이 있어야 할까? 왜 핵산의 단위체가 뉴클레오티드일까? 왜 생명은 뉴클레오티드삼인산을 써서 DNA와 RNA를 만들고, 최초의 뉴클레오티드는 무엇이었을까? 그러나 복제의 뜻을 이해하려면, 그리고 오늘날에는 복제가 어떤 식으로 일어나며, 첫 생명꼴들에서는 어떻게 일어났을지 이해하려면, 핵산의 여러 가지 기본 성질을 알아야 한다. 그러니 먼저 역사수업부터 해보자.

지금은 복제가 어떻게 일어나는가?

기본에서 볼 때 복제는 주형과 시발체가 필요한 중합과정이다. 그 반응의 생성물은 새 DNA 가닥으로서 주형 가닥과 상보적이다. 주형이라는 관념이 좀 이해하기 어려울 수 있기에, 나는 주형 없이 핵산을 합성하는 더 단순한 중합반응을 먼저 살피려 한다. 이렇게 대비를 해보면 주형과 시발체를 무슨 뜻으로 쓰는지, 왜 생명이 그 둘에 의존하는지 분명히 보여줄 수 있을 것이다. 1955년, 왓슨과 크릭의 논문을 통해 DNA의 구조와 의미를 손에 넣게 되면서, 핵산을 합성할 수 있는 효소를 찾아내는 경주가 시작되었다. 세균을 부숴 내용물을 밖으로 풀어낸 뒤에 방사성 뉴클레오시드이인산nucleo- side diphosphate(NDP)을 첨가하면 NDP는 사라지고 다량의 방사성 RNA가 생성된다는 사실은 일찍이 알려져 있었다. 1955년에 뉴욕 대학교의 매리언 그룬버그-매너고Marianne Grunberg-Manago와 세베로 오초아Severo Ochoa는 폴리뉴클레오티드 인산화 효소라는 효소를 단리해냈는데, 피로인산염 결합의 에너지—흔히 쓰이는 뉴클레오시드삼인산이 아니었다—를 써서 RNA를 만들 수 있는 효소였다. 그런데 그 효소는 다음의 반응에서 뉴클레오시드이인산을 썼다.

$$(RNA)_n + NDP \rightarrow (RNA)_{n+1} + P_i$$

(RNA)n은 시발체라고 하는 것이다. 과정을 출발시킬 짧은 RNA 조각이 그 효소에 있어야 하기 때문이다. 하지만 그 효소에는 이상한 성질이 여러 가지 있었다. 네 NDP 중 아무거나 또는 모두를 기질로 이용할 수 있었고, 주형이 없어도 되었다. 이 효소가 복제를 책임지는 효소는 아니고, 세포에서 보통 하는 기능은 전령RNA(폴리뉴클레오티드)를 소단위들로 쪼개는 일임이 분명해졌다. 다시 말해서 RNA 분자 한쪽 끝의 에스테르 결합에 인산염을 추가해서—이 반응을 일러 인산화라고 한다—사슬 끝의 뉴클레오티드를 떨어져나가게 했던 것이다. 그런 다음에 그 효소는 다음 뉴클레오티드들로 차례차례 진행해나가면서 사슬 전체를 NDP 꼴의 단위체들로 쪼갠다.

RNA + 인산염 + PNPase(폴리뉴클레오티드 인산화 효소)
→ 뉴클레오시드이인산들

    PNPase는 예쁜 고리구조이고, 소단위 세 개로 이루어져 있다. RNA 홑가닥이 고리 가운데를 통과하면, 거기서 소단위들이 인산염을 추가하고 끄트머리의 뉴클레오티드를 NDP의 꼴로 끊어내는 일에 참여한다. 여기서 중점은, 이 반응이 거꾸로도 쉽게 일어난다는 것이다. NDP들이 고농도로 있고 짧은 RNA 사슬이 하나 함께 있으면, 효소가 방향을 틀어 뉴클레오티드를 사슬에 추가해가면서 RNA를 합성하기 시작한다. 그러나 주형은 없다. 그래서 RNA의 뉴클레오티드들은 NDP들의 구성을 반영한다. 우리딘이인산uridine diphosphate(UDP)만 있으면, RNA를 구성하는 염기는 전부 우라실뿐이며, 그렇게 생성된 RNA는 폴리유리딜산polyuridylic acid이라고 한다. NDP 네 가지가 모두 있으면, 생성된 RNA의 사슬 속에는 네 염기가 무작위로 섞여 있게 된다.

    이제 이 반응을 생체세포에서 일어나는 복제와 비교해볼 수 있다. 이 복제는 주형을 쓰는 복제로서, 둘을 비교해보고 난 뒤, 생명이 시작되었을 때에 첫 세포들에서 주형이 어떤 식으로 일했을지 시험 가능한 작업가설을 정립할 수 있나 없나 볼 것이다. 왓슨과 크릭은 DNA 이중나선의 구조를 서술했던 원래의 1953년 논문에서 복제 이야기를 흘림으로써 앞의 첫 번째 '왜?' 물음에 답을 주었다. DNA가 이중나선인 까닭은 분자가 자기 복사본을 다음 세대에 전달할 수 있는 알려진 유일한 방도이기 때문이다. 이중나선은 두 홑가닥으로 쪼개질 수 있고, 각 가닥은 새 이중나선을 합성하기 위한 주형이 되는데, 새 이중나선은 원래의 서열 정보를 모두 담게 되고, 세포가 분열하는 동안 이 정보가 두 딸세포 각각에게 전해진다. 1957년에 크릭은 기념비적인 평론을 한 편 발표해서 '중심원리'라는 용어를 만들어, 어떻게 DNA가 염기서열로 유전정보를 나르면서도, 그 정보를 이용해 단백질 합성까지 지휘할 수도 있는지 서술했다. 이중나선의 한쪽 가닥에 담긴 유전정보가 전령RNA에 전사되고, 리보솜은 이 전령RNA를 이용해서 단백질을 합성한다. 이보다 작은 전달RNA라고 하는 분자가 스무 가지 있는데, 저마다 특이적인 아미노산을 고에너지 결합으로 묶은 다음에 리보솜으로 운반하고, 리보솜은 성장 중인 펩티드 사슬에 그 아미노산을 추가한다.

그러나 이는 핵산의 어느 염기서열을 특이적 아미노산을 추가하라는 명령으로 번역할 부호가 있어야 함을 의미한다. 1장에서 소개했던, 만물은 대폭발로 시작되었다는 생각을 내놓았던 조지 가모프를 기억하는가? 가모프는 유전부호 문제에도 흥미가 당겨서, 1954년에 순전히 논리의 힘만으로 생각을 하나 내놓았으며, 결국 옳은 생각이었음이 밝혀졌다. 가모프는 유전정보가 홑글자부호일 수는 없음을 알았다. 말하자면 핵산의 염기 하나가 아미노산 하나를 뜻하는 부호일 리는 없다는 것이다. 핵산을 이루는 염기는 단 네 가지뿐이지만, 부호가 필요한 아미노산은 스무 가지이기 때문이다. 같은 이유로 두글자부호일 리도 없었다. 셈을 해보면, 네 염기를 둘씩 짝지을 수 있는 가짓수는 16가지뿐으로, 스무 가지 아미노산을 표현하기에는 여전히 충분치 못하기 때문이다. 따라서 유전부호 하나는 세 염기로 이루어진 세글자부호라고 가모프는 제안했다. 그러면 가능한 조합이 64가지로, 스무 가지 아미노산을 다 표현하고도 남는다. 각 세글자부호, 곧 DNA로부터 전사된 mRNA에서 코돈이라고 하는 이 부호 각각은 특이적 아미노산 하나씩을 부호화한다. 트립토판tryptophan(UGG)과 메티오닌(AUG)만이 독특한 코돈을 가지는데, AUG는 '출발' 코돈으로도 이용되어, mRNA의 염기서열을 단백질로 번역하기 시작할 곳을 리보솜에게 알려준다. '멈춤' 코돈은 셋이 있는데, 그 하나가 UGA이다. 이 코돈들은 아미노산을 부호화한 것이 아니라, 번역과정을 멈추라고 리보솜에게 알려주는 부호들이다. 1960년대에 위스콘신 대학교의 고빈드 코라나Gobind Khorana, 코넬 대학교의 로버트 홀리Robert Holley, 국립보건원의 마셜 니런버그Marshall Nirenberg는 각 아미노산의 유전부호를 정립하는 과제를 떠맡아, 그 부호가 정말로 세글자부호임을 알아냈다. 이젠 복제를 일어나게 하는 효소만 있으면 되었다.

이 모든 발견이 일어나는 사이, 세인트루이스 워싱턴 대학교의 교수였던 아서 콘버그Arthur Kornberg는 세포가 DNA를 합성하는 방식에 관심을 놓지 않고 있었다. 흔한 세균인 대장균Escherichia coli을 갈아서 얻은 추출물로 시작한 콘버그는 DNA를 이루는 네 가지 뉴클레오티드 단위체 각각의 삼인산 꼴들을 섞은 혼합물과 미리 측정해놓은 일정량의 DNA를 거기에 첨가한 뒤, 나중에 DNA 양을 측정하자, 실험 처음보다 DNA가 더 많아졌음을 발견했다. 1956년부터 콘버그 연구진—콘버그의 아내도 속해 있다—은 일련의 논문들을 발표했고, 마침내 지금은 DNA 중합효소I이라고 하는 효소를 정제한 일로 정점을 찍었다. 이 업적에 담긴 의미는 놓치지 않고 인정을 받아, 1959년에 콘버그에게 노벨상이 수여되었다.

비록 이것이 처음으로 동정해낸 중합효소였지만, E. coli의 핵산 합성을 비교적 크게 거들지는 않음이 밝혀졌다. DNA 중합효소은 비교적 느려서, 1초에 뉴클레오티드 20개쯤 추가하는 정도였다. 1970년에 콘버그의 아들 토머스가 DNA 중합효소III이라는 효소를 발견했는데, 대부분의 일을 도맡아서 하는 효소로, 1초에 염기 1000여 개를 추가하는 속도였다. 두 가닥 모두 한벌복제되어야duplicated 하기 때문에 실제 DNA 복제과정은 복잡하다. 세균에서는 합성하고 교정보는 일에만 네 가지 중합효소가 있어야 하고, 그 과정을 조절하는 단백질들도 따로 더 있어야 한다.

중합효소는 어떻게 DNA를 복제하는가?

대답은 간단하게 보인다. 중합효소가 DNA의 홑가닥 하나를 붙잡아 주형으로 쓰는 것이다. 그러나 DNA가 이중나선 구조를 가지고, 중합효소가 뉴클레오티드라고 하는 단위체들을 두 사슬에 추가하는 방식 때문에, 이야기는 한층 복잡하다. 대학에서 생화학 과목을 듣지 않았다면 '뉴클레오티드'라는 말이 꽤 무시무시하게 들리겠지만, 사실 뉴클레오티드는 이해하기가 전혀 어렵지 않다. 뉴클레오티드를 이루는 성분은 간단하다. 바로 염기, 당, 인산염, 이 세 가지뿐이다. RNA라면 당은 리보오스이고, DNA라면 디옥시리보오스이다. 기억할 염기는 다섯 가지뿐이다. DNA라면 ATGC(아데닌, 티민, 구아닌, 시토신), RNA라면 AUGC(아데닌, 우라실, 구아닌, 시토신)이다. 정말로 놀라운 건 이 염기들이 생명의 알파벳이라는 것이다. DNA는 세균이며 쥐며 사람이며 만들어내는 데에 필요한 정보를 네 염기만으로 다 적어낼 수 있다. 그리고 그 정보는 모든 생체세포에 있는 DNA 속에 염기서열로 부호화되어 있다. 세균세포의 DNA 분자에 담긴 염기쌍은 500만 개이고, 길이는 약 1밀리미터이다. 사람 세포의 46개 염색체 속에 들어 있는 DNA에는 염기쌍이 30억 개이고, 길이는 세균세포 DNA보다 1000배 더 길어서, 펼치면 끝에서 끝까지 1미터가 조금 넘는다.

위에서 나는 '염기쌍'이라는 용어를 썼는데, 복제의 비밀이 바로 여기에 있다. 제임스 왓슨과 프랜시스 크릭이 DNA의 분자구조에 대해 막 생각해 나가던 무렵인 1951년에는 DNA에서 A의 양이 항상 T의 양과 같고 G의 양은 C의 양과 늘 같음이 이미 알려져 있었다. 이것이 DNA의 구조와 DNA가 효소작용으로 복제되는 메커니즘에 깊이 다가가는 실마리였으나, 그 의미를 이해하기까지는 2년에 걸친 연구가 더 필요했다. 단백질 구조를 안정시키는 주된 힘이 수소결합임을 처음으로 정립했던 라이너스 폴링은 나름대로 최선의 짐작을 발표했으나, 결과는 틀렸다. 왓슨과 크릭은 그 의미를 이해한 것을 1953년 논문의 유명한 마지막 문장 속에 갈무리했다. "우리가 이 논문에서 요청했던 특이적인 짝짓기가 유전물질의 가능한 복사 메커니즘을 곧바로 암시한다는 점을 우리는 놓치지 않았다."

마침내 왓슨과 크릭이 깨달았던 것은, 아데닌의 구조 때문에 티민과 수소결합 둘을 형성하고, 구아닌은 시토신과 수소결합 셋을 형성할 수 있다는 것이었다(10장의 〈그림 22〉 참고). 지금은 이것을 일러 왓슨-크릭 염기쌍, 또는 상보적 염기짝짓기라고 한다. 그 수소결합은 DNA 이중나선을 붙들어 둘 만큼 세기는 하지만, 세포가 DNA를 복제해야 할 때나 단백질을 합성하는 동안 전령RNA에 유전자의 뉴클레오티드 서열을 전사해야 할 때에 두 가닥으로 못 떼어낼 만큼 세지는 않다. 이렇게 염기들 사이의 비교적 약한 수소결합으로 인해 이중나선이 중요한 성질을 하나 갖게 되는데, 간단히 가열만 해도 이중나선이 두 홑가닥으로 분리될 수 있다는 것이다. 이것을 '융해 melting'라고 하며, 사슬 길이에 따라 차이가 있기는 해도 섭씨 60도 정도에서 융해되기 시작해 섭씨 80~90도에서는 다 융해된다. DNA 융해는 오늘날의 생명과는 별 상관이 없지만, 뜨거웠던 초기 지구의 환경에서 생명이 어떻게 시작되었을지 생각할 때에는 고려할 필요가 있다. DNA 융해는 중합효소 연쇄반응(PCR)의 기초 단계이기도 하다. 이 반응은 DNA를 증폭할 때 필수적인 방법이며, 뒤에서 서술할 것이다.

DNA 이중나선의 또 한 가지 성질은 두 가닥이 서로의 거울상이 아니라, 당과 인산염 사이의 결합 때문에 특수한 방향성을 가진다는 것이다. 생화학자들은 무슨 결합을 거론하고 있는지 놓치지 않도록 디옥시리보오스 분자에 있는 탄소에 1부터 5까지 번호를 매겨서 말한다. 이중나선의 한쪽 가닥에서는 인산이에스테르 결합이 어느 디옥시리보오스의 3번 탄소와 그다음 디옥시리보오스의 5번 탄소를 이어주며, 이를 $3'-5'$ 방향이라고 한다. 다른 쪽 가닥은 $5'-3'$ 방향의 결합을 가진다. 일반적으로 말할 때에는 이 두 가닥을 각각 평행가닥parallel strand과 역평행가닥antiparallel strand이라고 한다. 이것이 중요한 까닭은, DNA를 전사하거나 복제하는 효소들이 뉴클레오티드 서열을 오직 한 방향으로만 읽을 수 있기 때문이다. 가닥들이 복제될 때, DNA 중합효소는 $3'-5'$ 방향으로 읽어가야 하고, DNA가 RNA에 전사될 때에도 둘 중의 한 가닥—주형 가닥—이 $3'-5'$ 방향으로 읽힌다. 따라서 전령RNA는 $5'-3'$ 방향으로 합성된다. mRNA가 리보솜에 이르면, $5'$ 끝에서 단백질 합성이 개시된다.

DNA가 복제되는 동안, 두 가닥 **모두** 똑같은 곳에서 출발해 동시에 복제되어야 한다. 그런데 중합효소는 오로지 3′–5′방향으로만 읽어갈 수 있다. 이 말은 곧 생체세포에서의 DNA 복제가 몹시 복잡한 과정일 수밖에 없음을 뜻한다! 첫 생명꼴들이 유전정보를 다음 세대에 전달할 길을 제공했을 수 있는 복제, 곧 효소 없이 일어나는 복제와 비교해볼 수 있도록, 생체세포에서 일어나는 전반적인 DNA 복제과정을 짤막하게 밑그림 그려보려 한다.

복제의 암나사와 수나사

화학결합이 합성되어야만 하는 모든 생합성 과정이 그렇듯, 복제의 중합반응 또한 에너지원이 있어야 한다. 6장에서 나는 어떻게 아데노신삼인산(ATP)이 그런 반응들의 대부분을 끌고 가는 에너지화폐가 되어주는지 살폈다. 그러나 아데닌은 DNA를 이루는 염기의 하나이기도 하다. 그렇다면 추가되어야 할 다른 염기들에는 어떻게 ATP가 에너지를 공급할 수 있을까? 사실은 한 무리의 효소들이 구아닌(G), 시토신(C), 티민(T) 뉴클레오티드들에게 ATP가 화학에너지를 주게끔 해서 이것들 모두가 고에너지 삼인산의 꼴로 세포 속에 있도록 한다. 이 삼인산들이 바로 중합효소들이 DNA를 복제할 때 쓰는 활성기질들이다.

단백질 합성 다음으로, DNA 복제는 생체세포에서 일어나는 가장 복잡한 효소–촉매 반응에 들어간다. 다음에 이어지는 서술은 세균의 복제에 해당되지만, 진핵세포에서 일어나는 과정도 이와 비슷하다. 말하자면 쓰는 효소들이 서로 다를 뿐이지, 효소들의 목적은 똑같다는 것이다. DNA는 두 가닥이 반대 방향으로 도는 이중나선으로 있지만, DNA를 복제하는 효소들에겐 주형 구실을 해줄 홑가닥이 있어야 한다. 이 문제는 국소이성화 효소topoisomerase와 나선효소helicase라고 하는 효소들이 해결한다. 이 효소들

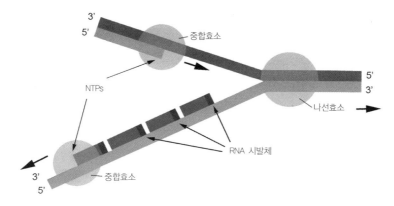

그림 26. DNA 중합효소에 의한 DNA 복제. 생체계는 다음 세대로 전달할 유전정보를 생식하기 위해 이중나선 분자가 있어야 한다. 복제하는 동안, 나선효소가 이중나선을 풀어내면, 각 가닥은 중합효소의 작용으로 한벌복제되는 주형 구실을 한다. 주형 가닥 한쪽은 앞선가닥이라고 하고, DNA 중합효소III이 뉴클레오시드삼인산(NTP)을 활성 단위체로 써서 그 가닥을 직접 복제한다. 다른 쪽 가닥은 뒤진가닥이라고 하며, 본문에서 서술한 더욱 복잡한 과정으로 복제해야 한다.

은 특수한 지점에서 DNA 이중나선에 달라붙어 ATP 가수분해 에너지를 사용해서 나선을 풀어 잠깐 동안 두 홑가닥—하나는 염기서열이 3′–5′방향으로 진행하고 다른 하나는 5′–3′방향으로 진행한다—으로 찢는다(〈그림 26〉). DNA 중합효소III은 3′–5′가닥과 결합해 앞선가닥leading strand이라고 하는 연속된 상보적 가닥을 합성하기 시작한다. 실제로 일어나는 모습을 보면, 그 효소가 엄지와 손가락들이 있는 오른손을 닮은 활성부위로 그 홑가닥을 감싼다. 그 부위의 뉴클레오티드 하나, 이를테면 G가 노출되면, 그 것과 상보적인 염기인 시티딘삼인산cytidine triphosphate(CTP)을 추가해야 한다. 세포질에서 네 염기는 모두 뉴클레오시드삼인산으로 있는데, CTP가 어쩌다가 활성부위를 올바로 때려서 그 부위와 결합해 주형 가닥의 구아닌 염기와 수소결합을 형성할 때까지 이 삼인산들은 활성부위를 1초에 수천 번 확산하면서 들락날락한다. 그 활성부위는 피로인산염이 이탈기로 떨어져나가는 일을 촉매하고, 그러면 시티딘일인산cytidine monophosphate(CMP)이 남게 된다. 그리고 이것은 성장 중인 사슬 끝의 디옥시리보오스와 에스테르 결합을 이룬다. 그런 뒤에 그 효소는 DNA 가닥의 다음 염기, 이를테면 T로 이동한 뒤에 ATP가 도착하길 기다렸다가 위의 주기를 되풀이한다.

그런데 다른 쪽 가닥은 어떨까? 바로 여기서 상황이 복잡해진다. 왜냐하면 복제될 그 주형 가닥은 5′–3′방향으로 진행하는데, 중합효소에게는 잘못된 방향이기 때문이다. 이 문제의 해결사는 시발체 합성효소라는 효소로, 가닥이 찢어지는 지점 가까이에 짧은 RNA 시발체를 하나 첨가한다. 그러면 또 다른 DNA 중합효소가 그 시발체를 써서 뒤진가닥lagging strand을 5′–3′방향으로 복제하기 시작하는데, 앞선가닥을 합성하는 중합효소와는 반대 방향이다(그런데 이 효소가 바로 아서 콘버그가 발견한 DNA 중합효소I이다). 뒤진가닥에서 복제가 끊이지 않고 이어지는 염기들의 수는 한정된다. 왜냐하면 나선인 DNA가 복제가 진행되면서 풀어지기 때문이다. 세균에서는 염기 1000개 정도 길이의 서열이 복제되고 나면 중합효소가 떨어져나간다. 이는 뒤진가닥이 RNA 시발체들을 여전히 부착한 채 짧은 분절들로 있음을 뜻한다. 이것을 발견한 사람은 1968년에 나고야 대학교의 오카자키 레이지岡崎令治와 아내인 쓰네코恒子였고, 그래서 지금은 '오카자키 조각Okazaki fragment'으로 불린다. 끊어짐 없는 뒤진가닥을 만들어내기 위해 핵속 핵산 분해효소endonuclease가 RNA 시발체를 제거하고, 그 간극은 DNA 중합효소I이 올바른 염기들로 채워넣고, 그런 뒤에 결합효소ligase라고 하는 두 번째 효소가 오카자키 조각들의 끝과 끝을 이어붙여 완전한 복사본을 만든다. 이 모든 일이 진행된 결과, 하나였던 원본 이중나선은 서로 똑같은 이중나선 둘이 된다.

복제과정이 이렇듯 복잡한데도, 이 모든 일이 일어나는 속도는 놀랍다! E. coli 세포 하나가 한 시간 정도 만에 생식할 수 있음을 고려하면, 염기쌍이 5백만 개인 DNA의 유전체 전체가 1초에 염기 1000개의 속도로 복제된다는 뜻이다. 얼마나 정밀하게 복제가 되어야 하는지 알면 역시 놀랍다. 사람 어른 몸에는 세포가 약 100조 개 있는데, 세포 하나하나에 23쌍의 염색체가 있고, DNA 분자에는 염기쌍이 총 30억 개이다. DNA 하나를 끝에서 끝까지 쭉 펴보면 1미터가 넘을 것이다. 그 세포들은 모두 단 하나의 세포, 곧 수정란에서 비롯되었다. 이 수정란이 기하급수적으로(1, 2, 4, 8, 16…) 50번 쯤 증식한 것이다. 분열을 한 번 할 때마다 유전체를 이루는 DNA 전체가 정밀하게 복제되어야 하며, 서로 다른 유전자들이 켜지면서 각기 다른 조직들을 만들어내긴 해도, 염기서열은 바뀌지 않는다. 그 믿기지 않은 정밀도를 감잡아볼 또 다른 방도는, 가끔 가다 수정란이 첫 분열 뒤에 두 세포로 분리되는 경우를 고려해보는 것이다. 각 세포는 각각 따로 태아로 발생한다. 유전자 프로그래밍이 워낙 정밀한 탓에, 결국 모든 면에서 사실상 똑같은 두 쌍둥이가 태어나게 된다.

중합효소 연쇄반응: 복제를 이루는 주기들

이른 1980년대, 캐리 멀리스Kary Mullis는 캘리포니아 에모리빌의 시터스 사에서 일하기로 하고, 거기서 올리고뉴클레오티드oligonucleotide라고 하는 짧은 핵산 가닥들을 합성하는 일을 맡았다. 그의 바탕은 튼튼했다. 조지아 공대에서 화학과 학사학위를 받았고, 버클리 캘리포니아 대학교에서 단백질생화학 분야 박사학위를 받았다. 그 직을 수락하기 몇 년 전, 멀리스는 과학을 때려치우고 소설을 쓸 결심을 했다. 심지어 캔자스의 어느 빵가게에서 두어 해 정도 일하기도 했다. 그러다가 과학으로 다시 돌아오라는 친구의 충고를 받아들여, 처음에는 샌프란시스코 캘리포니아 대학교에서 박사후 과정을 밟은 뒤에, 시터스의 실험실에서 일하게 된 것이었다.

그가 쓴 자서전에 따르면, 1983년 봄에 멀리스는 자기가 짓고 있던 오두막으로 가려고 밤에 여자친구랑 차를 몰고 캘리포니아 산맥으로 들어서던 중, 생각이 하나 떠올랐다고 한다. 그 생각이 제대로 작동하려면, 반드시 세 가지 일이 함께해야 함을 깨달았다.

* DNA 중합효소는 DNA의 홑가닥을 복제할 수 있다.

* DNA 중합효소가 복제과정을 개시하려면 짧은 시발체가 있어야 한다.

* 이중가닥 DNA는 온도가 올라가면 두 홑가닥으로 융해되고, 온도가 내려가면 두 가닥이 다시 쌍을 이뤄 이중가닥을 형성할 수 있다.

멀리스가 생각해낸 PCR의 요체는, DNA를 융해시킨 뒤에 각 가닥에 하나씩 짧은 시발체 두 개를 첨가하고, DNA 중합효소 하나도 함께 넣어보자는 것이었다. 사슬들이 분리된 뒤에 그 혼합물을 식히면, 그 시발체들은 각 가닥에서 자기와 상보적인 서열과 결합하여 쌍을 이루게 될 것이었다. 그런 다음에는 DNA 중합효소가 시발체 부위와 결합해서 두 가닥 모두를 5′–3′ 방향으로 복제할 것이며, 결과적으로 DNA 양이 두 배로 늘 것이다(〈그림 27〉). 그러나 거기서 멈춰선 안 된다. 그 혼합물에 다시 열을 가해서 이중가닥을 가진 생성물들을 융해시킨 뒤에 위의 과정을 되풀이한다. 그러면 이제 원래 DNA 양의 네 배가 생성될 것이다. 셈을 해보라. 이 과정을 열 번만 되풀이하면 DNA가 처음보다 1000배 많아질 것이고, 스무 번을 돌리면 100만 배로 증폭될 것이다.

멀리스는 서둘러 시터스로 돌아가 *E. coli*에서 단리해낸 DNA 중합효소를 써서 생각을 시험해보았다. 1983년 12월 16일, 실험은 성공이었다! 그러나 문제가 하나 있었다. 가열주기를 넘길 때마다 중합효소가 변성된 탓에 더 첨가해야 했는데, 이는 비용이 매우 많이 드는 일이었다. 이런 한계가 있음에도 불구하고 PCR의 잠재적 가치를 알아본 시터스는 다른 과학자들에게 PCR을 응용할 곳들을 몇 가지 개발할 임무를 맡겼고, 그 과정에 대해 특허를 따냈다. 멀리스는 그 방법을 개선하기 위한 연구를 계속했고, 1986년에 테르무스 아쿠아티쿠스*Thermus aquaticus*라는 이름의 호열성 세균으로부터 중합효소를 단리해서 쓸 수 있음을 알아냈다. 그 세균의 이름을 줄여서 그 효소를 지금은 Taq 중합효소라고 하는데, 긴 DNA 가닥들을 융해시키는

데에 필요한 끓는점 가까운 온도도 거뜬히 견뎌낸다. 그 결과 미량의 DNA 를 증폭시킬 수 있는 혁명적인 방법이 나왔다. 심지어 이 방법을 써서 30만 년 전 네안데르탈인의 이빨에 보존된 미세한 DNA 조각들로부터 네안데르 탈인의 완전한 유전체까지 얻었다.

캐리 멀리스가 산오두막으로 차를 몰고 가던 중에 떠올린 그 생각은 궁 극적으로 시터스 사에게 3억 달러의 값어치가 있었고, 로슈 제약회사에 그 특허를 팔았다. 그러나 캐리 멀리스는 시터스 사로부터 겨우 만 달러를 보 너스로 받았을 뿐이었다. 그래서 그는 1986년에 시터스를 떠나 샌디에이고 의 지트로닉스로 들어갔다. 1993년에 멀리스는 노벨상을 공동수상했고, 가 장 최근에는 직접 회사를 차려 바이러스 감염에 맞서 신속한 면역반응을 촉 진시킬 방도에 대해 생각해둔 것을 개발하고 있다.

이제 PCR이 실제로 어떻게 일어나는지 보기로 하자. 왜냐하면 PCR과 비슷한 과정이 자연에서 일어났다면, 그것이 첫 복제 분자계를 탄생시켰을 수도 있기 때문이다. 〈그림 27〉은 첫 두 주기 동안 일어나는 일을 보여준다. 여기서는 표적 DNA가 미리 정제된 상태―보통은 전기영동 겔에서 단일 띠 를 하나 단리하는 방법으로 정제한다―라고 가정한다. 첫 번째 단계는 표 적 DNA에 대해 상보적인 서열을 가진 시발체 두 개가 있는 상태에서 표적 DNA의 이중나선을 1분 동안 섭씨 95도로 가열해 융해시킨다. 그런 다음 그 용액을 1분 동안 식혀서 시발체들이 자리를 찾아 두 가닥과 결합하도록 한 다. 그런 뒤에 Taq 중합효소가 활동하기에 최적인 온도까지 데운다. 그 중 합효소는 이미 DNA의 분리된 두 가닥상의 시발체 부위와 결합한 상태인 데, 적당히 데워지면 두 가닥 모두에서 5′-3′방향으로 DNA를 복제해나간 다. 이 일이 진행되는 속도는 1분에 염기 1000개 정도이기에, 2분이 지나면 반응이 다 끝나고, 두 번째 가열주기를 시작할 수 있다. 보통은 30~40번 정 도 주기를 되풀이하지만, 중합효소가 NTP를 다 써버리지만 않으면 무한정 반복할 수 있을 것이다.

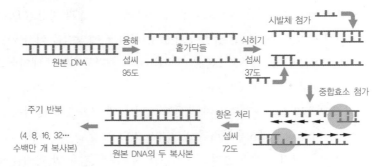

그림 27. 중합효소 연쇄반응(PCR)이 기대는 과정은 DNA 이중나선을 홑가닥들로 융해시키기, 시발체들을 결합시키기, 중합효소의 작용이다. 위의 다이어그램을 보면, 열처리를 하여 원본 이중나선을 융해시킨 다음에 시발체들을 각 홑가닥과 결합시키는 모습이 보인다. 그런 다음에 Taq 중합효소가 두 가닥을 복제한다. 이 주기를 마흔 번 남짓 반복하면, 처음에 몇 나노그램으로 출발했던 DNA가 마이크로그램으로 증폭된다. 현대의 분석법들에서 이 정도면 충분한 양이다.

이와 비슷한 일이 생명 탄생 이전 환경에서도 일어날 수 있었을까? 중합효소 자체는 없었으나, PCR에 필요한 온도 범위는 되었다. 활화산 가장자리의 지열 장소들을 찾아가보면, 수온이 섭씨 90도 이상인 온천을 찾기란 어렵지 않다. 반면 온천 가장자리 주변을 보면 미립자형 광물들 —점토와 용암 표면—의 온도가 온천에 비해 꽤 온도가 낮으며, 섭씨 몇 십 도 정도 차이가 난다. 더군다나 온천은 그냥 가만히 부글거리지만은 않는다. 그보다는 활발하게 끓어 넘칠 가능성이 크며, 심지어 간헐천 같은 활동까지 보여 뜨거운 물을 주변의 따뜻한 암석들 위로 튀기기까지 한다. 뜨거운 물과 따뜻한 암석 사이의 섭씨 20~30도 차이는 PCR에서 쓰는 온도 범위에 매우 가깝다.

활발한 물튀기기와 증발이, 내가 중요하다고 생각하는 두 번째 주기로 이어진다. 뜨거운 물에서는 유기화합물 농도가 비교적 낮다. 그러나 마르면 크게 진해져서 주변의 광물 표면 위에 박막을 형성한다. 그리고 화학적으로 보았을 때, 용액에서는 매우 드물게 일어나는 반응들이라 해도 반응물들이 농축되면 쉽게 일어날 수 있다.

그런데 실제 중합반응은 어떨까? PCR에서 반응을 끌고 가는 에너지는 기질들의 화학에너지에서 얻는데, 그 기질들은 네 가지 뉴클레오시드삼인산—ATP, TTP, GTP, CTP—이다. 이 기질 각각이 차례차례 중합효소의 활성부위와 결합하면, 인산이에스테르 결합이 형성되어 성장 중인 핵산 사슬과 기질을 이어주고, 피로인산염 분자 하나가 풀려난다. 이 때문에 우리는 생명 탄생 이전에, 물 분자 손실을 동반한 단위체 축합으로 중합반응을 끌고 갈 수 있었을 에너지원이 무엇이었느냐는 물음을 던지게 된다.

복제하려면 에너지가 있어야 한다

뉴클레오티드끼리 이어서 핵산 중합체로 만드는 인산이에스테르 결합의 합성은 화학에너지에 의존한다. 생명 탄생 이전의 중합반응들을 끌고 가는 방법을 살필 때에 보통 접근하는 방법은 단위체들을 화학적으로 활성화시켜 용액 속에서 자발적인 중합이 일어나도록 하는 것이다. 오늘날의 생체세포들이 바로 이렇게 한다. 아미노산은 tRNA에 부착되면서 활성이 되며, 펩티드 결합으로 아미노산들을 잇는 화학반응은 에너지 내리막 반응이다. 뉴클레오티드는 NTP로 합성되면서 활성이 된다. 중합효소가 촉매하는 중합반응 또한 에너지 내리막 반응으로서, 피로인산염이 이탈기가 되어 풀려난다. 그러나 RNA를 주형으로 쓰는 본뜨기실험에는 문제가 하나 있다. 앞에서 서술했던, 효소 없는 중합에서는 NTP가 제구실을 제대로 해내지 못한다는 것이다.

이제 우리는 첫 복제 분자계에 대한 우리의 이해에서 큰 빈틈을 이루는 문제에 이르게 되었다. 곧, 주형 위에서 중합을 당할 수 있게끔 뉴클레오티드 단위체들을 화학적으로 활성화시킬 만한 방도를 아직 아무도 찾아내지 못한 것이다. 이 책을 쓰는 이유 중 한 가지가 바로 이 빈틈에 다리를 놓을 방도를 제시하는 것이다. 말하자면 초기 지구에서 분자 집합이 효소촉매 및 활성 뉴클레오티드 없이 복제를 시작할 수 있었을 만한 길을 제시해보려는 것이다. **고에너지 결합을 추가하는 방법으로 뉴클레오티드를 활성화시킬 명백한 길이 없다면, 물 자체가 이탈기가 되어주는 가당성 있는 조건을 찾아보도록 하자.** 그런데 이는 새로운 생각이 아니다. 1970년대에 코넬 대학교의 데이비드 어셔David Usher가 제시한 생각으로, 그는 건열이 인산이에스테르 결합 형성을 끌고 가는 에너지원이 되어줄 수 있다고 제안했다. 나아가 어셔와 지도학생 안젤리카 맥헤일Angelika McHale은 상보적인 염기쌍을 가지는 주형 위에 두 육합체hexamer를 늘어놓으면 두 육합체 사이에서 그런 결합이 생성될 수 있음을 입증해냈다. 맥헤일과 어셔가 한 관찰의 뒤를 이은 사람은 아직 없다. 그러나 건열을 축합제로 쓰면 좋은 결실이 나올 수 있다. 이에 대해서는 14장에서 살펴볼 생각이다.

첫 복제계들

이쯤 되었으니, 여러분은 내가 과학기술 용어들의 그리스어 및 라틴어 유래 살피는 일을 즐긴다는 걸 알게 되었을 것이다. 유래를 알면 낱말의 뜻을 기억하는 것뿐 아니라, 낱말을 정확하게 사용하는 데에도 도움이 된다고 나는 학생들에게 말한다. 낱말들도 일종의 진화를 겪는데, 생물의 진화와 비슷하다. 예를 들어보자. '신조어'를 뜻하는 'neologism'은 '새말'을 뜻하는 그리스어에서 유래했으며, 더 오래된 낱말 둘이 공생적으로 이어진 모습이다(neo + logos). 세상에 나온 신조어들은 대부분 생태자리를 못 찾고 멸종하며, 몇 개만이 우리 언어 속에 단단히 뿌리를 내린다—이를테면 '소프트웨어'와 아마 '구글링'까지도. 문화와 문화가 거리상 서로 떨어지게 되면 언어의 종분화가 일어난다. 프랑스어, 이탈리아어, 에스파냐어 같은 이른바 로망스어 군은 모두 아마 5000년 전쯤에 한 언어에서 출발했으나, 지금은 서로가 다른 종들이다. 한두 세기 사이에 우리가 보게 된 돌연변이도 있다. 영국과 미국의 철자법에 그 예들이 있다(이를테면 'centre'와 'center', 'whilst'와 'while').

유래를 발견하게 되면 종종 깜짝 놀랍기도 하고, 정말로 웃기는 것도 있다. 예를 들어보자. '췌장'을 뜻하는 'pancreas'는 '몽땅 고기'라는 뜻의 그리스어에서 왔다(췌장에는 뼈가 하나도 없으니까). 그리고 'gastrocnemius'—불끈 솟은 장딴지 근육을 가리킨다—는 '다리의 복부'라는 뜻이다. 썩는 바나나에 꼬이는 초파리인 드로소필라 멜라노가스테르*Drosophila melanogaster*라는 이름은 '이슬을 사랑하는 배 검은 녀석'이라는 뜻이다.

그런데 '복제하다'는 뜻인 'replicate'는 어떨까? 그리스어 및 라틴어에서 유래했으면서 생명과학에 두루 퍼진 낱말이 셋 있다. 첫 번째는 *spiro*로, '숨'이라는 뜻이다. 이 말에서 'inspire', 'expire', 'perspire', 'transpire', 'respire'가 왔으며, 모두 숨쉬기와 관련이 있다(생명의 숨인 'spirit'도 잊지 말길). 두 번째는 *plica*로, '접다'는 뜻이다. 이 말에서 'replicate'(거듭 접다)와 'duplicate'(하나가 둘이 되게 한번 접다)가 왔고, 'duplicate'에서 이중나선을 뜻하는 'duplex DNA'가 왔다. 이외의 관련어로는 'complicate', 'implicate', 'explicate'가 있다. 마지막으로 세 번째는 라틴어로 '동글동글 감겼거나 말린 것을 풀거나 펴다'는 뜻인 *evolvere*이다. 'revolve'는 '거듭 감거나 굴리다'는 뜻이고, 'involve'는 '말려 들어가다', 'evolve'는 '굴려 펴다'는 뜻이다. 바로 이런 식이다. 이 말들을 만들어내거나 과학적 문제들에 적용한 초창기 과학자들은 그리스어와 라틴어를 실제 생활에 쓸 수 있는 지식을 가졌으며, 최대한 정확하게 사용했다.

생명의 기원 경주에서 우승자는 DNA와 가까운 사이인 RNA인 것으로 보인다. 그 까닭은 RNA가 유전정보도 전달할 수 있고(오늘날 모든 생명에서 그렇게 한다), 촉매 구실도 할 수 있기 때문이다. 11장에서 이 얘기를 했고, RNA 촉매인 리보자임의 놀라운 성질 몇 가지도 살펴보았다. RNA가 가진 가장 중요한 성질 가운데 하나는 시험관 안에서 일종의 진화를 겪을 수 있다는 것이다. 이는 1990년대에 잭 스조스탁과 제럴드 조이스가 입증했다. 그러나 생명이 시작하기 위한 분자적 해법으로서 RNA가 최종 해답이라고 말할 수 있을까? 우리는 가까이 다가서기는 했으나, 결승선에 이르지는 못했다. 문제는 RNA마저도 생명 과정에 관여한 첫 중합체가 되기에는 너무 복잡하게 보인다는 것이다. 더군다나 우리는 RNA가 저 혼자 진화해나갈 수 있는 길을 아직 찾아내지 못했다. RNA는 혼자 진화하지는 못하고 단백질 촉매들의 도움이 필요하다. 그러나 이 바닥에 있는 대부분의 과학자들은 스스로를 생식할 수 있는 진정한 최초의 분자가 RNA와 닮았을 것이라는 데에 돈을 걸 것이다. 그리고 RNA가 단순한 단백질들과 어울려 원시리보솜을 만들어냈을 때, 그 계는 최초의 생물이 되는 길로 제대로 접어든 것이었다.

이제 이번 장의 중심 물음에 이르게 되었다. 곧, 촉매성 효소가 전무했던 생명 탄생 이전 지구에서 어떻게 복제작용이 걸음을 뗄 수 있었을까? 아직은 답을 알지 못하지만, 의미심장한 실마리가 몇 개 있으며, 그 한 가지를 발견했던 이가 캘리포니아주 라호야 솔크 연구소의 레슬리 오르겔이었다. 모두들 흐뭇한 마음으로 알고 있다시피, 솔크 연구소는 1960년에 조너스 솔크Jonas Salk가 설립했다. 소아마비 바이러스에 맞서는 백신을 처음 개발해서 미국의 영웅 과학자가 된 이였다. 내가 산타모니카에서 어린 시절을 보냈을 때, 세 아들이 행여 소아마비에 걸리지나 않을까 어머니께서 얼마나 노심초사하셨는지 기억난다. 소아마비 바이러스는 척수신경을 공격하기 때문에 평생 마비가 될 수 있었다. 그 시절을 살았던 동료들 중에는 끝내 소아마비에 걸려 아직까지 휠체어를 타고 다녀야 하는 이가 여럿이다. 심각한 경우에는 호흡에도 영향을 주어, 대신 호흡을 해주는 '철폐iron lung'를 달아야지만 목숨을 부지하던 아이들도 있었다. 어렸을 때 처음 소아마비 백신접종을 했던 것도 기억난다. 덕분에 어머니는 한시름 놓으셨다. 솔크의 백신과 아울러 앨버트 세이빈Albert Sabin이 개발한 두 번째 백신인 경구백신 덕분에 미국에서는 소아마비의 위협이 사실상 사라졌다.

1964년에 레슬리 오르겔이 솔크 연구진에 합류할 당시, 그는 이미 연구 방향을 생명의 기원 쪽으로 정한 상태였고, 2007년에 세상을 뜰 때까지 관심을 놓지 않았다. 늦은 1970년대, 오르겔과 지도학생인 롤프 로르만Rolf Rohrmann은 건열이 뉴클레오티드 중합을 끌고 갈 수 있으리라 생각했고, 이런 조건에서 실제로 이합체와 삼합체를 생성할 수 있음을 보인 논문을 한 편 발표했다. 하지만 생화학자의 눈으로 보면 이는 몹시 우아한 과정이 아니었다. 용액 속에서 중합작용을 일으킬 방도가 있어야 한다. 오르겔은 이미 다졸이라고 하는 화학적 이탈기를 인산염에 부착해보기로 했다. 그런데 이것이 바로 복제계 연구에서 멋진 진보를 이루게 할 열쇠임이 밝혀졌다. 이탈기가 화학반응에 관여하게 되면, 그 이름에 걸맞게 행동한다. 어느 표면과 결합된 채로 서로 가까이 있는 인산염과 리보오스를 상상해보자. 그러면 에스테르 결합이 형성되어 리보오스인산염ribose phosphate이 생성될 수 있으며, 이 경우에는 물 자체가 이탈기가 된다. 하지만 이 반응은 에너지 오르막 반응이기에, 반응이 평형상태에 도달하기 전에 생성되는 에스테르 결합은 얼마 되지 않는다. 그런데 이제 인산염의 수산화기($-OH$) 가운데 하나를 이미다졸이 대신한다고 상상해보자. 이미다졸과 인의 결합이 가진 화학에너지는 수산화기와 인의 결합보다 높다. 그래서 노출된 인이 다른 것과 반응할 준비를 할 수 있게 이미다졸이 떨어져나갈 가능성이 더 높다. 가까이에 리보오스가 있을 때 이 일이 일어난다면, 리보오스에 있는 수산화기 가운데 하나가 곧바로 그 노출된 인과 화학결합을 형성하는데, 유기화학자들은 이를 친핵성 공격nucleophilic attack이라고 부른다. 그 결과 핵산 중합체를 만드는 데에 필요한 에스테르 결합이 에너지 내리막 반응으로 자발적으로 형성된다. 아주 실제적인 의미에서, 생명은 단위체상에 이탈기를 장착해서 단위체를 활성화시키는 대사반응들에 의존한다. 중합체 생합성에서 가장 흔하게 이탈기가 되어주는 것이 바로 인산염과 피로인산염이다.

동료인 롤프 로르만, 앨런 슈워츠Alan Schwartz, 제럴드 조이스와 쓴 일련의 논문들에서 오르겔은 주형이 지휘하고 효소가 관여하지 않는 RNA 중합을 입증했다. 처음에 한 실험들에서는 폴리시티딜산polycytidylic acid을 주형으로, 구아노신일인산guanosine monophosphate(GMP)의 이미다졸에 스테르를 단위체로 사용했다. 이것들로 선택한 까닭은 G가 C와 함께 왓슨-크릭 염기쌍을 형성하기 때문이기도 하고, 푸린인 G가 치쌓기에너지 stacking energy라는 것으로 그 반응을 줄곧 거들어주는 경향이 있기 때문이기도 했다. 두 고리로 이루어진 크고 납작한 푸린 염기들은 농도가 높아지면 서로 연합해 치쌓이는 경향이 있는 반면, 이보다 작으면서 고리도 하나뿐인 피리미딘 염기들은 그렇지 않다. 수소결합으로 묶인 염기짝짓기와 치쌓는 힘들이 주는 안정화 효과들은 활성 구아노신일인산이 폴리시티딜산 가닥을 따라 죽 늘어설 것임을 뜻했다. 이미다졸이 잠재적 이탈기이기 때문에, 활성 인산염이 이웃한 인산염을 건드리면 이미다졸이 떨어져나가고 인산에스테르 결합이 형성될 수 있었다.

전형적인 반응을 하나 실험하면서, 용액을 한 주 동안 섭씨 0도를 유지한 채 내버려두었다. 낮은 온도는 주형 위에서 구아노신이 수소결합을 유지할 수 있게 도와주며, 용액 속에서 활성 뉴클레오티드가 자발적으로 가수분해되는 속도를 줄여주기도 한다. HPLC로 생성물을 분석하자, 한 무리의 멋진 뾰족선들을 볼 수 있었다. 이는 주형에서 GMP가 중합되었음을 가리켰다. 생성된 RNA의 길이는 최대 뉴클레오티드 30개 이상이었다. 주형이 없을 때에는 사슬 생성물이 사실상 하나도 관찰되지 않았다. 더군다나 그 반응은 대단히 특이적이었다. GMP 외의 활성 뉴클레오티드를 썼을 때에는, 합쳐져 중합체를 이루지 않았다.

이 방법이 손에 들어오자, 일련의 다른 실험들도 해볼 수 있게 되었다. 이를테면 납이나 아연 같은 금속 이온들이 촉매 구실을 해서 수율을 더욱 높일 수 있음이 곧 발견되었다. 한동안 모두들 생명 탄생 이전 환경에서 복제 분자계들이 어떻게 생겨날 수 있었는지 우리가 마침내 이해하게 된 건 지도 모른다고 생각했다. 중합을 촉매하는 데에 효소가 필요치 않았고, 그저 RNA 주형, 그리고 단위체들을 활성화시켜 그 주형을 지침으로 삼아 두 번째 가닥을 중합해낼 방도만 있으면 되었던 것이다. 하지만 내가 위에서 서술한 것은 진정한 복제가 아니다. 말하자면, 주형 가닥을 (한벌복제한 것이 아니라) 상보적으로 복사해서 제2의 가닥을 합성한 것일 뿐이다. 이를테면 폴리시티딜산(폴리C)이 폴리구아닐산(폴리G)이 합성되도록 하는 주형이라면 그 계는 잘 작동한다. 그러나 원본 폴리C를 한벌복제하려면, 폴리G는 폴리C를 합성하기 위한 주형 구실도 할 수 있어야 하는데, 결코 만족스럽게는 되지 못할 것이다. 그 까닭은 시티딘일인산(CMP)과 우리딘일인산uridine monophosphate(UMP) 같은 뉴클레오티드의 피리미딘 염기들은 한-고리 구조를 가지는 반면, 구아노신일인산(GMP)과 아데노신일인산(AMP)의 푸린 염기들은 두-고리 구조를 갖기 때문이다. 피리미딘 고리는 안정된 치쌓기 구조를 만들어내지 못하며, 따라서 폴리G 주형에서 중합반응이 일어날 만큼 충분히 오래 한 자리를 지키고 있지 못한다. 지금까지도 이 문제는 여전히 손대기 어려운 문제이며, 또 다른 획기적인 발견이 있기를 기다리고 있는 형편이다. 그래야지만 원시 형태의 생명에서 복제 분자들이 어떻게 기능하기 시작했을지 이해하게 될 것이다.

점 잇기

DNA에 담긴 유전정보의 복제는 초기 생명꼴들이 발명한 것이다. 대부분의 연구자들은 우리가 생명을 정의하는 기준으로 삼는 일차적 특징이 복제라고 여길 것이다. 한 가지 중요한 점은, 복제하는 동안 오류가 일어날 수 있다는 것이다. 오류가 일어나면 변경된 염기서열이 생물 개체군 안에서 변이들을 만들어내는데, 생명만이 가진 또 한 가지 유일무이한 성질인 자연선택에 의한 진화에서 이 변이들이 필수적이다.

하지만 오늘날 생명에서 DNA가 복제되는 복잡한 과정이 최초의 복제 형태였을 리 없음도 분명하다. 그래서 더 단순하고 더 원시적인 메커니즘을 여전히 발견해내야 한다. 한 가지 가능성은 RNA가 최초의 복제 분자였다는 것이다. 왜냐하면 리보자임의 꼴로 촉매 구실도 할 수 있고, 염기서열로 유전정보까지 나르기 때문이다. 자기를 생식하는 과정을 촉매할 수 있는 리보자임으로 접힐 수 있도록 해주는 뉴클레오티드 서열을 가진 RNA 분자를 장차 누군가 시험관 환경에서 만들어내는 일이 가능할 것으로 보인다. 이렇게만 되면 극도로 중요한 발견이 될 테고, 사실 일면기사가 될 것이다. 그러나 리보자임을 담을 용기, 끊이지 않는 단위체 공급, 단위체들을 화학적으로 활성화시켜 중합을 겪을 수 있을 만큼 에너지를 충분히 가지게 하는 과정이 포함된 어느 계의 일부가 되지 않고서는 리보자임이 생식할 수 없을 것임을 명심해야 한다. 실험실에서 용기는 시험관이고, 단위체들은 실험자들이 미리 활성화시켜 놓은 것들이다.

　그러나 생명 탄생 이전 지구에는 시험관도 실험자도 없었다. 생명 탄생 이전 조건에서 RNA보다 훨씬 단순하면서도 복제와 진화 능력까지 갖춘 중합체가 있었을까? 현재 우리가 가진 지식의 끝이 바로 여기이고, 그래서 탐색이 계속되고 있다. 얼른 보면 40억 년 전에 떠올랐던 과정을 지금 와서 찾아낸다는 게 어림도 없는 일처럼 보이겠지만, 원리적으로 보면 비교적 간단할 수 있다. 한 무리의 단위체들이 자기조립해서 스스로를 선형 배열로 조직하게 해주는 물리적 성질들을 가져야 하거나, 아니면 아마 어느 표면에서 조직되거나 해야 할 것이다. 그뿐 아니라, 그 단위체들은 에너지가 물 분자들을 이탈하도록 해서 에스테르 결합을 형성해 단위체들을 이어붙여 사슬로 만들 특수한 화학적 성질들도 가져야만 한다. 그리고 마지막으로 그 사슬들은 다음 번 복제주기가 확실히 진행되도록 단위체들을 특이적 서열로 묶어주는 주형 구실을 할 수 있어야 한다. 비록 어느 시점에 이르러서는 촉매들이 진화해 복제속도를 높였겠으나, 첫 복제 중합체들은 아마 복제과정을 저 혼자 수행할 수 있었을 것이다.

　나는 복제하는 주형들과 단위체들로 이루어진 계—그 성분비가 어떻게 되든—가 이번 장에서 살폈던 중합효소 연쇄반응과 닮았으리라고 짐작한다. PCR 반응에는 온도가 뜨거워지고 식는 주기가 있어야 하는데, 생명 탄생 이전 환경에서는 요동조건들이 이런 주기가 되어주었을 것이다. 하지만 PCR에는 화학적으로 활성이 된 단위체들도 있어야 한다. 생명 탄생 이전 환경에서 그런 단위체들을 얻을 만한 곳이 있었을까? 아마 있었을 것 같지만, 아직 우리는 하나도 찾아내지 못했다. 아마 활성 단위체들이 없어도 중합체를 만들어낼 더 쉬운 길이 있을 것이다. 그럴 경우에는 활성 단위체 대신 요동조건들을 이용해서 에스테르 결합 형성에 필요한 에너지를 공급했을 것이다. 그 한 가지 가능성을 14장에서 살펴볼 것이다.

제13장

어떻게 진화가
시작되었을까?

생물학에서는 진화에 비추어보지 않으면 아무것도 이해되지 않는다.

—테오도시우스 도브잔스키, 1973

생명을 어떻게 정의하든 마지막에 꼭 넣는 측면이 바로 진화 능력이다. 무슨 분자계를 첫 생명꼴이라고 상상하든, 또는 실험실에서 무슨 분자계를 합성 생명으로 만들어내든, 그 분자계에 진화 능력이 있음을 반드시 입증해야 한다. 대학원에서 막과 관련된 생물물리 문제들을 연구하고 있었을 때, 나는 진화에 관한 문제들에는 별다른 관심이 없었더랬다. 그러다가 1967년에 나는 데이비스 캘리포니아 대학교의 동물학 교수진에 합류했다. 그곳에는 프랜시스코 아얄라Francisco Ayala가 유전학 조교수로 있었는데, 전에 컬럼비아 대학교에 있었을 때 테오도시우스 도브잔스키Theodosius Dobzhansky의 지도를 받은 학생이었다. 프랜시스코는 도브잔스키를 데이비스 캘리포니아 대학교의 유전학과 객원교수로 초빙했고, 도브잔스키는 그곳에서 과학자로 서의 남은 세월을 보냈다. 나는 가끔가다 도브잔스키와 대화를 나누곤 했다. 그러나 그때의 나는 젊고 멋몰랐으며 이제 막 학자로서 걸음을 뗀 터라, 이 친절하고 나이 지긋한 이가 20세기의 위대한 진화유전학자의 한 사람이리 라고는 꿈에도 몰랐다. 그리고 40년이 지난 지금, 도브잔스키가 마지막으 로 발표한 글들 가운데 하나의 제목을 이번 장의 주제로 삼는다. "생물학에 서는 진화에 비추어보지 않으면 아무것도 이해되지 않는다."

불모지였던 초기 지구에서 대체 어떻게 해서 진화하는 생체계 같은 것 이 느닷없이 나타날 수 있었을까? 이 문제를 도무지 감당할 수가 없던 나 머지, 과학자 몇(극소수)은 그냥 두 손 들어버리고 맥 빠지게도, 그 일은 어느 지적 설계자가 했을 수밖에 없으며, 생명이 어떻게 생겨났는지를 우리는 결코 이해할 수 없다는 말을 하기도 한다. 물론 나는 이들보다 낙관적이다. 아직 우리가 모든 답을 알고 있지는 못하지만, 우리가 나아가고 있음은 부인할 수 없다.

진화에 비추어보면 생명의 기원도 이해될까? 그렇다. 왜냐하면 생명의 시작은 곧 생물 진화의 시작이기도 하며, 생명이 시작되기 전에도 이보다 단순한 형태의 진화, 곧 환경에서 자발적으로 일어났던 화학적 및 물리적 과정들이 관여한 진화가 있었기 때문이다. 찰스 다윈은 사실상 분자생물학을 전혀 몰랐으나, 진화가 생명의 기원과 함께 시작했다고 분명 생각했다. 위대한 책 『종의 기원The Origin of Species』에서 다윈은 우리가 이번 장에서 던지고 있는 물음을 다음과 같이 묻는다.

생명의 첫 새벽, 유기적인 모든 존재들이 지극히 단순한 구조를 보였다고 믿을 만한 그 때를 살피면서 이렇게 물었다. 앞으로 나아간 첫걸음마들 또는 부분들의 분화가 어떻게 생겨날 수 있었을까?

다윈의 책은 진화의 근본 원리들을 처음으로 명료하게 진술했다. 다윈의 입장이 되어보자. 그리고 그의 통찰을 이용해 진화가 어떻게 시작될 수 있었을지 생각해보기로 하자. 맨 먼저, 우리가 말하는 대상은 오늘날의 가장 원시적인 세균보다도 훨씬 단순했던 생명꼴들이다. 다윈이라면 단 한 생물만 가지고 진화가 시작될 수는 없었을 것이니, 우리는 생명 탄생 이전 환경에서 원시유기체들이 다량으로 생성될 길을 찾아내야 한다고 말할 것이다. 나아가 그 유기체들이 지닌 성질에는 상당한 변이가 있어야만 한다. 한 개체군 안에 변이가 있어야 한다는 것은, 진화 능력을 가진 첫 생명꼴들이 그저 생식하는 분자들이 섞인 것이 아니라, 일종의 경계를 가진 구조—지금 우리가 세포라고 부르는 것—속에 싸담긴 분자들이 상호작용하는 마이크로 크기의 계들로 이루어진 것임을 뜻한다. 그다음은, 세포들이 성장할 길을 찾아내야 했다는 것이다. 오늘날에 생명이 성장하는 방법은 주변 환경으로부터 양분이라고 하는 단순한 분자들을 섭취한 다음에 에너지를 써서 그 분자들을 이어붙여 단백질과 핵산이라고 하는 중합체로 만드는 것이다. 마지막으로, 세포는 유전정보를 저장해서 자기가 가진 성질들을 다음 세대에 물려주기 위해 생식할 때에 그 정보를 복제해야 했다. 그러나 복제가 완벽하지는 않았다. 무슨 말이냐면, 오류가 어느 정도 끊임없이 주입되어야 했다는 것이다. 지금 우리가 돌연변이라고 부르는 이 오류들 덕분에 생명은 서로 다른 생태자리들을 개척할 수 있었고, 오늘날의 생물권까지 이르는 기나긴 여정을 시작할 수 있었다.

생명의 기원은 진화 과정이라고 이해할 수 있다

진화가 사실임을 뒷받침하는 증거의 무게는 대단하다. 이어지는 글에서 나는 진화이론의 주요 이정표들을 간단하게 밑그림 그린 다음, 분자 수준에서 일어나는 진화 과정들을 실험실에서 어떻게 입증할 수 있을지 살펴볼 것이다. 그렇게 하면 초기 지구에서 이와 비슷한 과정들이 첫 세포형 생명꼴들을 향해 가는 징검돌이었던 분자계들로 어떻게 이어질 수 있었는지 더 잘 이해하게 될 것이다.

  찰스 다윈은 핵산이 유전정보의 운반체임을 전혀 알지 못했고, 유전자에서 일어나는 돌연변이들이 어떻게 시간에 따른 변화를 일으키는지 이해하지도 못했다. 다윈이 알았던 것은, 생물 개체군들 속의 변이들을 관찰해보면 패턴들이 나타나고, 그 패턴들은 한 생물종—이를테면 갈라파고스 제도에 사는 다윈의 핀치새—이 지리적으로 격리되었을 경우에 갖가지 조건들에 적응해나가다가 마침내 처음의 조상 종에서부터 다양한 종들이 나왔을 것임을 가리킨다는 것이었다. 다윈은 또한 수백 년에 걸쳐 해온 육종育

種으로 인해 야생종과는 매우 다른 집동물과 식물 변종들이 나왔음도 알았다. 육종가는 간단하게 자기가 원하는 형질만을 선택해, 그 형질들을 보이는 식물이나 동물만을 육종했다. 수백 년에서 수천 년에 걸친 육종으로 튤립, 장미, 국화, 밀, 옥수수 같은 식물, 양, 소, 돼지 같은 가축 품종들이 나올 수 있었다. 특히 애완동물은 가혹한 선택을 거친 것들이었다. 그 극단적인 한 예가 쪼그마한 치와와와 우람한 그레이트데인이다. 이 개들은 서로 너무 달라서, 만일 야생에서 사는 동물로 발견되기라도 할라치면, 아마 처음에는 서로 종이 다른 것으로 생각하게 될 정도이다. 다윈은 자연이 하는 일종의 선택에 의해 종들이 만들어지며, 이 자연선택은 개체군들이 공간적으로 서로 떨어져 서로 다른 조건들에 적응해나가면서 시작된다고 결론을 내렸다.

다윈은 석회암이나 사암 같은 퇴적암에서 화석이 발견될 수 있음도 알았다. 당시에는 그 암석들의 실제 나이가 얼마인지 아무도 깨닫지 못했으나, 석회암에서 나이가 더 많은 암석들은 깊이 자리하고 더 어린 암석들은 지표면 가까운 층에 자리한다고 보는 게 논리적이었다. 늙은 암석과 어린 암석에서 나온 화석들을 비교하자, 늙은 암석에서 우점하는 산호초와 삼엽충 같은 비교적 단순한 생물에서 어린 암석에 있는 더 크고 더 복잡하고 골격을 갖춘 생물로 이어지는 경향이 뚜렷하게 드러났다.

계통수

이 모두는 지구상 생명의 진화를 나무와 같은 모습으로 이해할 수 있다는 생각으로 거침없이 이어졌다. 1837년에 쓴 공책에서 다윈은 생명이 어떻게 원시선조에서 시작해 시간이 흐르며 진화해올 수 있었을지, 그 모습을 아주 기초적인 나무 모양으로 그려냈다. 이보다 자세하게 종분화를 그려낸 나무는 1859년 『종의 기원』에 실려 발표되었고, 내가 가지고 있는 6판본—이제 100살이 넘은 책이다—에서는 140~141쪽에 걸쳐 나무 그림이 실려 있다.

다윈의 책이 출판된 뒤로 100년이 흐르는 동안 여러 나무들이 제기되었다. 다들 일차적으로 생김새, 먹이, 행동의 관점에서 보았을 때 생물과 생물 사이에서 두드러지는 차이들을 기초로 했다. 1960년대에 내가 배웠던 생물학 교재들에서는 지구상 생명을 다섯 가지 별개의 계界로 나눌 수 있다고 보는 게 중론이었고, 아직도 이런 분류법을 편히 여기는 생물학자들이 일부 있다. 학명을 써서 이 다섯 계를 가장 단순한 것부터 열거하면, 모네라계monera, 프로티스타계protista, 진균류계fungi, 식물계plantae, 동물계animalia였다. 이 체계에서 볼 때 모네라는 핵이 없는 세균이었고, 프로티스타는 핵이 있는 단세포생물(원생생물)이었다. 또한 생체세포가 핵이 없는 원핵세균과 핵이 있는 진핵세포로 나뉠 수 있다는 것도 일반적인 이해였다.

비록 이렇게 다섯 계로 분류한 게 납득이 가긴 해도, 그 도식에는 몇 가지 이상한 모순이 있었다. 이 모순 가운데 하나가 바로 엽록체와 미토콘드리아와 관련되었다. 엽록체는 녹색식물에서 빛을 거두는 일을 하는 세포기관인데, 엽록소를 써서 빛에너지를 포획하는 광합성 세균들도 있다. 식물과 동물 세포에서 미토콘드리아는 전자수송을 에너지원으로 해서 ATP를 합성하는데, 호기성 세균들도 그렇게 한다. 1960년대, 보스턴 대학교의 린 마굴리스Lynn Margulis는 미토콘드리아와 엽록체가 처음에는 세포내공생 미생물endosymbiotic microorganism이었다고 보면 이 모두가 납득이 될 것이라는 생각을 내놓았다. 무슨 말이냐면, 그 둘이 한때는 따로따로 살아가다가, 20억 년 전쯤에 이르러 다른 단세포 미생물과 합쳐져 서로가 서로에게 득이 되도록 한 살림을 차렸다는 것이다. 나중에 첫 세포의 유전물질이 조직되어 핵이 되면서, 몽땅 원핵세포였던 개체군에서 첫 진핵세포가 떠올랐다.

마굴리스의 이 생각이 처음에는 전통적인 생물학자들에게서 강한 반발을 샀다. 그러다가 미토콘드리아와 엽록체 모두 원형圓形 DNA와 리보솜을 가지고 있음이 발견되었는데, 각각 원래의 세균 유전체와 단백질 합성 장치가 남긴 잔재들이었다. 그 DNA의 뉴클레오티드 서열을 보면, 엽록체의 경우에는 남세균까지 거슬러 올라가고, 원래의 미토콘드리아 종과 가장 가까운 현생 친척은 프로테오세균proteobacteria이다.

　미토콘드리아와 엽록체가 어디서 왔느냐는 수수께끼는 풀렸고, 그 해답으로부터 이보다 훨씬 알찬 생각, 곧 생명은 단 한 번의 생명 기원에 뿌리를 둔 완벽한 나무 모습으로 꼭 진화됐을 필요는 없으며, 이보다는 가지들이 어울려 자라다가 합쳐져 새로운 생명꼴들을 낳는, 이보다 복잡한 나무 모습으로 진화했으리라는 생각이 나왔다.

세 영역

생명의 나무를 이해하는 길에서 그다음의 큰 진전은 일리노이 대학교의 칼 워우즈가 이루어냈다. 그는 리보솜들의 RNA 속에 서로 다른 미생물들 사이의 유연관계를 알려줄 실마리가 있을 것임을 깨달았다. 워우즈가 서로 다른 세균들의 리보솜RNA 뉴클레오티드 서열을 비교하자, 일반 세균 한 종류만 있는 게 아니라, 뚜렷이 다른 두 가지 미생물 생명꼴이 있음이 분명해졌다. 서로 너무 달라서 분류체계를 새로 만들어내야 할 정도였다. 이 새로운 체계에서 보면, 지구상 생명은 세 영역들domains로 이해될 수 있다. 곧, 원핵성 고세균archaea, 핵이 없는 진정세균eubacteria, 핵이 있는 진핵생물 eukaryote로 나뉜다. 이 세 영역 모두 뿌리는 LUCA, 곧 '모든 생물의 마지막 공통조상last universal common ancestor'에 두고 있다. LUCA 생물이 꼭 생명의 기원을 나타낼 필요는 없다. 그 대신 양분과 에너지를 놓고 벌어진 경쟁에서 가장 성공을 거둔 모습으로, 또는 아마도 경쟁자 생명꼴들을 모두 죽였던 극도의 환경 스트레스를 견디고 가장 훌륭하게 생존한 모습으로 떠올랐던 미생물들을 나타낼 것이다. 이를테면 스탠퍼드 대학교의 노먼 슬립 Norman Sleep은 생명이 가지각색의 꼴들로 여러 차례 생겨났을 것이지만, 3장에서 살핀 바 있는 후기대폭격에 희생되었다는 생각을 내놓았다. 지구와

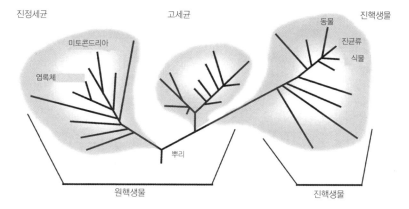

그림 28. 세 영역 개념. 뿌리 하나에서 진정세균, 고세균, 진핵생물로 가지를 뻗는다. 지구상 생명의 다양성과 생물량의 대부분을 이루는 것은 미생물이다. 시간에 따른 리보솜RNA 서열의 변화에서 연역해낸 이 도식에서는 사람을 비롯한 동물은 진핵생물 내의 잔가지 하나로 대표되고, 식물과 진균류로부터 멀리 떨어져 있지도 않다.

충돌한 혜성 및 소행성만 한 천체들이 풀어낸 어마어마한 에너지가 얕은 물에 살던 모든 생물 변종들을 몽땅 쓸어버렸지만, 때마침 오늘날의 열수구와 닮은 해양 서식지에서 서식했던 미생물들은 살아남을 수 있었고, 그 결과, 나름의 특수한 유전부호를 썼던 그 미생물들 특유의 유전체가 불쑥 보편적인 유전부호가 되었다는 것이다.

LUCA 개념이 옳다는 가정 아래에서 워우즈와 동료들은 지구의 모든 생명을 포괄하면서도 기존의 것과는 다른 종류의 가지뻗기 구조를 제시했다. 〈그림 28〉에 그린 나무는 뿌리(LUCA)가 가운데에 있고, 그 뿌리에서 세 영역이 갈라져 나온다. 선의 길이는 리보솜RNA에서 각각의 해당 종과 다른 모든 종들이 갈라지는 지점 하나마다에서 일어난 변화들의 수를 가리키고, 가지들은 RNA의 뉴클레오티드 서열 패턴에서 연역한 것들이다.

증거의 무게를 리보솜RNA에서 끌어낸 세–영역 모형은 생물의 물리적 형질에서 보이는 차이에 의존했던 다섯–계 모형을 밀어냈다. 세–영역 개념이 발표된 뒤로 DNA 서열분석sequencing이 발전되어 훨씬 쉬워졌고, 그 결과 2000년에 사람 유전체 전체가 서열분석 되어 발표되었다. 그 뒤에 과학자들은 동물과 식물 유전체뿐만 아니라 수백 가지 미생물 유전체들도 서열분석을 해나갔다. 그 결과들이 과학 문헌들에 쏟아지듯 발표되면서, 생명나무의 실제 뿌리를 찾아내는 일을 불가능하게 할 만한 무슨 일이 벌어지고 있었음이 분명해져갔다. 그 무슨 일이라는 건 바로 세균들이 서로 유전정보를 교환할 수 있도록 하는 과정을 말했다. 세균들이 플라스미드plasmid라고 하는 작은 원형 DNA 조각들을 내뱉을 수도 삼킬 수도 있음이 알려진 지는 이미 꽤 되었었다. 이 지식에서 재조합DNA 기술 산업이 모두 나왔는데, 특수한 유전자를 플라스미드로서 세균에 주입해 단백질로 발현되도록 하는 기술을 말한다. 그런데 이제 DNA 서열분석 결과 그것이 그냥 플라스미드가 아님이 드러났던 것이다. 세균 유전체에는 지금은 수평 유전자전달 horizontal gene transfer(HGT)이라고 부르는 과정으로부터만 올 수 있을 유전정보까지도 포함되어 있다. 무슨 말이냐면, 유전자가 꼭 세대에서 세대로 수직적으로만 전달되었던 게 아니라, 서로 다른 미생물들끼리 수평적으로 주고받기도 했다는 말이다. 이 발견에서 영감을 얻은 캐나다 댈하우지 대학교의 연구자 포드 두리틀Ford Doolittle은 새로운 시각을 하나 제시했다. 곧, 진화는 처음의 씨앗 하나에서 자라나는 나무 모습으로 시작된 게 아니라, 유전정보가 거의 자유롭게 분배되는 문합망(吻合網, anastomosing network)으로 시작했다는 것이다.

칼 워우즈의 생각도 같았다. 다음은 워우즈가 2002년에 발표한 한 논문 초록에서 발췌한 글이다.

처음에 나왔던 세포의 설계는 단순한 모습을 취했고 느슨하게 조직되어서 모든 세포 성분들이 충분히 HGT를 통해 변경되고/변경되거나 바꿔치기 될 수 있었기에, 초기 세포 진화에서 HGT가 주요 동력이 되었다. 원시세포들은 안정적으로 대를 잇는 생물적 계보를 따르지 않았다. 기본에서 볼 때 원시세포의 진화는 공동적communal이다. 세포 설계를 진화시키는 데에 필요한 높은 수준의 새로움은 공동의 발명이자 범세포적인 HGT 마당에서 나온 산물이지, 대를 이어가면서 일어난 변이의 산물이 아니다. 진화하는 것은 전체로서의 공동체, 곧 생태계이다.

막대한 양의 DNA 서열정보를 얻을 수 있게 되면서, 거의 해마다 새로운 형태의 진화계통수가 제기되고 있다. 다들 세-영역 개념을 합쳐넣었는데, 지금은 가능한 정도까지 HGT를 고려하려는 시도도 있다. 더 최근에 제기된 계통수들은 세균부터 사람에 이르기까지 수천 종에 대한 컴퓨터 분석을 토대로 하고 있다. 가운데에는 여전히 뿌리가 하나—LUCA—이고 큰 가지가 셋 있는 모습이지만, 큰 가지 하나하나에 달리는 생물 가짓수는 계속 늘어나고 있다.

지구상 모든 생명을 담은 완전한 모습의 나무는 결코 눈에 담을 수 없다. 왜냐하면 수백 수천만 가지 생물을 넣어야 할 테기 때문이다. 장차 계통수를 세밀하게 조직하는 일은 너무 복잡해서 아마 눈으로 볼 수 있는 영상보다는 주로 주소지정 컴퓨터 데이터베이스addressable computational databases에 존재하게 될 것이다. 그리고 우리가 지구상 모든 생명의 유전체에 대해 지식을 새로 얻어가면서 그 데이터베이스는 끊임없이 추가되고 수정될 것이다.

실험실에서 관찰한 진화

이제 우리는 생명의 기원을 이해하는 데에 중심이 되는 간단한 물음을 하나 던질 수 있다. 생명 없는 분자계들도 진화할 수 있을까? 유전정보는 정말로 우연히 느닷없이 나타날 수 있을까? 대답이 '아니다'라면 우리는 궁지에 빠진다. 생명의 기원을 연구하는 우리들은 40억 년 전에 일어난 일이 바로 그것이라고 주장하기 때문이다. 말하자면 광물, 대기를 이루는 기체, 묽은 유기 탄소화합물 용액이 섞인 불모의 혼합물에서 첫 생명꼴들이 떠올랐다고 보는 것이다. 위의 물음에 답하기 위해, 나는 데이비드 바르텔과 잭 스조스 탁이 1993년에 발표했던 고전적인 실험을 하나 살펴보려 한다. 두 사람의 목표는, 완전히 무작위적인 한 분자계가 선택을 당하면서 특수한 성질들을 가진 명확한 분자 종으로 떠오를 수 있을지 보자는 것이었다. 하버드 의대에서 연구하던 바르텔과 스조스탁은 먼저 뉴클레오티드 약 300개 길이이고 서열은 무작위인 RNA 분자 수조 개를 합성했다. 현대적인 분자생물학 방법들을 쓰면 쉽게 무작위 서열을 만들 수 있다. 바르텔과 스조스탁은 그 수조 개의 RNA 분자들 속에, 때마침 RNA 한 가닥을 제2의 가닥과 이어주는 연결반응을 약하게 촉매하는 리보자임이라는 촉매성 RNA 분자 몇 개가 묻혀 있다고 추리했다. 연결할 RNA 가닥들은 원통충전물질로 쓴 작은 구슬들에 부착시켜서 무작위 서열을 가진 RNA 분자 수조 개에 노출시켰다—그냥 그 원통에다 RNA 분자들을 부었다. 이렇게 해서 어쩌다가 미약하나마 그 반응을 촉매할 능력을 가진 RNA 분자들을 낚을 수 있었다. 바르텔과 스조스탁은 효소가 촉매하는 과정을 하나 써서 그 분자들을 증폭시킨 뒤에 다른 RNA 분자들과 섞어서 두 번째로 같은 과정을 다시 거쳤다. 이렇게 10회까지 되풀이했다. 여기에 깔린 기본 논리는 육종가들이 개의 털빛 같은 성질을 골라낼 때 쓰는 논리와 똑같다.

결과는 놀라웠다(〈그림 29〉). 선택하고 증폭하기를 4회까지만 했을 뿐인데도, 바르텔과 스조스탁은 촉매 활동이 증가하는 모습을 보기 시작했다. 10회가 끝나자 반응속도는 촉매되지 않을 때보다 무려 700만 배나 빨라졌다. RNA가 진화하는 모습까지도 볼 수 있었다. 겔 전기영동gel electrophoresis이라는 기법을 쓰면 핵산들을 분리해서 시각화할 수 있는데, 바로 그런 겔을 그림에서 볼 수 있다. 반응 처음에는 아무것도 보이지 않다가, 주기를 한 번 거칠 때마다 띠들이 새로 나타났다. 반응을 우점하게 된 띠들도 있고, 멸종한 띠들도 있었다.

바르텔과 스조스탁이 얻은 결과들은 분자 수준에서 일어나는 진화의 근

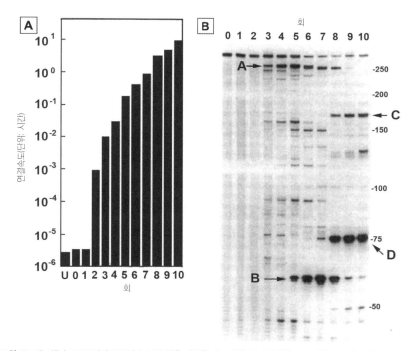

그림 29. 바르텔과 스조스탁의 1993년 논문의 것을 다듬은 이 그림은 무작위적인 RNA 서열들이 섞여 있는 속에 선택, 증폭, 분자 수준의 진화의 방법으로 유전정보가 도입될 수 있음을 입증한다. 왼쪽 그림은 촉매성 리보자임의 활동을 로그 잣대로 보여준다. 10회가 끝난 뒤에 활동성은 700만 배 증가했다. 오른쪽 그림은 그 혼합물에서 분자 종들이 나타나기도 하고 사라지기도 하는 모습을 보여준다. 검은 띠 하나하나는 촉매 활동성을 가지도록 선택되고 있는 RNA 분자들이 만들어낸 것이다. 띠 둘(화살표로 표시한 A와 B)이 각각 3회와 5회에서 나타나지만, 나중에는 '멸종한다.' 10회가 끝난 뒤에는 길이가 뉴클레오티드 75개인 띠와 약 170개인 띠가 새로(화살표로 표시한 C와 D) 리보자임 혼합물을 우점한다. 다음 논문에 나오는 그림을 수정했다. Bartel and Szostak, "Isolation of new ribozymes from a large pool of random sequences," Science 261 (1993): 1411–1418. AAAS의 허락을 얻어 책에 실었다.

본 원리들을 입증한다. 실험 처음에는 모든 RNA 분자들이 서로서로 달랐다. 좋은 없었고, 서로 다른 분자 수조 개가 그냥 섞여 있을 뿐이었다. 그런데 연결반응의 형식으로 선택장애를 하나 부과하여 일부 분자들만 생존시키고 효소의 작용으로 생식하도록 하자, 몇 세대가 지난 뒤에는 촉매 기능을 점점 높여가는 모습을 보이는 분자 무리들이 나타나기 시작했다. 달리 말하면, 처음에는 완전히 무작위인 RNA 분자들이 담겼던 혼합물에서, 다윈이 생물 개체군들의 경우를 들어 윤곽을 그렸던 자연선택을 가깝게 반영하는 진화 과정을 거치면서 분자 종들이 나타났다는 말이다. 이 RNA 분자들은 그 구조를 이루는 염기들의 서열로 정의되었고, 이 구조가 분자들을 특수한 입체 형태들로 접히게 해서 촉매성을 갖게 되었다. 그 서열들은 유전자와 유비되는 것들이다. 거기 담긴 정보가 증폭 과정을 거치면서 다음 세대로 전달되기 때문이다.

생명이 우연히 시작되었을 확률 계산하기

단위체들이 때마침 효소의 촉매성을 가지는 중합체들로 우연하게 조립되어서 생명이 시작될 수는 없을 것이라는 생각이 자주 제기되곤 했다. 리보자임이 우연히 나올 확률은 아마 다음과 같이 계산해볼 수 있을 것이다. 어느 리보자임 하나가 뉴클레오티드 300개 길이이고, 각각의 자리에 네 가지 뉴클레오티드 가운데 아무거나 올 수 있다고 가정해보자. 그렇다면 그 리보자임이 조립될 수 있는 경우의 수는 4^{300}이다. 너무 큰 수이기 때문에 우주의 나이인 130억 년에 한 번이라도 우연히 일어날 수는 없을 것이다. 그러나 선택과 증폭이 일어나지 않는다는 가정에 의존하는 이 결론을 바르텔과 스조스탁의 실험이 곧바로 논박한다. 따라서 무작위적 혼합에서 유전정보가 나타날 수 있다는 결론을 피할 수가 없다. 단, 다양한 순서로 단위체들이 배열된 중합체 분자들이 많이 속한 개체군들, 그리고 특수한 성질을 선택해서 증폭시킬 방도가 있어야 한다.

생명 탄생 이전 지구에서도 틀림없이 이와 비슷한 과정이 일어나서 첫 생명꼴들을 탄생시켰을 것이다. 이번 장과 앞 장들에서 내가 제시했던 이정표들은 초기 지구에서 칸과 중합체 모두 만들어질 수 있었으며, 세포형 칸들이 아무 문제없이 중합체 표본들을 포획하여 거의 무한대에 가깝게 다양한 원세포들을 만들어냈을 것임을 시사한다. 실험실에서 세포형 칸들을 만들 때에 우리는 플라스크에 든 건조 상태의 지질 몇 밀리그램에 물을 첨가한다. 그러면 젖빛 현탁액이 만들어지는데, 그 속에는 지름이 0.5마이크로미터로 작은 세균만 한 크기의 미세한 소포 수조 개가 들어 있다. 작은 펩티드들, 그리고 RNA 같은 짧은 핵산들이 함유된 용액에서 그 소포들을 조제하면, 그 수조 개의 소포 하나하나는 각기 다른 성분집합을 안에다 담아낼 것이다.

이제 초기 지구를 생각해보자. 플라스크에 지질 몇 밀리그램이 담겨 있는 대신, 초기 지구에서는 수십억 톤의 유기물질이 어마어마한 수의 미세한 칸들로 조립되고 있었을 테고, 그 실험에 쓰인 시간도 5억 년에 달했다. 생명의 기원은 조합화학에 빗대면 가장 잘 이해되지만, 그 실험이 벌어지는 수준은 우리가 실험실에서 해볼 수 있는 수준을 까마득히 넘어선다. 우리는 과연 생명을 탄생시켰던 성분 조합을 찾아내게 될까? 이번에도 나는 낙관한다. 우리는 생체계의 화학과 물리에 대해 우리가 아는 바를 적용하여 경우의 수를 줄이고, 충분히 용기를 내어 실제로 실험을 해보아야 한다. 다음 장에서 나는 아직 수행된 적은 없으나 생명의 시작에 대해 알려주는 바가 몹시 크리라고 생각하는 실험을 하나 제안할 것이다.

과학에서는 처음부터 끝까지 혼자서 다 해낸 생각은 드물다. 대개는 비슷한 생각을 이미 해본 사람이 있기 마련이다. 150년 전 책에서 같은 생각을 볼 때도 있고, 마침 사고패턴이 나와 나란히 가는 어느 동료에게서 같은 생각을 볼 때도 있다. 다음 인용문은 선택 과정에 의해 진화가 진행된다는 생각을 찰스 다윈이 처음으로 잡아냈던 글이다.

그러나 어느 유기적 존재에게나 쓸모가 되는 변이들이 정말 일어난다면, 그런 형질을 가진 개체들은 사느냐 죽느냐 하는 싸움에서 보존될 최선의 기회를 틀림없이 갖게 될 것이다. 그리고 유전의 강한 원리에서 볼 때, 이 개체들이 낳은 자손들도 십중팔구 비슷한 형질을 가질 것이다. 이 보존 원리, 다시 말해서 적자생존을 나는 '자연선택'이라고 불렀다. 자연선택으로 인해 생명의 유기적 및 무기적 조건과 관련해서 각 피조물은 더 나아지게 되고, 대부분의 경우에 결과적으로는 조직화가 높아졌다고 여길 수밖에 없는 상태에 이르게 된다. 그렇지만 열등하고 단순한 꼴들이라고 해도 자기네가 처한 단순한 생명 조건들에 잘만 적응한다면 오래오래 살아낼 것이다.

점 잇기

서로 이어진 일련의 개념들을 이번 장과 앞 장들에서 살폈으니, 이젠 그 개념들을 간추려볼 수 있다. 이것이 다음 장에서 제기하게 될 가설의 무대가 되어줄 것이다. 생명 탄생 이전 환경에는 다양한 에너지원과 단순한 탄소화합물들이 있어서 화학반응들을 더욱 복잡성이 높은 쪽으로 끌고 갈 수 있었다. 이 반응들이 더욱더 복잡한 탄소화합물들을 만들어냈고, 이 가운데에는 막이 있는 칸들로 조립될 수 있는 것들도 있었으며, 서로 이어져서 중합체 사슬을 만들어낼 수 있는 것들도 있었다. 그 중합체들이 칸들 속에 싸담기게 되어 어마어마한 수의 원세포들이 생겨났다. 변이성을 가진 원세포형 칸들은 우리가 오늘날 조합화학이라고 하는 것의 미시적 형태이다. 원세포 하나하나에는 중합체와 단위체가 저마다 다르게 섞여 있었고, 그 하나하나가 자연의 실험 하나씩을 대표했다. 중합체 가운데에는 어쩌다가 잠재적 촉매능력을 가지게 된 것들도 있었고, 어떤 방식으로인가 복제하는 능력을 가진 것들도 있었다. 우리는 아직 이 과정을 실험실에서 재현해내지 못했으나, 지금 여러 연구진들이 그 일에 매달리고 있다. 여기서 중점은, 드물기는 해도 촉매와 복제 분자들을 모두 담은 세포형 칸들이 더러 있었다는 것이다. 이 칸들 속에서 촉매들은 복제속도를 높여줄 수 있었고, 복제 중합체들은 촉매들의 단위체 서열을 부호화한 일종의 유전정보를 나를 수 있었다. RNA를 닮은 단일 분자 종에 이 두 성질이 다 있었을 가능성도 생각해볼 수 있다.

칸막음된 분자계가 성장하고 생식할 수 있게 되면서 생물 진화는 시작될 수 있었다. 처음에는 경쟁이 없었을 것이다. 아마 유일한 선택인자는 주변 환경에서 구할 수 있는 에너지와 양분을 어느 계가 가장 효율적으로 쓸 수 있느냐의 여부였을 것이다. 하지만 어느 시점에 이르러 자원에 한계가 보이게 되었을 테고, 갖가지 환경 스트레스가 원시미생물 개체군들에게 영향을 주기 시작했을 것이다. 이런 스트레스의 예로는 온도, pH, 이온 함량의 변동, 난류亂流 같은 역학적 교란, 핵산에 광화학적 손상을 입힐 수 있는 자외선 등이 있다. 그러면서 자원을 놓고 벌어지는 경쟁과 환경 스트레스에 대처하는 능력이 선택인자들이 되었을 것이다. 원시미생물 개체군들 내에는 자원을 놓고 경쟁하고 스트레스를 견뎌내는 능력에 차이를 주는 변이들이 있었을 것이다. 서로 힘을 합쳐서 자원과 방어책을 개체군 내에서 공유할 길을 찾아내는 것이 가장 효과적인 전략의 하나가 되었을 것이다. 그 결과 미생물들은 미생물매트라고 하는 꼴의 계로 이차적인 복잡성 층위를 만들어내는 메커니즘을 재빨리 진화시켰을 것이다. 미생물매트에서 세균 개체군들은 서로 경쟁하는 대신 서로의 이익을 위해 협력한다.

제14장

생명 탄생 이전 지구를 웅대하게 본뜨는 실험

그러므로 나는 단계적으로 진화해나갈 수 있는 생물의 최소 필요조건을 이루는 것들은 본질적으로 한 무리의 쌍을 이룬 반-주기적 고체들이며, 이것들이 또 다른 무리의 짝 없는 반주기적 고체들의 중합 순서, 곧 그 중심뼈대 구조가 달라 촉매 활동과 운반체 활동으로 유전자 중합체와 촉매 중합체의 단위체 전구체들의 필요 농도에 이를 수 있는 고체들의 중합 순서를 결정한다고 제안한다. (⋯) 나는 단백질과 핵산이 지금까지 검사된 모든 살아 있는 유기체들에서 발견되는 반-주기적 고체들의 주된 유형으로 있다는 것은, 이것들과는 유형이 다른 반주기적 물질들이 물질과 에너지 면에서 저렴하다고는 해도 효율적인 복제작용을 부여하는 데에 필요한 상보성을 내보이지 않는다는 사실에 좌우되었을 것이라고 제안한다.
―피터 미첼, 1957

피터 미첼이 세심하게 단어들을 골라 앞의 문장들을 썼을 당시, 나는 오하이오 주에 살던 고등학생이었다. 1957년에 모스크바에서는 처음으로 생명의 기원을 다룬 큰 국제과학자대회가 열렸는데, 앞의 글은 그 대회 의사록에 미첼이 발표했던 짤막한 글에서 발췌한 것이다. 참석자 명단을 읽어 내려가던 나는 제트여객기를 타고 편안하게 국제여행을 할 수 있게 되기 오래전에 그 모임에 가려고 고된 길을 나섰던 이들이 누구였는지 깨닫고는 놀랄 수밖에 없었다. 참석자 중에는 초기 지구의 대기를 본뜨고는 불꽃 방전을 일으켜 아미노산을 합성할 수 있음을 보여준 논문을 단독 저자로 발표하고 불과 몇 년 뒤의 젊은 스탠리 밀러가 있었다. 멜빈 캘빈도 참석했다. 당시 캘빈은 식물이 광합성을 하는 동안에 이산화탄소를 어떻게 흡수하는지 풀어나가고 있었다. 이 연구로 그는 1961년에 노벨상을 수상했다. 그 외에도 노벨상 기수상자와 장래의 수상자들이 명단에 올라 있다—해럴드 유리(1934), 웬들 스탠리(1946), 라이너스 폴링(1954), 일리아 프리고진(1977), 피터 미첼(1978). 그리고 존 데스몬드 버날John Desmond Bernal, 노먼 피리Norman Pirie, 어윈 샤가프Erwin Chargaff, 한스 프랜켈-콘라트Hans Fraenkel-Conrat, 앨프레드 머스키Alfred Mirsky도 있었다. 모두들 생명이 분자 수준에서 어떻게 작동하는지 이해하는 일에 크게 이바지한 이들이었다.

알렉산드르 이바노비치 오파린은 그 모임의 사회를 보았다. 오파린은 1924년에 낸 선구적인 책으로 생명 기원 연구의 불꽃을 당긴 이였고, 그 대회가 조직된 데에는 그가 했던 이바지를 기리고자 하는 뜻도 있었다. 그러나 이 모든 최고의 과학자들 가운데에서 생명의 시작을 가장 명확한 시각으로 정형화한 이는 미첼뿐이었다. 앞을 내다본 그의 생각은 이번 장에서 내가 말하려 하는 바의 기초가 되는 중심 개념으로 삼을 수 있다.

모든 과학적 진보는 선배들이 터 닦아놓은 토대 위에서 이룩된다. 자주 인용되는 아이작 뉴턴의 말이 있다. "내가 만일 남들보다 더 멀리 보았다면, 그건 내가 거인들의 어깨 위에 올라타서 보았기 때문일 것이다." 내 인생에서 그 거인들 중 한 사람이 바로 피터 미첼이었다. 그러나 이번 장에서 펼칠 생각들은 조지메이슨 대학교의 해럴드 모로위츠와 지금은 로렌스 버클리 국립연구소에 있는 빅터 쿠닌Victor Kunin을 비롯해 다른 어깨들에도 기대고 있다. 모로위츠는 『세포형 생명의 시작들: 대사는 생물발생을 반복한다Beginnings of Cellular Life: Metabolism Recapitulates Biogenesis』라는 책을 썼는데, 첫 생명이 세포라고 부르는 막 있는 칸들로 둘러싸여야만 했을 이유를 명료하게 진술했다. 나아가 원세포들을 거쳐서 흐르는 에너지가 어떻게 원시 대사경로들의 진화를 끌고 갈 수 있었을지도 보여주었다. 2000년에 쿠닌은 「중합효소가 둘인 계A System of Two Polymerases」라는 제목의 논문을 발표해서, 첫 생명은 상호작용하는 중합효소쌍—하나는 단백질로 이루어졌고 다른 하나는 RNA로 이루어진 중합효소—을 반드시 합쳐넣어야 했다는 생각을 제기했다. 1997년에 에드워드 트리포노프Edward Trifonov와 T. 베테켄Bettecken도 비슷한 생각을 내놓았으나, 쿠닌의 논문은 이번 장 머리의 인용문에서 피터 미첼이 처음으로 윤곽을 그렸던 개념을 확대한 것이었다. 나는 노암 레하브Noam Lehav에게도 빚을 지고 있다. 1980년대에 미 항공우주국 에임스 연구센터에 있을 때 그는 요동조건들이 중합체 합성에 필요한 축합반응들을 끌고 갈 수 있다는 생각을 내게 소개해주었다. 1997년에 노암과 슐로모 니르Shlomo Nir는 그 기본 개념의 윤곽을 그렸고, 1999년에는 노암이 독자적으로 『생물발생: 생명 기원의 이론들Biogenesis: Theories of Life's Origins』이라는 제목으로 책을 냈다.

코넬 대학교의 데이비드 어셔도 내 생각에 영향을 주었다. 1970년대 중반에 어셔가 발표한 두 편의 논문을 읽고 나는 큰 인상을 받았다. 그가 내세운 요점은, 만일 반응물들이 상승된 온도에서 무수無水 조건에 노출된다면 축합반응이 일어날 수 있다는 것이었다. 어셔와 제자 안젤리카 맥헤일은 1977년에 논문을 한 편 발표해서, 이 메커니즘으로 인산이에스테르 결합이 합성됨을 입증했다. 두 사람은 뉴클레오티드 여섯 개 길이의 짧은 RNA 소중합체oligomer 두 개를 뉴클레오티드 열두 개 길이인 상보적 주형이 담긴 용액에 첨가했다. 그 마른 분자들이 사막의 열에 해당하는 온도—이것이 반응물에 활성화에너지를 추가했다—에 노출되자, 이웃한 두 끝 사이에서 인산이에스테르 결합이 형성되었다.

이전에 나왔던 이 생각들을 이번 장에서 하나로 합칠 것이지만, 거기서 그치지 않고 그 생각들을 시험할 방도도 하나 제시할 것이다. 그 시험은, 아직 답을 찾지는 못했으나 생명이 시작되기 전 마지막 단계와 관련해서는 근본적이 되는 세 물음들과 관련된다.

* 대사와 효소가 없는 상황에서 핵산과 단백질 같은 중합체들이 어떻게 합성될 수 있었을까?
* 중합체들이 어떻게 복제할 수 있었을까?
* 단백질과 핵산 사이의 근본적인 상호작용이 어떻게 시작되었을까?

가설, 실험, 이론

이제 논리적으로 개념적 틀을 잡은 뒤에, 그것을 시험해볼 방도가 무엇인지 보일 수 있다. 가설의 기본 단계들에 넣어야 할 것은, 칸에 싸이지 않으면 무질서해질 반응물들에 질서를 추가해주는 막 있는 칸들의 자기조립, 중합분자들의 합성, 칸 속에 중합체들을 싸담기, 양분과 에너지 섭취, 중합체가 때마침 촉매성뿐만 아니라 유전정보를 저장해 전달하는 능력까지 가지게 될 가능성의 추정이다. 첫 단계는 가설 틀잡기라고 하는 연습 단계이다. 이 단계에서는 가설의 토대와 경계가 되어줄 가정들을 열거한다. 개요 점들로 묶어 윤곽을 그려본 가정들을 아래에 열거했다.

* 오늘날의 모든 생명은 세포형 생명이다. 리보자임과 중합효소 같은 하부계들이 몇 가지 생명 기능들을 내보이긴 하지만, 생명의 정의에 들어맞는 특징들을 모두 가진 하부계는 없다. 이런 까닭으로, 가설을 실험으로 시험할 때에는 세포형 칸이 형성될 잠재성을 반드시 고려해야 할 것이다.

* 생명을 이루는 일차적 분자는 중합체들이다. 생명의 특징인 성장은, 효소가 촉매하고 에너지에 의존하는 과정을 거쳐 단위체들이 중합체들로 조립되면서 일어난다. 그런데 생명이 시작되기 전에는 효소가 없었다. 따라서 우리는 생명 탄생 이전 지구에 있었을 만한 단위체들로부터 효소 없이 중합체들을 만들어낼 수 있는 메커니즘을 찾아내야 한다.

* 모든 세포형 생명은 두 중합체 종이 상호작용하는 순환적 과정에 의존한다. 효소라고 하는 중합체 촉매들은 핵산의 합성을 이끌고, 핵산의 염기서열은 효소의 아미노산 배열을 이끈다. 이는 곧 생명이 중합체들이 그냥 뒤섞인 주머니로 시작한 게 아니라, 생명 탄생 이전 환경에서 어쩌다가 자기조립하게 된 분자들의 계로 시작되었음을 뜻한다.

* RNA만 놓고 보면 우리가 첫 생명에서 일어났으리라고 보는 일들을 모두 해낼 만큼 충분히 복잡하지는 않다. 아미노산 중합체들과 핵산들이 칸 속에서 공진화할 수 있게 할 새로운 접근법이 필요하다. 여기서 던져야 할 큰 물음은, 중합체 촉매들과 정보전달 분자들이 어떻게 자발적으로 생겨나 상호작용을 시작하여 선택과 진화가 일어날 수 있게 되었느냐는 것이다.

* 중합체들이 무작위로 합성되고 막 있는 칸들이 자기조립되면서 칸에 싸담긴

분자계들이 셀 수 없이 많이 만들어졌을 때에 생명이 시작되었다. 한편으로는 성장도 하고 자원을 놓고 경쟁할 능력도 갖추고, 다른 한편으로는 유전정보를 뒤섞으면서 쓸모 있는 유전자들을 합쳐넣을 수 있는 계들—중합체들이 상호작용하는 새로운 계들—이 더러 생겨나면서 진화가 시작되었다.

가설의 전체적인 목적은 중합체 한 종류만이 아니라 상호작용하는 중합체 두 종류를 관련시키는 것이다. 가설을 시험하는 방도는 몇 가지 필수 요건들을 충족시키는 조건 아래에서 실험을 해볼 수 있게끔 생명 탄생 이전 환경을 본뜨는 것이다. 그 요건들이란 다음과 같다. 성분들이 충분히 복잡해서 단위체 혼합물로부터 두 종류의 중합체들이 쉬지 않고 생성되어야 할 것, 다중적인 순환주기들이 계의 복잡성을 단계적으로 증가시켜 나가게 할 것, 일종의 조합화학을 계가 합쳐넣어서 분자 수준에서 진화적 선택이 일어날 수 있도록 할 것.

생명 탄생 이전 환경 본뜨기실험들을 다시 보기

내 쪽 분야의 과학에서는 가설시험에 크나큰 역점을 둔다. 내가 미 항공우주국, 미 국립과학재단, 미 국립보건원NIH에 올라온 지원금 신청서들을 심사하는 자문단 일을 했을 때, 우리가 신청서에서 처음에 살피는 것들 중 하나가 가설이 명료하게 진술되었는가 하는 것이고, 그다음이 바로 고비실험에 의한 시험이다. 이런 강조는 과학에 고유한 것이며, 과학의 일차적 방법을 정의하기까지 한다. 무엇을 해보자는 제안의 가치를 판단하는 데에 있어서 가설시험이 이렇게까지 큰 비중을 차지하는 인간 활동이 달리 뭐가 있는지 나는 모르겠다. 아마도 유일하게 이것과 가까운 것은 주식투자자의 생각이 아닐까 싶다. 현명한 투자자라면 목표로 삼은 회사가 가진 자산을 살핀 다음, 다른 회사들과 기록을 견주어보며 이익과 손해 패턴을 찾아볼 것이다.

그런 다음에는 그 회사의 미래가치를 예측해보고(가설), 주식을 사서 그 예측을 시험해볼 수 있다(실험). 이와 유비적으로, 과학자도 자연 세계에서 패턴을 찾아, 그 패턴을 설명해줄 만한 가설을 생각해낸다. 그런 다음 실험으로 그 가설을 시험한다. 연구자가 투자하는 것은 시간과 에너지이다. 이따금 우리는 그 투자에 대해 보상을 받기도 한다.

'가설'을 뜻하는 'hypothesis'라는 낱말은 '이론의 밑'을 뜻하는 그리스어에서 왔으며, 그게 바로 '가설'의 정확한 뜻이다. 가설은 이론이 아니고, 맞을 수도 틀릴 수도 있는 생각이다. 가설을 실험으로 시험을 해보아야지만, 그리고 그 결과가 일반적인 의미를 가진다고 볼 수 있어야지만, 가설은 이론의 지위에 오르게 된다. 일부 이론들—특히 물리과학들에서—은 우리가 법칙이라고 부르는 것들을 통합한다. 법칙이란 한 번도 틀린 적이 없는 관찰을 진술한 것으로, 6장에서 살핀 바 있는 열역학법칙들이 그 예이다. 법칙은 대중문화 속을 파고들 수도 있다. "중력: 그냥 좋은 생각이 아닙니다. 법칙입니다!"라고 쓴 범퍼 스티커도 보이니 말이다. 우리들 대부분은 과학의 여정에서 떠올랐던 큰 이론들을 들어보았을 테고, 그 이론들은 여러 방식으로 우리 삶에 영향을 주고 있다. 뉴턴의 중력이론, 다윈의 진화이론, 아인슈타인의 상대성이론이 그 고전적인 예들이다. 이보다 새로운 이론으로는 양자역학이론, 대폭발이론, 원소들의 별 핵합성 이론 등이 있다.

대안적 가설들의 범위

생명의 기원 문제는 사정이 어떨까? 아직 이론은 없는 형편이고, 가설은 수십 개가 있다. 내가 서술하려 하는 가설시험은 생명이 기원했을 당시의 초기 지구를 본뜨는 것이다. 생명의 시작을 이해하는 데에서 이루어진 사실상의 모든 진보는 본뜨기실험들에 의존하고 있다. 그 고전적인 예가 바로 4장에서 살폈던 스탠리 밀러의 본뜨기실험으로서, 수소, 메탄, 암모니아, 수증기가 들어간 기체 혼합물을 전기방전에 노출시켰던 실험이다. 그 실험결과는 우리의 생각에 혁명을 일으켰다. 뜻밖에도 아미노산처럼 생명과 관련 있는 화합물들이 이런 조건에서 놀랄 만한 양으로 합성되었기 때문이다. 또 다른 예들로는, 존 오로가 시안화수소로 아데닌을 합성했던 실험, 알칼리성 용액의 포름알데히드로부터 단순한 탄수화물을 합성한 실험이 있다. 그리고 물리적인 본뜨기실험들이 있다. 이 실험들에는 점토 표면처럼 일부 합성반응을 촉매하는 광물 표면들, 끓는 물 속의 황화철−니켈, 금깍지에서 피루브산이 가열될 때 일어나는 것 같은 고압·고온 반응 등이 관여한다(본뜨기실험들을 간추린 〈표 6〉을 보라). 이 모든 본뜨기실험들이 가진 한 가지 공통된 특징은, 실험의 출발 조건이 가급적 단순해지도록 설계되었다는 것이다. 이렇게 하면 실험자는 단 한 종류의 반응만 연구할 수 있고, 혹 일어날 수 있을 다른 반응들 때문에 복잡하게 엉킬 가능성을 제한할 수 있다. 연구자들은 일을 단순하게 유지하도록 훈련을 받기 때문에, 복잡한 혼합물은 본능적으로 피한다. 더군다나 연구는 공적 지원기관들에서 주는 지원금에 의존한다. 생명 탄생 이전 환경을 사실적으로 본뜨는 실험을 설계하려면 돈도 많이 들고 결과도 불확실하기 때문에, 복잡한 본뜨기실험 장치는 이제까지 한 번도 구축되어 시험된 적이 없다.

초기의 본뜨기실험들에서는 주로 생명의 단위체들을 만드는 일에 초점을 맞췄지만, 중합체는 어땠을까? 순수한 화합물들이 그냥 뒤섞여 상온의 증류수에서 반응하는 식으로 생명이 시작되지는 않았다. 그 대신 수용액 속에 단위체들이 고도로 복잡하게 혼합되어 다양한 에너지 유동에 종속된 상태에서 광물 표면들과 상호작용하다가 생명이 떠올랐다. 내가 아래에서 밑그림을 그려볼 본뜨기실험 장치는 앞부분에서 살펴보았던 생명 탄생 이전 환경의 특징들을 합쳐넣을 것이고, 그와 함께 우리는 가당성 논증의 관점에서 복잡성을 생각할 수밖에 없을 것이다. 나는 그런 본뜨기실험 장치를 구축할 때가 되었다고 생각한다. 왜냐하면 생명 탄생 이전 환경을 충분히 복잡하게 본뜬 조건 아래에서, 상호작용하는 단위체들과 중합체들이 진화하는 모습을 지켜보면 많은 걸 배우게 될 테기 때문이다.

그렇다면 그런 '웅대한 본뜨기실험'은 어떤 모습을 하게 될까? 실험에 실제로 쓸 용기는 아주 클 필요는 없고, 아마 부피가 1세제곱피트면 될 것이다. 이만한 공간이면 본뜨기실험의 성분들, 말하자면 광물 표면들, 통제된 대기 중 기체들, 젖고 마르는 요동조건들, 서로 다른 구성비로 첨가되는 유기용질들, 다양한 에너지원을 수용할 수 있다. 또한 이만한 공간이면 실험을 시작하기에 앞서 멸균할 수 있을 만큼 충분히 작은 부피이기도 하다. 그 방 안에 들어갈 유기화합물 혼합물은 영양배지이기 때문에, 산 세균 한 마리라도 거기 들어가게 되면, 몇 달에 걸친 작업이 물거품이 될 수 있다. 그 정육면체의 한 면은 석영 유리창을 달아 조명은 물론이고, 몇 가지 실험에서는 잠재적 에너지원으로서 빛을 첨가할 수 있도록 할 것이다. 용기는 대기 구성 기체들을 통제할 수 있게끔 봉해야 하지만, 성분을 첨가하고, 표본을 채취하고, 방안에 기체를 넣을 용도로 쓸 통로들도 있어야만 한다. 내부 공간 전체의 온도는 섭씨 0도~90도까지 제어될 수 있어야 한다. 전용 컴퓨터와 소프트웨어로 실험을 돌리게 될 테고, 실험 시간은 한 번에 몇 시간에서 몇 날, 심지어 몇 주까지 걸릴 수도 있다. 컴퓨터는 온도, 기체 흐름, 성분비를 제어하고, 물을 주입하고, 표본을 채취하고, 온도, pH, 상대습도 같은 매개변수들을 감시할 것이다.

그 본뜨기실험 장치를 구축하는 데에 걸리는 시간은 1년, 들어갈 비용은 50만 달러로 추정한다. 이 비용의 절반은 기구설계공학자, 제어회로공학자, 장치제작자에게 보수로 나갈 것이다. 그다음 단계는 실험으로 생성된 유기화합물 분석이고, 돈이 훨씬 많이 들어갈 것이다. 분석이라는 게 시간이 흐르면서 일어나는 화학적 변화를 따라가는 것이고, 그러려면 고성능 액체 크로마토그래피(HPLC), 질량분석기, 모세관 전기영동, 전자현미경 같은 고가의 기구들이 있어야 하기 때문이다. 이 기구들을 모두 갖춘 전용 실험실 하

발표	반응물	생성물	에너지원	조건	본뜬 대상
Miller, 1953	CH4, H2, NH3	아미노산	전기방전	기체상 반응	대기권
Oro, 1961	HCN	아데닌	화학에너지	높은 pH	용액화학
Fox & Harada, 1958	아미노산	중합체	건열	섭씨 180도	지열
Ponnamparuma, 1972	HCHO	당	화학에너지	높은 pH	용액화학
Huber & Wachtershaus—er, 1997	CO, CH3SH	C-C결합	화학에너지	섭씨 100도	광물촉매
McCollom et al., 1999	CO, H2	탄화수소, 지방산	화학에너지	섭씨 200도	지열
Matsuno, 1999	글라신	올리고글라신	고온	열수구, 급랭	열수구
Ferris et al., 2002	뉴클레오티드	RNA	화학에너지	점토촉매	광물촉매
Orgel, 1983	뉴클레오티드	RNA	화학에너지	용액화학	주형–지형 복제
Cody, Hazen, et al., 2002	피루브산염	복잡한 혼합물	화학에너지	고압·고온	지열
Usher & McHale, 1976	RNA 육합체	RNA 섬이합체	무수 조건	사막과 비슷한 온도	주형–지형 복제
Allamandola et al., 1990s	물, 메탄올, 암모니아	유기생성물 혼합	자외선	고진공, 저온	먼지 알갱이, 성간매질

표 6. 생명 탄생 이전 조건을 본뜬 기존 실험의 예들

나를 마련하는 데에는 수백만 달러가 들 것이며, 표본들을 돌리고 기구들을 관리하는 상근 기사 두 사람에게 줄 봉급도 있어야 하는데, 실험을 돌리게 될 5년 기간 동안 이 인건비로도 수백만 달러가 들어갈 것이다.

물론 지금 이 자리에서 하는 것은 돈 한푼 들지 않는 사고실험일 뿐이지만, 여러분은 이런 본뜨기실험 장치가 아직까지 구축되지 못한 까닭을 이해하기 시작했을 것이다. 우리는 이런 종류의 과제를 고위험 고수익 연구라고 일컫는다. 아무 결과도 안 나올 수 있기 때문에 위험이 크지만, 운만 따라준다면 생물학의 남은 큰 물음들 가운데 하나에 답을 하게 될 것이므로 수익이 크다.

생명 탄생 이전 환경 본뜨기

이제 정육면체 속에 뭘 넣어야 하고, 실제 실험을 어떻게 돌릴지 생각해보기로 하자. 여기선 복잡성 수준이 적어도 셋은 있으며, 〈표 7〉에서 윤곽을 그려보았다. 본뜨기실험에서 일어나는 일을 이해하려면 이 세 수준을 모두 돌려봐야 할 것이다. 첫 번째 수준은 본질적으로 제어 실험이다. 처음에는 유기화합물이 전혀 없을 테기 때문이다. 물음은 이것이다. 방안에서 단순한 기체 혼합물이 에너지원에 노출될 때 무슨 일이 일어날까? 아마 작은 유기화합물이 미량 합성되는 것 말고는 크게 무슨 일이 일어나리라고는 기대하지 않을 것이다.

매우 중요한 두 번째 실험도 이 수준에서 돌아갈 것이며, 이 실험에서는 이미 우리가 알고 있는 핵산과 펩티드 중합체들을 추가한다. 실험 조건 아래에서 인산이에스테르 결합과 펩티드 결합이 가수분해되는 속도를 결정하는 게 필수적이다. 그 까닭은, 뒤에 할 실험들에서 우리는 그런 중합체들이 방에 축적되는 모습을 보리라 기대할 텐데, 만일 가수분해 속도가 그 중합체들을 몇 분 만에 쪼개버릴 정도로 빠르다면, 알짜 합성을 좀처럼 관찰하기 힘들 것이기 때문이다. 온도와 pH 같은 실험 매개변수들을 조절하여 가수분해 속도를 시간 단위, 날 단위, 심지어 그보다 더 긴 시간 단위로 늘리는 일이 꼭 필요할 것이다.

두 번째 복잡성 수준은, 초기 지구에는 반응성이 높은 화합물들이 다양하게 합성되어 반응할 수 있었으리라고 가정하는 것이다. 이번 단계에서는 시안화수소와 포름알데히드 같은 화합물을 소량 첨가한 뒤에 다시 실험을 돌려, 시간에 따라 일어나는 일을 감시할 것이다.

일찍이 이전의 연구자들이 했던 실험 중에서는 첫 번째와 두 번째 수준의 복잡성과 비슷한 실험이 꽤 된다. 그런데 다음 단계인 세 번째 수준의 복잡성은 바로 생명 탄생 이전 환경에 생중합체들을 이루는 단위체들이 뒤섞여 있었다고 가정하고 하는 실제 실험이다. 가능한 결과들은 나중에 살펴보겠지만, 먼저 우리는 본떠내야 할 성분들과 물리적 조건에 대해 더 자세하게 파고들 필요가 있다. 뒤에 이어질 논의의 초점은 세 번째 수준의 복잡성에 맞출 것이다.

물

생명의 시작에 액체 물이 필수였으나, 그 물이 무슨 물이었을까? 산성이었을까, 염기성이었을까? 짠물이었을까, 민물이었을까? 내 판단에 가장 가당성 있는 짐작은, 생명이 적당히 산성인 민물에서 시작되었다고 보는 것이다. 물이 산성이었다고 보는 까닭은 두 가지이다. 첫째, 현재의 대기와 비교해서 당시의 대기는 이산화탄소 함량이 상당했으며, 이산화탄소가 물에 용해되면 언제나 탄산이라고 하는 약한 산이 생성되기 때문이다. 오늘날에도 순수한 물을 컵에 담아 공기 중에 그냥 두면, 처음에는 중성이었던 것이(pH 7) 대기 중 이산화탄소가 아주 미량 용해되면서 점점 산성을 띠어가다가, 며칠 뒤에는 결국 pH 5.5에 이르게 될 것이다. 둘째, 화산 기체에는 이산화황(SO_2)과 황화수소(H_2S)라는 기체의 꼴로 황이 함유되어 있으며, 이것들 또

표 7. 분뜨기실험의 목적성 수준

수준	대기	수용액성	광물성	에너지역	예상 생성물 또는 가능한 결과
1. 가장 단순한 조건들의 분	이산화탄소, 질소	민물(pH ~5)이나 바닷물, 염화제일철, 인산염	화산용암	자외선, 전기방전, 무수순환	미량의 유기화합물
2. 1수준에 첨가한 반응성 화합물들의 분	이산화탄소, 질소, 황화수소, 황화카르보닐	민물이나 바닷물, HCN, H$_2$CO, 인산염	화산용암	자외선, 전기방전, 무수순환	아미노산, 미량의 푸린, 당, 모노카르복실산
3. 2수준에 첨가한 단위체들의 분	이산화탄소, 질소	민물이나 바닷물, 여섯 가지 이미노산, 네 가지 모노뉴클레오티드, 리보오스, 인산염, 빽막기, 지방산, 지방글루롤, 글리세롤	화산용암, 점토	찢고-마르는 순환(요동환경 온도 섭씨 60~900도)	중합체 형성, 원세포가 자기조립되고, 상호작용하는 중합체들을 새들믹, 단순한 촉매들이 생겨날 가능성 있음

한 물에 용해되면 약한 산을 형성하기 때문이다.

짠물이냐 민물이냐의 문제는 이것보다 어렵다. 그래서 이 문제에 대해 내가 펼칠 가당성 논증은 앞의 것보다 논란의 여지가 더 많다. 오늘날의 중론은 생명이 해양 환경에서 시작되었다는 것이다. 이유는 간단하다. 지구에 있는 물의 대부분이 짠 바닷물이기 때문이다. 그런데 내 동료들이 생명의 기원과 관련된 실험을 할 때에는 바닷물을 사용하는 법이 거의 없다. 그 까닭은 바닷물의 높은 염분 함량이 실험 중인 반응들과 종종 간섭을 일으키기 때문이다. 그래서 특별한 이온교환 장치들을 써서 만든 매우 순수한 물을 사용하며, 완충액을 첨가해서 중성 pH를 유지한다. 그렇게 조건들을 제어하는 까닭은 실험 해석을 힘들게 할 변수들을 최소화하고자 함이다.

초기 지구에서 민물이 있을 만한 곳이 있었을까? 어느 시점에 이르러 화산 땅덩어리가 해수면 위로 솟아올라 강우를 거둬 모으기 시작했으리라고 가정하는 게 합당할 듯싶다. 활발한 화산 활동과 비가 상호작용하여 오늘날 하와이, 아이슬란드, 캄차카에서 보는 것 같은 온천들을 만들어냈을 것이다.

요약해보자면, 이 본뜨기실험에서는 처음에 바닷물이 아닌 민물을 사용할 것이고, 그 물을 에워싸는 대기는 이산화탄소와 질소가 섞이게 할 것이다. 본뜨기를 시험할 때, 연구계획을 잘 짰다면 한 가지 조건만으로 해보고 마는 것이 아니라, 조건을 여러 가지로 달리해가면서 가정을 시험하는 것이 당연하다. 실제로 실험을 할 때 우리는 처음에 민물로 해본 다음, 염화나트륨, 칼슘, 마그네슘, 제1철 함량을 차근차근 늘려가면서 그 변수들이 결과에 어떤 효과를 주는지 볼 것이다. 이런 식으로 우리는 계의 구속인자들에 대해서 한층 많은 걸 배우게 될 것이다. 나는 그 이온들의 농도가 높아질수록 생명의 기원에서 중요한 반응들이 점점 크게 억제되리라고 예상한다. 그러나 내 생각이 틀릴 수도 있다. 그래서 내 예상을 시험해봐야 하는 것이다.

광물 계면

우리 본뜨기실험에는 어떤 광물이 있어야 할까? 가능한 것들은 여럿이고, 모두 앞 장들에서 살펴보았다. 로버트 헤이즌은 지금 생물들이 사용하는 손짝가짐 쪽으로, 다시 말해서 L-아미노산과 D-당 쪽으로 균형추를 기울였던 것이 방해석처럼 손짝을 가진 표면들이었을 것이라고 생각한다. 귄터 베히터쇼이저는 황철석이 형성되는 동안 일어나는 철과 황화물의 반응에서 나온 전기화학 에너지가 원시 대사반응들을 끌고 갔을 것이라는 생각을 내놓았다. 제임스 페리스는 일부 점토 표면이 뉴클레오티드들을 조직해서 짧은 RNA 분절들로 중합하는 능력을 높일 수 있다는 분명한 증거를 제시했다. 이 모든 제안들은 고체 광물 표면의 화학적 성질 및 그 위에서 일어나는 반응들이 관여하지만, 대안적인 생각도 제기되었다. 칼테크의 지질학자 마이클 러셀은 열수구 층을 구성하는 광물들의 다공질 구조에 마이크로 크기의 칸들이 있어서, 실제로 지질이 원세포로 조립되지 않아도 세포 경계가 주는 몇 가지 이점을 가질 수 있다고 주장했다.

생명의 기원에서 어떤 광물 계면이 필수적이었는지는 아직 확실치 않지만, 가당성 있는 광물을 하나 골라 유기질 성분들과 상호작용을 시키는 게 합당할 듯싶다. 그런 광물을 못 골라내면, 결국 기본 설정으로 용기의 창을 이루는 유리를 광물 기질로 선택하게 될 텐데, 유리는 생명 탄생 이전에 있었을 광물 표면으로 생각하기 어렵다. 초기 지구에 가장 풍부했을 광물들은 단연 화산 활동과 연관된 광물이었을 것이므로, 나라면 표면에 꺼진 곳들이 있고 멸균 상태인 용암 표면을 실험에 넣을 것이다. 그 꺼진 곳들에서는 자잘한 웅덩이들이 생겨났다가 증발해 사라질 수 있다. 왜 웅덩이를 거론했는지, 그 까닭은 나중에 살필 것이다.

유기화합물 첨가

가설 개발에서 그다음으로 해야 할 단계는 실험에 넣어야 할 유기화합물을 결정하는 것이다. 얼른 보면 해결하기가 그리 어렵지 않게 보인다. 생물에 있는 기본 분자는 탄수화물, 지방족 화합물, 단백질, 핵산, 이 네 종류뿐이다. 그냥 이 네 가지를 다 첨가하면 안 될까? 그런데 그렇게 하면 좀 어리석다 할 것이다. 왜냐하면 이 네 화합물들은 오늘날 생명에서 일어나는 대사 과정들에 의해 생성된 고도로 진화한 것들이기 때문이다. 이 화합물들을 첨가하면, 본뜨기한 생명 탄생 이전 조건들 아래에서 이것들이 얼마나 빨리 쪼개지는가 하는 것 같은 유용한 지식을 얻을 수야 있겠지만, 이것과는 반대 방향으로 진행하는, 다시 말해서 단순한 혼합물에서 복잡하게 상호작용하는 계들을 향해 진행하는 과정인 생명의 기원에 대해서는 많은 정보를 얻지 못할 것이다.

이보다는 조금 더 영리하게 굴어야 한다. 곧, 탄소질 운석에 있는 유기물질을 써서 생명 탄생 이전 지구에서 구할 수 있었을 분자 종류를 본뜨는 것이다. 머치슨 운석에는 70가지가 넘는 아미노산, 몇 가지 탄수화물과 지질형 화합물, 심지어 아데닌 같은 핵산 염기도 미량 함유되어 있음을 우리는 알고 있다. 인산염도 소량 있으며, 대부분은 유기분자들에 부착되어 있다. 이 혼합에는 생명에 필요한 모든 것이 담겨 있다. 뉴질랜드의 동료 마이클 모트너Michael Mautner는 머치슨 운석에 있는 유기물질만을 양분으로 쓴 용액에서 세균과 식물이 자랄 수 있음을 보여주었다.

하지만 탄소질 운석은 희귀하고, 연구용으로 쓰기에는 값이 지극히 높다. 우리 실험에 쓸 유기물질을 충분히 얻으려면 머치슨 운석이 수 킬로그램은 있어야 할 텐데, 연구용으로 쓸 수 있는 양은 겨우 몇 킬로그램밖에 안 된다. 이는 우리가 운석에 무슨 유기물이 있는지 알고 있는 바를 길잡이로 삼을 수는 있지만, 대표 화합물들만 부분적으로 골라 실험에 쓰는 기지를 발휘해야만 함을 뜻한다.

이런 까닭들 때문에, 기본 실험에서는 가장 가당성이 있는 아미노산 종들만 넣을 것이다. 단백질에 있는 스무 가지 아미노산 가운데 대다수는 특화된 효소 대사과정으로 합성된다. 그런데 운석과 밀러-유리 합성실험 생성물 모두에서 비교적 풍부한 아미노산은 글리신, 알라닌, 발린, 아스파르트산, 글루탐산, 프롤린, 이렇게 여섯 가지이다. 그런데 라세미 상태의 아미노산 혼합물을 첨가해야 할까, 아니면 오늘날 모든 생명에서 쓰는 것대로 손짝이 같은 꼴들만 첨가해야 할까? 내 생각에 우선은 L-아미노산을 선택하고, 손짝가짐의 기원 문제는 미래의 연구를 위해 남겨두어야 할 것 같다.

그 외에 첨가할 만한 게 뭐가 있을까? 모든 생명은 핵산을 기초로 하기에, 핵산의 성분들, 곧 RNA를 이루는 염기들인 아데닌, 구아닌, 시토신, 우라실은 있어야 한다. 리보오스와 인산염도 첨가할 것이다. 이것들은 염기들을 긴 가닥으로 엮어내는 연결기들이기 때문이다. 이번에도 우리는 선택을 해야 한다. 염기, 리보오스, 인산염에서 출발하여 뉴클레오티드를 만드는 법을 아직 아무도 해결하지 못했기 때문에, 우리는 초기 지구에서 뉴클레오티드들이 합성되었을 무슨 방도가 있었으리라 가정하고, 뉴클레오티드도 첨가해야 할 것이다. 그러나 이는 맞길 바라는 짐작일 따름이다. 우리가 아직 찾아내지는 못했으나, 훨씬 간단하게 복제 분자들을 만드는 길이 있을 수도 있다. 그러나 이번에도 우리는 출발점을 정하지 않으면 안 되기 때문에, 여기서는 뉴클레오티드가 어쩔 수 없는 유일한 선택이다.

마지막으로, 그리고 가장 고민하지 않아도 되는 것은, 막을 만드는 용도로 지질을 선택하는 것이다. 우리는 탄소 12~14개 길이의 사슬을 가진 지방산 혼합물을 글리세롤, 인산염과 함께 첨가해서, 1977년에 존 오로, 윌 하그리브스, 그리고 내가 보고했던 축합반응으로 단순한 막-형성 지질들이 합성될 수 있도록 할 것이다.

요약해보자. 〈표 7〉은 3수준의 복잡성에서 본뜨기실험에 쓸 가당성 있는 유기물질 혼합을 보여준다. 물론 이것은 복잡성 수준을 가닥만 잡아본 것에 지나지 않으며, 완전하다는 보장도 없다. 초기 결과들을 길잡이로 삼으면, 추가적인 성분들을 넣어서 이 계에 걸맞은 충분한 복잡성의 정도를 정할 수 있을 것이다.

에너지원

본뜨기실험 장치를 다 구축해서 실험을 시작할 준비가 되었다고 해보자. 증기를 뿜는 뜨거운 물웅덩이가 다공질 용암을 적시고, 3수준 복잡성의 유기화합물들이 다 들어 있다. 무슨 일이 일어날까?

별로 일어나는 게 없다는 게 그 답이다. 아마 시토신이 탈아미노 반응 deamination을 당해서 우라실이 되는 것 같은 화학적 변화들이 더러 일어나겠지만, 하루 뒤, 한 주 뒤, 또는 한 달 뒤에 그 혼합물을 분석한다면, 대부분은 우리가 실험을 처음 시작했을 때와 화합물 혼합에 차이가 없을 것이다. 왜 그럴까? 그 까닭은 열역학과 관련이 있다. 그 계의 모든 것은 평형상태에 있다. 그 평형상태로부터 멀어지게 하는 유일한 길은 바로 에너지원을 첨가하는 것이다. 그렇다면 어떤 에너지를 넣어야 할까?

좀 찬찬히 생각해봐야 할 지점이 여기이다. 문제가 되는 것은, 화학반응이 모두 가역적이라는 것이다. 그래서 뭔가 재미있는 일이 일어나도록 우리가 에너지를 충분히 첨가하면, 무슨 일이 일어나든지 반대 방향으로도 일어날 수 있다. 이를테면 아주 재미없게도 다시 평형상태로 돌아갈 수도 있다. 이 근본적인 사실이 바로 모든 생명의 특성이다. 루이 파스퇴르의 실험을 생각하면 이 모습을 그려볼 수 있다. 파스퇴르는 고기를 조금 물에 넣고 갈아서 끓인 다음, 그 용액을 걸러내서 플라스크에 담고 주둥이를 봉했다. 이 맑은 국물에는 생명에 필요한 양분이 모두 들어 있다. 고기에서 추출해낸 아미노산을 비롯해 소량의 다른 가용성 생화학물질들이 총 1그램이라고 해보자. 그리고 국물은 끓이기와 거르기로 멸균이 된 상태이다. 하지만 살아 있는 세균세포 단 하나만 첨가해도, 그 세포는 곧장 그 양분과 에너지를 써서 성장하고 분열하기 시작할 것이다. 반시간 뒤에는 세균세포가 둘이다가, 그 다음엔 넷, 여덟 개가 되고, 이틀이 지난 뒤에는 세균 수가 너무 많아서, 처음에는 맑았던 국물이 뿌예질 것이다. 그 세균 모두의 무게를 잴 수 있다면, 아마 생물질 1그램 정도가 될 것이다. 이렇게 해서 단 하나였던 세균세포에서 수조 개의 세포로 엄청나게 복잡성이 증가하게 되었다. 그리고 세포 하나하나는 생명에 필요한 단백질을 수천 가지 담고 있을 것이다.

두말할 것 없이 이 상황이 오래가지는 못한다. 쓸 수 있는 화학에너지와 양분을 몽땅 써버렸기 때문에, 세균들은 성장과 분열을 멈추게 된다. 그리고 몇 달이 흐르는 동안 세균세포 하나하나가 죽어서 분해되어가고, 용액은 다시 멸균 상태가 된다. 충분히 오래 기다릴 수만 있다면(여러 해), 세균들을 이루었던 중합체들이 가수분해를 당하면서 평형상태로 되돌아갈 것이지만, 처음에 양분 속에 저장되어 있었던 에너지의 대부분은 사라지고 없음을 보게 될 것이다. 그 에너지가 어디로 갔을까? 탄소화합물들은 대사작용으로 분해되어 노폐물—사실상 화학에너지가 전혀 없는 이산화탄소 같은 것—이 되었다. 왜냐하면 탄소화합물에 담겨 있던 에너지가 대사로 인해 풀려나 바깥 세계로 열이 되어 사라져버렸기 때문이다. 이 사고실험의 요점은 생명을 복잡성 쪽으로 끌고 가려면 에너지가 필요하고, 에너지가 끊이지 않고 공급된다면, 배양균 같은 생체계는 평형상태와는 거리가 먼 정상상태(定常狀態, steady state)에서만 유지될 수 있다는 것이다.

이제 실험장치에 어떤 에너지원을 첨가해야 하느냐는 원래 물음으로 되돌아갈 수 있다. 초기 지구에서 쓸 수 있었을 에너지원은 열, 빛, 화학에너지, 전기에너지, 방사능, 이렇게 다섯 가지뿐이었다. 이 가운데에서 보통의 전기에너지와 방사능은 곧바로 제외해도 된다. 비록 번개의 꼴로 전기에너지가 아미노산 같은 기초 화합물의 합성을 거들 수 있다고는 해도, 전기에너지와 방사능 모두 에너지 함량이 지나치게 높아서 생명으로 이어지는 화학반응들을 끌고 가는 일에는 쓰지 못한다. 같은 이유로 우리는 자외선 범위의 빛과 물의 끓는점보다 온도가 많이 높은 열에너지도 제외할 수 있다.

그러면 보통 상태의 빛, 열에너지, 화학에너지만 남는다. 이 셋을 더 면

밀히 살펴보기로 하자. 생물권은 거의 전적으로 식물이 태양으로부터 빛에 너지를 포획해서 생산하는 화학에너지에 의존해서 돌아간다. 광합성 과정 은 빛에너지를 써서 풍부한 물로부터 전자들을 떼어내어 이산화탄소에 주 어서 고에너지 당과 지방을 만들고 부산물로 산소를 생성한다. 우리를 비롯 해 동물에 속하는 생물들은 양분에 저장된 화학에너지를 흡수하고, 전자들 은 우리의 대사경로들을 타고 내리막으로 진행하여 다시 산소로 돌아가는 데, 그 과정에서 성장, 운동, 신경활동, 그 외의 모든 에너지 의존적 과정들 에 쓸 에너지를 풀어낸다.

그렇다면 본뜨기실험 장치에 빛에너지를 첨가해야 하는 걸까? 내 짐작 으로는 생명의 기원 과정을 끌고 갔던 1차 에너지원은 빛이 아니었을 것 같 다. 그 까닭은 식물이 처음에 빛에너지를 포획할 때 색소—엽록소—를 사 용하는데, 지금까지는 우리 계에서 색소 구실을 해줄 만한 것이 아무것도 없 기 때문이다. 그렇다고 엽록소를 그냥 첨가할 수는 없다. 왜냐하면 엽록소 는 효소가 촉매하는 복잡한 반응들을 거치며 합성되는 상당히 정교한 분자 인데다, 생명 탄생 이전에 있었을 만한 형태의 광합성 색소계를 아직까지 아 무도 제시하지 못했기 때문이다. 하지만 그냥 무슨 일이 일어나나 보기 위 해서라도, 어느 시점에서는 본뜨기실험에 빛에너지를 첨가해보는 것도 재 미있을 것이다. 빛, 특히 자외선 범위의 빛이 광화학반응들을 끌고 가 뜻밖 에도 원시엽록소 같은 기능을 가진 색소를 만들어낼 수 있을지도 모르는데, 그렇게 된다면 큰 발견이 될 것이다.

이제 남은 것은 열에너지와 화학에너지이다. 적어도 최초의 복잡한 원 세포가 처음 만들어질 때에는 화학에너지가 별로 큰 도움이 되지는 못할 것 이다. 예를 들어보자. 우리는 화학에너지를 담은 화합물들, 이를테면 세포 가 핵산을 만들 때 쓰는 ATP와 여타 뉴클레오시드삼인산 같은 화합물을 첨 가할 수도 있다. 중합작용을 촉매하는 효소가 없이는 이 화합물들이 자발적 으로 인산이에스테르 결합을 형성하지는 못할 것이다. 활성 뉴클레오티드에서 RNA가 합성되는 반응을 촉매하는 것으로 알려진 점토 같은 광물을 첨가한다 할지라도, 반응이 끝나면 모든 게 다시 내리막을 타서 평형상태로 돌아갈 것이다. 이는 소모되는 에너지와 균형을 맞추려면 에너지를 가진 화합물들을 쉬지 않고 계에 첨가해야 함을 뜻할 것이다.

일차적인 에너지원이 무엇이었느냐는 문제는 생명의 기원 연구에서 중심이 되는 수수께끼 가운데 하나이다. 생명 탄생 이전 조건을 본뜬 실험 가운데에는 활성 단위체로부터 중합체를 생성할 수 있는 것이 여럿 있지만, 에너지를 함유한 분자들을 꾸준히 공급할 가당성 있는 원천을 찾아내기는 간단한 일이 아니다. 한 가지 예외가 바로 황화카르보닐(COS)이 아미노산을 활성화시켜 펩티드 결합을 형성하게 하는 반응인데, 지금까지 이 반응은 기다란 펩티드 사슬을 생성하지는 못하고, 겨우 아미노산 몇 개만 이어주는 것으로 나타났다.

이제 모두 지우고 열에너지만 남았다. 반응들을 오르막으로 끌고 가서 원세포를 탄생시킬 에너지원으로 내가 선택하게 될 것이 사실은 바로 무수가열 순환cycles of anhydrous heating이다. 이것은 내가 처음 생각해낸 것이 아니다. 이 에너지원을 처음으로 탐구했던 이들 중에 시드니 폭스와 동료들이 있었고, 그들은 건조 상태의 아미노산 혼합물에 그냥 열을 가하는 것으로 중합체가 생성될 수 있음을 발견했다. 레슬리 오르겔도 초창기 연구에서 이런 식으로 짧은 RNA 분자들을 소량 생성시키는 데에 성공했다.

이제 6장에서 짚어보았던 점을 되새겨볼 필요가 있다. 바로 열이란 일차적인 에너지원이 **아니라는** 것이다. 오늘날 지구에 사는 어느 생명도 빛에너지와 화학에너지를 쓰는 방식과 똑같이 열에너지를 직접 포획하지는 않는다. 하지만 열에는 에너지 쓰임과 관련하여 두 가지 중요한 성질이 있다. 당용액을 건조시켜 캐러멜 사탕을 만드는 평범한 반응을 생각해보자. 당 용액을 상온에서 건조시키면, 맑고 딱딱하고 유리 같은—심지어 수정 같은—고체가 형성되는데, 건조과정이 충분히 느려야만 그렇게 된다. 여기에 노랑 염료와 레몬 향을 조금 첨가하면 레몬사탕이 된다. 이제 당 용액을 스토브에 넣고 섭씨 100도에서 끓여 건조시켜보자. 그러면 맑은 고체 대신 캐러멜이라고 하는 갈색의 찐득찐득한 물질을 얻게 된다. 캐러멜을 구성하는 것은 순수한 당이 아니라, 자당 분자들이 엮인 중합체이다. 이 반응은 당 분자들에 함유된 에너지 때문에 자발적으로 일어나며, 열이 끌고 가는 반응이 아니다. 그 대신 열은 활성화에너지를 추가해준다. 활성화에너지는 이웃한 당 분자들이 에너지 장벽을 넘어서 중합체가 될 수 있는 확률을 높여준다.

열이 원시 조건의 화학에 관여할 수 있는 제2의 방도는 농도효과와 관련이 있다. 물을 끓이면 증발해서 건조 상태가 되고, 혹 물속에 뭐라도 있다면 건조과정 동안 고도로 농축된다는 사실을 모르는 사람은 없을 것이다. 여기서 가장 중요한 점은, 무엇이 마르게 되면 자유 물 분자들이 모두 주변 대기 속으로 빠져나간다는 것이다. 물속에 무슨 화합물이 있느냐에 따라, 건조 뒤에도 다른 꼴로 물을 얻을 수 있는데, 농축된 분자들 사이의 화학반응에 의해 생성될 수 있는 물이 바로 그것이다. 이런 반응이 어떤 모습일지 그려보기 위해, 에탄올과 아세트산을 일대일 비율로 섞은 뒤에 여러 날을 그대로 둬서 평형상태로 만들었다고 해보자. 그런 다음에 용액을 분석해보면, 아래 반응식에 따라 두 화합물들의 일부가 반응을 해서 에스테르인 에틸아세트산염ethyl acetate이 약간의 물과 더불어 생겨났음을 보게 될 것이다. 나아가 처음의 용액을 가열하면, 반응이 훨씬 빠르게 진행되어 몇 분 만에 평형상태에 이르게 될 것이다. 이런 반응을 화학용어로는 축합이라고 한다.

$$\text{에탄올 + 아세트산} \rightarrow \text{에틸아세트산염} + H_2O$$

이제 가설의 중심점에 이르게 되었다. 이미 4장에서 자세히 살폈던 것으로, **단위체들을 이어붙여서 생명의 중합체를 형성하는 화학결합의 대부분은 단위체에서 물을 제거하여 만들어진다**는 것이다. 축합반응으로 생성된 화학결합의 예로는 지방과 인지질의 에스테르 결합, 탄수화물을 이어서 녹말이나 섬유소 같은 중합체로 엮는 글리코시드 결합, 핵산의 인산이에스테르 결합, 단백질의 펩티드 결합이 있다. 오늘날 모든 생명의 중합반응에서는 효소가 촉매하는 대사반응들에 의해 잠재적 단위체로부터 물이 제거된다. 그래야지만 분자들이 반응할 수 있다. 우리는 이 과정을 단위체활성화라고 한다. 그런 반응들을 끌고 가는 중심 에너지는 아데노신이인산과 인산염에서 물을 제거하는 것에서 비롯된다. 그렇게 물을 제거하면 아데노신삼인산, 곧 이른바 에너지화폐인 ATP가 생성된다. 엽록체는 빛에너지를 써서, 세균과 미토콘드리아는 아세트산 같은 대사물에서 산소로 전자를 수송하는 에너지를 써서 이 반응을 실행한다.

$$ADP + PO_4^{-3} \rightarrow ATP + H_2O$$

그런 다음 ATP에 저장된 화학에너지는 아미노산들과 전달RNA를 연결할 때 아미노산에서 물을 제거하는 데에 쓰이며, 그래야지만 단백질을 합성하는 동안 리보솜이 성장 중인 펩티드 사슬에 아미노산을 부착할 수 있다. ATP는 GTP, CTP, TTP, UTP 같은 다른 뉴클레오티드들에게도 화학에너지를 전달하고, 중합효소들은 생체계를 이루는 또 하나의 근본적인 중합체인 핵산을 합성하기 위해 이 뉴클레오티드들을 기질로 사용한다.

생명의 기원을 이해하는 데에서 중심이 되는 문제점은, 다른 반응들을 끌고 가기 위한 에너지화폐로서 ATP 같은 구실을 해주는 것을 이제까지 아무도 찾아내지 못했다는 것이다. 스톡홀름 대학교의 헤리크 발트셰프스키 Herrick Baltscheffsky는 피로인산염이 이 일을 해줄 수 있을 거라는 생각을 내놓았고, 벨기에의 노벨상 수상자 크리스티앙 드뒤브Christian De Duve는 티오에스테르도 화학에너지원이 되어줄 수 있을 거라고 제안했으나, 생명 탄생 이전 환경에서 피로인산염이나 티오에스테르가 어떻게 만들어져서 중합반응들을 끌고 가는 데에 쓰일 수 있었을지 지금까지는 분명한 게 없다. 우리에게 필요한 것은 지속적으로 얻을 수 있고, 가당성이 크며, 생명의 기원으로 이어졌을 자연의 실험들에 필요한 중합체들을 만들어낼 수 있는 풍부한 자유에너지원이다. 이렇게 해서 우리는 건조, 농축, 가열의 방법으로 중합체를 만드는 문제로 되돌아가게 된다. 이런 식으로 중합체를 만들 수 있음을 우리는 확실히 알고 있기 때문이다.

정말 그렇게 간단할까? 그냥 '흔들어서 굽기' 방법만으로 생명을 만들어낼 수 있을까? 내 동료들 대부분은 그렇다고 생각지 않으며, 그럴 만한 아주 타당한 이유들이 있다. 일반적으로 보면, 단위체 혼합물을 건조시켜 열을 가하면 온갖 화학결합이 형성되고, 그 결과 타르라고 하는 갈색이나 검은색의 끈적이는 곤죽이 생성된다. 열이 끌고 가는 반응들에서는 너무 다양한 것들이 생성되기 때문에 지나치게 뒤죽박죽이다. 또 다른 문제는 모든 생물이 수성 매질에서 반응들을 돌린다는 것이다. 그래서 생명의 기원에 관심을 가진 화학자들은 용액에서 반응이 일어나도록 하는 쪽을 선호한다.

다른 한편에서 보면, 가열과 건조에서 나온 에너지가 재미있는 결과를 낳을 만한 긴 중합체들의 합성을 끌고 갈 수 있음은 의심할 여지가 없다. 이는, 만일 우리가 특수한 결합이 촉진되도록 단위체들을 조직하여, 열을 활성화에너지로 이용하는 무수 조건 아래에서 축합반응을 당하게 할 길을 찾아낼 수 있다면, 사실상 생명 과정에 관여하는 모든 중합체들을 만들어낼 수 있을 것임을 의미한다. 이런 이유 때문에, 초기 지구에서 땅, 공기, 물이 계면을 형성했던 곳이라면 어디에서나 일어났을 것으로 예상되는 젖고 마르는 순환들을 우리의 본뜨기실험에 합쳐넣을 것이다.

이는 새로운 생각이 아니다. 일찍이 다른 연구자들도 종종 탐구하던 생각이었다. 우리는 이런 조건을 요동환경이라고 부르는데, 복잡성이 더욱 높아지도록 화학계를 오르막으로 '펌프질하는' 한 가지 길이 바로 이것이다. 젖고 마르는 순환에서 마르는 기간 동안에는 축합반응으로 중합체들이 형성되어 분산되고, 젖는 단계에서는 서로 섞인다. 여기서 서술할 새로운 생각은, 용액 속에서 반응물과 생성물은 자유롭지 않을 것이며, 혼합물 속의 친양쪽성 분자들이 만들어낸 마이크로 크기의 칸들 속에 싸담기리라는 것이다.

싸담기 과정

이제 조합화학 관념으로 되돌아갈 필요가 있다. 상품 가치가 있는 생성물을 만들어낼 반응을 찾아내고자 하는 생명공학 회사가 그 반응을 최적화시키려고 실험을 하나하나 해보느라 밤늦게까지 고생하는 화학자들에게 전적으로 의지하는 일은 이제 더는 없다. 그 대신 일종의 로봇 장치를 이용해서 플라스틱 접시 하나에 놓인 수천 개의 미세한 칸들 속으로 소량의 반응물들을 전달한다. pH, 이온 세기, 반응물 비율 따위의 매개변수 측면에서 볼 때 칸 하나하나는 모두 서로 다르다. 그런 뒤에 반응이 일어나도록 해서 생성물을 분석한 다음, 어느 조건집합이 최선의 효과를 내는지 살핀다. 수천 번의 실험을 나란히 함께하기 때문에, 지난 시절에는 화학자들이 하루에 실험 하나씩 차례로 이어 해서 몇 년은 걸려야 했던 일을 로봇은 단 한 주 만에 해낼 수 있다.

나는 생명의 기원에도 자연에서 일어나는 형태의 조합화학이 관여했다고 생각한다. 초기 지구에 로봇이 있었을 리 만무하기에, 과연 에너지원들과 유기화합물들이 어지럽게 뒤섞인 상황에서 어떻게 자발적으로 조합화학의 조건들이 만들어질 수 있었을까? 답은 바로, 오늘날 생명을 이루는 모든 단위가 세포이며, 본뜨기한 생명 탄생 이전 조건에서 세포형 칸들을 쉽게 만들 수 있다는 사실에서 찾을 수 있다. 7장과 8장에서 살폈다시피, 친양쪽성 체들이 있다면, 막으로 싸인 칸들은 만들어질 수밖에 없는 것으로 보인다. 더군다나 위에서 서술한 마르고 젖는 조건 아래에서는, 칸들이 만들어지는 것은 물론이고, 주변에 있는 어느 화합물이든 용질로서 칸 속을 채우는 것도 간단한 일이다. 마르는 주기에는 묽은 혼합물이 고도로 농축되어, 친양쪽성체 덩어리 속에서 몹시 얇은 박막을 형성하고, 거기서 화학반응들이 진행할 수 있다. 이런 조건에서는 화합물들이 서로 반응하는 것으로 그치지 않고, 반응에서 나온 생성물들은 젖는 주기가 되면 싸담기게도 될 것이다. 이 과정의 결과로 초기 지구 전역에서 오늘날의 하와이나 아이슬란드와 비슷한 화산 환경에서 수용액이 젖고 마르는 순환을 겪는 어느 곳에서나 원세포라고 부르는 것들이 수도 없이 생겨났을 것이다. 그 원세포들은 칸막음된 분자계들이고, 성분구성은 저마다 다 다르며, 하나하나는 조합화학에 필요한 일종의 자연 형태의 실험이다.

이 모두가 꽤나 간단하게 들리겠지만, 이를 성공적으로 입증해낸다면 그 대가는 막대할 것이다. 그런데도 왜 아직까지 아무도 이런 본뜨기실험 장치를 구축하지 않았을까? 그 까닭은, 과학자들은 대부분 어느 특수한 반응을 통제하면서 연구할 수 있도록 한두 가지 정도의 성분만 갖춘 비교적 단순한 조건을 선호하기 때문이다. 이게 바로 공인된 연구 양식이며, 그저 무슨 일이 일어나나 보려고 다양한 에너지원과 많은 가짓수의 성분들로 믿기지 않을 만큼 복잡한 본뜨기실험 장치를 짜맞춘다는 생각은 대부분의 심사위원회의 마음을 움직이지 못할 것이다. 심사위원들은 그런 과제를 '무작정 낚기 fishing trip'라고 부를 텐데, 지원금 신청을 확실히 묵살하겠다는 뜻으로 쓰는 어구이다. 그리고 가능한 모든 반응들의 어마어마한 복잡성 속에서 길을 잃고 말 것이라고 예상할 것이다.

그래, 그럴 수도 있다. 그러나 나는 젊은 스탠리 밀러가 환원된 기체 혼합물에 전기방전의 꼴로 에너지를 첨가했던 과감함에서 큰 인상을 받는다. 지도교수였던 해럴드 유리는 그 실험에 대단히 회의적이었다. 밀러가 '바일슈타인Beilstein'만 만드는 데에 그치고 말 것이라고 예측했는데, 바일슈타인이란 1950년대에 당시까지 알려진 모든 유기화합물—수천 가지를 헤아렸다—을 열거한 유명한 편람을 일컫는 말이었다. 그런데 예측과는 다른 일이 일어났던 것이다. 그 실험은 떠오름 현상의 완벽한 예를 보여주었다. 바로 상당량의 아미노산이 만들어졌고, 그 결과는 생명의 기원에 관한 우리의 사고에 혁명의 불꽃을 당겼다. (확실히 수천 가지 부수적인 생성물도 합성되었고, 오늘날까지도 이것들을 속속들이 분석하지 못한 형편이다.) 밀러의 실험은 내가 충분복잡성의 원리라고 부르는 것을 보여주는 한 예이다. 만일 밀러가 그 계에서 성분 하나라도—이를테면 암모니아—빼먹었다면, 그 계의 복잡성은 불충분했을 테고, 흥미를 퍽 끌 만한 일도 일어나지 않았을 것이다.

이상을 간추려보자. 나는 우리가 과감해야 하며, 충분히 복잡하다고 판단되는 조건들에서 낚시질을 해야 한다고 생각한다. 그 본뜨기실험에서 무슨 일이 일어나든 거기서 배울 게 있으리라 기대하면서 말이다. 생명의 기원이란 믿을 수 없을 정도로 복잡한 환경에서 생겨나는 떠오름 현상임을 기꺼이 받아들이고, 화학과 물리 법칙들에 믿음을 가지고, 실험실에서 그와 비슷한 반응들을 재현해낼 기회를 만들어내기만 하면, 어쩌면 생명의 기원에 대해서 모든 예상을 뛰어넘는 무언가를 발견할지도 모른다.

가설시험: 요동환경의 복잡성 증가

수시로 머릿속에서 생각들이 불쑥불쑥 떠오른다는 것도 연구하면서 누리는 재미이다. 누구에게나 생각이 떠오르지만, 그 생각들 가운데에서 시간을 들일 가치가 있는 것, 그 근사한 생각을 무너뜨리는 것이 주된 목표인 고비실험을 수행할 가치가 있는 것을 골라내는 것이 연구에서는 어려운 부분이다. 왜 무너뜨리는가? 왜냐하면 잘못된 생각들을 그렇게 해서 빠르게 버릴 수 있으며, 생각들의 대부분은 잘못된 생각들이기 때문이다. 어느 생각이 그런 혹독한 시험을 견뎌냈다면, 그다음에라야 그 생각을 더 진지하게 여겨 시험을 더 해볼 수 있다. 그 시험들까지 다 견뎌낸다면, 세상에 선보일 수 있다.

내가 앞에서 서술했던 것은 생명이 어떻게 시작될 수 있는가에 관한 한 생각의 바탕에 깔린 역사와 근거이다. 그리고 이제 그 생각을 시험할 때가 되었다. 다음에 서술할 것은 지질에 관해서 내가 해왔던 연구에서 부상한 것으로, 그 생각에는 세 가지 측면이 있다.

* 축합반응에 의한 중합은 지질 바탕질의 질서화 효과에 의해 향상된다.
* 중합체 혼합물을 담은 지질 소포들은 자연의 조합화학 실험을 나타낸다.
* 싸담긴 중합체들은 서로 상호작용할 수 있다. 한쪽은 촉매로, 다른 쪽은 원시
유전자로서 상호작용할 수 있다.

앞 장들에서 살펴본 것처럼, 지방산이나 인지질 같은 친양쪽성 분자들이 소포들을 형성할 수 있음은 오랫동안 알려져 있었다. 또한 그 소포들을 건조시키면, 그 결과로 나온 마른 물질은 그냥 무정형의 곤죽이 아니며, 소포들이 서로 합쳐져서 질서 있는 구조를 만들어낸다는 것도 알려져 있다. 이렇게 만들어진 두 가지 기본 구조를 충판배열lamellar array과 육각배열 hexagonal array이라고 한다. 이 구조들을 흔히 액정liquid crystal이라고도 하는데, 분자들이 꼭 고체 꼴로만 있는 게 아니라, 결정의 성질을 갖게끔 조직되어 있음에도 불구하고 구조 안에서 분자들이 돌아다닐 수 있기 때문이다. 건조 중인 용액에 용질이 있으면, 조직된 지질 바탕질의 충판들 또는 원통들 사이에 분자들이 갇히게 됨—8장에서 싸담기를 서술할 때 살폈다—도 우리는 알고 있다.

시험하게 될 가설에서 중심이 되는 새로운 생각은 다음과 같다. **만일 지질구조들이 단위체들에 질서를 부여하여, 축합반응이 일어나는 동안 특수한 중합이 촉진되도록 한다면 어떨까?** 만일 그렇다면, 그런 조건들이 기다란 중합체 합성으로 이어지리라고 예상할 것이다. 나아가 광물 표면에 들러붙는 대신, 물이 계에 첨가되자마자 그 중합체들은 용액 속으로 다시 들어가 지질 소포 속에 싸담길 것이다. 〈그림 30〉은 뉴클레오티드들이 조직되어 다

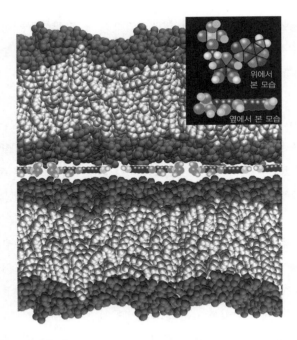

위에서
본 모습

옆에서 본 모습

그림 30. 아데노신일인산(AMP)은 핵산을 이루는 뉴클레오티드 단위체의 하나이며, AMP의 분자 모형을 위에서 본 모습과 옆에서 본 모습을 오른쪽 위 그림상자에서 볼 수 있다. 본 그림은 다층판 지질 바탕질 속 지질이중층 사이의 2차원 평면 안에서 AMP가 조직될 수 있는 방식을 그려주고 있다.

층판 지질 바탕질 속 지질이중층 사이에 농축되었을 때에 보일 만한 모습을 상상한 것이다. 어떻게 뉴클레오티드들에 질서가 부여될 수 있고, 그 질서부여 덕분에 뉴클레오티드들을 이어붙여 핵산 분자로 만들어주는 인산이에스테르 결합을 형성할 가능성이 훨씬 더 높아지는 까닭이 무엇인지 쉽게 알아볼 수 있다. 뉴클레오티드들이 용액 속에 있으면, 무작위로 운동하게 되고, 뉴클레오티드 하나하나는 물 분자 수천 개에 둘러싸이게 된다. 그러나 지질 바탕질 속에 있다면, 물은 없고, 분자들은 2차원 평면 속에 갇히게 된다.

　〈그림 30〉이 그 생각을 그려내고 있으나, 생각으로만 그치는 것은 아니다. 왜냐하면 우리에게는 예비적이기는 하나 가망성이 있는 결과가 몇 가지

있기 때문인데, 이제 그것들을 살펴볼 생각이다. 먼저, 대학 환경에서 연구 실험실이 어떻게 돌아가는지 말하고 싶은 게 있다. 연구진의 국적은 대단히 다양하다. 우리는 대학원생, 박사후 과정 연구생들, 기술연구원, 책임연구원(PI)이 한 팀을 이루어 일한다. PI가 맡은 역할은 연구에 대한 기본적인 생각과 접근법들을 내놓고, 미 항공우주국 같은 지원기관을 설득해서 연구지원금──보통 1년에 10만 달러 범위이다──을 타내는 일이다. 이 정도면 실험실에서 일하는 두세 사람을 부양할 만한 액수이다. 이 지원금은 대학원생과 박사후 과정 연구생에게 돌아가는 경우가 가장 흔한데, 박사후 과정 연구생이란 일종의 견습생으로서, 이미 박사학위를 받은 사람이고, 2~3년 동안 독립연구자로 설 수 있는 법을 익힌다. 내가 여기서 서술하려는 작업의 경우, 인도에서 온 수다 라자마니Sudha Rajamani 박사가 손쓰는 일의 상당 부분을 했고, 스페인에서 온 펠릭스 올라사가스티Felix Olasagasti 박사는 예비조사 몇 가지를 했으며, 일본에서 온 세이코 베너Seico Benner와 캘리포니아에서 온 에이미 쿰즈Amy Coombs는 여러 가지 기술적 측정을 수행했으며, 러시아에서 온 알렉산드르 블라소프Alexander Vlassov는 몇 가지 겔 분석작업을 했는데, 이 분석 덕분에 우리는 실제 현상이 있음을 마침내 확신하게 되었다. 물론 내가 맡은 일은 독창적인 생각(25년 전부터 해왔던 생각)을 제시하고, 신청서를 작성해서 2년 동안 이 팀을 부양할 지원금을 얻어내는 것이었다.

기본적인 실험적 접근법은 꽤 간단하다. 그러나 확신을 갖기 위해서는 조건을 달리하여 실험을 많이 되풀이해야 했다. 우리는 물(실제로는 화산 온천의 산성도를 본뜬 pH 3의 묽은 산) 속에서 지질 소포들을 분산 상태로 만들었다. RNA의 단위체인 모노뉴클레오티드들을 용액 속에 첨가하되, 지질 하나에 뉴클레오티드 하나 정도로 있도록 했다. 그 혼합물을 두 시간 동안 섭씨 90도까지 데웠고, 그동안에 생명 탄생 이전 대기를 본떠서 이산화탄소를 산들산들 흐르게 하여 혼합물을 건조시켰다. 그런 다음에 물을 소량 첨가하고, 지질 소포들이 분산되게끔 몇 초 동안 혼합물을 저었다. 그 주기를 일곱

번까지 되풀이했다. 여기에 깔린 생각은, 앞서 내가 서술했던 캄차카 지역과 비슷한, 초기 지구의 화산지열 지역의 조건을 본떠보자는 것이었다. 이런 조건에서는 마르고 젖는 과정이 웅덩이 가장자리에서 쉬지 않고 일어난다. 물은 상당히 뜨겁고(섭씨 80~90도) 약한 산성을 띠었을 것이다.

자, 그럼 무슨 일이 일어났을까? 기막히게 깜짝 놀랄 일이 일어났다. 중합체가 있는지 확인하려고 용액을 시험해보자, 길이가 뉴클레오티드 20~100개 범위의 RNA형 분자들이 합성되었음을 알아냈던 것이다. 유기합성의 기준으로 보면 수율은 몹시 낮아서, 뉴클레오티드의 0.1퍼센트 미만만이 긴 중합체들로 엮였는데, 혼합물 속에 있던 밀리그램 단위 양의 뉴클레오티드 가운데에서 생성물은 몇 마이크로그램밖에 되지 않는 정도였다. 하지만 생명 탄생 이전 환경에서 고수율 중합반응이 일어났었다고 생각할 아무런 특별한 이유도 없었다. 반응물은 수백 가지 유기화합물들이 섞인 혼합물이었기에, 초기 생중합체를 만들어냈던 반응들의 수율이 몹시 낮았음은 거의 확실하다.

실험의 한 가지 중요한 결과는, 반응이 끝나고 물을 첨가하여 마지막 수화水化주기가 완료되었을 때, 지질이 RNA를 소포 속에 포획했다는 것이다. 나는 이 소포들이 세포형 생명으로 가는 첫걸음이라고 여긴다. 말하자면 촉매(리보자임)와 정보운반체가 될 잠재성을 가진 중합체들이 복잡하게 섞인 혼합물이 마이크로 크기의 막-경계 칸들 속에 담긴 것이다.

그러나 아직은 너무 흥분해서는 안 된다. RNA를 닮은 중합체를 만들 만한 방도를 찾아낸 것은 좋은 일이지만, 단위체들이 3′–5′인산이에스테르 결합(생물 RNA의 결합)뿐 아니라 자연스럽지 않은 2′–5′결합으로도 이어져 있기 때문에, 그 중합체들은 생물학적 RNA와 같지가 않다. 이렇게 결합이 섞여 있다는 것은 그 분자들이 리보자임 같은 촉매 활동성을 가질 수 있는 구조로 쉽사리 접히지 않을 것임을 뜻한다. 나아가 그 분자들이 스스로 생식할 수 있을 명확한 과정이 없다. 지금 우리가 해야 할 일은 촉매 활동성을 가지는 얼마 안 되는 가닥들을 단리해 증폭하는 일이다. 지금 우리는 2차 실험들도 돌리고 있다. 위에서 서술한 결과들로부터 부상한 한 가지 명백한 가능성을 시험하는 실험들이다. 지질 바탕질을 이용해 단위체들을 조직해서 뉴클레오티드 단위체들을 RNA 같은 중합체들로 중합하도록 끌고 가는 게 가능하다면, 다음 단계는 그와 똑같은 조건들에서 주형−지휘의 합성도 끌고 갈 수 있을지 보는 것이다. 이 일은 레슬리 오르겔과 동료들이 했던 발견을 뒤따르는 것으로, 그들은 단위체들이 화학적으로 활성화만 되면, 수용액에서 주형이 RNA 합성을 지휘할 수 있음을 발견했다. 지금 우리는 뉴클레오티드와 지질 소포 혼합물에 합성 핵산 주형들을 넣어보고 있다. 건조되는 동안에 그 단위체들이 주형 위에 일렬로 정렬해서 인산이에스테르 결합을 형성할 수 있을 것으로 본다. 이렇게 된다면, 생명 탄생 이전 지구에서 복제작용, 말하자면 효소가 개입하지 않는 무수 조건의 축합반응들이 끌고 가고 주형 가닥의 염기서열이 지휘하는 복제작용이 시작될 수 있는 매우 가당성이 있는 방도를 나타내게 될 것이다. 의미심장하게도 그런 과정은 생명 탄생 이전의 중합효소 연쇄반응에 해당하는 과정일 것이다. 왜냐하면 건조된 바탕질에 물을 다시 첨가하면, 건조과정으로 올라가 있던 온도가 이중가닥 핵산을 다시 융해시켜서 두 가닥 사슬로 떼어내게 할 것이기 때문이다. 실험실에서 우리가 날마다 쓰는 PCR 장치에서 일어나는 것처럼 말이다. 그 결과 원본 중합체들이 성장하고 복제하게 될 것이며, 아울러 핵산 내의 서열은 증폭될 것이다.

두말할 것 없이 이는 대단히 흥분되는 결과이겠지만, 아직 해야 할 일이 더 있을 것이다. 마지막 단계는 유전분자가 촉매 분자의 합성을 지휘하고 그 촉매는 유전분자의 합성속도를 올리는 순환 과정을 출발시킬 조건들을 찾아내는 것이다. 현재 우리의 지식이 끝나고 사변이 시작되는 지점이 바로 여기이다. 그러나 사변은 얼마든지 유용한 가설로 바뀔 수 있는 법이다. 이번 장 앞부분에서 내가 서술했던 본뜨기실험이 그 시험이 되어줄 수 있을 것이다.

다시 본뜨기실험으로

기존의 연구와 위에서 서술한 결과들로부터, 우리는 무수주기가 축합반응을 촉진시켜 뉴클레오티드와 아미노산으로 중합체를 만들게 할 수 있음을 알게 되었다. 나아가 그렇게 만들어진 중합체들은 열역학적으로 오르막인 상태에 있다. 그러나 물에 노출되면 가수분해가 그 중합체들을 부수기 시작한다. 하지만 오르막 반응에 비해 내리막 반응은 느리게 일어난다. 그래서 중합체들은 운동속도의 덫에 갇힌 채로 한동안 존재할 것이다. 전체적인 생명 기원의 의미에서 볼 때, 중합체의 성장은 한 가지 측면에 지나지 않는다. 그 외에도 중합체들이 생식할 수 있게 하고, 촉매 활동성을 갖도록 중합체들에게 선택을 가할 수 있는 메커니즘도 있어야만 한다. 오늘날 어느 생물을 보나, 단백질과 핵산이 바로 그런 중합체들이다. 처음에 어떤 중합체들이 있었는지는 아직 모르지만, 어느 시점에 이르러 두 종류의 중합체들이 서로에게 득이 되게끔 상호작용하기 시작했음은 확신할 수 있다. 실험적 연구를 시작하기에 합당한 지점은 바로 그 중합체 가운데 한쪽은 아미노산으로 다른 쪽은 뉴클레오티드로 구성되었다고 가정하는 것이다. 그런 다음에야 비로소 원세포에 포획된 중합체 혼합물이 생명의 기원으로 이어지는 길을 가게 되었을 것이다.

바로 여기서 두 번째 생각이 개입하게 된다. 그 생각은 이번 장머리의 인용문에서 피터 미첼이 처음 제안했고, 나중에 빅터 쿠닌이 두-중합효소 각본으로 다듬은 것이다. 우리는 생명의 기원이 떠오름 현상의 한 예라고 가정한다. 그 정의에서 볼 때, 떠오름 과정은 복잡한 계를 이루는 성분들끼리 벌이는 우연한 상호작용에 의존한다. 우리가 생명의 기원에 대해서 알고 있는 바는, 5억 년 이하의 시간이 흐르는 동안에 지구 어디에선가 최초의 생체세포들이 조립되었다는 것이다. 우리가 모르는 바는, 과연 생명이 기원할 가능성이 너무 희박해서 지구 전체를 무대로 하고 5억 년이라는 시간까지 흐르는 동안 단 한 차례 일어났던 일이었느냐 아니었느냐이다. 이와는 정반대의 관점에서 보면, 만일 우리가 본뜨기할 성분들과 조건들을 마침 올바로 선택한다면, 원시적이기는 해도 식별할 수는 있는 생명꼴이 몇 주 내지 몇 달 만에 생겨나는 모습을 보게 될 가능성이 충분히 있을지도 모른다.

이제 우리는 복잡한 본뜨기가 필요한 몇 가지 실험적 시험을 제시할 수 있다. 지질에 의해 향상된 중합으로 핵산이 생성될 것이며, 이 조건 아래에서 펩티드 결합이 형성되어 잠재적인 촉매 활동성을 가지는 짧은 펩티드 사슬들이 만들어지리라고 가정할 수 있다. 모노뉴클레오티드와 아미노산 혼합물이 있는 상태라면, 둘 모두 중합을 당해 긴 중합체 구조를 이루게 될 것이다. 어느 시점에 이르면, 우연히 짧은 펩티드와 핵산이 함께 싸담겨, 때마침 서로가 서로의 합성을 촉진하게끔 상호작용하게 될 것이다. 이런 일이 일어나면, 그 중합체들을 담은 소포들은 두 중합체끼리의 상호작용이 없는 다른 소포들보다 우위를 점하게 되어, 소포들의 '배양culture'을 떠맡게 될 것이다.

이제 우리는 시험해야 할 가장 중요한 예측에 이르게 되었다. 3수준의 본뜨기실험에서 몇 차례 주기를 돌린 뒤, 우리는 서로 다른 많은 RNA와 펩티드가 그냥 섞여 있기만 한 모습이 아니라, 어떤 펩티드 종들과 RNA 종들이 혼합물을 우점해나가는 모습을 보게 될 것이다. 13장에서 진화를 다룰 때 살폈던 바르텔과 스조스탁의 실험에서 일어난 일이 바로 이것이었다. 실험 처음에는 무작위적인 RNA 분자들이 수조 개나 있었음에도 불구하고, 네 번의 주기를 거친 뒤에는 촉매성을 지닌 특수한 RNA들이 축적되기 시작했던 것이다. 나는 길이가 뉴클레오티드 50개 안팎인 짧은 RNA 가닥들과 아미노산을 50개 정도 담은 짧은 펩티드들이 관여하는 3수준 본뜨기실험에서도 이와 비슷한 과정이 일어날 수 있으리라고 생각한다. 대사도 필요 없고,

젖고 마르는 순환이 공급하는 것 말고는 따로 에너지가 유입되지 않아도 된다. 그 계는 아직 살아 있는 상태는 아니다. 왜냐하면 여전히 젖고 마르는 순환의 에너지에 의존해서 중합을 끌고 가고, 열에너지에 의존해서 그 과정을 활성화시키기 때문이다. 싸담긴 소포계는 저마다 서로 다 다르다. 그래서 하나하나는 미시적인 실험 하나씩을 나타낸다. 실험을 충분히 돌리면, 어느 시점에 이르러 소포 하나나 두엇이 다음 단계, 곧 젖고 마르는 순환의 탈수에너지 외의 에너지원을 포획하는 단계로 넘어갈 수 있는 중합체 묶음을 갖게 될 것이다.

이런 웅대한 본뜨기실험을 구축해야 하는 걸까? 그래야 한다고 생각한다. 그렇지 않고서는 우리가 생명의 기원으로 통하는 화학적 경로를 연역할 수 있을 만큼 유기화합물들과 에너지원들의 복잡한 상호작용을 충분히 이해할 수 있으리라고 보기 힘들기 때문이다. 그래서 우리는 젊은 스탠리 밀러가 가졌던 천진한 용기를 내서, 기꺼이 미지 속으로 뛰어들어야 한다. 곧, 생명 탄생 이전에 있었을 만한 화합물들을 섞은 충분히 복잡한 혼합물로부터 막에 싸담긴 계들이 떠오르게 해서, 본질적으로는 예측이 불가능한 과정들을 찾아내야 한다.

점 잇기

자기조립 과정과 초기 지구 환경의 조건들에 관한 우리의 이해가 발전을 해서, 이제는 유기화합물의 단순 혼합물로부터 생명 상태의 성질들을 가진 첫 분자계들로 이어질 만한 여러 경로들을 제시할 수 있는 지점까지 왔다. 이번 장에서 서술한 각본을 보면, 초기 지구에서 운석−혜성 충돌로 공급되었거나, 화산 활동과 연관된 고온·고압 환경에서 지구화학적으로 합성되어 공급된 친양쪽성 분자들이 자기조립하면서 막으로 싸인 칸들이 처음 등장했다. 막으로 싸인 칸들이 처음 조립된 것으로 그치지 않고, 주변에서 구할 수 있는 단위체들로부터 핵산과 펩티드를 닮은 중합체가 합성될 수 있도록 그 칸들이 본질적인 도움을 주었다. 이런 시각에서 보면, 생명은 어느 특수한 분자로 시작되었거나 순전히 대사작용만으로 시작된 것이 아니라, 중합과정을 촉진하는 막 있는 칸 속에 붙들린 분자계로 시작된 것이었다.

그다음의 특징은, 중합을 통해 점점 복잡성이 커지도록 그 분자계를 끌고 갔던 처음의 자유에너지원과 관련된다. 여기에는 요동환경으로 구할 수 있는 자유에너지가 관여한다. 가장 흔한 것은 젖기와 마르기가 반복되는 순환으로서, 물과 땅이 닿은 계면에서 자연스럽게 일어났을 것이다. 그런 순환들이 이어져 일어나면, 화학적 전위차를 만들어내어 중합과정들을 '펌프질'할 수 있다. 그 전위차는 반응물의 물 손실을 도와 에스테르 결합과 펩티드 결합이 형성되게 한다. 이 생각의 역사는 오래다. 그러나 그 결합들이 무차별적으로 형성되어 어찌하기가 난감한 '타르'를 만들어낸다는 것이 발견되면서, 일반적으로는 포기된 생각이었다. 하지만 형성되는 결합의 종류를 제한했던 미시환경을 찾아낼 수 있다면, 세포형 생명으로 향하는 첫걸음으로서 요구되는 싹담긴 중합체계를 처음 만들어내기 시작했을 가능성이 높은 방도는 바로 무수 조건들의 순환이 끌고 가는 중합일 것이다. 그러면 어느 시점에 이르러, 화학에너지나 빛에너지를 사용하는 에너지−포획 메커니즘을 진화시킬 수 있는 계가 나타날 것이다. 이것이 강한 선택인자가 되어, 결국 그런 계는 무수주기에 의존해 중합체를 만드는 느린 계들을 빠르게 앞질러 갈 것이다.

이 시점에서 다윈주의적 선택이 시작되었을 것이다. 왜냐하면 그 구조들은 저마다 독특한 성분집합을 가지기에, 성장 과정을 겪어내는 능력이 천차만별일 것이기 때문이다. 단연 일차적인 선택인자는 주어진 구조가 얼마나 빠르고 효율적으로 에너지와 양분 단위체들을 포획할 수 있느냐가 되었을 것이다. 여기서 성공한 것들은 성장할 것이고, 어느 시점에 이르면 너무 커져서 일종의 분열이 일어날 수 있었을 것이다. 각 딸구조에는 어미구조가 가졌던 일부 성질들이 유전되었을 것이지만, 그래도 여전히 저마다 독특했을 것이다. 이보다 느리게 성장하는 구조들은 성장 경쟁에서 뒤처졌을 것이며, 성장 능력이 없는 구조들은 그저 양분 공급원이 되어, 성장하는 구조들에게 자기가 가진 성분들을 천천히 빼앗겼을 것이다.

제15장

합성생명이 나올 전망

발명을 이루는 것은 공허로부터의 창조가 아니라 혼돈
으로부터의 창조임을 겸허하게 받아들여야 할 것이다.
—메리 셸리, 1818

메리 셸리Mary Shelley의 고전적인 소설에서 빅터 프랑켄슈타인 박사는 시체들에서 회수한 부분신체들로 사람 몸을 하나 조립한다. 거의 200년 전에 처음 출간되었던 그 소설은, 지금이라면 생명윤리의 영역에 든다고 여길 물음들을 제기했다. 오늘날에 프랑켄슈타인 박사가 그 실험을 하고자 한다면, 소속 대학의 심의위원회에 알려 심의를 받아야 할 테지만, 보나마나 거절당할 게 빤할 것이다. 그런데도 전 세계의 수많은 실험실에서 프랑켄슈타인의 꿈―뭔가 생명 있는 것을 발명하고픈 꿈, 그러나 여기서는 마이크로 크기에서 만들어내려는 꿈―과 소름끼치게 비슷한 모습으로 생명을 재구성해내려고 하고 있다. 그런 과학에는 합성생물학synthetic biology이라는 이름까지 붙어 있다.

이번 장에서 나는 생명을 가진 유기체의 정의에 점점 근접해가고 있는 인공세포 제작 시도의 역사를 간단히 추적해볼 것이다. 이 노력들이 아직은 성공을 거두지 못했으나, 다음 십년 기에 그 목표를 이룰 수 있으리라고 믿을 만한 근거가 있다. 요점은, 합성생명을 조립하려고 할 때에 우리는 생명의 기원으로 이어졌던 단계 몇 가지를 되밟는 셈이며, 성공과 실패로부터 배우는 바가 있다는 것이다.

생식 능력이 있는 분자계 조립을 처음으로 해낸 때는 1955년이었다. 당시 버클리 캘리포니아 대학교의 하인즈 프렌켈-콘라트Heinz Fraenkel-Conrat와 로블리 윌리엄스Robley Williams는 담배모자이크 바이러스가 외피 단백질과 RNA로 분리될 수 있음을 발견했다. 둘 중 어느 쪽도 혼자서는 활성을 띠지 않았으나, 둘을 섞자 두 부분이 재조립되어 다시 감염체가 되었다. '살아 있다'는 말의 통상적인 의미에서 봤을 때, 비록 바이러스는 살아 있는 것으로 간주되지는 않지만, 바이러스의 기능들을 성공적으로 재구성해 낸 일에서 용기를 얻은 다른 연구자들이 이보다 복잡한 계들을 재조립하려는 시도를 했다. 1970년대, 이 기술을 가장 성공적으로 이뤄낸 이는 코넬 대학교의 에프레임 래커였다. 그는 데옥시콜산deoxycholic acid 같은 세제를 써서 세포의 막 성분들을 분산시켰다. 세제를 제거하자, 비록 그 방향성이 다소 흐트러지긴 했어도 처음의 성분들을 고스란히 담은 작은 막질 소포들이 형성되었다. 그렇게 범벅이 되기는 했어도, 래커와 동료들은 미토콘드리아 막과 엽록체 막의 전자수송 반응들과 ATP 합성을 재구성해낼 수 있었다.

곧이어 연구자들은 이와 비슷한 기법들을 다른 생물적 구조와 기능들에도 적용했다. 예를 들면, 샌프란시스코 캘리포니아 대학교의 발터 스퇴케니우스Walther Stoeckenius와 디터 외스터헬트Dieter Oesterheldt는 양성자 기울기의 에너지를 써서 ATP를 합성하는 어느 호염성好鹽性 세균 종에서 단리해낸 자색紫色 막의 양성자 펌프를 재구성했다. 래커와 스퇴케니우스는 기막힌 궁합을 보이며 팀을 이뤄, 호염세균의 양성자 펌프와 미토콘드리아의 ATP 합성효소를 모두 담은 막계를 만들기로 했고, 두 사람은 그 뒤기 막구조가 빛을 에너지원으로 해서 ATP를 합성할 수 있음을 입증했다. 래커와 스퇴케니우스가 쓴 논문은 ATP의 화학삼투적 합성을 마침내 확증해낸 문헌으로 종종 인용되었고, 1978년 피터 미첼의 노벨상 수상으로 이어졌다.

이 짤막한 역사의 요점은, 비교적 복잡한 생물적 기능을 하는 성분들이 분산되었다가 자기조립하면 그 기능이 재구성될 수 있다는 것이다. 그러니 세포 전체를 재구성해보려 하지 않을 까닭이 어디 있겠는가? 이게 가능한 것으로 밝혀지면, 아마 '생명'이라는 것이 무엇을 뜻하는지 타래를 풀어내는 일을 도와주고, 심지어 거의 40억 년 전에 세포형 생명의 기원으로 이어졌던 주요 단계들까지 해명해줄 것이다. 먼저 마이크로 크기의 생물을 분해한 뒤에 조각들을 다시 맞추려 할 때 무슨 일이 벌어질지 생각해보자. 아메바 같은 것으로는 하지 않을 것이다. 왜냐하면 핵이 있는 세포는 너무 복잡하기 때문이다. 그 대신 훨씬 단순한 생명꼴을 써야 한다. 이를테면 비교적 양분이 풍부한 환경에서만 살 수 있는 일종의 미생물 기생체인 미코플라스마*Mycoplasma*라는 작은 세균이 적격이다. 이 세균의 유전체에는 유전자가 450개뿐이며, 이보다 복잡한 *E. coli* 같은 세균의 유전자 수는 이보다 10배 많다. 대조를 해보자면, 사람 유전체의 유전자 수는 가장 최근에 헤아린 게 어림잡아 2만~3만 개에 이르고, 실제 기능이 알려진 것은 이 중 절반 미만이다. 미코플라스마의 세포를 두른 것은 맨막naked membrane으로서, 모든 막에 공통되는 두-분자층 꼴의 지질 혼합물로 이루어졌고, 다양한 기능성 단백질과 효소들이 그 이중층에 합쳐져 있다. 이 효소들 가운데에는 양분에서 에너지를 추출하여 그 에너지를 써서 ATP를 합성하는 일을 맡은 것들도 있고, 외부 매질에서 세포 안쪽으로 양분을 운송하는 필수 운반체들도 있다. 양분의 예들을 보면, 포도당은 에너지원, 아미노산은 단백질의 구성단위, 인산염은 핵산의 구성단위이다. 세포 안쪽의 내용물 중에는 원형 DNA 가닥이 있고, 여기에는 대사에 필요한 단백질을 합성시키는 유전자들이 들어 있다. 구조를 이루는 성분들도 다양하게 있다. 이를테면 단백질을 합성하는 분자 기계인 리보솜 수천 개, 대사에 관여하는 가용성 효소 수백 개가 들어 있다.

세제를 미코플라스마에 첨가하면 어떻게 될까? 세제는 즉시 지질이중층을 뚫고 들어간다. 이중층은 불안정해져서 지질, 막단백질, 세제 분자들이 담긴 작은 입자들로 부서진다. 막이 사라지자 안에 있던 성분들이 풀려난다. 처음에는 약간 탁했던 세균 현탁액이 이젠 맑아지는 것을 눈으로 볼 수 있는데, 현미경으로 검사하면 세포를 하나도 볼 수 없다. 그 용액에는 원래 생체세포에 들어 있던 성분들이 모두 함유되어 있지만, 농도는 묽어지고 조직은 무너졌다.

이제 그 계에 약간의 질서를 다시 주입해서 성분들을 재조립해볼 수 있다. 이 일은 투석dialysis이라고 하는 과정이 해내는데, 세제 분자 같은 작은 분자들은 다공성 막을 통과하고, 이보다 큰 분자들은 그대로 남게 된다(신장병을 앓는 환자들에게도 이런 과정을 사용한다). 세제가 사라지면서 지질들이 자기조립하여 이중층을 형성하고, 이것이 작은 소포 모양을 만든다. 소포의 막 경계에는 세균의 세포막에 있었던 기능성 효소와 수송단백질 대부분이 합쳐졌으며, 각 소포에는 하나만 빼고 원래 세균세포에 들어 있던 내용물들이 무작위적으로 들어 있다. 그 한 가지 예외란 유전체인 원형 DNA 가닥으로서, 처음에는 원래의 생체세포 속에 빽빽하게 꾸려져 있었으나, 지금은 풀어진 채여서 소포들이 재조립될 때 포획되기에는 너무 크다.

진정으로 생명을 가진 것이 되려면, 소포들에는 원래 있던 유전자 전부는 아니더라도 대부분이 있어야 한다. 그것도 1000여 가지의 단백질 종과 RNA 종—절반 이상은 리보솜을 이루는 성분들이다—에 필요한 유전정보를 담은 DNA 가닥의 꼴로 있어야 한다. 또한 성장 과정의 일부로서 DNA가 복제될 수 있도록 중합효소를 위한 유전자도 있어야 할 테고, 내부의 성장에 맞춰 막경계도 성장해야 하기에 지질이 합성될 방도도 있어야 할 것이다. 수송단백질도 합성되어 지질이중층에 합쳐져야 한다. 그렇지 않으면 소포는 밖에 있는 양분과 에너지원에 접근하지 못한다. 이 모든 성장이 조화를 이루도록 모든 조절 과정들이 제대로 갖춰져야 한다. 마지막으로 소포가 원래 크기의 두 배 정도까지 성장하면 원래의 유전정보를 공유하는 딸세포들로 분열될 방도도 있어야 한다.

가장 작은 세포

자, 실험실에서 진정한 합성생명을 만들어내는 데까지 우리가 얼마나 가까이 간 걸까? 이 물음의 답을 얻을 한 가지 길은, 먼저 생물이 얼마만큼이나 작을 수 있는지 묻는 것이다. 일반적으로 볼 때, 작으면 작을수록 더 단순함을 뜻하며, 맨 먼저 단순한 생명꼴을 만들어보는 것이 최선이다. 1996년, 들어가는 글에서 살펴보았던 화성 운석의 세균 화석으로 추정되는 모양들의 길이가 100나노미터 이하라는 주장이 나왔다. 그러자 생물학자들 사이에서 즉각 의혹이 제기되었다. 그들이 알기에 전형적인 세균의 지름은 그보다 약 10배, 부피로 따지면 1000배 더 크기 때문이다. 게다가 리보솜의 지름은 20나노미터인데, 그렇게 세포가 작다면 들어갈 수 있는 리보솜 수는 겨우 두어 개에 지나지 않는다는 뜻이었다.

이 문제 때문에 국립과학아카데미에서는 연구위원회를 하나 꾸려 이론적으로 가능한 가장 작은 생명의 크기를 산정하는 특수 임무를 맡겼다. 그 위원회에서 내놓은 견적은 DNA에 든 유전자 수는 250개, 리보솜은 몇 십 개, 이 모두를 담은 막질 칸의 지름은 200나노미터였다. 이는 지금까지 알려진 가장 작은 생명꼴인 미코플라스마—유전자가 450개—에 퍽 가깝다.

물론 이것은 지금 우리가 아는 모습의 생명으로서, DNA, RNA, 리보솜, 단백질 촉매 사이의 고도로 진화한 관계에 기초하고 있다. 첫 생명꼴들이 그처럼 복잡하게 분자들이 상호작용하는 계를 갖추고 탄생하기는 불가능하게 보인다. 그래서 사실은 아마 이보다 작은 이색적인 생명도 있을 수 있을 것이다. 이보다 훨씬 논란이 되는 주장들도 있다. 이를테면 나노세균 nanobacteria이라고 하는 게 사방에 있어서, 인회석이라는 인산칼슘 광물 석출물을 만들어 몇 가지 질병을 일으킬 수 있다는 주장도 있다.

계통분석에서 나온 증거는 첫 세포형 생명꼴이 오늘날의 세균을 닮은 미생물이었음을 시사한다. 3장에서 살폈다시피, 그런 미생물이 있었다는 암시는 적어도 35억 살은 된 오스트레일리아 암석의 화석기록에서 찾을 수 있다. 생명이 시작되고 나서 지금까지 진화를 거치면서 첫 세포형 생명보다 더욱 고등한 세균들이 나왔다. 생명을 이루는 장치가 너무 고등해지다 보니, 알려진 것 중 가장 단순한 세균 종 한 가지에서 유전자를 덜어내어 가던 연구자들은 유전자 수 약 265~350개에서 한계에 도달했다. 이것이 바로 현재 세균세포의 절대적인 최소 필요조건인 듯싶다. 그러나 생명은 300+개의 유전자, 리보솜, 막운송계, 대사, 오늘날 모든 생명을 지배하는 DNA→RNA→단백질 정보전달계를 다 갖추고 세상에 나오지는 않았다. 이보다 단순한 것, 진화가 쓰고 버린 일종의 비계飛階 구실을 했던 생명이 틀림없이 있었을 것이다.

그 비계를 재현할 수 있을까? 한 가지 가능한 접근법을 제시한 것은 리보자임의 발견으로 부상된 'RNA 세계' 개념으로, 리보자임은 촉매 활동성을 가진 RNA 구조물이다. 리보솜의 촉매 핵심이 활성자리의 단백질로 이루어진 것이 아니라, 그저 한 조각 작은 RNA 장치임이 발견되면서, 그 생각은 크게 힘을 얻었다. 이는 RNA가 먼저 나왔다가 더 복잡하고 효율적인 단백질 장치에게 덮어씌워졌을 가능성을 보여주는 설득력 있는 증거이다.

생명의 기원에 접근하는 또 다른 길은 현재 닦이고 있다. 현존하는 생물에서 유전자를 덜어가는 대신, 지금 연구자들은 유전자 한 개 또는 두어 개를 미세한 인공소포들에 합쳐넣어서 생명의 모든 성질을 내보이는 분자계를 만들려고 하고 있다. 그게 만들어지면, 그 계가 가진 성질들이 초기 지구의 자연환경에서 생명을 출발시켰던 과정을 알아낼 실마리가 되어줄 것이다.

그런 계는 무슨 일을 하게 될까? 실험실에서 생체계를 재구성하기 위해 필요할 단계들, 또는 초기 지구에서 첫 세포형 생명꼴로서 생체계가 떠오르기 위해 필요했을 단계들을 열거해보면, 이 물음에 답할 수 있을 것이다.

1. 경계막들은 지질 분자들의 자기조립으로 형성된다.
2. 고분자들은 막에 싸담기지만, 이보다 작은 양분 분자들은 막 장벽을 건널 수 있다.
3. 고분자들은 양분 분자들의 중합에 의해 성장한다.

4. 중합을 끌고 가는 데에 필요한 에너지는 양분 속에 담겨 있거나, 대사과정에 의해 계로 공급된다.

5. 에너지는 활성 단위체들의 합성과 결부되고, 이 단위체들은 중합체를 만드는 데에 쓰인다.

6. 일부 중합체들은 성장 과정의 속도를 높일 수 있는 고분자 촉매로 선택되고, 고분자 촉매 자체는 성장 과정에서 생식된다.

7. 정보는 한 벌의 중합체 속 단위체 서열로 포획된다.

8. 그 정보는 촉매 중합체의 성장을 지휘하는 데에 쓰인다.

9. 막을 경계로 하는 고분자계는 더 작은 구조들로 분열할 수 있다.

10. 서열을 한벌복제해서 딸세포들끼리 공유하는 방법으로 유전정보는 세대에서 세대로 전해진다.

11. 정보가 복제되거나 전달되는 과정에서 이따금 실수(돌연변이)가 생기며, 그 결과 세포 개체군 내에서 변이들이 선택되거나 도태되어 진화가 일어날 수 있다.

이 목록을 읽어 내려가다 보면, 아무리 단순한 생명꼴이라도 참으로 복잡하다는 생각이 들 것이다. 보통 정의하는 방식대로, 다시 말해서 사전처럼 몇 문장으로 요약하는 식으로 생명을 '정의'하기가 그리도 어려웠던 까닭이 바로 이 때문이다. 생명은 몇 문장으로 붙잡아낼 수가 없는 복잡계이다. 그래서 생명에서 관찰된 성질들을 나열하는 것이 아마 우리가 바랄 수 있는 최선의 정의가 될 것이다.

또한 단계 하나하나가 대부분 실험실에서 재현되었다는 사실도 놀랍다. 이제 할 일은 그 기능들을 지질 소포에 통합시켜 생체세포를 재구성하는 일에서 우리가 어디까지 나아갈 수 있는지 보는 것이다.

그 과정은 *E. coli* 같은 생체세포들에서 뺀 세포질 성분 표본들을 싸담는 일로 시작한다. 7장에서 살폈다시피, 큰 분자들의 싸담기는 세포형 생명의 기원으로 이어지는 과정에서 가장 단순한 단계이다. 스위스 취리히 공과대학의 피에르 루이지 루이시와 동료들은 특수한 아미노산인 페닐알라닌 phenylalanine을 부호화한 RNA와 함께 리보솜들을 지질 소포 안에 싸담아서 번역계를 조립하는 일을 처음으로 시도했다. 그 아미노산은 전달RNA에 부착해서 리보솜이 쓸 수 있도록 했다. 하지만 지질이중층이 불투과성이었기 때문에, 리보솜 번역은 소포 안에 싸담긴 소수의 아미노산에게만 한정되었다. 기능하는 세포를 조립하려 할 때 발견하는 장애가 바로 이런 것이다. 이 때문에 우리는 첫 세포형 생명꼴들이 경계막 밖에 있는 양분을 막 안쪽으로 수송할 수 있게 했을 메커니즘을 고려하지 않을 수 없다.

2004년, 록펠러 대학교의 뱅상 느와로Vincent Noireaux와 알베르 립샤베 Albert Libchaber가 투과성 문제를 풀어낼 우아한 해법을 발표했다. 그들은 세균—이번에도 *E. coli*였다—을 열어젖혀서 세포질 표본들을 뽑아 지질 소포 안에 넣었다. 이 실험의 목표는 기능하는 단백질 만들기였다. 그래서 소포 안에 넣은 복잡한 혼합물은 단백질 합성에 필요한 리보솜, 전달RNA, 100여 가지의 다른 성분들로 이루어졌다. 그런 뒤에 연구자들은 번역할 유전자 둘을 조심스럽게 골랐다. 하나는 단백질 합성 표지자인 초록형광 단백질green fluorescent protein(GFP)을 맡은 유전자이고, 다른 하나는 알파용혈소alpha hemolysin라고 하는 구멍형성 단백질을 맡은 유전자였다. 그 계가 계획대로 일을 한다면, 단백질 합성을 알리는 시각적 표지자인 GFP가 소포 안에 축적될 것이고, 용혈소는 아미노산과 ATP—단백질 합성에 필요한 보편적 에너지원—의 꼴로 외부에서 첨가된 '양분들'이 막 장벽을 건너게 해서 에너지와 단위체를 번역과정에 공급하도록 할 것이었다(〈그림 31〉).

계는 예상대로 일을 했다. 소포들은 GFP 특유의 초록형광을 내기 시작했고, 용혈소 덕분에 합성이 나흘 동안이나 계속 일어났다. 오사카 대학교의 요모 데쓰야四方哲也 연구진은 한 걸음 더 나아가, 위와 비슷하게 막에 싸담긴 번역계를 만들었으나, 여기서는 GFP 유전자가 DNA 가닥에 자리했다. 그들은 그 계를 유전자연쇄genetic cascade라고 일컬었다. 왜냐하면

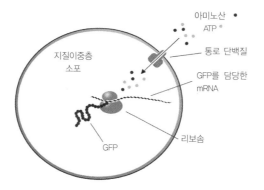

그림 31. 2004년에 뱅상 느와로와 알베르 립샤베가 지질 소포 속에 리보솜을 싸담을 수 있는 방법을 발표했다. 그들은 리보솜이 초록형광 단백질(GFP) 아미노산 서열을 부호화한 전령RNA를 이용해서 GFP를 합성할 수 있음을 보여주었다. 지질막이 기질에는 불투과성이므로, 알파용혈소를 담당한 mRNA도 소포에 포함시켰고, 이 단백질이 리보솜에 의해 합성되어 막에 통로를 만들었다. 그 통로 덕분에 외부에서 첨가된 아미노산과 ATP 같은 '양분들'이 소포 안으로 들어와, 싸담긴 리보솜들에게 필요한 성분들을 공급할 수 있었다.

GFP 유전자가 전령RNA에 전사되면, 그 전령RNA가 GFP 단백질 합성을 지휘하기 때문이다.

점 잇기

우리가 지금 생명을 합성해낼 수 있을까? 이 물음을 던져서 현재 우리가 가진 기술로 어디까지 해낼 수 있는지 한계를 보게 된다. 답은 '아직 못함'이다. 인공으로 만든 계를 이루는 모든 것은 성장하고 생식하지만, 촉매성 고분자들만은 **예외이다**. 지금까지 만들어낸 계들은 모두 중합효소나 리보솜에 의존하며, 설사 계의 다른 부분들이 모두 성장과 생식을 할 수 있다 해도, 촉매들만큼은 그대로이다.

　마지막 도전과제는 촉매작용과 주형-지휘 합성으로 자기 자신을 더 만들어낼 수 있는 고분자들의 계를 싸담는 것이다. 이 일에서는 약간의 진전이 있었다. 화이트헤드 연구소의 데이비드 바르텔과 동료들은 선택과 분자

진화를 위해 개발되었던 기법을 써서 중합으로 성장할 수 있는 리보자임을 만들었는데, 이 중합과정에서 리보자임은 자신의 구조에 있는 염기들의 서열을 복사한다. 지금까지 그 중합은 뉴클레오티드 14개 길이의 가닥만 복사하는 형편이지만, 좋은 출발이었다. 최근에 사이먼프레이저 대학교의 피터 언라우는 위와 비슷하면서도 뉴클레오티드 20개까지 서열을 복사할 수 있는 계를 만들었다고 보고했다. 리보자임 자신의 구조 속에 부호화된 유전정보를 이용하여 완전한 자기 합성을 촉매하는 리보자임계를 찾아낼 수 있다면, 이제까지 제기된 인공세포 모형들에서 빠져 있던 필수적인 성질, 곧 촉매 자신을 생식하는 성질을 가졌다고 할 만한 올바른 자격을 얻을 수 있을 것이다. 그런 리보자임이 주어진다면, 지질 소포에 그것을 통합해 넣는 것을 상상하기는 어렵지 않으며, 그러면 그 계는 생명 있는 상태가 가지는 기본 성질들을 갖게 될 것이다.

마치는 글

디머 교수에게: 생명의 기원에 대한 당신의 '비누거품' 이론에 정말 납세자들의 돈이 허비되고 있는 게 맞습니까? 이는 미국 대중의 지성에 대한 모욕일 뿐만 아니라, 턱도 없는 연구비 오용이지요. 그렇게 큰소리치고 싶고, 데칸산이니 뭐니 하는 것들의 자기조립이 생물학에 중요하다고 생각한다면, 부디 당신 돈 들여서 해주기 바랍니다. 나는 당신의 그 한심한 사이비과학에 대한 지원을 중단하라고 미 항공우주국에 요청할 것입니다.

—2008년에 글쓴이가 받은 어느 이메일에서

생명의 기원 연구에서 무엇이 내 동료 시민들에게 이처럼 격한 감정을 일으키게 하는 걸까? 나는 이 신사에게 답장을 써서, 내 연구비 대 미국 납세자들의 세금 비율을 계산했더니, 전부 해서 한 사람당 1센트였다고 말했다. 상대는 즉각 답장을 해와, 1센트도 너무 많다고 말했다. 나는 그 사람에게 당신 몫을 다시 가져가라고 말은 하지 않았으나, 그가 보인 반응 덕분에 나는 생명이 어떻게 시작되었는지 발견해내려는, 또는 인공생명을 만들어내려는 과학적 시도들이 나로서는 완전한 시간 낭비이고, 자기들로서는 세금 낭비이며, 어쩌면 신성을 모독하는 일이라고까지 생각하는 사람들이 있음을 깨닫게 되었다.

나는 이 책을 마치는 글에서 그런 우려들에 응답하고 싶다. 창세기에 나오는 생명의 기원 이야기가 진리라고 믿기 위해 생명의 기원에 대해 과학이 밝혀낸 것들을 고집스럽게 거부하는 근본주의자들과 논쟁할 생각으로 이글을 쓰는 것은 아니다. 과학적 증거로는 그들의 믿음체계를 흔들 수도 없을 뿐더러, 신의 계시에 의해서 발견된 게 아니라, 갈릴레이의 시대부터 물음을 던지고 답하기를 그치지 않았던 과학자들의 한없는 호기심이 발견해낸 참으로 놀라운 지구 생명의 역사를 놓치고 있는 그들에게 나로선 그저 유감을 느낄 따름이다. 이 글은 이 책에서 살핀 몇 가지 논제들에 혼란스러움을 느끼거나, 초기 지구에서 생체계가 저절로 나타나 오늘날의 다양한 생물권으로 진화할 수 있었다는 게 믿기지 않는다고 생각하는 신중한 사람들을 위해서 썼다. 또한 학생들의 종교적 감수성을 다치지 않게 하면서 이 생각들을 전수하려고 하는 교사들을 위한 글이기도 하다.

마치는 글은 마땅히 짧아야 할 터, 그래서 나는 강의실에서 학생들과 대화를 나눌 때와 강연장에서 청중들과 얘기할 때마다 거듭 불거지는 문제 몇 개만 다뤄볼 생각이다. 지적 설계 관념에 대해서도 살필 생각인데, 미국에서는 보수적인 교육위원, 학부모, 교사, 심지어 입법자들까지 자기들이 가진 종교적 믿음을 공립학교 교과에 주입하려 하면서 이 지적 설계 관념이 큰 문제들을 일으키기 때문이다.

과학과 종교는 사람 존재의 의미를 서로 완전히 다른 식으로 이해하는 듯 보이는데, 서로 공통되는 기반이 있기나 하는가?

우리 세계를 이해하고자 하는 방식에서 종교와 과학에 근본적인 차이가 있다는 생각에 나도 동의한다. 종교적인 이들이 보기에는 높디높은 지적 존재에 대한 믿음이 바로 자기네 삶에 더욱 깊은 의미와 목적을 준다. 종교적 믿음은 우리가 사는 세계의 불확실함, 그리고 삶이란 확실히 죽음으로 끝이 난다는 앎에서 생겨날 수 있는 불안감에 대처할 수 있게 많은 이들을 도와준다. 진화생물학자들은 이런 행동성향—눈에 보이지 않는 전능한 존재가 우리의 삶을 인도한다고 믿는 것—이 초창기 인류의 소규모 부족들이 위험천만한 세상에서 살아남도록 도와준 양성인자였을 수 있다고 지적했다. 공유된 믿음체계 안에서 서로 힘을 합치는 부족이, 비교적 독립적인 개인들로 이루어진 콩가루 집단보다 포식자들을 더 잘 막아낼 수 있었을 것이다. 만일 그렇다면, 이 성향은 아직까지도 사람의 신경계 속에 여러 정도로 내재해 있을 것이다. 매우 강한 믿음을 가져야 한다고 느끼는 이들도 있는 반면, 그럴 필요를 조금도 못 느끼는 이들도 있다. 사람들이 저마다 세계를 다른 방식으로 생각하기에 어지럽게 충돌이 일어날 수 있고, 이것이 바로 과학과 종교 사이에서 많은 격한 대립을 낳는다. 여러분이 이런 질문을 받았다고 해보자. 세계를 만들었고 우리 삶을 인도하는 지고의 지적 존재가 있을까? 종교적인 이들의 대답은 '물론이지, 난 확신해'이겠지만, 과학적인 이들의 대답은 이보다 회의적이다—'증거를 대봐.' 이런 대꾸는 신앙과 확실성의 토대에 의지해 삶의 목표를 찾는 이들의 화를 잔뜩 돋운다. 이와는 달리 과학적인 이들은 확실한 것은 아무것도 없다는 앎을 편하게 받아들이고, 우리가 안다고 생각하는 바를 시험하는 물음들을 던지는 것이 바로 우리가 사는 세계를 이해하는 최선의 길이라고 여긴다.

서로 다른 식으로 사람 존재를 이해한다는 점을 이해하는 것으로 과학과 종교는 공통 기반을 찾을 수 있다. 과학과 종교 모두 본래부터 힘을 지니고 있고, 우리 삶에 영향을 끼치지만, 어느 쪽도 자기가 완전하며 절대적인 진리라고 주장해서는 안 된다. 그 근본적인 차이를 인정한 뒤에라야 둘 사이에 건설적인 소통이 시작될 수 있다.

생체세포처럼 복잡한 것이 그냥 우연히 한데 모일 수 있었다니 도저히 불가능할 것 같다. 단순한 단백질조차도 우연한 과정으로는 만들어질 수 없을 것이다. 왜냐하면 그 일이 일어나지 않을 확률이 천문학적으로 높기 때문이다. 바로 그런 점이, 그 일이 일어나도록 한 창조자가 있었음을 증명하는 것은 아닐까?

초기 지구는 불모지였다. 물, 대기 중 기체, 광물, 생명 없는 유기화합물들이 뒤섞여 있었고, 여러 에너지원이 그 혼합물을 휘저었다. 생명의 기원 연구자들은 이 단순한 화합물들이 자발적으로 조립되어 첫 생명꼴—짐작건대 단백질과 핵산을 닮은 중합체들로 이루어진 생명—이 되었던 과정이 있었다는 생각을 제시한다. 정말 그럴 수 있을까? 이 물음으로 해서 우리는 이제까지 생명의 기원에 신이 개입했음을 논증하는 데에 쓰였던 계산 하나를 만나게 된다. 바로 특수한 아미노산 서열을 가진 단백질 분자 하나가 우연으로 생겨날 수 있을 확률을 계산하는 것이다. 지극히 기초적인 수학만 있으면 할 수 있는 계산이므로, 나는 자기조립 과정과 관련된 두 번째 계산을 소개하기 위해서 그 계산을 여기서 다시 해보이기로 하겠다.

리보핵산 분해효소(RNAse)를 생각해보자. RNA를 그 구성 성분인 뉴클레오티드 단위체로 가수분해하는 비교적 크기가 작은 효소이다. 이 단백질에는 스무 가지 아미노산 149개가 들어 있고, 효소 활동성을 가지는 구조로 접히도록 하는 특수한 순서로 정렬되어 있다. 리보핵산 분해효소의 접힌 구조를 결정하는 것은 아미노산 서열인데, 그런 서열을 표상하는 흔한 방법은 아미노산 하나를 알파벳 한 글자로 표시하는 부호를 쓰는 것이다. 리보핵산 분해효소의 첫 아미노산 열 개는 메티오닌, 글리신, 류신, 글루탐산, 리신, 세린, 류신, 이소류신, 류신, 류신이고, 줄여서 MGLEKSLILL로 표시한다. 아래는 전체 서열이다.

MGLEKSLILLPLLVLVLAWVQPSLGKETPAMKFERQHMDSAGSSSSSPTY

CNQMMKRREMTKGSCKRVNTFVHEPLADVQAVCSQKNVTCKNGKKNCYKS

RSALTITDCRLKGNSKYPDCDYQTSHQQKHIIVACEGSPYVPVHFDASV

계산을 하려면, 먼저 이 서열에서 특수한 아미노산 하나가 우연히 자리 하나를 차지하게 될 확률부터 알아야 한다. 가능한 아미노산이 스무 가지이 니까, 그 확률은 1/20, 곧 0.05이다. 단백질 전체가 우연히 조립될 확률을 계산하려면 0.05×0.05×0.05⋯⋯ 이렇게 0.05를 149번 곱해야 한다. 그 값이 너무 작기 때문에, 가능한 구조를 1초에 하나씩 새로 만들어본다 해도, 우주의 나이—130억 살(4×10^{17}초) 정도로 본다—만큼 시간이 흐른다고 한들 올바른 구조가 우연히는 나타나지 못할 것이다. 따라서 이를 근거로 추리를 해가면, RNAse를 만들어내려면 신의 개입이 있어야 했고, 지구상 모든 생명의 유전체에서 부호화된 다른 단백질 수백만 개도 신이 개입해야 만들어질 수 있다는 것이다.

이제 이 계산을 두 번째 계산과 비교해보도록 하자. 두 번째 계산에서 나는 지질 분자들이 막질 칸으로 조립될 수 있는 확률을 살필 것이다. 비교적 묽은 상태이고 pH가 8인 비누 용액을 준비했다고 해보자. 여러분이 화학자라면 이 용액은 데칸산일 수도 있다. 데칸산은 탄소 원자 열 개가 들어간 지방산이다: $CH_3-CH_2-CH_2-CH_2-CH_2-CH_2-CH_2-CH_2-CH_2-COOH$. (내게 이메일을 보냈던 사람의 심기를 그토록 거슬리게 했던 물질이 바로 이것이다!) 묽은 데칸산 용액은 완벽하게 맑다. 충분히 확대해서 보면, 용액 속을 자유롭게 돌아다니는 비누 분자들도 보일 테고, 미셀이라고 하는 덩어리로 뭉쳐진 것들도 보일 것이다. 이제 비누를 첨가해서 용액의 농도를 더 높여보자. 일정 농도에 이르면, 거의 마법과도 같은 일이 일어난다. 용액 속에 그대로 남은 것도 있지만, 나머지는 아름다운 공 모양 소포들로 조립되고, 각 소포에는 비누 분자들이 약 1억 개씩 들어 있다(〈그림 32〉).

그런 소포 딱 하나가 우연히 조립될 확률이 얼마일까? 각 비누 분자는

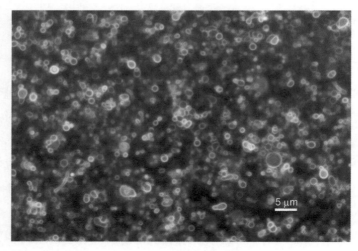

그림 32. 용액 속의 데칸산이 일정 농도에 이르면, 분자들이 자기조립하여 이 현미경 사진에 보이는 것 같은 마이크로 크기의 소포들을 형성한다. 이 소포들의 크기 범위는 전형적인 세균 세포의 크기와 같다. 소포들을 눈으로 볼 수 있게 형광 염료로 착색했다.

소포의 막을 형성하는 지질이중층 속에 있을 수도 있고, 용액 속에 그냥 그대로 있을 수도 있다. 소포의 평균 지름이 2마이크로미터라고 가정한다면, 소포막의 부피는 6×10^{-4}세제곱마이크로미터일 것이다. (이것은 막 자체의 부피일 뿐, 소포 안쪽 공간의 부피가 아니다.) 비누 용액에서 소포 하나하나는 약 1000세제곱마이크로미터를 차지하고, 그래서 주어진 비누 분자 하나가 소포막 속에 있게 될 가능성은 6×10^{-4} 나누기 1000, 곧 6×10^{-7}이다. 지름이 2마이크로미터인 소포 하나가 우연히 조립될 확률을 계산하려면, 이 수를 막 속에 있는 분자 수대로 1억 번을 곱해야 한다. 그 값 또한 너무 작아서 여기에 적을 생각도 못하겠다. 그러니 소포 하나가 용액 속 비누 분자들로부터 우연히 조립될 리는 없음을 그냥 받아들일 밖에.

　그런데 비누 용액 속에서는 소포 단 하나가 아니라 어마어마하게 많이 나타나는 것이다. 이게 바로 자기조립의 힘이다. 수학적으로 불가능한 듯 보이는 구조를 쉽사리 만들어내는 것이 자기조립이다. 신이 개입할 필요는 조금도 없고, 그저 용액 속에 비누 분자들이 일정 농도로 있기만 하면 된다. 소포 속의 분자들을 붙들어두는 것은 소수효과라고 하는 약한 힘 말고는 아무것도 없다. 어릴 때 갖고 노는 비누거품을 안정시키는 힘도 바로 이 힘이고, 사람 몸속의 모든 세포를 둘러싸고 있는 막을 형성하는 지질 조립도 바로 이 힘 때문에 일어난다.

단백질의 경우에 우리는 스무 가지 아미노산이 아미노산 149개 길이의 특수한 서열을 만들어낼 확률을 계산했지만, 이 소포들의 경우에는 비누 분자 1억 개가 특수한 부피를 차지할 확률을 계산한 것이다. **여기서 알아야 할 것은, 잘못된 가정들을 숨기고 있다는 점에서 이런 계산들은 기만적일 수 있다는 것이다.** 지질 소포의 경우, 그 분자들이 순전히 우연에 의해 조립된다고 가정한 것은 잘못이다. 사실은 지질이중층 막을 안정시키는 물리적인 힘들이 있기 때문이다. 단백질의 경우에도 아미노산들이 우연에 의해 조립된다고 가정한 것은 잘못이다. 어느 단백질이라도 수십억 년에 걸친 기나긴 진화 과정의 산물이며, 그 오랜 세월을 거치면서, 무작위적인 혼합물로부터 우연이 아닌 자연선택에 의해서 그 서열들이 떠올랐다는 사실을 무시하고 있기 때문이다. 이런 일이 일어날 수 있다는 사실은 실험실에서 거듭 입증되어 왔다. 그 한 가지 예가 바로 13장에서 살폈던 리보자임 실험이다.

과학자들은 신을 믿는 것이 잘못이라고 생각할까? 신이 존재하지 않는다면, 우주가 어떻게 시작되었단 말인가?

거리낌이 없는 소수의 과학자들은 지고한 지적 존재를 믿는 일이 잘못이라고 논하지만, 나는 '잘못'이라는 말의 통상적인 의미에서 잘못이라고는 생각지 않는다. 사실 최근의 설문조사는 과학자의 36퍼센트가 신을 믿으며, 절반 정도는 이런저런 의미에서 영적인 이들임을 보여주었다. 종교를 가진 과학자, 그런 이들은 과학함의 특징인 물음던지기도 해내면서 그 모든 것의 배후에 지고한 지적 존재가 있다는 믿음까지 어떻게 가질 수 있을까? 내 생각으로는, 뉴스거리가 되어주기는 해도 참담한 결과를 낳는 반-과학 충돌을 일으키지 않고도, 종교적 믿음을 충족시키면서 과학의 방법인 물음던지기도 같이 해낼 길이 있는 것 같다. 물질과 에너지는 물리법칙들에 따라 상호작용함이 분명하고, 우주에 대폭발이라고 부르는 처음이 있었음을 가리키는 증거도 강력하다. 종교적인 과학자라면 마음 편하게 우주와 법칙들이 창조주에 의해 자리매김되었다고 믿으면 된다. 이런 신앙고백에 대해서 과학이 할 말은 아무것도 없다. 왜냐하면 실험으로 시험하거나 관찰할 수 있는 게 아니기 때문이다.

진화는 그저 다윈의 이론일 뿐, 사실이 아니다. 대체 왜 우리 아이들이 학교에서 그저 이론적인 것에 불과한 것을 배우도록 놔둬야 하는가? 따지고 보면 무엇이 진화한다든가 새 종이 나타나는 모습을 눈으로 본 사람은 아무도 없잖은가.

'이론'이라는 말이 일상어에서는 뜻이 한 가지이지만, 과학에서는 매우 다른 뜻으로 쓰인다. 어떤 생각이 '이론적'이라는 말을 누가 한다면, 우리는 그 생각이 사변이라고, 짐작이나 육감과 다를 바가 없다고 이해한다. 그러나 과학에서 '이론'이란 서로 관련된 한 묶음의 관찰 가능한 현상들에 대한 설명을 말한다. 그뿐 아니라 가설이 공인된 이론 수준으로 나아가기 위해서는 실험이나 관찰에 의한 혹독한 시험을 거쳐야 하며, 이 때에는 대개 해당 이론이 내놓는 예측이 관련된다. 그 고전적인 한 예가 뉴턴의 중력이론이다. 그 이론의 수학식은 두 물체 사이에 작용하는 중력 F가 그 물체들의 상대질량(m_1과 m_2) 곱하기 중력상수 G에 비례하고, 두 물체 사이의 거리 d의 제곱에 반비례함을 표현한다.

$$F = \frac{G(m_1 \times m_2)}{d^2}$$

뉴턴의 중력이론은, 우리가 무게로 측정하는 힘, 곧 사과나 볼링공에 작용하는 아랫방향 힘을 예측하고, 행성들과 태양 사이에서 작용하는 힘도 예측하며, 모두 시험되었다.

중력만큼 뚜렷이 잡히지는 않아도, 다윈의 진화이론도 예측들을 내놓았고 시험을 거쳤다. 예를 들면, 비록 다윈은 DNA, 단백질, 유전자에 대한 지식이 없었지만, 유전정보가 세대에서 세대로 전해지는 길이 있어야 하고, 그 정보에서 변이가 일어날 수 있는 메커니즘이 있어야 한다고 예측했다. DNA의 구조와 기능이 발견되자, DNA가 유전정보를 담고 있으며, DNA에서 일어난 돌연변이가 개체군 속의 변이로 이어지고, 이 변이들이 자연선택의 대상이 될 수 있음이 분명해졌다. 다윈의 이론은 화석기록과도 일치한다. 화석기록은 생물 개체군들이 세월이 흐르면서 변했음을 보여준다. 곧, 30억 년도 더 전에 단순한 세포형 생명으로 출발해서, 5억 년 전에 다세포 생명으로 진화했다가, 마침내 오늘날의 생물권에 이르렀음을 보여주는 것이다.

이젠 종분화 문제가 있다. 대부분의 사람들은 복잡한 생명을 가진 새 종이 나타나는 모습을 보지 못한다. 그래서 그 일이 일어날 수 없다고 결론내리기 쉽다. 그러나 이건 간단히 설명할 수 있다. 곧, 종분화는 시간이 오래 걸린다는 것이다! 다윈이 자신이 쓴 가장 이름난 책『종의 기원』을 세상에 내놓은 뒤로 겨우 150년밖에 지나지 않았다. 그런데 종분화가 일어나려면, 세대 간격이 몇 주에 불과한 초파리냐 아니면 세대 간격이 1년 이상인 조류나 포유류냐에 따라서 보통 수천 년에서 수백만 년까지 걸린다. 예를 들어 갈라파고스 제도의 나이는 약 300만~500만 살 정도인데, 작은 화산들로 그 섬들이 바다 위로 솟아오른 뒤에 식어서 서식이 가능해지고 얼마 안 되어 소규모의 핀치 개체군이 그곳에 살기 시작했다. 그 새들이 어떻게 거기까지 갔

느지는 모른다. 아마 남아메리카에서 불어온 큰 폭풍에 핀치 한 떼가 휘말려 왔을 공산이 가장 클 것이다. 우리가 아는 것은 처음의 핀치 떼가 수백만 년에 걸쳐 매우 느릿느릿 열다섯 종으로 진화했고, 각 종은 저마다 먹는 씨앗 종류에 따라 특화되었다는 것이다. 다윈의 핀치들이 진화하기까지 수백만 년이 걸려야 했다면, 사람 한평생 동안에 새 종이 나타나는 모습을 보길 기대하는 사람이라면 실망할 것이다. 그러나 우리 조상들이 수백 년 전에도 존재했음을 사료가 증명해주는 것과 마찬가지로, 30억 년도 더 전부터 지구에 생명이 존재했고 수백만 년에 걸쳐 쉬지 않고 진화적 변화를 겪으면서 새 종이 나옴을 화석기록은 보여준다.

진화가 일어나는 방식, 심지어 진화가 정말 일어나는지의 여부를 놓고도 과학자들 사이에 의견이 아직도 분분한 게 사실이지 않은가? 학생들을 비판적으로 사고하게끔 가르치려 한다면, 진화에 대안이 되는 지적 설계 같은 것들도 배우게 해야 할 것이다. 그래야 공평하다.

과학의 여느 다른 이론들처럼 진화이론 또한 아직 완료된 이론이 아닌 것은 사실이다. 진화가 어떻게 작용하는지 이해하려는 과학자들이 발표하는 논문이 해마다 수천 편에 이른다. 새로운 발견이 있으면 그 의미와 해석을 놓고 종종 의견이 엇갈리기도 하지만, 진화가 일어나느냐 안 일어나느냐를 놓고 의견이 분분한 것은 아니다. 다양성, 종분화, 지구 역사의 30억 년을 아우르는 화석기록을 지금까지 가장 잘 설명해내는 것이 진화라는 증거는 압도적이다. 진화에 대해서 과학자들이 의견을 달리하는 문제들은 진화의 바탕에 깔린 메커니즘, 새로운 관찰까지 아우를 수 있게 이론을 수정할 방도에 관한 것이다. 이런 건 과학의 과정을 이루는 자연스러운 일부이다.

여론을 흔들려는 의도로 지적 설계 신봉자들은 과학자들이 진화에 대해 의견이 다른 듯 보이기 때문에 진화를 사실로 받아들일 수 없다고 말한다.

이런 주장을 뒷받침하려고 종종 그들은 진화를 부정하는 한줌의 과학자들을 내세우곤 한다. 이를테면 리하이 대학교의 생화학자 마이클 비히Michael Behe는 생물에는 설계되었음이 틀림없는 구조들이 있다고 주장한다. 그 한 예로 일부 세균이 운동하는 방식을 든다. 편모라고 하는 마이크로 크기의 모터들이 세균의 막 속에 박혀 있고, 그 모터를 통과하는 양성자들 때문에 편모가 미세한 프로펠러처럼 회전한다. 비히는 이것을 환원 불가능한 복잡성irreducible complexity이라고 부른다. 이것이 기본적으로 말하는 바는, 환원 불가능하게 복잡한 계나 과정은 모든 부분들이 제자리에 있지 않으면 기능하지 못한다는 것이다. 자연선택은 오직 기능적인 계와 과정만을 선호할 수 있기 때문에, 환원 불가능하게 복잡한 계나 과정이 자연선택으로 나올 수는 없다는 것이다. 달리 말해서, 편모 모터와 메커니즘은 너무 복잡하고, 작동하는 부분들은 너무 완벽하기에 진화 과정을 거쳐 생겼을 리 만무하다는 말이다.

비히는 박사학위를 가진 과학자이기 때문에, 진화이론에 대한 과학적 대안으로서 과학 시간에 그의 생각들을 학생들에게 가르쳐야 한다고 장려되었다. 그리고 일반적으로도 지적 설계 신봉자들은 학생들이 스스로 선택할 수 있도록 공립학교에서 지적 설계를 가르쳐야 한다는 주장을 자주 했다. 이런 주장들은 특히 미국에서 종종 인기를 끈다. 서구 사회 중에서도 미국인들은 가장 종교적으로 길러진다. 이 여론조사 저 여론조사를 봐도 미국인들의 절반 이상이 성서를 문자 그대로 참이라고 받아들이고 진화의 근본 개념들을 부정하는 것으로 나타난다. 부모가 자기가 믿는 것을 자식들도 똑같이 믿게 하고픈 것은 지극히 자연스럽기에, 과학교사들이 진화를 마치 사실인 것처럼 가르치는 것에 학부모들은 불안해한다. 이런 까닭으로, 일부 시민단체들은 진화를 '그저 이론일 뿐'으로 여겨야 하며, 그 대안이 되는 설명으로 지적 설계를 고려할 기회를 학생들에게 주어야 한다고 믿는다.

들기에는 공평한 듯싶지만, 사실은 아니다. 지적 설계는 과학적 기초가 전혀 없는 하나의 의견이기 때문이다. 지적 설계를 믿는 자들은 세균의 편모가 두말할 것도 없이 너무 복잡해서 진화 과정으로는 생겨날 수 없었으며, 반드시 설계된 것이어야 한다고 말한다. 이렇게 하면, 우리 지식에 보탬이 되는 대신, 과학에 근본적인 물음던지기 과정을 결과적으로 끝장내버린다. 진화가 과학적으로 논란거리라고 가르치기만 하자고 주장해도 여전히 공평하지 않다. 사실 전혀 논란거리가 아닌데도 진화가 과학적으로 논란거리라고 생각하도록 학생들을 잘못 인도하는데, 공평하다고 할 것이 뭐가 있겠는가.

더군다나 지적 설계를 공립학교에서 가르치는 것 자체가 미국적인 정의의 이상을 거스르는 것이다. 미국 수정헌법 1조에는 국교금지조항이라는 게 있다. 이 조항에서 기본적으로 말하는 바는, 종교적 믿음과 정부는 반드시 분리된 채로 있어야 하며, 교회와 국가도 분리되어야 한다는 것이다. 내가 보기에 이는 수정헌법에서 가장 중요한 조항 가운데 하나인데, 일부 시민들, 특히 창조론자들과 지적 설계 신봉자들은 이 국교금지조항에 거슬러서 자기들이 가진 특정 종교적 신앙—얄팍하게 과학으로 위장한 신앙—을 공립교육에 포함시켜야 한다고 믿는 것이다.

2008년, 지적 설계 신봉자들은 펜실베이니아 주 도버에서 있었던 어느 공판에서 자기네 생각을 알릴 기회를 잡았다. 용케 도버교육위원회 위원으로 선출된 창조론자들은 진화의 대안으로서 지적 설계에도 주목해야 한다고 교사들에게 말했다. 또한 창조론을 지향하는 『판다와 사람에 대해서: 생물 기원의 중심 문제Of Pandas and People: The Central Problem of Biological Origins』라는 책을 학생들에게 추천해야 한다고 주장했다. 학부모 열한 명이 이 정책에 반기를 들었고, 그 문제를 법정으로 가져갈 수 있었다. 마이클 비히 같은 사람들이 전문가 증인으로 참석해서 지적 설계를 편드는 변론을 펼쳤고, 생물학자 케네스 밀러Kenneth Miller 같은 사람들은 원고—소송을 걸었던 학부모들—편에 서서 변론했다. 부장판사는 조지 W. 부시 대통령이

임명했던 존 E. 존스 3세였다.

　도버 공판은 대단히 극적이어서 국내외적으로 머리기사를 장식했다. 그 드라마는 테네시 주의 고등학교 생물교사였던 존 스코프스John Scopes가 진화는 사실이라고 학생들에게 가르친 일로 주법州法을 어겼다는 고소를 당했던 1925년 공판을 상기시켰다. 도버 공판에서는 40일에 걸쳐 학부모, 교육위원, 전문가 증인들로부터 증언을 들었고, 그 뒤에 존스 판사가 학부모 쪽 손을 들어주는 재정을 했다. 존스 판사의 재정에서 요약문 몇 줄은 인용해볼 만하다(이 글에서 판사는 지적 설계를 ID라고 줄여서 표기했다).

　관련 기록과 적용 가능한 판례법을 찾아 검토한 뒤, 우리는 ID 논증들이 참일 수도 있겠으나―이는 법정에서 무슨 입장을 취할 수가 없는 명제이다―, ID가 과학은 아님을 알게 되었다. 우리 생각에 ID는 세 가지 수준에서 실패를 범한다. 이 셋 중 어느 수준에서 보아도 ID가 과학이라는 판결을 충분히 어렵게 한다. 그 세 수준은 다음과 같다. (1) ID는 초자연적인 인과관계를 일깨우고 허용하여 수백 년 묵은 과학의 근본 규칙들을 위배한다. (2) ID에 중심이 되는 환원 불가능한 복잡성 논증은 1980년대에 창조과학을 결판냈던 것과 똑같이 흠투성이이고 비논리적으로 짜인 이중잣대를 쓰고 있다. (3) ID가 진화에 가한 비방공격은 과학 공동체에 의해 논박되었다.

　도버의 ID 정책에서 학생들에게 지도한 교재(『판다와 사람에 대하여』)에 실린 개념들은 시대에도 안 맞고 과학에도 흠이 있으며, 이는 이번 사건의 피고 측 전문가들마저도 인정하는 바이다.

　ID 후원자들은 과학적 정밀검증을 피하려 해왔다. 지금 우리가 판단하기에, ID 자체가 아니라 논쟁을 과학시간에 가르쳐야 한다고 주장해도, 과학의 정밀검증을 ID는 견뎌낼 수 없다. 이런 전략은 좋게 말하면 부정직하고, 나쁘게 말하면 뜬소리이다. ID운동의 목표는 비판적 사고의 고취가 아니라, 진화론을 ID로 바꿔치기하려는 혁명을 선동질하는 것이다.

따라서 우리가 보기에 교육위원회에서 주장하는 세속적인 목적들이란 위원회가 품은 진짜 목적을 가리는 핑계에 지나지 않는다. 그 진짜 목적이란 수정헌법 조항에 위배되게 공립학교 교실에서 종교를 전도하는 것이다.

과학자들이 인공생명을 합성하려는 걸 허용해야 하는가? 만일 그들이 성공한다면, 사고로 바이러스 같은 것이 유출되어 대역병을 일으킬 위험이 있지 않을까?

나는 물리학, 화학, 생물학의 지식을 이용해서 15장에서 살핀 바 있는 인공생체계를 조립할 수 있게 될 날이 머지않았다고 생각한다. 그 까닭은, 지난 50년에 걸쳐 생명의 메커니즘에 대한 깊은 이해가 떠올랐기 때문이다. 이를테면 지금 우리는 사람 유전체를 이루는 30억 개 염기쌍 서열의 대부분을 알고 있다. 이는 이른 1950년대에 왓슨과 크릭이 DNA의 이중나선 구조를 정립했던 당시에는 꿈도 못 꿨던 업적이다. 우리는 세균 유전체를 마음대로 조작할 수 있고, 줄기세포를 원하는 조직들로 발생시킬 수 있고, 양, 개, 고양이, 여타 포유동물들의 클론까지 만들어낼 수 있다. 과학이 진보하는 기세를 감안한다면, 다음 50년 사이에 부품목록으로부터 세균세포를 재조립하는 데에서 그치지 않고, 새로운 생명꼴—제2의 생명의 기원인 셈이지만, 이번에는 실험실 조건에서 기원하는 것이다—까지 만들어낼 수 있으리라고 충분히 내다볼 수 있을 듯하다.

J. 크레이그 벤터 연구소의 연구자들은 단순한 세균이 성장하고 생식하기 위해 필요한 최소 유전자 수를 382개로 산정했다. 그리고 이 책을 쓰는 사이, 벤터 연구진은 완전한 합성 유전체를 한 세균 종에서 다른 세균 종으로 성공적으로 전달했다고 보고했다. 힘 있는 새 지식이 나오면 으레 일어나듯, 그들의 성취는 상당한 논란을 일으켰다. 생물을 합성하려는 게 윤리적인가? 이런 식으로 생명을 주물럭거리지 못하게 할 법이 있어야 할까?

물론 당장 신경 써야 할 것은 가치 있는 새 지식과 공공의 안전 사이의 균형이다. 좋은 쪽으로 보면, 우리는 저렴한 먹거리, 생물연료, 치료제를 제조할 수 있는 인공생명꼴을 설계할 수도 있을 것이다. 예를 들면 진텍 사는 이미 유전자변형 세균을 이용해서 인체 인슐린을 비롯한 단백질들을 만들고 있으며, 대부분의 주요 제약회사에서는 대규모로 미생물을 양조해서 항생제를 생산한다. 그러나 이것들은 현존 생명꼴들을 아주 약간만 수정한 형태들이며, 대량의 세균 단백질에서 원하는 산물을 소량밖에 단리해내지 못하는 이 과정은 돈까지 많이 들고 복잡하다. 합성생물학의 목표는 원하는 산물을 고효율로 생산하고, 햇빛, 또는 농업폐기물에서 나온 섬유소 같은 풍부한 에너지원을 이용하는 단순한 형태의 생명을 설계하는 것이다.

사실상 지금까지는 인공생명을 합성하려는 시도에 아무 제약이 없었고, 내 판단으로는 있어서도 안 된다. 그러나 생명윤리의 원리 때문에 우리는 더 멀리 내다보고 위험과 이익을 따져보아야 한다. 인공생명 만드는 법을 익히는 일에 따르는 위험이 무엇일까? HIV와 AIDS 유행의 사례를 감안하면, 잠재적 위험을 내다보기가 어렵지는 않다. 대중, 다시 말해서 대부분의 연구를 지원하는 납세자들은 감염성이 높은 인공생물이 실험실 밖으로 유출될 수 있지 않을까 궁금해 할 것이다. 자주 그렇듯이, 공상과학 작가들이 그 같은 가능성을 검토했다. 마이클 크라이튼Michael Crichton이 소설 『먹이Prey』에서 그런 각본을 하나 묘사했는데, 군사정보를 수집하도록 설계된 나노로봇들이 실험실을 빠져나와 포식성 로봇떼로 진화한다는 이야기이다.

사고로 인한 유출보다 더 나쁜 게 있다. 사람에서 사람으로 전염되며 내장에서 증식하면서 보툴린독을 만들어내는 합성세균을 테러집단이 설계해낸다면 어떻게 될까? 또는 HIV 같은 바이러스가 성행위로 옮는 것이 아니라 독감처럼 옮을 수 있도록 만들어진다면? 그 AIDS 바이러스가 야생에서 진화하여 우연히 사람에게서 전염성을 갖게 된 사례가 아니라, 누군가 발명해낸 것으로 밝혀진다면 대중의 격노가 어떨지 상상만이라도 해보자. 이 같은 장난질을 막기 위한 법이 있어야 하지 않겠는가?

지구촌 사회는 인공생명을 만들려는 시도에 절대적 통제력을 행사하기에는 지나치게 복잡하다. 그 한 가지 예가 줄기세포 연구이다. 정치적인 이유 때문에 조지 W. 부시 행정부는 새로운 배아줄기세포주를 개발하는 일에 연방재원을 사용 못하게 막았다. 한국은 그저 이것을 기화로 삼아 발견경쟁에서 훌쩍 앞서나갈 수 있었을 뿐이다. 우리가 마땅히 해야 할 일은 잠재적 위험들을 내다보고, 연구자들이 그 위험들을 고려하고 대중의 불안을 알아차리도록 세심한 지침을 마련하려고 애쓰는 것이다. 이 영역의 연구는 대부분 미 국립보건원, 국립과학재단, 미 항공우주국 같은 연방기관에서 지원금을 받으며, 모든 신청서는 전문가 심사를 받는다. 우리는 이 과정을 최대한 투명하게 해서, 지원금 줄 곳을 결정하는 심사위원들이 해당 연구의 가치와 잠재적 위험에 대해 자세한 정보에 기초한 결정을 내릴 수 있도록 위험과 이득에 대해 공개적으로 논의해야 한다. 합성 형태의 생명을 조립할 방법의 모색은 아직 호기심이 끌고 가는 초기 국면에 있으며, 이 새로운 영토를 용감하게 탐험하고 있는 몇 안 되는 과학자들을 응원하는 것 말고 다른 것을 할 까닭이 없다.

감사의 글

생명은 어떻게 시작되었을까? 과학의 물음 중에서도 돋보이는 물음이지만, 이 물음에 진지하게 눈길을 주는 연구자는 놀랍도록 적다. 다른 분과에서 여는 과학모임들을 고려해보면 이 상황이 더할 나위 없이 분명해진다. 예를 들어보자. 해마다 열리는 화학자, 생물물리학자, 신경생물학자 모임들에 참석하는 연구자 수는 만 명 이상이고, 열리는 곳도 시카고, 보스턴, 샌프란시스코 같은 도시들이다. 그런데 생명의 기원 연구자들이 모이는 국제모임의 참석자 수는 운이 좋아야 500명이고, 개최지는 플로렌스, 오악사카, 몬트필리어 같은 곳들이다. 이는 내가 이 책에서 논의하는 사실상 모든 것이 겨우 100명 남짓 동료 과학자들의 연구에서 나왔음을 뜻한다. 이 자리를 빌어 지난 30년 동안 내게 앎을 나누어주었던 그 친구들과 동료들에게 감사의 말을 전하고 싶다. 어떤 의미에서 보면, 그들은 이 책을 함께 쓴 이들이다.

오하이오 주립대학교 의과대학의 데이비드 콘웰은 내 박사 연구를 지도했고, 지질화학의 경이를 소개해주었다. 달걀 여러 개의 노른자에서 순수한 포스파티딜콜린을 추출해, 손수 만든 랭뮤어수조Langmuir trough에서 그것이 어떻게 행동하는지 지켜보았던 그 즐거움을 쉬이 잊지 못할 것이다.

댄 브랜턴과 레스터 패커는 버클리 캘리포니아 대학교에서 내 박사후 연구를 주관했고, 세계의 훌륭한 연구대학들에서만 맛볼 수 있는 수준의 과학을 접하게 해주었다. 그들과 함께 나는 생체막의 구조와 기능을 알아나갔고, 그 뒤로 40년이 흐른 지금도 댄과 나는 협력해서 DNA를 연구하고 있다.

알렉 뱅엄은 내가 생명의 기원에 관심을 갖도록 불꽃을 당겨주었다. 1961년, 알렉은 인지질이 소포들—지금은 리포솜이라고 부르는 것들—로 조립된다는 것을 발견했다. 나는 잉글랜드 케임브리지 남쪽으로 몇 킬로미터 떨어진 작은 마을 베이브러햄의 동물생리학연구소에 있는 알렉의 실험실에서 안식년을 한 번 보냈다. 어느 날 알렉의 모리스 미니를 타고 런던으로 가던 중, 우리는 이런 물음을 떠올렸다. 세포형 생명이 기원하기 위해선 막이 필요했는데, 생명 탄생 이전 지구에 그 막으로 조립되었을 만한 지질형 분자들에는 어떤 것들이 있었을까? 이에 대해 당시에는 조금이라도 무슨 생각을 가진 이가 아무도 없었으나, 30년이 지난 지금은 적어도 어림짐작을 해볼 수는 있다.

토니 크로프츠는 잉글랜드 브리스틀에서 보냈던 내 첫 안식년을 주관했다. 토니와 나는 알렉을 찾아가 리포솜 조제법을 더 배웠다. 왜냐하면 그때 우리는 지질 소포들이 pH 기울기를 유지할 수 있는지 규명하고 싶었기 때문이다. 그 연구에 영감을 주었던 것은 그 몇 년 전에 『네이처』에 피터 미첼이 발표했던 화학삼투라는 새로운 생각이었다. 그래서 우리는 피터도 찾아갔다. 당시 그는 보드민 바로 외곽의 널따란 저택에 독자적인 실험실을 차려놓고 있었다. 우리가 생체에너지를 생각하는 방식을 뒤바꿔놓았던 그 비범한 과학자와 이렇게 첫 만남을 이루게 되었다.

해럴드 모로위츠와 프랭클린 해럴드는 나에게 오늘날의 생체세포들이 에너지를 어떻게 포획하는지 생각해보고 40억 년 전의 생명에 외삽해보도록 영감을 주었다. 해럴드 모로위츠가 쓴 『세포형 생명의 시작Beginnings of Cellular Life』은 세포형 칸이 바로 최초기 생명꼴들의 필수 성분이었다는 점에 처음으로 초점을 맞추었다. 두 사람은 함께 생체에너지론을 다룬 책들을 써서, 에너지가 모든 생명에서 어떤 식으로 흘러다니는지 정밀하고 명료하게 서술했다.

존 오로는 생명의 시작에 관한 연구를 발전시킨 진정한 개척자였다. 존은 HCN 분자 다섯 개가 자발적으로 중합해서 아데닌을 합성할 수 있음을 발견했으며, 초기 지구에 유기화합물을 전달하는 데에서 혜성이 중요한 구실을 했다는 생각을 처음으로 제시했다. 존과 나는 서로 독자적으로 동시에, 생명 탄생 이전의 화합물 목록에 지질을 추가해야 한다고 생각을 굳혔다. 각자의 제자들을 공저자로 해서, 우리는 본뜨기한 생명 탄생 이전 조건에서 지질이 어떻게 합성될 수 있는지 서술하는 논문들을 따로따로 발표했으며, 1980년에는 같이 논문을 한 편 써서, 생명의 기원 연구에 지질을 포함시킬 무대를 마련했다.

앤드루 포호릴도 지질을 연구한다. 특히 막에 있는 지질과 그 동역학적인 운동을 연구한다. 앤드루는 친절하게도 이 책에 실을 지질이중층 컴퓨터 영상들을 제공해주었다.

도론 란셋은 이스라엘 레호보트의 바이츠만 연구소에서 보냈던 내 안식년을 주관했다. 거기서 그는 생명의 처음을 완전히 새롭게 생각할 방도를 내게 소개해주었다. 그의 제자인 다니엘 세그레―지금은 보스턴 대학교에 있다―와 함께 우리는 '지질세계'라는 제목으로 사변적인 논문을 한 편 썼다. 그 논문에서 우리는 생명이 가진 모든 속성들을 가졌으면서도 중합체는 없는 생체계를 상상해보았다.

로버트 헤이즌과 번드 시모넷은 지구화학자들이며, 첫 생명꼴들에게 필요했던 생명 탄생 이전의 화학반응들에서 광물 표면들이 어떤 구실들을 할 수 있었을지 생각해보도록 내 눈을 열어주었다. 로버트는 『창세: 생명의 기원을 찾아가는 과학의 탐험Genesis: The Scientific Quest for Life's Origin』이란 제목의 근사한 책을 썼는데, 내가 이 책을 어떻게 쓸까 고민할 때 계속 영감이 되어주었던 책이다.

마이클 모트너와 밥 레너드는 크라이스트처치의 뉴질랜드인 동료들로서 내 뉴질랜드 방문을 주선했다. 마이클과 쓴 어느 논문에서 우리는 탄소질 운석에 함유된 가용성 성분들이 미생물과 식물에게 양분이 될 수 있는지 시험했다. 그 결과는 놀랍게도 그럴 수 있다는 것이었다! 세균과 식물은 지구 나이보다도 오래된 운석에서 추출한 원자와 분자를 아무렇지 않게 사용했던 것이다.

제럴드 조이스와 잭 스조스탁은 세포형 칸 속의 리보자임 촉매야말로 생명의 기원으로 향해가는 징검돌일 수 있음을 일찌감치 알아보았던 최고의 과학자들이다. 잭과 제럴드는 효소들과 RNA로 이루어진 계가 어떻게 진화할 수 있는지 서로 독자적으로 보여주었고, 잭은 지금 실험실에서 인공생명을 만들어가는 길을 이끌고 있다.

이 밖에 내가 즐겁게 읽었고 각각에서 배운 바가 있는 논문들을 쓴 이들이 있다. 우리는 세계 곳곳에서 열리는 고든 회담, 우주생물학 모임들, IS-SOL 회합에서 정기적으로 만난다. 내가 이 책에서 논의한 많은 생각들에 영감을 주었던 동료들은 다음과 같다. 제프리 베이다, 존 바로스, 스티브 베너, 셔우드 창, 존 크로닌, 데이비드 데스머레이스, 파스칼 에렌프로인드, 제임스 페리스, 닉 허드, 윌리엄 어빈, 노암 라하브, 안토니오 라즈카노, 루이기 루이시, 린 마굴리스, 마리 크리스틴 모렐, 스탠리 밀러, 레슬리 오르겔, 샌드라 피차렐로, 칼 세이건, 윌리엄 쇼프, 스틴 라스무센, 잭 스조스탁, 데이비드 어셔, 아서 웨버, 리처드 자레이다. 애석하게도 존 크로닌과 스탠리 밀러, 레슬리 오르겔, 칼 세이건은 더 이상 우리 곁에 없지만, 그들의 생각은 살아 있으며, 앞으로도 꾸준히 우리의 사고에 영향을 줄 것이다.

게일 플레이샤커에 대한 특별한 감사의 말을 따로 전한다. 1980년대에 게일은 린 마굴리스와 함께 일하는 대학원생이었고, 연구 분야는 과학철학의 영역에 들어갔다. 게일은 움베르토 마투라나와 프란시스코 바렐라가 도입했던 생각, 곧 생명은 자가생산적autopoietic(자기 힘으로 스스로를 부양하는 것)이라는 점에서 고유하며, 생명을 어떻게 정의하든 경계막을 가진 칸을 꼭 포함시켜야 한다는 생각을 처음으로 탐구한 이들 가운데 한 사람이었다. 게 일과 나는 이 책 이전에 나온 책『생명의 기원들: 중심 개념들Origins of Life: The Central Concepts』을 함께 엮는 즐거움을 누렸다.

내 실험실에서 몇 년을 함께할 만큼 용감했던 멋진 대학원생들과 박사후 과정 연구생들에게도 감사의 말을 전하고 싶다. 왜 용감하냐고? 음, 대부분의 대학원생들과 박사후 과정 연구생들은 연구를 끝마친 뒤에 일자리를 얻기를 기대한다. 그러나 생명의 기원 연구자라는 직함이 달린 일자리는 사실상 전무하다. 그렇기는 해도 모두들 안정된 직장을 얻는다. 대부분은 학계에 몸담지만, 산업체와 정부 연구기관에 들어간 이도 소수 있다. 찰스 에이펠, 게일 바치펠드, 아조이 차크라바르티, 윌 하그리브스, 드미트리 키르포틴, 새라 마우러, 피에르-알랭 모나르, 트리슐 나마니, 펠릭스 올라사가스티, 수다 라자마니, 사라 싱그람, 로스코 스트리블링, 사샤 볼코프, 헬무트 제픽, 내 이들에게 특별히 감사의 말을 전한다.

연구지원금을 받지 않고서는 과학에서 이루어지는 일이 많지 않다. 사실상 이 책에서 서술한 내 연구는 모두 미 항공우주국 외계생물학 및 우주생물학 지원 프로그램의 지원금을 받았다. 출판에서는 에이전트와 편집자 없이는 이루어지는 일이 별로 없다. 캐럴 로스는 이 책이 UC 출판부에서 나올 수 있도록 해주었고, 블레이크 에드가는 조악한 초고를 2년 동안 살피면서, 글쓰기 작업을 유익한 방향으로 부드럽게 이끌어주었다. 초벌 원고를 꼼꼼하게 읽고 친절하게 의견을 준 케빈 플랙스코, 잭 파머, 로버트 헤이즌에게 감사의 말을 전한다.

마지막으로 내 아름답고 똑똑한 아내 올뢰프 아이나르스도티르, 우리의 두 아이 아스타와 스텔라 다비드스도티르에게 깊고 깊은 고마움을 전하고 싶다. 내가 아이슬란드와 시토크롬 산화효소에 대해 알고 있는 모든 것은 올뢰프가 가르쳐주었으며, 아스타와 스텔라는 다시 한번 아빠가 되는 것이 얼마나 멋진 일인지 가르쳐주었다.

옮긴이의 말

송림 사이로 또 바람이 지나간다.

　바람은 어디에서 어떻게 생겨 어디로 흐르고 어디에서 소멸하는 것일까. 목숨 가진 것들의 지도를 그리는 것은 바람의 지도를 그리는 것과 매한가지일 것이다. 그는 눈을 지그시 감고 바람을 좇아가본다.

—박범신의 『고산자』에서

그 바람에도 처음은 있었을 것이다. 내 살갗을 스치기까지 바람이 거쳤을 법한 솔잎 사이, 풀잎 사이, 바위 사이, 골짜기, 산등성이, 벌판 등지를 짚어나가다 보면 과연 그 처음에 이를 수 있을까? 그 처음은 어떤 모습일까? 이 땅의 끝이나 저 하늘의 끝에서 바람의 신이 내쉰 숨이 바람이 된 것일까? 아니면 저 반대편 땅에 사는 어느 날짐승의 날갯짓이 일으킨 세풍 한 자락이 바다를 건너 굽이굽이 돌고 돌아 내게까지 닿은 것일까? 아니면 땅과 바다와 하늘이 함께 오묘한 조화를 부려 바람을 일으킨 것일까? 대체 바람처럼 눈에 보이지 않고 손에 잡히지 않고 처음을 알기 힘든 것의 지도를 어찌 그릴 것인가?

생명의 지도 그리기도 이와 마찬가지일 텐데, 특히 생명의 처음을 찾아 나서는 이 책에 그 막막함이 잘 드러나 있다. 현재 손에 쥔 것은 오늘날의 생명에서 유추해낸 생명의 정의, 실험으로 확인한 단편적인 사실 여러 개, 그 사실들을 요리조리 엮어서 짜본 각본 몇 편뿐이라고 말해도 지나치지 않을 만큼, 생명의 기원 연구 분야는 아는 것보다 모르는 게 훨씬 많고, 우리 지식의 끝과 맞닿아 있는, 아직까지는 인적이 드문 영역이다. 그러나 이런 막막함에 굴하지 않는다는 것도 과학이 지닌 크나큰 매력일 것이다. 오리무중에서도 쉬지 않고 실마리를 찾아 추적하고, 지나온 길을 꼼꼼하게 되짚어보며 기록하고, 망원경으로 멀리 조망하면서 지세를 가늠하고 나아갈 길을 모색하는 탐험가의 모습을 글쓴이를 비롯한 과학자들에게서 고스란히 볼 수 있다.

바람의 처음을 알기 위해서는 바람이 지닌 일반적이고 추상적이고 낭만적인 맥락을 벗어나서 햇빛과 열 같은 에너지의 흐름, 지구의 자전, 온도와 기압을 비롯한 여러 가지 물리적인 인자들이 서로 뒤엉켜 복잡하게 상호작용하는 낯선 풍경 속으로 들어가야만 하듯이, 생명의 처음도 우리가 일상에서 의식하지 못하고 고려하지 못하는 수많은 물리적 및 화학적 인자들이 복잡하게 상호작용하는 낯선 풍경 속으로 뛰어들어야만 알아낼 수 있음을 글쓴이는 보여준다. 이를테면 별들에서 유래한 생명필수원소 CHONPS를 가장 기본적인 밑감으로 해서 단위체, 중합체, 계가 형성되어가는 과정, 지질이 소포라는 미세한 공 모양 주머니로 자기조립하면서 크고 작은 분자들을 싸담아 자연의 조합화학 실험을 해나가는 모습, 갖가지 원시적인 세포 기능들이 떠올라 진화해나간 과정, 열역학과 반응속도론의 관점에서 본 생명의 본질, 진화에 비추어 보았을 때 시야에 들어오는 생명 기원의 의미 등을 이해해야 한다는 말이다. 글쓴이가 세밀하게 그려나가는 이 풍경화를 감상하노라면, 글쓴이가 그토록 강조하는 '이어져 있음connection'이라는 말을 아무 편견 없이 글자 그대로의 뜻으로 받아들이게 된다.

이 풍경화를 아주 조금이라도 더 수월하게 감상할 수 있도록 할 요량으로 번역 과정에서 나름대로 큰 선택을 했는데, 이에 대해 독자들에게 양해를 구하고 싶다. 번역을 해나가다 보면 선택의 갈림길을 수없이 만나게 된다.

그 가운데 하나가 바로 '안전하게 갈까, 모험을 할까' 하는 것이다. 무슨 말이냐면, 개념 등을 번역할 때 일반적으로 쓰이거나 기존에 한 번이라도 쓰인 적이 있는 번역어를 그대로 가져다 써서 안전을 꾀할 것이냐, 아니면 위험을 무릅쓰고 새로운 번역어를 만들어서 시험해보는 모험을 감행할 것이냐 선택해야 하는 상황을 종종 만나게 된다는 뜻이다. 이 책에 나오는 크고 작은 개념들 가운데에는 번역하지 않은 채 그대로 쓰거나 번역해서 쓰더라도 동사형, 형용사형, 명사형 등으로 두루 쓰기 어려워, 도리 없이 뒤쪽을 선택해야 하는 경우가 더러 있었다. '본뜨기(실험)simulation', '손짝가짐chirality', '싸담기encapsulation', '칸막음compartment' 등이 그 예로서, 부디 무모한 시도가 되지 않았기를 바라고, 이 책을 읽어갈 때 이 번역어들이 도움이 되기를, 또는 도움까지는 아니더라도 걸림돌만큼은 되지 않기를 바랄 따름이다. 이것과 더불어 원소와 화합물 이름 표기도 마지막까지 고민에 고민을 거듭한 문제였다. 영어 발음을 기준으로 한 새로운 표기법이 마련되어 있기는 하지만, 사람마다 수용해서 쓰는 정도가 제각각이고 기존의 표기법과 차이가 퍽 커서 아직은 몹시 혼란스러운 상황으로 보인다. 그래서 고심 끝에, 여러 독자층을 아우를 수 있도록 기존 표기법을 따르기로 선택했다. 부디 이 점도 너그럽게 이해해주길 바란다. 대부분의 표기와 개념어는 KMLE 의학검색엔진으로 검색한 바를 기본으로 했다.

바쁜 시간을 쪼개 원고를 감수해주신 이정모 관장님께 고마운 마음을 전한다. 첫 번째 독자로서 꼼꼼하게 읽고 적어주신 조언 덕분에 원고를 새로운 눈으로 살필 수 있었다. 그리고 이 책이 나오기까지 편집자의 마음고생이 컸다. 이 자리를 빌려 장미연 씨에게 미안함과 고마움을 함께 전한다.

2015년 5월
류운

참고자료와 주석

과학문헌에서 참고자료는 대부분 학술지에 발표된 논문들이지 인터넷 웹사이트가 아니다. 하지만 학술지들은 대개 대학 도서관에나 가야 볼 수 있기 때문에, 이런 학술지보다는 더 쉽게 접근할 수 있는 웹사이트들을 주로 참고자료로 열거했다. 특별한 관련이 있는 논문과 책도 거론했다.

제1장

우주생물학은 전 세계적으로 과학자들의 주목을 끌고 있는 분야이다. 목하 떠오르고 있는 이 분야에 대해 더 알고 싶으면, 아래의 웹사이트들을 들러보길 바란다.

http://astrobiology.nasa.gov
http://www.astrochem.org
http://www.esa.int

샌타바버라 캘리포니아 대학교의 케빈 플랙스코Kevin Plaxco는 과학저술가인 마이클 그로스Michael Gross와 함께『우주생물학: 간단한 개론Astrobiology: A Brief Introduction』(2006)이라는 읽기 쉬운 책을 펴냈다. 워싱턴 대학교의 피터 워드Peter Ward와 도널드 브라운리Donald Brownlee가 쓴『드문 지구: 우주에는 복잡한 생명이 왜 흔하지 않은가Rare Earth: Why Complex Life Is Uncommon in the Universe』(2000)도 멋진 책이다. 두 사람은 지구에서 생명이 기원하여 지능을 갖도록 진화한 것이 생각보다 훨씬 드문 일일 수도 있음을 설득력 있게 논증하고 있다.

<허블의 집Hubble Site>(http://hubblesite.org/gallery)을 찾아가 허블우주망원경이 찍은 사진들을 둘러보는 것도 매우 좋다. 거기 가면 폭발하는 별들, 행성상 성운, 초신성, 성간 먼지구름에서 태어나는 별, 보석 같이 생긴 나선은하의 장관들을 보게 될 것이다. 미항공우주국이 후원하는 <오늘의 천문사진Astronomy Picture of the Day>(http://apod.nasa.gov/apod)도 훌륭한 웹사이트이다. 이곳에는 허블우주망원경을 비롯한 위성망원경, 하와이의 마우나케아나 칠레의 아타카마 사막처럼 도시의 불빛에서 멀리 떨어진 곳들에 있는 천문대에서 찍은 사진들이 날마다 하나씩 올라온다.

이번 장에서 살펴본 것들을 예술가들이 그린 그림으로 보고 싶으면, 윌리엄 하트만William Hartmann의 웹사이트(http://www.psi.edu/~hartmann/painting.html)와 돈 딕슨Don Dixon의 웹사이트(http://cosmographica.com/gallery)를 찾아가보길 바란다.

글렌 엘러트Glen Elert가 운영하는 <물리학 하이퍼텍스트북The Physics Hyper-text-book>(http://physics.info/nucleosynthesis)에 가보면 별의 핵합성에 대해서 더 많은 걸 배울 수 있다. 글렌은 생명필수원소들이 별 속에서 어떻게 합성되는지 명료하게 서술하고 있다.

운석을 학술적으로 살피는 책을 원하면, 로버트 허치슨Robert Hutchison이 쓰고 케임브리지 대학교 출판부가 펴낸 『운석: 암석학적, 화학적, 동위원소적 합성Meteorites: A Petrologic, Chemical and Isotopic Synthesis』(2007)을 보라. 『사이언티픽 아메리칸』 웹사이트(http://www.scientificamerican.com)에 가면 "머치슨 운석, 화학의 보물단지Murchison Meteorite's Chemical Bonanza"라는 제목의 팟캐스트를 찾을 수 있다.

<우주론의 생각들Ideas of Cosmology>(http://www.aip.org/history/cosmology/ideas/expanding.htm)은 미국물리학협회가 후원하는 웹사이트로, 조지 가모프와 프레드 호일의 생각들이 서로 경쟁하다가 마침내 대폭발 이론이 정상상태 우주론을 누르고 승리를 거머쥐기까지의 멋진 역사를 알려준다. 대폭발 이론을 더 알고 싶으면, 미 항공우주국의 윌킨슨 마이크로파 비등방성 탐사선Wilkinson Microwave Anisotropy Probe 웹사이트(http://map.gsfc.nasa.gov/universe)를 찾아가보라.

하버드 대학교 천문학과에서 후원하는 웹사이트(http://www.cfa.harvard.edu/COMPLETE/learn/star_and_planet_formation.html)에서는 성간 분자구름에서 태양계가 어떻게 생겨나는지 배울 수 있다. 이 과정을 표현한 여러 애니메이션도 링크되어 있다.

브리그 클라이스Brig Klyce가 운영하는 <우주에서 온 조상Cosmic Ancestry>이라는 흥미로운 웹사이트(http://www.panspermia.org/index.htm)는 지구상 생명의 시작을 범종凡種이 설명해낸다는 논증들을 제시하고 있다.

제2장

화산에 대한 정보를 더 원하면, 스미소니언협회에서 후원하는 <세계의 화산Global Volca-nism Program>(http://www.volcano.si.edu)을 찾아가보라. 이곳에 가면 전 세계에 있는 화산을 검색할 수 있다. 물론 캄차카의 화산들도 있다. 무트노프스키 산을 검색하면, 내가 이번 장 첫 부분에서 묘사했던 그 웅장한 화산에 대한 정보와 사진을 볼 수 있다.

우리가 캄차카에서 했던 연구를 적은 과학 보고서인 "생명 탄생 이전 환경에서 일어나는 자기조립 과정들Self-Assembly Processes in the Prebiotic Environment"은 2006년에 『왕립학회 철학 의사록Philosophical Transactions of the Royal Society B』에 발표되었다.

우즈홀 해양학연구소Woods Hole Oceanographic Institution에서 후원하는 <바다 속의 발견Dive and Discover>(http://www.divediscover.whoi.edu/vents/index.html) 웹사이트는 열수구에 대해 잘 소개하고 있다.

제3장

2005년에 존 밸리는 『사이언티픽 아메리카』에 실은 <서늘했던 초기 지구A Cool Early Earth?>라는 제목의 글로 자신의 지르콘 연구를 간추렸다. 그 글은 지르콘의 원소 성분비로 어떻게 연대도 알아내고 형성 당시의 기온도 알아낼 수 있는지 명료하게 서술했다. 위스콘신-매디슨 대학교 지구과학과 웹사이트(http://www.geology.wisc.edu/zircon/Valley2005SciAm.pdf)에서 이 글을 pdf 파일로 구할 수 있다.

웹사이트 <운석구Meteor Crater>(http://www.meteorcrater.com)는 배린저 운석구 관광을 맡고 있는 회사에서 후원하고 있다. 정보도 많고, 5만 년 전에 거대한 철 운석이 애리조나 사막을 때렸을 때 그 충돌 모습이 어땠을지 보여주는 인상적인 비디오도 볼 수 있다.

W. T. 설리번Sullivan과 J. A. 배로스Baross가 엮은 『행성과 생명Planets and Life』(2007)은 우주생물학이라는 새로운 분야를 폭넓게 소개한 책이다. 이 책 12장은 로저 뷰익이 썼고, 세균 미화석들을 논의하면서 그 미화석들이 어떻게 형성되었고, 그게 진짜 세균 화석이라고 얼마만큼 자신할 수 있는지 세심하게 살피고 있다.

제4장

화학과 생화학은 특히나 인터넷 사이트들의 도움을 많이 받는다. 웹브라우저에 그냥 화학물질 이름만 쳐서 넣으면 대개는 정보 출처에 직접 다가갈 수 있다. 보통은 기본 정보가 담겨 있는 위키피디아가 그런 출처이다.

일종의 공공 서비스로서 국립생명공학정보센터National Center for Biotechnology Information에서는 센터 웹사이트에서 200권이 넘는 과학서적과 의학서적을 무료로 볼 수 있도록 하고 있다(http://www.ncbi.nlm.nih.gov/books). 이 가운데에는 브루스 앨버츠Bruce Alberts가 이끄는 과학자 팀이 쓴『세포의 분자생물학Molecular Biology of the Cell』(4판, 2002)이 있다. 관심 있는 독자들은 이 책 4장에서 생분자들에 대해 자세한 정보를 얻을 수 있다.

제5장

공영방송 서비스Public Broadcasting Service(PBS) 웹사이트(http://www.pbs.org/ex-ploringspace/meteorites/murchison/index.html)의 〈우주탐험The Exploring Space〉 꼭지에서는 운석과 생명의 기원을 멋지게 소개하고 있다. 손짝같음이 첫걸음을 뗄 때 아미노산의 손짝가짐이 어떤 구실을 했는지도 논의하고 있다.

앤 마리 헬멘스틴Anne Marie Helmenstine은 검색 기능을 갖춘 웹사이트 <About.com: Chemistry>(http://chemistry.about.com)를 운영하고 있다. 입문 수준의 기본적인 화학 개념들을 소개하고 있다. 'chirality'를 검색하면 아미노산을 비롯한 생분자들의 손짝가짐 성질에 대해 더 자세한 정보를 얻을 수 있다.

제6장

에너지청은 웹사이트에서 에너지 개념들을 탁월하게 소개하고 있다(http://www.eia.doe.gov/kids). 비록 'EnergyKids'라고 하기는 해도, 아이들뿐 아니라 누구나 배울 수 있으며, 상까지 받은 웹사이트이다.

프랭클린 해럴드는 단순한 생명꼴들이 어떻게 에너지를 사용하는지 연구하면서 생을 보냈다. 프랭클린은『생명력: 생체에너지 연구The Vital Force: A Study of Bioenergetics』(1986)라는 일반 교양서를 썼다. 비록 이 책이 나온 지 20년이 넘었지만, 생명 과정들에서 에너지가 하는 역할을 가장 쉽고 명쾌하게 소개한 책에 속한다.

『생명의 기원들Origins of Life』(2010)에서 나는 아서 웨버와 함께 한 장을 할애해, 생명의 기원으로 귀결되는 화학반응들을 끌고 가는 데에 쓸 수 있는 에너지에는 무엇무엇이 있는지 논의했다. 콜드스프링하버 출판사 웹사이트(http://cshperspectives.cshlp.org)의 2010년 문서자료실에서 그 장을 읽을 수 있다.

유튜브에는 전자수송과 ATP 합성을 재현한 비디오 애니메이션들이 많이 올라와 있다. 검색어로 'electron transport'와 'ATP synthesis'를 치면 찾아서 볼 수 있다. 내가 즐겨 보기도 하고 강의할 때에도 종종 이용하는 비디오는 "grt video of atp synthase"라고 하는 것이다.

제7장

위스콘신-매디슨 대학교의 소재연구이공학센터Materials Research Science and Engineering Center가 운영하는 웹사이트는 자기조립 과정의 기본 측면들을 알려주는 뛰어난 곳이다(http://mrsec.wisc.edu/Edetc/nanoquest/self_assembly/index.html). 자기조립 과정을 그려내는 비디오를 여러 편 볼 수 있다.

제8장

<생명의 기원 탐구하기Exploring Life's Origins>(http://exploringorigins.org/)는 재닛 이와사Janet Iwasa가 잭 스조스탁과 협력해서 개발한 최고의 웹사이트이다. 이번 장의 중점들, 이를테면 지질 소포들의 자기조립, 핵산 싸담기, 중합에 의한 성장을 이 웹사이트에 실린 도해와 애니메이션들이 명료하게 그려주고 있다. <Encapsula NanoSciences>(http://www.encapsula.com)는 지질과 리포솜을 명쾌하게 서술하고, 지질 소포들이 어떻게 용질들을 싸담을 수 있는지 보여주는 유익한 비디오 두 편을 유튜브에 올렸다.

싸담기와 세포형 생명의 기원에 대한 내 연구를 요약한 평론인 <최초의 세포막The First Cell Membranes>을 2002년 『우주생물학Astrobiology』에 발표했다. 미 항공우주국 에임스 연구센터의 천체물리화학실험실Astrophysics & Astrobiology Laboratory에서 운영하는 웹사이트에서 pdf 파일을 내려받을 수 있다(http://www.astrochem.org/PDF/Deameretal2003.pdf).

제9장

워싱턴 시애틀의 계생물학연구소The Institute for Systems Biology에서는 현재 떠오르고 있는 계생물학이라는 분야의 기본 측면들을 소개하는 유익한 웹사이트(http://www.systemsbiology.org/Intro_to_ISB_and_Systems_Biolgoy)를 운영하고 있다.

프랭클린 해럴드는 생체에너지에만 관심을 가진 게 아니라, 상호작용하는 분자들의 계로 봐야지만 생명을 가장 잘 이해할 수 있음을 처음으로 깨달은 이들 가운데 한 사람이었다. 해럴드는 『세포의 길: 분자, 유기체, 생명의 질서The Way of the Cell: Molecules, Organisms, and the Order of Life』(2001)라는 책을 써서 그 생각들을 한데 담아냈다.

제10장

이 책에서 다루는 모든 주제들에 대해 당연히 위키피디아에서 정보를 얻을 수 있지만, 나는 이번 장에서 생중합체를 논의할 때를 빼고는 위키피디아를 참고하려 하지 않았다. 사실 위키피디아에서 단백질, DNA, RNA를 다룬 글들은 여느 생화학 교재만큼이나 좋다. 아니 교재보다 더 낫다. 그러니 생중합체에 대해서 더 알고 싶으면, 위키피디아가 좋은 출발점이 될 것이다.

리보솜의 기능을 보여주는 애니메이션 두 편을 추천한다. 재미도 있고 정보도 있는 그 애니메이션들은 1970년에 가능했던 수준과 오늘날 컴퓨터 애니메이션으로 할 수 있는 수준을 대조해볼 수도 있게 해준다. 첫 번째는 〈단백질 합성: 세포 수준의 서사Protein Synthesis: An Epic on the Cellular Level〉라는 제목으로 유튜브에서 찾아볼 수 있다. 이 비디오를 보면, 스탠퍼드 대학교의 노벨상 수상자 폴 버그Paul Berg가 전령RNA가 리보솜과 어떻게 상호작용을 해서 단백질을 합성하는지 논의하는 것으로 시작한다. 그런 다음 스탠퍼드대 학부생 수백 명이 쿼드랭글(사방이 학교 건물들로 둘러싸인 공터)에서 일종의 무용극을 펼치면서, 폴이 말하던 것을 춤으로 표현해내는 영화가 이어진다. 두 번째 비디오는 유튜브에 올라온 제목이 "전사와 번역Transcription and Translation"으로, 〈DNA: 생명의 비밀The Secret of Life〉이라고 하는 최근의 PBS 프로그램에서 뽑은 영상이다. 정말 굉장한 영상이다. 분자들은 서로에 대해 상대 크기가 정확한 분자 구조들로 등장하고, 컴퓨터 애니메이션은 세포에서 전사와 번역이 일어나는 모습을 실시간 속도로 그려내고 있다.

이번 장에서 나는 리보솜의 기능을 이해하기 위한 도구로 음악을 이용할 수 있음을 보였다. 여기에 관심이 있는 독자라면, 인터넷 검색기에 "dna music"을 치면 염기서열을 음악으로 번역하는 웹사이트를 수십 곳 발견하게 될 것이다. 이곳 가운데에는 과학자들이 유전정보를 저장하는 1차 데이터베이스로 이용하는 〈핵산데이터베이스Nucleic Acid Database〉 웹사이트(http://ndbserver.rutgers.edu/atlas/music/index.html)도 있다.

제11장

1965년에 존 킴볼John Kimball은 대학 수준의 생물학 교재를 써서 펴내 큰 성공을 거두었다. 지금은 12판이 나와 있다. 최신판을 <킴볼의 생물학Kimball's Biology Pages>(http://users.rcn.com/jkimball.ma.ultranet/BiologyPages)에서 온라인으로 볼 수 있다. 이곳은 검색 가능한 웹사이트로서, 업데이트가 자주 이루어진다. 생화학을 비롯해 생물학의 모든 분야에 대해 기초 정보를 얻을 수 있다. 첫 페이지의 항목들은 간략할 수밖에 없으나, 명료하게 제시되어 있으며, 다른 관련 항목들과 링크되어 있다. 이를테면 검색란에다 "enzymes"를 쳐넣으면, 과산화수소 분해효소catalase와 탄산 탈수효소carbonic anhydrase의 반응들이 서술되고, 보조인자, 억제, 모형 효소, 효소 조절이 링크되어 있다. 효소촉매와 대사에 대한 더 자세한 정보를 원하면 앞서 4장 참고자료 부분에서 언급했던 앨버츠의 생물학 교재를 참고하면 된다.

제12장

FreeScienceLectures는 2분짜리 비디오 애니메이션을 〈DNA 복제 과정Replication Process〉이라는 제목으로 유튜브에 올렸다. 이 애니메이션은 중합효소III이 앞선가닥을 직접 복사하고, 그다음에 RNA 시발체, 오카자키 조각, DNA 중합효소I, DNA 연결효소를 사용해서 뒤진가닥을 복사하는 모습을 명쾌하게 보여준다. PBS 프로그램인 <DNA: 생명의 비밀>에서 뽑아 "DNA 복제Replication"라는 제목을 단 애니메이션도 유튜브에 올라와 있다. 이것도 DNA 복제반응의 굉장한 복잡성을 그려내고 있다.

　　콜드스프링하버 실험실의 DNA 배움센터 웹사이트(http://www.dnalc.org)는 생체 세포에서 DNA가 하는 수많은 기능들을 배울 수 있는 멋진 곳이다. 이곳의 비디오 하나가 〈중합효소 연쇄반응Polymerase Chain Reaction(PCR)〉이라는 제목으로 유튜브에 올라와 있다. 바이오래드Bio-Rad Laboratories 사에서 후원한 "중합효소 연쇄반응 노래Polymerase Chain Reaction (PCR) Song"라는 제목의 기막힌 뮤직비디오도 유튜브에서 찾아볼 수 있다. 합창단이 PCR에 바치는 찬가를 부르고 있다!

제13장

날씨에 관한 어느 문구를 이렇게 바꾸어 써볼 수 있다. "누구나 다윈에 대해 이러쿵저러쿵 말하지만, 정작 다윈의 책을 읽은 사람은 아무도 없다!" 잉글랜드에서 안식년을 보내고 있을 때였다. 어느 중고서점을 뒤지던 중, 12파운드로 가격이 매겨진 『종의 기원』(6판)을 때마침 발견했다. 그 책은 1902년에 간행되었고, 1904년 12월 16일에 시드니 애플게이트라는 사람이 맨 처음 구입했다. (책표지 안쪽에 시드니의 자필서명과 구입 날짜가 적혀 있다.) 고백하건대, 나는 다윈의 책을 처음부터 끝까지 읽어보지 않았다. 그러나 다른 대부분의 과학책들을 읽은 만큼은 그 책을 읽어보았으며, 내 서재에 그 책을 가지게 된 걸 행운이라고 여긴다. <다윈 온라인Darwin Online>(http://darwin-online.org.uk)에서 다윈이 쓴 모든 글을 찾아 읽을 수 있다. 다윈이 발표한 글들뿐만 아니라 다윈이 쓴 공책들과 그림들까지 모아놓은 놀라운 곳이기 때문에 방문할 가치가 충분하다.

버클리 캘리포니아 대학교에서 후원하는 <진화 이해하기Understanding Evolution>라는 웹사이트(http://evolution.berkeley.edu/evolibrary/home.php)도 있다. 과학자가 아닌 이들도 읽을 수 있게끔 씌었으나, 들어 있는 정보는 대단하다. 링크 중의 하나인 "국물에서 세포까지―생명의 기원From soup to cells―the origin of life"은 이 책에서 다루는 논제들을 간략하게 서술하고 있다.

제14장
14장에서 살펴본 생각들과 개념들은 이 책의 앞 장들에서 다 제시했던 것들이다.

제15장
매사추세츠 공과대학(MIT)은 인터넷 비디오를 교육매체로 활용하는 일에 앞장섰다. 드루 엔디Drew Endy의 멋진 강의도 거기에 들어 있다. 엔디의 전공 분야는 합성생물학이다. MIT 웹사이트(http://mitworld.mit.edu/video/363)에 가면 이 강의를 들을 수 있다.

PBS 웹사이트(http://www.pbs.org/wgbh/nova/sciencenow/3214/01.html)에 가도 합성생명에 대해 굉장히 멋진 프로그램을 볼 수 있다. 로버트 크룰위치Robert Krulwich가 진행하고, 여러 과학자들―이 책에서 살펴본 과학자들도 들어 있다―의 연구를 다루는 프로그램이다.

생명의 기원을 다룬 다른 많은 책들도 읽어볼 것을 권한다. 이 책을 쓰는 동안 나는 많은 책들을 보며 정보를 얻었다. 관심 있는 독자들을 위해 여기에다 그 책들을 열거하는 게 좋을 것 같다. 대부분의 책은 아마존(www.amazon.com) 같은 인터넷 서점에서 구할 수 있다.

The Molecular Origins of Life: Assembling Pieces of the Puzzle, edited by André Brack (1998)

Genetic Takeover and the Mineral Origins of Life, by Graham Cairns-Smith (1982)

Seven Clues to the Origin of Life: A Scientific Detective Story, by Graham Cairns-Smith (2000)

First Steps in the Origin of Life in the Universe, edited by Julián Chela-Flores, Tobias Owen and Francois Raulin (2001)

The Origin of Life, by Paul Davies (2006)

Genesis on Planet Earth: Search for Life's Beginning, by William Day (1984)

Blueprint for a Cell: The Nature and Origin of Life, by Christian DeDuve (1991)

Origins of Life, by Freeman Dyson (1999)

The Origin of Life: A Warm Little Pond, by Clair Edwin Folsome (1979)

Emergence of Life on Earth: A Historical and Scientific Overview, by Iris Fry (2000)

Genesis: The Scientific Quest for Life's Origins, by Robert Hazen (2005)

Biogenesis: Theories of Life's Origins, by Noam Lahav (1999)

The Origin and Early Evolution of Life: Prebiotic Chemistry, the Pre-RNA World, and Time, by Antonio Lazcano and Stanley Miller (1996)

The Emergence of Life: From Chemical Origins to Synthetic Biology, by Pier Luigi Luisi (2010)

The Origins of Life on the Earth, by Stanley Miller and Leslie Orgel (1974)

Beginnings of Cellular Life: Metabolism Recapitulates Biogenesis, by Harold Morowitz (2004)

Origin of Life, by Aleksandr Oparin (1938)

Between Necessity and Probability: Searching for the Definition and Origin of Life, by Radu Popa (2004)

Planetary Systems and the Origins of Life, edited by Ralph Pudritz, Paul Higgs, and Jonathan Stone (2007)

Chemical Evolution and the Origin of Life, by Horst Rauchfuss (2008)

Life's Origin: The Beginnings of Biological Evolution, by J. William Schopf (2002)

Origins: A Skeptic's Guide to the Creation of Life on Earth, by Robert Shapiro (1986)

찾아보기

지은이 **데이비드 디머**David Deamer는 샌타크루즈 캘리포니아 대학교 생분자공학과 연구교수이다. 1980년대 초반부터 생명의 기원에 대해 연구해왔으며, 생명의 기원에 대한 우리의 이해에 크게 영향을 미친 출중한 과학자 중 한 사람이다. 잭 스조스탁과 함께 쓴 『생명의 기원들The Origins of Life』을 비롯해 『원세포: 생명 없는 물질에서 생명 있는 물질로 건너가기Protocells: Bridging Nonliving and Living Matter』, 『화학과 생물학에서의 액체 계면들Liquid Interfaces in Chemistry and Biology』 등의 책을 저술했다.

옮긴이 **류운**은 서강대학교 철학과를 졸업하고 같은 학교 대학원 철학과에서 석사학위를 받았다. 옮긴 책으로는 『대멸종』, 『왜 사람들은 이상한 것을 믿는가』, 『진화의 탄생』, 『세계관의 전쟁』 등이 있다.

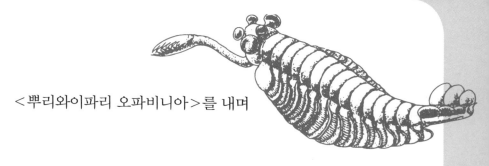

<뿌리와이파리 오파비니아>를 내며

지금부터 5억 년 전, 생물의 온갖 가능성이 활짝 열린 시대가 있었다. 우리는 그것을 캄브리아기 대폭발이라 부른다. 우리가 아는 대부분의 생물은 그때 열린 문들을 통해 진화의 길을 걸어 오늘에 이르렀다.

그러나 그보다 많은 문들이 곧 닫혀버렸고, 많은 생물들이 그렇게 진화의 뒤안길로 사라졌다. 흙을 잔뜩 묻힌 화석으로 발견된 그 생물들은 우리의 세상을 기고 걷고 날고 헤엄치는 생물들과 겹치지 않는 전혀 다른 무리였다. 학자들은 자신의 '구둣주걱'으로 그 생물들을 기존의 '신발'에 밀어넣으려고 안간힘을 썼지만, 그 구둣주걱은 부러지고 말았다.

오파비니아. 눈 다섯에 머리 앞쪽으로 소화기처럼 기다란 노즐이 달린, 마치 공상과학영화의 외계생명체처럼 보이는 이 생물이 구둣주걱을 부러뜨린 주역이었다.

뿌리와이파리는 '우주와 지구와 인간의 진화사'에서 굵직굵직한 계기들을 짚어보면서 그것이 현재를 살아가는 우리에게 어떤 뜻을 지니고 어떻게 영향을 미치고 있는지를 살피는 시리즈를 연다. 하지만 우리는 익숙한 세계와 안이한 사고의 틀에 갇혀 그런 계기들에 섣불리 구둣주걱을 들이밀려고 하지는 않을 것이다. 기나긴 진화사의 한 장을 차지했던, 그러나 지금은 멸종한 생물인 오파비니아를 불러내는 까닭이 여기에 있다.

진화의 역사에서 중요한 매듭이 지어진 그 '활짝 열린 가능성의 시대'란 곧 익숙한 세계와 낯선 세계가 갈라지기 전에 존재했던, 상상력과 역동성이 폭발하는 순간이 아니었을까? <뿌리와이파리 오파비니아>는 두 개의 눈과 단정한 입술이 아니라 오파비니아의 다섯 개의 눈과 기상천외한 '주둥이'를 빌려, 우리의 오늘에 대한 균형잡힌 이해에 더해 열린 사고와 상상력까지를 담아내고자 한다.

이언	대	기	
현생이언	신생대	제3기	신제3기
			고제3기
	중생대	백악기	
		쥐라기	
		트라이아스기	
	고생대	페름기	
		석탄기	
		데본기	
		실루리아기	
		오르도비스기	
		캄브리아기	
선캄	선캄	선캄브리아기	

0
10
20
30
40
50
60
70
80
90
100
110
120
130
140
150
160
170
180
190
200
210
220
230
240
250
260
270
280
290
300
310
320
330
340
350
360
370
380
390
400
410
420
430
440
450
460
470
480
490
500
510
520
530
540
550
560
570
580

4500
4600
(백만 년 전)

이 장구한 시간의 흐름 속에서
생명이 태어났나니…

생명 최초의 30억 년 −지구에 새겨진 진화의 발자취

오스트랄로피테쿠스, 공룡, 삼엽충……. 이러한 화석들은 사라진 생물로 가득한 잃어버린 세계의 이미지를 불러내는 존재들이다. 하지만 생명의 전체 역사를 이야기할 때, 사라져버린 옛 동물들은, 삼엽충까지 포함한다 하더라도 장장 40억 년에 걸친 생명사의 고작 5억 년에 불과하다. CNN과 『타임』지가 선정한 '미국 최고의 고생물학자' 앤드루 놀은 갓 태어난 지구에서 탄생한 생명의 씨앗에서부터 캄브리아기 대폭발에 이르기까지 생명의 기나긴 역사를 탐구하면서, 다양한 생명의 출현에 대한 새롭고도 흥미진진한 설명을 제공한다.

과학기술부 인증 우수과학도서!

앤드루 H. 놀 지음 | 김명주 옮김

"이 책은 고세균처럼 생명의 시작이 되는 아주 오래된 화석을 연구하는 사람이 그리 많지 않다는 점에서 매우 드물고 귀중한 책이다."
−'남극 박사' 장순근(『지구 46억 년의 역사』 지은이)

"전공자뿐 아니라 일반 독자도 재미있어할 만큼 잘 쓰인 이 책에서 지은이는 흥미진진한 과학적 발견과 복잡한 과학적 해석이라는 두 마리의 토끼를 멋지게 잡고 있다." −『퍼블리셔스 위클리』

눈의 탄생 —캄브리아기 폭발의 수수께끼를 풀다

동물 진화의 빅뱅으로 불리는 캄브리아기 대폭발! 캄브리아기 초 500만 년 동안에 모든 동물 문이 갑작스레 진화한 이 엄청난 사건의 '실체'와 '시기'에 관해서는 그동안 잘 알려져 있었으나, 그 '원인'에 대해서는 지금까지 수많은 가설과 억측이 난무했다. 왜 그때 진화의 '빅뱅'이 일어났던 걸까? 무엇이 그 사건을 촉발시켰을까? 앤드루 파커가 제시하는 놀라운 설명에 따르면, 바로 이 시기에 눈이 진화해서 적극적인 포식이 시작되었다. 곧, 동물이 햇빛을 이용해 시각을 가동한 '눈'을 갖게 되는 사건이 캄브리아기 벽두에 있었고, 그 하나의 사건으로 생명세계의 법칙이 뒤흔들리며 폭발적인 진화가 일어났다는 것이다. 이 책은 영향력을 넓히면서 더욱 인정받아가는 그 이론을 본격적으로 소개한다. 생물학, 역사학, 지질학, 미술 등 다양한 분야를 포괄한 과학적 탐정소설 형식의 『눈의 탄생』은 대중에게 더욱 쉽게 다가가기 위해 간결한 문체와 흥미로운 에피소드를 다양하게 사용하여 대중과학서의 고전으로 자리잡기에 손색이 없다.

한국출판인회의 선정 이달의 책!
과학기술부 인증 우수과학도서!

앤드루 파커 지음 | 오숙은 옮김

"파커는 꼼꼼한 동물학 변호사처럼 자신의 흥미로운 주장을 정리한다 — 찰스 다윈과 똑같은 방식으로." —매트 리들리(『이타적 유전자』 지은이)

그 눈으로 고생대 3억 년을
지켜본 딱정벌레여!

이언	대		기	
	신생대	제3기	신제3기	0 / 10 / 20 / 30 / 40 / 50 / 60
			고제3기	
	중생대		백악기	70 / 80 / 90 / 100 / 110 / 120 / 130 / 140
			쥐라기	150 / 160 / 170 / 180 / 190 / 200
			트라이아스기	210 / 220 / 230 / 240
현생이언	고생대		페름기	250 / 260 / 270 / 280 / 290
			석탄기	300 / 310 / 320 / 330 / 340 / 350
			데본기	360 / 370 / 380 / 390 / 400 / 410
			실루리아기	420 / 430 / 440
			오르도비스기	450 / 460 / 470 / 480
			캄브리아기	490 / 500 / 510 / 520 / 530 / 540
	선캄		선캄브리아기	550 / 560 / 570 / 580

4500
4600
(백만 년 전)

삼엽충 ─ 고생대 3억 년을 누빈 진화의 산증인

삼엽충은 5억 4,000만 년 전에 홀연히 등장하여 무려 3억 년이라는 장구한 세월을 살다가 사라졌다. 리처드 포티는 고대 바다 밑에 우글거렸던 이 동물들을 30년 넘게 연구한 학자다. 그는 징그럽게 보일 수도 있는 이 동물들이 우리에게 경이롭고 사랑스럽고 대단히 많은 교훈을 전해준다고 말한다. 이 책에는 그가 삼엽충을 대할 때 느끼는 흥분과 열정, 그리고 그들을 연구하면서 얻은 지식이 고스란히 녹아 있다. 리처드 포티는 이 색다른 동물들의 이야기 속에 진화가 어떻게 이루어졌으며, 과학이 어떤 식으로 발전하고, 얼마나 많은 괴짜 과학자들이 활약했는지를 흥미진진하게 풀어낸다.

한국간행물윤리위원회 선정 이달의 읽을 만한 책!

리처드 포티 지음 | 이한음 옮김

"책은 고대 생물을 그저 단순히 설명하는 방식으로 독자에게 삼엽충을 보여주지 않는다. 삼엽충을 만나기 위해 깎아지른 절벽을 오르내리는 과학자의 여정이 함께 담겨, 읽는이의 호기심을 한층 끌어올린다." ─『**한국일보**』

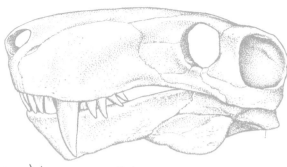

페름기 말,
모든 것이 바람과 함께 사라졌으나

대멸종 – 페름기 말을 뒤흔든 진화사 최대의 도전

지금부터 2억 5,100만 년 전, 고생대의 마지막 시기인 페름기 말에 대격변이 일어났다. 육지와 바다를 막론하고 무려 90퍼센트가 넘는 동물종이 감쪽같이 사라지고 말았다. 지금은 희미한 화석으로만 겨우 알아볼 수 있는 갖가지 동물군이 펼쳐냈던 장엄한 페름기의 생태계가 순식간에 몰락해버렸다. 생명의 역사상 그처럼 엄청난 대멸종의 회오리를 일으킬 만한 것이 대체 무엇이었을까? 운석이 충돌했던 것일까? 초대륙 판게아에서 대규모로 화산활동이 일어났던 것일까? 이 책은 단순한 교과서적 사실의 나열이 아니라 이러한 숱한 궁금증들을 풍부한 자료를 가지고 치밀하게 그려내면서 동시에 페름기 대멸종이라는 주제와 관련된 과학자들의 연구와 숨 막히는 경쟁이 어떻게 펼쳐졌는지를 보여준다.

과학기술부 인증 우수과학도서!

마이클 J. 벤턴 지음 | 류운 옮김

"고생물학 서적이 매력적인 이유는 화석과 지구 환경을 조사해 지질학적 연대기를 구성해내는 과정을 추적자의 심정으로 즐길 수 있어서다. 범인을 추리해나가는 탐정소설을 읽는 기분이랄까? 그런 점에서 벤턴의 글쓰기 방식은 고생물학의 매력을 잘 드러낸다."
—정재승(카이스트 교수)

또 다시 펼쳐지는
위대한 영웅들의 대서사시!

이언	대	기	
	신생대	제3기	신제3기
			고제3기
현생이언	중생대	백악기	
		쥐라기	
		트라이아스기	
	고생대	페름기	
		석탄기	
		데본기	
		실루리아기	
		오르도비스기	
		캄브리아기	
	선캄	선캄브리아기	

0
10
20
30
40
50
60
70
80
90
100
110
120
130
140
150
160
170
180
190
200
210
220
230
240
250
260
270
280
290
300
310
320
330
340
350
360
370
380
390
400
410
420
430
440
450
460
470
480
490
500
510
520
530
540
550
560
570
580

4500
4600
(백만 년 전)

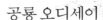

공룡 오디세이
― 진화와 생태로 엮는 중생대 생명의 그물

몸길이 15미터에 몸무게 5톤의 '폭군' 티라노사우루스 렉스는 난폭한 포식자의 제왕이었는가, 죽은 동물이나 뜯어먹는 비루한 청소부였는가? 공룡은 왜 그리 거대한 몸집을 진화시켰고, 어떻게 유지할 수 있었을까? 중생대의 온실세계에서 산 공룡은 온혈동물이었을까, 냉혈동물이었을까? 이 책은 진화사에서 가장 성공적이고 가장 매혹적인 동물이 초대륙 판게아에서 보잘것없는 존재로 생겨나 지구상의 가장 큰 육상동물이 되고 결국은 느닷없는 비극적 죽음을 맞기까지의 한 편의 대서사시다.

과학기술부 인증 우수과학도서!
아시아태평양이론물리센터 선정 '2011 올해의 과학도서'

스콧 샘슨 지음 | 김명주 옮김

공룡과 공룡이 살아간 세계에 관한 가장 포괄적인 책이다. 공룡 팬 누구에게나 적극 추천한다.―『퍼블리셔스 위클리』

공룡 이후 – 신생대 6500만 년, 포유류 진화의 역사

진화사에서 가장 매혹적인 동물이자 중생대를 지배했던 공룡은 지구상에서 홀연히 사라졌다. 그 생태적 빈자리를 채운 것은 엄청난 속도로 신생대의 기후와 환경에 적응한 다양한 육상동물, 특히 포유류였다. 『공룡 이후』는 신생대 지구와 생명의 역사를 개괄하면서 포유류는 물론 해양생물, 식물, 플랑크톤에 이르기까지 신생대 생물 진화의 맥락을 소개한다. 『공룡 이후』는 과거 지구에 살았던 놀라운 생명체들에 매료된 모든 사람을 위한 책이다.

아시아태평양이론물리센터 선정 '2013 올해의 과학도서'

도널드 R. 프로세로 지음 | 김정은 옮김

노래하는 네안데르탈인 – 음악과 언어로 보는 인류의 진화

인류를 다른 종과 비교했을 때 가장 의아하고 경이로운 특성을 보이는 것이 음악활동이다. 그렇다면 인간은 왜 음악을 만들고 들을까? 스티븐 미슨은 이 의문을 추적하면서 음악과 언어의 밀접한 관계, 음악이 인류의 진화에 미친 영향을 찾아나선다. 그에 따르면, 현생 인류에게 비교적 최근에 언어능력이 생기기 전까지, 음악은 이성을 유혹하고 아기를 달래고 챔피언에게 환호를 보내고 사회적 연대를 다지는 구실을 했다. 음악과 언어는 공통의 뿌리가 존재하고 공진화해온 역사적 환경으로 말미암아 따로 떼어 설명할 수 없다고 말하는 『노래하는 네안데르탈인』은 언어에 가려져 상대적으로 간과되어왔던 음악의 진화적 지위를 되찾아줄 것이다.

스티븐 미슨 지음 | 김명주 옮김

그러나 미토콘드리아 없이는
이 세상도 없을 터이며,

이언	대	기
	신생대	신제3기 (제3기)
		고제3기
	중생대	백악기
		쥐라기
		트라이아스기
현생이언	고생대	페름기
		석탄기
		데본기
		실루리아기
		오르도비스기
		캄브리아기
	선캄	선캄브리아기

0
10
20
30
40
50
60
70
80
90
100
110
120
130
140
150
160
170
180
190
200
210
220
230
240
250
260
270
280
290
300
310
320
330
340
350
360
370
380
390
400
410
420
430
440
450
460
470
480
490
500
510
520
530
540
550
560
570
580

4500
4600
(백만 년 전)

미토콘드리아
─박테리아에서 인간으로, 진화의 숨은 지배자

몸속 가장 깊은 곳에서 소리 없이 우리 삶을 지배하는 생명에너지의 발전소이자, 다세포생물의 진화를 이끈 원동력인 미토콘드리아. 핵이 있는 복잡한 세포를 위해 일하는 기관으로만 여겨졌던 미토콘드리아가 이제는 복잡한 생명체를 탄생시킨 주인공으로 인정받고 있다. 이 책은 복잡한 생명체의 열쇠를 쥐고 있는 미토콘드리아를 통해 생명의 의미를 새롭게 바라본다. 우리가 사는 세상을 미토콘드리아의 관점에서 살펴보며 최신 연구결과들을 퍼즐조각처럼 맞춰가면서, 복잡성의 형성, 생명의 기원, 성과 생식력, 죽음, 영원한 생명에 대한 기대와 같은 생물학의 중요한 문제들의 해답을 모색한다.

아시아태평양 이론물리센터 선정 '2009 올해의 과학도서'
책을만드는사람들 선정 '2009 올해의 책(과학)'

닉 레인 지음 | 김정은 옮김

"미토콘드리아를 통해서 본 지구 생물의 역사 최신판"─『한겨레』

"이 책은 단순한 교양과학도서가 아니다. 여느 전문서적에서도 접하기 힘든, 혹은 수많은 전문서적과 논문을 뒤져야 알아낼 법한 연구결과들을 일목요연하고 유려하게 정리하고 있기 때문이다."
─『교수신문』

O_2

CO_2

진화도 대멸종도,
모든 것은 산소 농도가 결정하도다!

진화의 키, 산소 농도 —공룡, 새, 그리고 지구의 고대 대기

공룡이 그토록 오랜 기간 궤멸하지 않았던 비결은 무엇인가? 캄브리아기 생명체들이 폭발적으로 출현하도록 자극한 요인은 무엇인가? 동물들은 왜 바다에서 육지로 올라왔고, 그중 일부는 왜 다시 바다로 돌아갔는가?

"이 이야기의 결론들은 모두 다 산소의 수준에 관한 새로운 통찰에서 나온다."

지구의 대기 중 산소 농도는 35%에서 12% 사이를 오르내렸다. 산소가 급감하면 생명체 대부분이 사라졌고, 호흡계를 개발하고 몸 설계를 바꾼 자만 살아남아 새 세계를 열었다. 이제 여기, 산소와 이산화탄소 농도의 변동을 보여주는 GEOCARB-SULF로 그려낸 폭발적인 진화와 대멸종의 파노라마가 펼쳐진다.

한겨레신문 선정 '2012 올해의 책'(번역서)

피터 워드 지음 | 김미선 옮김

"워드의 발상들은 면밀하게 살펴볼 가치가 있으며 아마도 널리 논의될 것이다."
　—『퍼블리셔스 위클리』

"워드라면 항상 믿어도 된다. 흥미로운 이론을 가정하는 견실한 글을 제공할 것이라고."
　—『라이브러리 저널』

광물과 생물의 공진화,
45억 년 지구의 역사를 꿰는
새로운 패러다임!

이언	대	기	
	신생대	제3기	신제3기
			고제3기
	중생대	백악기	
		쥐라기	
		트라이아스기	
현생이언	고생대	페름기	
		석탄기	
		데본기	
		실루리아기	
		오르도비스기	
		캄브리아기	
	선캄	선캄브리아기	

0
10
20
30
40
50
60
70
80
90
100
110
120
130
140
150
160
170
180
190
200
210
220
230
240
250
260
270
280
290
300
310
320
330
340
350
360
370
380
390
400
410
420
430
440
450
460
470
480
490
500
510
520
530
540
550
560
570
580

4500
4600
(백만 년 전)

지구 이야기
─광물과 생물의 공진화로 푸는 지구의 역사

별먼지에서 살아 있는 푸른 행성까지, 지구는 진화한다. 유기분자와 암석 결정 사이의 반응이 지구 최초의 유기체를 낳고, 그 유기체에서 차례로 행성을 이루는 광물들 3분의 2 이상이 생겨났다. 달의 형성, 최초의 지각과 대양, 산소의 급증과 광물 혁명, 눈덩이─온실 지구의 순환을 겪으며 지구는 끊임없이 변화해왔다. 이 책은 지권(암석과 광물)과 생물권(살아 있는 물질)의 공진화로 푸는 파란만장의 지구 연대기다.

로버트 M. 헤이즌 지음 | 김미선 옮김

"『지구 이야기』는 당신의 세계관을 바꿀 수도 있는 참으로 드문 책이다. 폭넓은 시간과 지식을 엮어 빚어낸 또렷하고 유쾌한 글을 통해, 헤이즌은 그야말로 우리 행성을 하나의 이야기로, 그것도 설득력 있는 이야기로 만들어낸다."
─찰스 월포스(『자연의 운명』과 『고래와 슈퍼컴퓨터』 지은이)

"헤이즌은 대중의 언어로 과학을 설명할 줄 아는 재능을 타고났다. 지질학, 화학, 물리학에 최소한의 지식밖에 없는 독자라도 이 책에 매혹될 것이다."─『라이브러리 저널』

"헤이즌이 누구나 읽을 수 있는 책에서 지구와 생명의 기원을 조명하며 다양한 과학 분야를 골고루 섞어 잊지 못할 이야기를 들려준다."─『퍼블리셔스 위클리』

최초의 생명꼴, 세포

별먼지에서 세포로, 복잡성의 진화와 떠오름

2015년 8월 14일 초판 1쇄 펴냄
2019년 9월 30일 초판 2쇄 펴냄

지은이 데이비드 디머
옮긴이 류운

펴낸이 정종주
편집주간 박윤선
편집 강민우 두동원
마케팅 김창덕
디자인 조용진

펴낸곳 도서출판 뿌리와이파리
등록번호 제10-2201호 (2001년 8월 21일)
주소 서울시 마포구 월드컵로 128-4(월드빌딩 2층)
전화 02)324-2142~3
전송 02)324-2150
전자우편 puripari@hanmail.net

종이 화인페이퍼
인쇄 및 제본 영신사
라미네이팅 금성산업

값 28,000원
ISBN 978-89-6462-052-6 (03430)

이 도서의 국립중앙도서관 출판예정도서목록(CIP)은 서지정보유통지원시스템 홈페이지(http://seoji.nl.go.
kr)와 국가자료공동목록시스템(http://www.nl.go.kr/kolisnet)에서 이용하실 수 있습니다. (CIP제어번호:
CIP2015013013)